JN314730

自然災害
の予測と対策

地形・地盤条件を基軸として

水谷武司 [著]

朝倉書店

まえがき

　自然災害の大部分は，地震・噴火・大雨・強風などの1次的自然外力（災害を起こす引き金作用で誘因と呼ばれる）が，いろいろな地形や地盤条件の地球表面（これは土地素因，いわば土地の体質である）に作用することから始まる．これによって地盤強震動・火砕流・洪水・高潮・斜面崩壊などの，いわば2次的な災害諸事象が発生し，これらが人間・社会に作用するとさまざまな被害や悪影響が引き起こされる．このようにして生じる災害の種類は，誘因と土地素因との組合せ，とくに土地素因の特性によってほぼ決まるという関係にある．たとえば，地震が軟らかい地層に作用すると強い地盤震動が，海水を揺らすと津波が起こる．大雨が斜面に降れば斜面崩壊が，低い土地に降れば内水氾濫が生じる．

　地震や大雨など災害誘因の予知・予報は，災害時防災活動を始動させるなどの役割をもち，社会の期待と関心は大きいが，その発生には不確定性が著しくて，ある程度の確度をもった予測は一般に難しいのが現状である．また誘因は，多少の程度の差はあるものの，どこでも起こり得るものでもある．一方，地形・地盤などの土地素因は場所ごとにはっきりとした性質を備えていて，ひとたび誘因が作用した場合に，そこで起こる災害の種類と危険度・危険域を，おおよそ決めている．水は低きにつくという言葉どおりに，洪水の運動（土砂の運動もまた同じであるが）は地形によってほぼ決められ，地震は地盤の硬さに応じた強さの揺れを示す．ただし強風の直接作用のように，土地素因の関与が小さい災害事象もある．

　予知・予報が難しいうえに，それぞれの場所についてみれば発生が一般に稀であり，また，非常に強大な破壊力を加えるという性質の自然災害に対しては，いつ起こったとしてもうまく回避しやり過ごすことができるように備えるのが基本である．土地素因から地域・地区の災害危険性を判定し，危険の種類や程度に応じた土地の利用を図るのが，このような性質の災害事象に備える最も有効な対応手段となるであろう．ただし防災だけでは社会は成り立たないので，危険地の利用は避け得ないが，その場合，土地の危険性に応じた対応策，とくに災害発生時に向けた事前準備を，災害諸事象に関する知識を基にして，基本的には自らの意思決定のもとでおこなっておく必要がある．

　本書では，地震災害・火山噴火災害・気象災害・土砂災害など自然災害の全体を対象にし，地域土地環境に主として基づいた災害危険予測の方法ならびに対応の基本を，災害発生の機構に基づき，災害種類ごとに整理して示す．また，災害が起こった場合

の被害を予測する方法，災害全体に共通する防災対応手段の構成・機能など，および関東平野南部をモデル地域とした地域災害環境把握の具体例を示す．防災は災害経験の積み重ねで構築される技術体系であり，種々の特性をもつ土地環境の場での災害事例が危険予測に役立つ貴重な情報を与えてくれるので，災害の実例を多数示しながら説明する．地形・地質条件を主とする地域の土地環境は，自然災害の発生に大きくかかわり，その危険度を場所ごとに細かく決める主要因であるので，これを全体の基軸とした．災害事例の説明では，災害の発生および被害の拡大にかかわった自然的要因ならびに人間的・社会的要因の分析・整理にも重点を置いた．

土地・地域の災害危険性評価，とはいっても，やはり自然を相手にするのであるから，かなりの不確実性は避け得ない．災害事象の種類によっては，発生予測や危険域限定がほとんど不可能なものもあるが，それもまたその災害の特性であり，その性質に応じた対応が要求される．危険予測の精度は，災害の種類・地域の環境・評価の方法などに依存するという性質のものである．災害危険情報は，その精度や限界を認識したうえで，各人・各組織があるリスクを見込んだ意思決定を行うための基礎情報として利用されるべきものなのである．

本書のとりまとめの段階になって2011年東日本大震災が発生した．そこで，災害から5ヵ月後時点の被害データなどに基づき，大災害の事例として簡単に書き加えた．ただ津波に関しては，再び問題点として浮かび上がった土地の危険性の認識，避難対応，住居移転などについて，記述をより詳細にした．

最後に，本書の出版にあたりお世話になった朝倉書店編集部の方々にお礼を申し上げる．

2012年6月

水谷武司

目　　次

第1章　序　　論 ─────────────────── 1
 1.1　はじめに ……………………………………………… 1
 1.2　危険予測の方法 ……………………………………… 2
 1.3　災害危険地図・ハザードマップ …………………… 3
 1.4　地域社会の災害脆弱性 ……………………………… 4

第2章　地震災害 ─────────────────── 6
 2.1　地　震 ………………………………………………… 6
  2.1.1　プレートと地震活動　6
   a. マントル流動とプレート／　b. プレート境界の種類／　c. 地震分布
  2.1.2　断層・活断層　10
   a. 断層の種類・大きさ／　b. 活断層地形／　c. 活断層の認定・評価／
   d. 活断層の情報
  2.1.3　地震発生確率　13
   a. 発生確率の求め方／　b. 発生確率の評価／　c. 強震動分布の確率表示
  2.1.4　地震予知　17
   a. 直前予知／　b. 観測項目／　c. 予知情報と防災
  2.1.5　地震発生の探知　20
   a. 地震波／　b. 緊急地震速報
  2.1.6　世界の地震危険地帯　22
  2.1.7　関東平野南部の地震活動（地域例1）　24
 2.2　強震動災害 ………………………………………… 26
  2.2.1　地震動強さ　26
   a. 震度／　b. 震度を決める要因／　c. 最大加速度算定式
  2.2.2　地震動の増幅　29
   a. 地表層での震動増幅／　b. 地盤・建物の共振
  2.2.3　地形・地盤調査　32
   a. 地盤調査／　b. 地形と地盤の関係／　c. 地形分類作業
  2.2.4　軟弱地盤の分布　36
  2.2.5　地震被害と地盤条件　38

　　　　a. 濃尾地震／　b. 関東地震／　c. その他の地震
　　2.2.6　茨城南部の地形・地盤条件と地震災害（地域例2）　44
　　　　a. 土地の生い立ちと災害環境／　b. 小貝川下流低地の地盤条件と地震災
　　　　害／　c. 桜川下流域の地盤条件と地震災害
2.3　地盤液状化………………………………………………………………… 48
　　2.3.1　液状化条件と被害　48
　　　　a. 発生機構／　b. 液状化の被害
　　2.3.2　液状化予測　51
　　　　a. 危険度判定法／　b. 液状化危険地
　　2.3.3　液状化事例　54
　　　　a. 新潟地震／　b. 日本海中部地震／　c. 兵庫県南部地震
　　2.3.4　液状化対策　56
2.4　津　　波………………………………………………………………… 57
　　2.4.1　津波の発生　57
　　　　a. 地震による津波／　b. 火山噴火などによる津波
　　2.4.2　津波の伝播　59
　　　　a. 伝播の速度・方向／　b. 屈折・収束
　　2.4.3　津波の陸地進入　60
　　　　a. 波高増幅／　b. 到達限界／　c. 数値計算
　　2.4.4　津波危険地　67
　　　　a. 危険海岸／　b. 津波到達危険域
　　2.4.5　津波災害　68
　　　　a. 明治三陸津波／　b. 昭和三陸津波／　c. 東北地方太平洋沖地震津波／
　　　　d. その他の津波災害
　　2.4.6　遠地津波　73
　　　　a. チリ地震津波／　b. スマトラ沖地震津波
　　2.4.7　津波対策・対応　76
　　　　a. 襲来の認知，警報／　b. 避難対応／　c. 避難規定要因／　d. 高地移転
　　2.4.8　人的被害規模の規定要因　81
2.5　地震火災………………………………………………………………… 83
　　2.5.1　都市大火　84
　　　　a. 火災拡大要因／　b. 地震火災事例
　　2.5.2　出火と延焼　86
　　　　a. 出火危険度／　b. 焼失危険度／　c. 火災旋風
　　2.5.3　延焼拡大阻止　91
2.6　被害予測………………………………………………………………… 92
　　2.6.1　建物被害　93

2.6.2　人的被害　*94*
　　2.6.3　社会的影響　*96*
　　2.6.4　想定地震の被害　*97*

第3章　火山噴火災害 ───────────────────── **99**
3.1　火山噴火……………………………………………………………… *99*
　　3.1.1　噴火様式とマグマ組成　*99*
　　3.1.2　爆発的噴火　*100*
　　3.1.3　プレートと火山分布　*101*
　　3.1.4　火山地形　*102*
3.2　噴火による災害事象……………………………………………… *104*
　　3.2.1　火砕物の降下・堆積　*104*
　　3.2.2　火砕流　*105*
　　　a. 火砕流のタイプ／ b. 雲仙岳火砕流／ c. 諸外国の火砕流
　　3.2.3　火山泥流　*110*
　　　a. 泥流危険域／ b. コロンビア・ルイス火山泥流災害
　　3.2.4　山体崩壊・岩屑なだれ・津波　*114*
　　　a. 山体崩壊／ b. 岩屑なだれ／ c. 津波／ d. 磐梯山の噴火／ e. セントヘレンズ火山の噴火
　　3.2.5　溶岩流・火山ガス・地震　*120*
3.3　危険火山……………………………………………………………… *122*
　　3.3.1　日本の危険火山　*122*
　　3.3.2　世界の火山災害　*124*
　　3.3.3　茨城南部における火山災害（地域例3）　*125*
3.4　危険予測と対応…………………………………………………… *126*
　　3.4.1　噴火予知　*126*
　　3.4.2　ハザードマップ　*128*
　　3.4.3　噴火への対応　*129*

第4章　大雨・強風災害 ───────────────────── **131**
4.1　大　雨……………………………………………………………… *131*
　　4.1.1　大雨の発生条件　*131*
　　4.1.2　上昇気流と水蒸気供給　*132*
　　4.1.3　集中豪雨　*133*
　　4.1.4　大雨の現況把握と予報　*135*
　　4.1.5　水害発生限界雨量と確率雨量　*136*
4.2　台　風……………………………………………………………… *138*

4.2.1　台風の発生と進行経路　*138*
　　4.2.2　台風の風と雨　*139*
　　4.2.3　台風の勢力と被害　*141*
　　4.2.4　台風被害の予測　*142*
 4.3　河川洪水……………………………………………………… *145*
　　4.3.1　治水計画規模　*145*
　　4.3.2　破堤危険箇所　*147*
　　4.3.3　氾濫流の運動　*150*
　　4.3.4　洪水氾濫危険域　*151*
　　　　a. 地形によるゾーニング／ b. 地形の簡単な調べ方
　　4.3.5　洪水氾濫の数値計算　*154*
　　　　a. 数値計算の方法／ b. 数値計算例
　　4.3.6　平野地形特性と洪水の危険性　*157*
　　　　a. 平野の種類／ b. 平野タイプと洪水特性／ c. 大河川の平野における洪水―利根川／ d. 大河川の平野における洪水―濃尾平野／ e. 潟性平野における洪水／ f. 侵食性・堆積性の河川の洪水／ g. 扇状地河川の洪水
　　4.3.7　山地河川洪水　*176*
　　　　a. 洪水流の強さ／ b. 洪水危険度指標／ c. 山地河川洪水災害の事例
　　4.3.8　小貝川・霞ヶ浦の治水と洪水の歴史（地域例4）　*181*
　　　　a. 小貝川／ b. 霞ヶ浦・桜川
 4.4　内水氾濫……………………………………………………… *184*
　　4.4.1　市街化と雨水流出条件　*185*
　　4.4.2　内水氾濫の危険地　*186*
　　4.4.3　内水対策　*187*
　　4.4.4　都市水害事例　*188*
 4.5　高　　潮……………………………………………………… *190*
　　4.5.1　最大潮位　*191*
　　4.5.2　高潮の危険海岸　*192*
　　4.5.3　高潮流入の数値計算　*193*
　　　　a. 伊勢湾台風の高潮／ b. 侵入限界の予測
　　4.5.4　高潮対策　*199*
　　4.5.5　伊勢湾の高潮災害　*200*
　　4.5.6　大阪湾の高潮災害　*203*
　　4.5.7　バングラデシュのサイクロン災害　*206*
 4.6　強風・竜巻，降雹，大雪…………………………………… *209*
　　4.6.1　強風　*209*
　　4.6.2　竜巻　*211*

  4.6.3　降雹　*213*
  4.6.4　大雪　*214*
  4.6.5　関東平野の竜巻・降雹・大雪（地域例5）　*215*
   a. 竜巻／　b. 降雹／　c. 大雪

第5章　土砂災害 — *219*
 5.1　斜面崩壊・地すべり ………………………………………………… *219*
  5.1.1　斜面安定条件　*219*
  5.1.2　大雨による崩壊　*220*
  5.1.3　地震による崩壊　*223*
  5.1.4　斜面崩壊への対応　*224*
  5.1.5　地すべりの特色と発生条件　*226*
  5.1.6　地すべりによる地変現象　*228*
 5.2　土石流・岩屑なだれ ………………………………………………… *230*
  5.2.1　発生機構　*230*
  5.2.2　危険渓流と危険域　*231*
  5.2.3　数値計算　*233*
  5.2.4　危険予測と防災対応　*235*
  5.2.5　岩屑なだれ　*236*
  5.2.6　岩屑なだれ災害　*237*
  5.2.7　豪雨時の土砂・洪水複合災害　*239*
  5.2.8　常陸台地南部および筑波山塊の土砂災害（地域例6）　*242*

第6章　異常気候災害 — *245*
 6.1　冷夏の災害 …………………………………………………………… *245*
  6.1.1　自然地理条件　*245*
  6.1.2　農耕条件　*246*
  6.1.3　冷夏の気圧配置　*247*
  6.1.4　冷夏による災害　*247*
 6.2　雨不足による災害 …………………………………………………… *249*
  6.2.1　干ばつ　*249*
  6.2.2　世界の乾燥地帯と干ばつ　*250*

第7章　防災対応 — *252*
 7.1　対応策の種類 ………………………………………………………… *252*
  7.1.1　災害の連鎖　*252*
  7.1.2　防災対策の分類　*252*

7.1.3　対応の多重構造　*254*
7.2　自然力の制御 …………………………………………………… *255*
　7.2.1　気象調節　*256*
　7.2.2　火山噴火および地震の制御　*256*
7.3　防災施設・構造物 ……………………………………………… *257*
　7.3.1　防災の機能　*257*
　7.3.2　河川堤防　*258*
　7.3.3　治水計画　*259*
　7.3.4　海岸施設　*261*
　7.3.5　土砂災害対策　*262*
7.4　耐災害構造 ……………………………………………………… *263*
　7.4.1　耐震構造　*263*
　7.4.2　耐浸水構造　*265*
　7.4.3　耐風構造，耐雪構造　*266*
7.5　土地利用管理 …………………………………………………… *266*
　7.5.1　土地問題　*266*
　7.5.2　土地利用規制　*267*
　7.5.3　危険域ゾーニング　*269*
　7.5.4　ハザードマップ　*270*
7.6　住居移転 ………………………………………………………… *271*
　7.6.1　移転の困難　*271*
　7.6.2　移転促進制度　*271*
7.7　災害情報・警報 ………………………………………………… *273*
　7.7.1　気象警報　*273*
　7.7.2　地震・火山の警報　*274*
　7.7.3　地方自治体の情報　*275*
　7.7.4　警報の有効性　*276*
7.8　避　　難 ………………………………………………………… *277*
　7.8.1　避難プロセス　*277*
　7.8.2　危険の認知　*277*
　7.8.3　避難の決断・実行　*278*
　7.8.4　避難の阻害・促進要因　*279*
7.9　災害応急対策 …………………………………………………… *280*
　7.9.1　水防・消防　*280*
　7.9.2　救出・医療　*281*
　7.9.3　収容・生活支援　*282*
7.10　保険・経済支援 ………………………………………………… *283*

7.10.1　風水害保険　*283*
  7.10.2　地震保険　*283*
  7.10.3　農業共済制度　*284*
  7.10.4　経済支援　*285*
 7.11　復旧・復興 ………………………………………………………… *286*
  7.11.1　住宅再建　*286*
  7.11.2　ライフライン　*286*
  7.11.3　交通機能　*288*

参 考 文 献 ———————————————————————— *289*
索　　　引 ———————————————————————— *297*
発生年順災害例索引 ———————————————————— *305*

1 序　　論

1.1　はじめに

　自然災害は発生の基本エネルギー源に基づき，固体地球内部における変動に伴って起こる地震災害・火山災害と，大気中で生じる諸現象によって引き起こされる気象災害・気候災害とに大きく分けることができる．地震および火山噴火は1次的外力であり，この作用によって引き起こされる2次的な災害事象には，地盤強震動，液状化，津波，斜面崩壊，降灰，火砕流，溶岩流など数多くあり，それぞれ特徴的な発生様相と危険度を示す．
　気候は気象の長期間にわたる平均状態であるので，干ばつや冷害のように異常な気象状態が長期間継続した結果として起こる災害を気候災害として，短時間現象の気象災害とは区別する．大雨や強風が主外力となって生じる災害事象には，河川洪水，内水氾濫，高潮，斜面崩壊・地すべり，土石流，竜巻などがある．斜面の崩壊と土砂の移動による災害，総称して土砂災害は，地震と大雨がともに引き起こすが，同種の現象であるのでこれをまとめて示すこととする．火山噴火も土砂災害を起こすが，これは他の噴火諸事象と密接に関連するので，火山災害の章に含めている．
　本書では，これらの自然外力および災害諸事象の発生の予知・予報・探知の方法，およびこれらが発生し作用しやすい場所・地域，すなわち災害危険域と，その危険度の判定・評価の方法を，それぞれの災害ごとに，現象のメカニズムおよび多数の災害事例に基づいて説明する．また，それぞれの災害に対処する基本的な考え方および被害予測の方法についても簡単に示す．災害事例の提示では，被害拡大の人間的・社会的要因の分析・整理を一つの重点としている．最後に，防災対応策の種類・構成を，災害発生連鎖の機構に基づき整理する．地形・地盤条件など土地環境は，各種災害の発生に大きくかかわり，危険度を場所ごとに細かく決める主要因であり，ほぼすべての防災対応策の基礎条件になるので，これを全体を通じた基軸として説明している．また，災害危険性把握のモデル地域として関東平野南部を取り上げる．
　本章では災害ごとの記述に先立ち，全体に共通する予知・予測および危険性評価の一般的方法を整理して示す．また，危険予測の結果である各種の地域危険情報について，その種類・機能・限界などを簡単に述べる．社会経済的条件は，国単位といったような広域でみた災害脆弱性にかかわる危険要因であるが，これは災害全体に共通す

る事項であるのでここで簡単に触れる．

　なお用語についてであるが，災害を起こす自然事象の発生予測を予知・予報と表し，土地・地域の災害危険性の程度を判定するのを危険性評価あるいは危険度評価と表現している．これら全体をまとめて表現する場合には，簡単に危険予測の語を与えている．

1.2　危険予測の方法

　自然災害の危険性評価の方法は，災害の発生連鎖の機構に基づいて，次のように整理して示すことができる．

　自然災害は誘因（大雨・強風・地震などの自然外力）が素因（地形・地盤条件などの土地素因および人口・居住状況など地域の社会素因）に作用することによって生じる．起こった結果である災害履歴は明らかな地域危険情報である．したがって災害危険性の評価は，①誘因，②土地素因，③社会素因，④災害履歴のそれぞれ単独で，および，それらを組み合わせることにより行うことができる．どれを採用するかの選択は，災害の種類，評価の目的，地域の土地環境などに依存する．

　①の誘因はその性質上，日本全域といったような大きな地域スケールで，大雨など自然外力の発生のしやすさの程度を，一般に統計的データに基づき示すものである．これとは対照的に②の土地素因は，それぞれの場所で定まった固有の性質を備えていて，その土地の災害に対する脆弱性の程度を場所ごとに細かく決めている．たとえば，水や土砂の運動は地表の傾斜や微起伏の配列などの地形によってほぼ決められる．地震動の増幅や液状化の発生は表層地盤の条件で決まる．ただし地形・地盤は潜在的条件であって，誘因が作用しなければ災害として発現しない．また，強風の場合のように土地素因があまり関係しない災害もある．

　①と②とを組み合わせる，たとえば，洪水氾濫の水理計算，津波・高潮の遡上計算，地震による地盤震動計算のように，ある地形・地盤条件の場にある規模の外力を入力して，洪水氾濫や地盤震動などの災害事象をシミュレートすることにより，学術性の高いより確かな危険性評価ができる．外力を確率規模などにより段階的に設定すると，説得性ある危険度の評価が可能である．

　①と②は災害自然事象そのものを対象とするのに対し，③の社会素因は被害発生の危険性や地域社会の災害抵抗性・脆弱性など社会要因を評価する場合に主として取り入れられる．2次的災害である地震火災の場合には，木造建物密集度などの市街地条件が危険度をほぼ決める．社会素因はかなり短時間に変貌するので評価の定期的見直しが必要である．④の災害履歴は危険性をリアルに示す情報であり，その発生頻度は危険の程度を明瞭に示すが，これはまたそれ以上の役割をもっている．災害危険性の評価基準は，多数災害の実例の分析から導かれる．さらに，評価の結果は災害実例により検証されてその信頼性が与えられる．災害実例の調査・分析は災害危険性評価の

基礎である．

　災害事象の事前の予知・予報および発生の探知は，各事象の発生機構の科学的知見に基づいて行われるのが基本であるが，災害事例から得られる経験則が役立つこともある．被害の予測は，災害・被害の統計的関係を使用して行われるもので，数多くはない大きな災害事例のどれを使用するかによって，結果がかなり違ってくる性質のものである．これの役割は，被害の大きさを正しく当てるということではなくて，防災対応策の策定のための一リスク情報として使用され，それをいかに小さくするかが目的となる．

1.3　災害危険地図・ハザードマップ

　災害自然事象(ハザード)の危険性の評価の結果はマップで示される．一般にハザードマップと呼ばれているのは，市町村などが防災マップ，災害予測図といった名称で作成・公表している管内地図で，これらには各種災害の危険域・危険度を示す本来のハザードマップのほかに，官公署・公共避難場所など防災関連施設の位置の表示を主内容とするものもある．災害の危険性に関する地域情報を表示するマップにはほかに，地形図・地盤図など基本的な土地素因図，既往災害の発生場所を示す災害実績図などが挙げられる．

　災害の危険性評価には種々の不確実性が必然的に伴っている．それが示す危険は，単なる潜在的可能性であったり確率的なものであったりする．ある規模の外力を設定した場合には，その設定条件に規定された適用限界が当然に存在する．災害の種類によっては，地盤や地形を類別して相対的危険度を表示するということも行われる．この場合にはその調査・類別の精度や表示の空間スケールなどが関係してくる．

　図示されている危険域境界の位置は，ある設定条件の場合のものであり，また，土地条件把握の精度，計算方式，現象の不確実性などにより，かなりの幅をもったものであることを理解している必要がある．メッシュ幅など計算・表示の単位領域の大きさもその精度に関係する．災害の予測がある外力を設定した場合のものであればその前提条件および予測結果の解釈が，ある判定・評価がなされていればその根拠・基準が，ある既存の情報を示すならばその意味するものと適用性の限界などが，適切に説明されていなければならない．

　避難は想定されるハザードに対処する選択的手段の一つでしかないが，住民向けのマップでは避難情報を中心にしてつくられているものがほぼすべてである．避難を効果的に行うためには，その避けるべき難（危険）に関する適切な情報が欠かせない．危険を避ける必要性・緊急性はハザードの種類・性質や土地の条件に依存しており一律ではない．人命への危険が大きいハザード，たとえば津波や山地河川洪水などでは，マップの示す危険情報に大きな安全率を見込んで避難対応を行う必要がある．雨水がはけずに溜まる内水氾濫では，浸水危険域と表示されていても家にとどまって家財な

どを浸水から護るなどの対応を優先したほうがよい．ハザードマップは，危険域の境界を線引きしてその外側は安全であることを保証するものではない．一般に指定されている避難所は当該市町村内に限られる公共の収容施設が大部分であって，緊急に危険を回避するための避難場所とは区別されねばならない．

　地方自治体などが公表しているハザードマップについてみてみると，洪水災害では，ある降雨強度あるいは確率規模の雨を河川流域内に入力した場合に予想される最大浸水域や水深区分を図示するのがほぼすべてである．その設定条件や計算方法はほとんど示されていないが，多数地点で氾濫させるか，あるいは本川の洪水位を平野内に延長して，可能最大規模の浸水域および浸水深を表示しているようである．谷底平野や河道近くほど地盤高が低いという侵食性の平野では，ほぼ地形に応じて浸水域が広がるのでゾーニングが比較的容易であるが，氾濫流が平野内に広く拡散するという堆積性の平野では，どこで破堤氾濫が生じるかによって浸水域が大きく異なってくる．山地内や山麓のような激しい洪水流が発生するおそれのある地形条件のところでは，洪水流の破壊力（流れの強さを示す流体力など）は，水深よりも必要な情報である．

　土砂災害の場合，行政当局が公示している危険情報（土砂災害警戒区域・急傾斜地崩壊危険箇所・土石流危険渓流など）をそのまま示しているものが大部分であり，したがって住家などがないところは原則として対象外になっている．崩壊発生と土砂の運動は地形勾配などに支配されるので，ある傾斜角以上の斜面，ある高さ以上の崖，ある勾配以上の谷底および山麓扇状地といった地形条件の表示が基本マップになる．

　火山噴火災害の場合，図示されている危険域は，設定する噴火の規模によって大きく変わること，火砕流・火山泥流・溶岩流など災害事象によって，地形などの支配は異なりゾーニングの精度は大きく違ってくることを理解している必要がある．津波・高潮の危険域は，過去の災害の浸水域および海抜高分布という簡易な方法によっても，かなり説得的に示すことができる．地震災害のマップはほとんどつくられていないが，詳細な地盤条件図は重要な基礎データである．

1.4　地域社会の災害脆弱性

　地域社会の災害脆弱性・抵抗性にかかわる要因は，被害規模などを決める重要な危険性指標である．これには，危険地居住の状況，一般住宅の構造や質，市街地密集度，防災の施設・システムの整備水準，防災態勢の準備度など，危険にさらされている地域社会の状態を示す種々のものがある．これらの大部分に共通的にかかわるのは経済水準である．経済的余裕がなければ，日々の生活が優先して防災は後回しにならざるを得ない．社会の安定度も経済状態にかかわるところが大きい．国・地域の経済水準は被害の規模を決める基礎的要因であり，したがってマクロにみた主要危険性指標となる．

　経済水準を示す代表的な指標は国民1人あたりGDPである．1980～2008年の期間

における世界の自然災害死者約78万人の2/3は低所得国（1人あたり実質GDPが年750ドル以下，2007年現在）において起こっており，中所得国（同3000ドル以下）を含めるとこの割合が94%にもなる．死者数と人口との比率（死者率）をみると，低所得国と高所得国とではおよそ20倍の違いがある．

　1961年以降の50年間における死者5万人以上の巨大災害は10件あるが（干ばつなど統計値の不確かな災害は除く），この半分の5件は2000年以降の10年間に集中して起こった．これらすべて低所得あるいは中所得の下位にある国におけるものである．これに先立つ1990年代には，国連主導による国際防災の10年（IDNDR）のプロジェクトが実施された．これは防災の技術移転による途上国の災害軽減を主目的としたものであった．このあとの10年間における巨大災害の集中は偶然的なものであろうが，自然災害の被害軽減が防災の科学技術だけの問題でないことを象徴的に示すものでもある．途上国に対するハイテク中心の防災技術供与が役立つためには，その国の経済向上が重要な前提条件となろう．先進的諸国においても，災害時緊急対策を中心とするのみで地域社会の災害脆弱性を抜本的に低減させる長期的な取組みがなされなければ，巨大災害発生の可能性は低下しない．

　災害後の治安悪化，食料・水不足，衛生状態の悪化などによる2次的被害の発生・拡大は，社会経済的・政治的状況によって左右される．とくに干ばつ・冷害など長期的に進行する災害では，社会的条件が被害規模に決定的にかかわる．内戦・部族対立・宗教紛争などによりきわめて不安定な社会的状況にあるアフリカ諸国では，厳しい干ばつが起こると死者が100万人の規模にもなっている．日本の江戸時代には天明の飢饉など大きな冷害がたびたび起こり，100万人を超える死者がそのつど出ていたが，1993年平成大凶作ではもちろん餓死者などまったくなかった．第二次大戦後しばらくの間，日本は低い所得水準にあったが，その後の貧しさからの脱却の過程で災害死者数を大きく減少させてきた．経済水準は，とくに中所得以下の国において，社会の災害脆弱性および防災抵抗力の程度を総合的に表現するマクロな指標である．

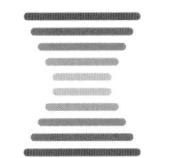

2 地震災害

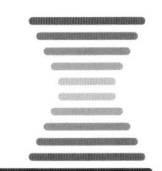

　地震波動の伝播という外力作用により引き起こされる災害事象には，地表地盤の強震動・液状化，海水の振動（津波），斜面の崩壊と土砂・岩屑の急速移動（土砂災害），2次的に生じる火災などがある．これら諸現象の発生の予知・探知，危険度および危険域の判定・評価，被害の予測などの方法を災害事象ごとに示す．地震の発生はまったく突発的であり，その直前予知は現在のところ不可能としたほうがよい．地震動の1次的な破壊被害および人的被害の規模は，強震動が始まったその時点で，強震動域の自然的・社会的条件や時刻・季節・気象などの外的条件によってほぼ決まる．災害時緊急対策が寄与する余地は小さい．したがって，地域の危険度を調べ，それに応じた耐震性強化を図っておくことが主対策とならざるを得ない．地盤条件の把握とその認識は対策の重要な基礎である．

2.1　地　　震

　地震を起こす主原動力はプレートの運動であり，その境界域で大きな歪みが生じて強い地震が頻繁に発生する．地震データの統計処理からは地震の発生危険度が示される．活断層の有無は関心の高い地震危険情報である．地震予知は社会の期待が大きいが，現在ではかなり困難視されている．強い地震発生の即時探知とその情報の迅速な伝達は，地震波の特性をもとにして実用化されている．これらの誘因としての地震の発生危険度や予知・探知などについて，その概要を述べる

2.1.1　プレートと地震活動
a.　マントル流動とプレート
　固体地球の表層部において歪みが長年月かけて蓄積され，岩盤・地層の破壊限界を超えると断層が生じて歪みエネルギーが解放される．これが地震波となって伝播していく．断層とは硬い岩盤・地層がある面を境にして相互にずれる破壊現象で，高温で軟らかい地下深部では生じない．歪みを起こす主因はプレートの運動である．プレートは地球表面を100 km近くの厚さで覆う岩板で，現在のところ10数枚に分かれて種々の方向に相互運動している．
　地球は平均半径6370 kmの球体で，内部は卵のような層構造をしている．最表層はやや軽い岩石からなる地殻で覆われている．厚さは平均20 kmほどで地球半径の

1/300 という非常に薄い殻である．海洋底では地殻の厚さは 10 km ほどと薄いが大陸では厚くなり，ヒマラヤ・アンデスのような高い山地では最大 70 km ほどあり，地殻の下にあるマントルの中に根をおろして平衡を保っている．深さ 2900 km までがマントルで，卵の白身に相当し，体積では地球全体の 85% を占める．中心の黄身にあたるのは鉄のコア（核）である．

マントルを構成する岩石中には微量ながら放射性元素（ウラン・トリウムなど）が含まれ，この崩壊熱による温度上昇によって，マントルは非常にゆっくりとした対流をおこなっている．マントルの最上部では，厚さ 100 km ほどが冷却により硬くなっている．このマントル最上部と地殻とを合わせた部分をプレート（硬い岩板）と呼ぶ．プレートの下にはやや高温で流動性の大きい厚さ 200 km ほどの部分（アセノスフェア）がある．マントル対流によってアセノスフェアは流動し，上に載るプレートも運動する．地震活動・火山活動・地殻変動などは，このプレート運動によりほとんどがその境界部で起こっている．

b. プレート境界の種類

プレートは，マントル対流により大量のマグマが上昇してくるところにおいて形成される．この大部分は大洋底で，マグマ噴出による山脈（中央海嶺）が海底に延々とつらなっている．対流の上昇部が大陸の場合には，地殻の大きな裂け目（地溝帯）がつくられる．海底で生産されたプレート（海洋プレート）はマントル対流に乗って移動し，冷却により次第に厚みを増していく．移動の速度は年数 cm のオーダーである．

軽い地殻からなる陸地を載せたプレートが大陸プレートであり，これが水平移動してくる海洋プレートに衝突すると，少し密度の大きい海洋プレートのほうが大陸プレートの下に沈み込み，マントル内部に戻っていく．沈み込みの開始場所には海溝が形成される．大陸プレート同士が衝突すると激しい押し合いになって地殻が重なり合い，大山脈・大高原が形成される．水平移動するプレートが側面で接し合うところは横ずれの境界で，横ずれ断層（トランスフォーム断層）が出現する．したがってプレート境界は次の 4 種類になる（図 2.1）．

(1) 発散境界（広がる・離れる境界，生産境界）： プレートが生産され，両側へ離れていく．
(2) 収束境界（狭まる・ぶつかり合う境界，消費境界）
 a. 沈み込み境界： 海洋プレートが大陸のプレートの下に沈み込む．
 b. 衝突境界： 大陸プレート同士が衝突して，地殻が重なり合う．
(3) 横ずれ境界： 相互平行移動する，すれ違う．

現在，さまざまな大きさと形の 10 数枚のプレートが識別されている．境界の位置と種類は，地形や地震・火山活動から判定できる．発散境界には海嶺あるいは地溝帯という地形がつくられ，また，マグマ上昇や地殻の裂開に伴う浅い小規模地震が線状に発生する．沈み込み境界では海溝が形成される．また，震源の深さが数百 km という深発地震の発生および爆発的な噴火を行う火山の分布で特徴づけられる．この大部

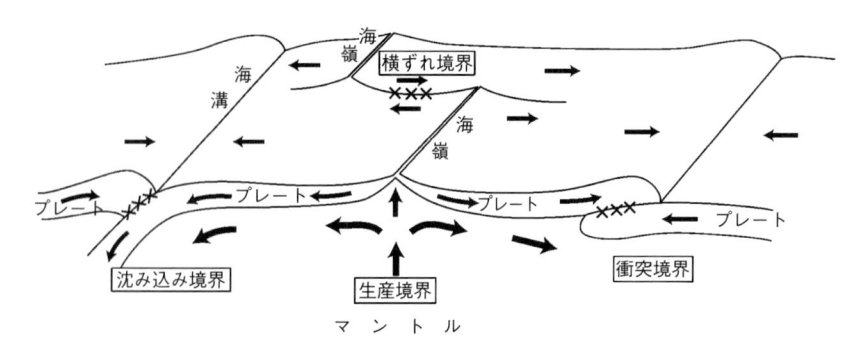

図 2.1 プレート境界の種類と地震活動

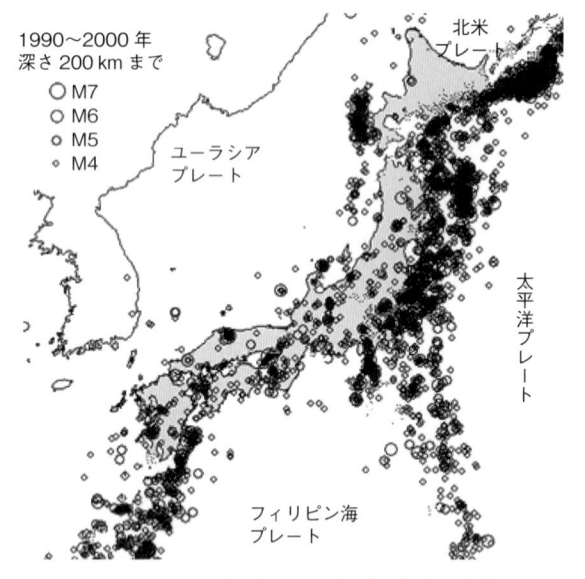

図 2.2 日本周辺域の地震の震央分布（気象庁資料）

分は環太平洋域である．衝突境界では強い圧縮力により大褶曲山脈がつくられ，プレート境界から遠く離れたところにまで強い地震の発生域が広がる．横ずれ境界では起伏をつくる力は働かないので，目立った地形はない．

c. 地震分布

地震の大部分がプレート境界域で起こることの結果として，地震帯が出現する．世界の主要地震帯には，太平洋をほぼ取り巻く環太平洋地震帯と，インドネシアからヒマラヤを通り地中海へと続くユーラシア南縁地震帯とがある．日本列島は環太平洋地

2.1 地震

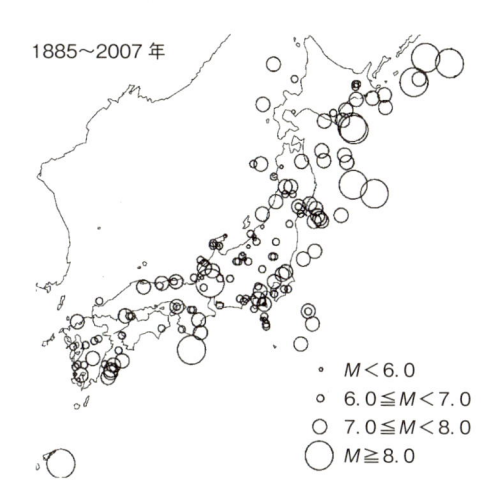

1885～2007年

- ・ $M<6.0$
- ○ $6.0≦M<7.0$
- ○ $7.0≦M<8.0$
- ○ $M≧8.0$

図 2.3 被害地震分布－1885年以降（国立天文台編，2009）

震帯の北西部に位置し，ユーラシア・北米の両大陸プレートの下に東から太平洋プレートが，南からフィリピン海プレートが沈み込んでいるという複雑な地下構造のところにあたる．沈み込みの場所が千島海溝・日本海溝・伊豆小笠原海溝・相模トラフ・南海トラフ・琉球海溝などである（トラフは舟底状の海溝）．

地震は海溝に沿い，その陸側に集中して発生する（図2.2）．とくに千島海溝・日本海溝で多い．琉球海溝でもやや多いが，その北東部の南海トラフでは非常に少なくなるのが目をひく．日本海側では，東北地方の沖に南北につらなる地震発生域があり，北米プレートとユーラシアプレートの境界をほぼ示す．

太平洋プレートとユーラシア・北米の両大陸プレートとの押し合いにより，日本列島はほぼ東西に圧縮され，陸域の地殻内にも長時間かけ歪みが蓄積されて，内陸地震（直下型地震）が生じている．その歪み蓄積速度は海溝付近よりもかなり遅いので，地震の発生回数は少ない．このような地震発生分布はどの期間の観測データでもほぼ同じで，地震の発生がかなり定常的であり，したがって地震の発生危険度を示す基礎データとなる．

単に震動だけでは終わらずに，何らかの被害を引き起こした地震を被害地震と呼ぶ．この地震の震源分布では，震源距離が小さくていわゆる直下型となりやすい陸域の地震が相対的に多く示される（図2.3）．陸域における震源の浅い地震では一般に，マグニチュード（M）が5.5を超えると被害が発生している．海域の地震では当然，陸地に近い地震が被害地震となりやすい．遠く沖合いの地震でも被害を引き起こすのは$M8$クラスの巨大地震である．最大限に年代を遡っても，被害地震の回数はあまり多くはならないので，被害地震の分布からは地震災害の発生危険度の一般的傾向をあ

まり読み取れない．図に示した1885年以降の期間では，大きな被害を引き起こした地震は近畿とその周辺域に集中している．

2.1.2 断層・活断層
a. 断層の種類・大きさ

断層には，断層面を境にして上側の岩盤がずれ上がる逆断層，上側岩盤がずれ落ちる正断層および横にずれ合う横ずれ断層とがある．日本列島のような収束プレート境界では，水平方向への圧縮応力が卓越するので，逆断層と横ずれ断層が主に生じる．通常はこれらが重なって上側岩盤が斜め上方にずれ上がる．逆断層が生じた場合，結果として地殻は押し縮められる．岩石の圧縮強度は引張強度に比べ非常に大きいので，圧縮の場では破壊限界に達するまでに大量の歪みエネルギーが蓄積され，断層が生じるとこの大量エネルギーが解放されて地震の規模が大きくなる．

断層により解放されたエネルギーは，断層面の面積，断層ずれ（変位）の量および岩盤の硬さ（剛性率）を掛け合わせた値，すなわち断層運動のモーメントで表される．この地震を起こした断層の位置・形状を示すわかりやすい情報に余震の分布がある．余震は主断層により生じた局所的な歪みを解消するため起こるものであり，本震後およそ24時間内の余震の震源を3次元的にみると，その大きさ・形・傾きがほぼ浮かび上がってくる（図2.4）．

$M8$の地震では断層面の長辺の長さが100 kmでずれ量が6 m，$M7$で30 kmおよび1.5 mというのが，日本における内陸地震の平均的大きさである．平面形は一般に

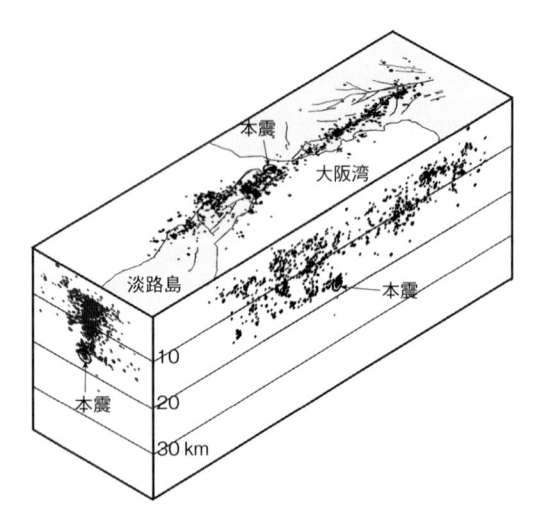

図2.4 兵庫県南部地震による余震の震源の3方向断面（阪神・淡路大震災調査報告編集委員会，1998により作成）

長方形あるいは長円形で示される．震源は岩盤破壊が最初に起こる地点であって通常は断層面の端にあり，3 km/s ほどの速度で破壊は進行する．したがって，$M8$ の地震では破壊が終了するまでの時間が 30 秒程度となるから，強い震動が続くのは 1 分程度である．ただし，破壊が周辺域に連鎖的に及んで強震動が数分も続くことがある．

b. 活断層地形

断層は岩盤・地層の弱い箇所であって，歪みの再蓄積により繰り返しずれを起こして地震を発生させる．このずれが地表面の新しい地形や地層で生じていると，断層がこれからも活動を続ける可能性のある活断層と推定される．推定の主な手がかりは，台地・段丘面のような比較的新しい平滑な地形面上にある連続的ずれ（ただし侵食による崖ではないもの），末端が切り取られたような尾根（三角末端面）が一線上に並ぶ，隣接する多数の谷が一線上で屈曲している，直線的な谷が山稜を越えて続く，などの地形である（図2.5）．

活断層の定義は，最新の地質時代（約170万年から始まる新生代第四紀）に繰り返し活動し，今後も活動する可能性のある断層，とされている．最新の地質時代は，第四紀後期のおよそ数十万年以降とする場合もあるが，ともかくこのような長年月を対象にしたものである．

活動の認定の手がかりは地表面のずれであり，断層面が地表にまでは達しない深い地震や規模のあまり大きくない地震は，活動を続けていても活断層としては把握されない．ただし，地下にある伏在断層であっても断層面上端が地表近くにまで達していて（深さおよそ1 km），地下探査によりその活動を確認できる浅部伏在断層も，活断層に含められるようになってきている．いずれにせよ起こった地震はすべて断層の活動によるものである．したがって，地下には非常に多数の活断層が存在しており，そのうちの浅いものだけが活断層と認定されていることになる．

c. 活断層の認定・評価

活断層の調査は，空中写真の判読によるリニアメント（地形の連続的な線状模様）の摘出を基本作業とし，地表踏査，地形測量，トレンチ調査，ボーリング調査，年代

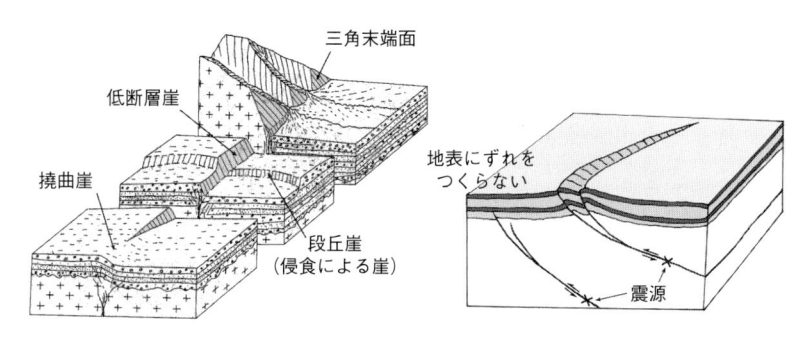

図 2.5　活断層を示す地形（活断層研究会，1980 など）

を示す火山灰層の同定，放射年代測定などの方法を加えて行われる．これにより判明した活動時期および変位量をもとにして，確実度，活動度，地震発生間隔などが評価される．確実度（活断層の存在の確かさ）は，活断層を示す地形的特徴の存在および断層の位置と変位の向きの明確さなどに基づき，活断層であることが確実であるもの（確実度Ⅰ），活断層であると推定されるもの（確実度Ⅱ），活断層の可能性があるもの（確実度Ⅲ）などに分類されている．確実度Ⅲには，リニアメントが他の作用，たとえば川や海の侵食で形成された疑いが残るもの，なども含められている．

活動度は平均変位速度により表され，A級は1年あたりミリメートルの桁（1 mm～10 mm/年）のもの，B級はこの1/10，C級は1/100のものとされている．地震の発生間隔は，間欠的に数m動くような大地震（$M7〜8$）の場合，A級で1000年に1回ぐらい，B級では数千年に1回ぐらいのオーダーである．なお，プレート沈み込みの場である海溝はAA級の巨大活断層であり，変位速度は10 mm/年以上，地震発生間隔は100年程度である．

d. 活断層の情報

活断層は近畿から中部にかけての内陸で最も多い（図2.6）．また，局地的に活断層の多いところは全国的にみられる．A級活断層は中部地方に集中している．活動の時間間隔は非常に長いので，短期間の震源分布では活断層分布との対応関係は現れてこない．被害地震の分布でも，近畿とその周辺に多いという傾向はあるものの，対応は明確でない（図2.3）．陸域で発生し被害を引き起こした地震の半分程度は，既存の活断層の活動とは認定されていない．活断層とは認定できない断層が地下には多数存在しているからである．

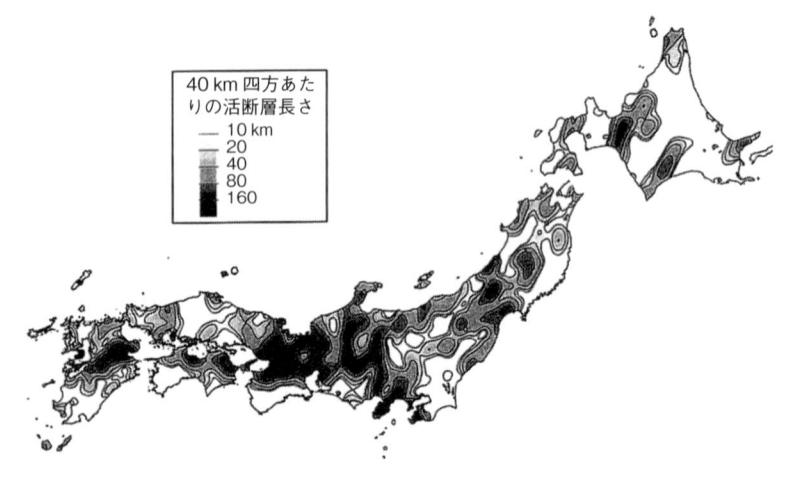

図2.6　活断層の密度分布（中田・今泉編，2002）

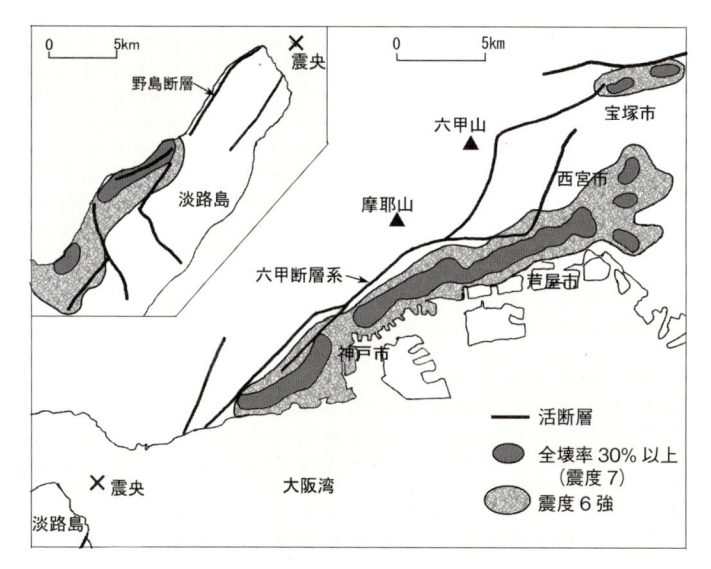

図 2.7　兵庫県南部地震の震度と活断層との関係

　東京とその周辺域についてみてみると（図 2.16），立川断層は確実度Ⅰで B 級とされているが，台地面に認められる地形は断層ではなくて地表面の湾曲（撓曲）であり，また，トレンチ調査では断層のずれは確認されていない．活動間隔は調査機関によってかなり異なり，約 5000 年や 1 万〜1.5 万年などの値が示されている．古くから知られていた荒川断層（埼玉中央部の荒川沿い）は，最近になって活断層からはずされた．千葉県東部の東京湾北岸断層は，少なくとも地形については明らかに海の侵食による海食崖である．
　1995 年兵庫県南部地震では淡路島の野島断層が活動して，活断層が注目される契機となった．この野島断層付近では震度は 6 弱であり，地盤条件や地下地質構造に規定されて震度 7 および 6 強の強震動域はこれから離れたところに出現した（図 2.7）．活断層の情報は，危険の存在をリアルに地域自治体・住民に知らせて備えを高めさせるのに役立たせる地域危険度情報である．

2.1.3　地震発生確率
a. 発生確率の求め方
　同じ震源域で繰り返し起こっているプレート境界域の地震や同一の活断層の活動による地震については，歪みの蓄積速度が一定という前提のもとで，大地震の発生確率を求めることができる．必要なデータは，大地震の平均の繰返し期間と最後の地震が起こった時期である．平均繰返し期間を経たときに発生確率は最大になり，平均から

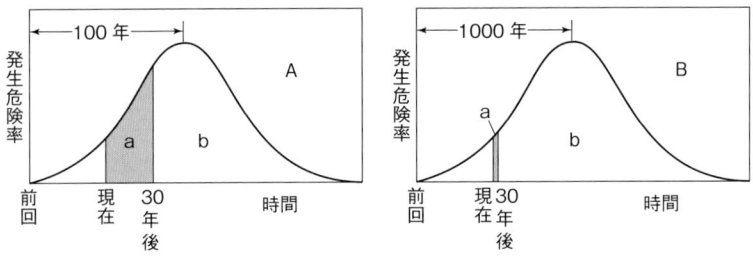

図2.8 地震発生確率の計算

はずれるほど確率は小さくなると考えてよいので，確率の分布曲線は一般に図2.8のようなベル型になる．実際には正規分布などの確率分布を適用して決める．図においてa+bの面積が1（地震はこの期間に1回発生）であるから，aをa+bで割った値が今後30年間の発生確率になる（この30年はどのような年数でもよい）．

発生確率は地震の平均間隔が長いほど低く，前回発生から時間が経つほど高くなる．海溝型巨大地震の平均発生間隔は100〜300年程度なので，発生確率は比較的大きな値になる（図のA）．一方，内陸の活断層の活動による地震の発生間隔は数千年〜数万年のオーダーであるから，確率は非常に小さく計算される（図のB）．

b. 発生確率の評価

発生が差し迫っていると想定される東海地震は，南海トラフ北端で周期的に発生している$M8$規模の海溝型地震である．これまでに1854年，1707年などに発生しており，平均間隔が約120年である．現在では最後の地震後すでに平均期間を過ぎているので，2009年現在における発生確率は87%と非常に高い値に評価されている．平均間隔の半分は60年であるから，平均間隔を過ぎても30年以内の確率は100%にはならない．紀伊半島南東沖を震源域とする海溝型地震の東南海地震（$M8.1$）の平均間隔はおよそ90年で，30年以内発生確率は約60%，四国沖で起こる南海地震（$M8.4$）のそれは90年で，約50%と評価されている（図2.9）．これらの2つあるいは3つが同時に発生していることが多いので，大災害となることが懸念されている．

相模トラフ北部における地震（関東地震）の発生間隔は200〜400年で，30年以内の発生確率は1%以下である．東北地方・牡鹿半島東方海域では$M7$クラスの地震が頻繁に発生しており，陸寄りで起こる宮城県沖地震（$M7.5$前後）の30年間確率はほぼ100%，海溝寄りで起こる三陸沖南部海溝寄りの地震は80%と評価されていたが，2011年にこの領域を含む延長500 km，幅200 kmの海域で，まったく予測されていなかった$M9.0$の超巨大規模地震が発生した．

南関東においては，$M7$クラスの地震が30年以内に起こる確率が70%と高い値が示されている．これは南関東というかなり広域で起こった地震を全部含めて平均時間間隔を計算しているためであって，南関東全域が等しくこの発生確率で危険があると

① 神縄・国府津—松田断層帯
　 M7.5程度　0.2～16%
② 糸魚川—静岡構造線断層帯
　 M8程度　14%
③ 富士川河口断層帯
　 M8程度　0.2～11%
④ 琵琶湖西岸断層帯
　 M7.8程度　0.09～9%
⑤ 山崎断層帯
　 M7.3程度　0.03～5%

根室沖
M7.9程度
30～40%

三陸沖北部
M7.1～7.6
90%程度

宮城県沖
M7.5前後
99%

宮城県沖（海溝寄り）
M7.7前後
70～80%程度

茨城県沖
M6.8程度
90%程度

佐渡島北方沖
M7.8程度 3～6%

安芸灘～伊予灘～豊後水道
M6.7～7.4
40%程度

日向灘
M7.6前後
10%程度

想定東海地震
M8.0（参考値）
86%（参考値）

東南海地震
M8.1前後
60%程度

南海地震
M8.4前後
50%程度

図2.9　地震活動の長期評価（防災科学技術研究所，2005などにより作成）
斜線は今後30年以内に震度6弱以上の揺れに見舞われる確率が高い地域（確率は26%以上）．2012年初頭に評価の見直しが行われたが，東北地方の太平洋沖海域は除き，想定東海地震の確率が86%→88%といったように，変更はわずかである．

いうことではない．$M7$ の地震による震度6弱以上の範囲は半径40 km程度なので，1回の $M7$ 地震による被災域は南関東の一部に限られる．

　活断層で発生確率の高いと評価されているのは，今後30年以内に起こる確率で表して，神縄・神津—松田断層帯（$M7.5$）が0.2～16%，糸魚川—静岡構造線断層帯中部・北部（$M8.0$）が14%，阿寺断層帯（$M6.9$）が6～11%，武山断層帯（$M6.6$）が6～11%，などである．兵庫県南部地震では淡路島北西岸を走る野島断層が活動した．この活断層の地震発生直前における活動確率は0.4～8%（暫定値）と評価された．しかし，実際には活動して100%であった．

c. 強震動分布の確率表示

　津波は別として，地震被害を引き起こす直接の作用力を示す値は震度（地震動の強さ）である．地震動の強さは最大加速度や最大速度で表されることが多い．各地で観測された最大加速度などの分布，さらには，これに確率統計処理をおこなってある任意期間における最大加速度の期待値や超過確率の分布を示す図は，広域についてのよい地震危険度情報である．ただし地震動の観測値が得られている地震を対象にした結果であり，最近起こった強い地震の影響を大きく受けているので，その地域が過大に評価される可能性がある．

　図 2.10 は 1951 年に作成された「河角マップ」と呼ばれているもので，1350 年間の被害地震 345 についての各地の推定震度から，標準地盤での最大加速度の期待値を求めて，その分布を示している．その後，多くの同種マップが地震工学の分野で作成されている．観測される最大加速度はその場所の地盤条件を反映しているので，地下深いところの標準的な地盤（工学的地震基盤）における値に直して局地性を取り除いている．地震基盤に入力した地震動をそれぞれの場所における表層地盤の種類に応じて増幅させると地表の地震動の分布が得られる．図 2.11 の全国地震動予測地図は，海域の大地震の震源域や主要活断層において地震が発生したときに，各地点の地震基盤に入力される最大速度を求め，これに表層地盤の増幅率を乗じ，次いで最大速度と震度との関係式を使用して，地表における震度を確率表現で示したものである．強震動に見舞われる確率が最も高いと評価されているのは，大地震の発生頻度が大きい南

図 2.10　最大加速度の期待値（金井，1969）

2.1 地　　震

今後30年以内に
震度6弱以上の揺れに
見舞われる確率

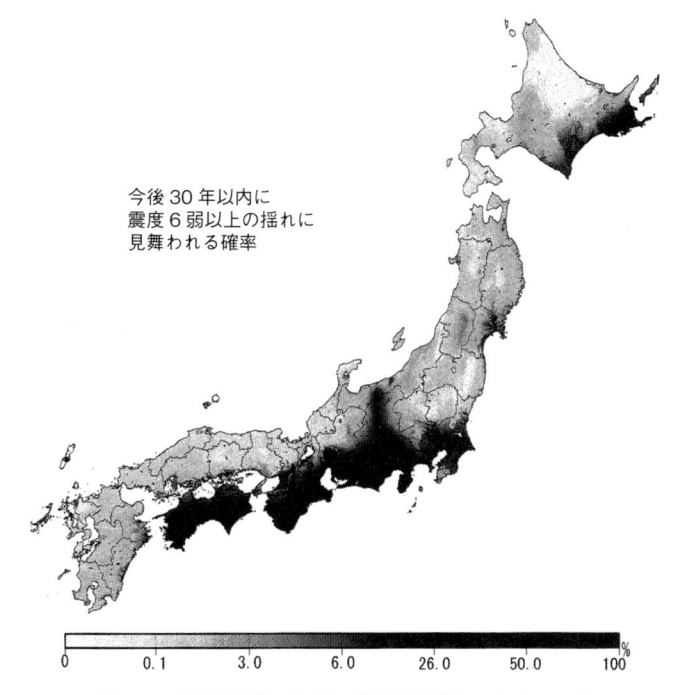

図2.11　全国地震動予測地図（防災科学技術研究所，2005）

海トラフに面した本州太平洋岸域である．

2.1.4　地 震 予 知
a. 直前予知

　ここでは，予知情報を受けて取り得るのが応急的な危険回避の対策・対応に限られるという短期間についての予知を前提にする．数年以上も先のことであれば，予知の方法や予知情報の役割は違ったものとなり，過去の地震データなどに基づく確率的危険予測の範疇に含められるものとなってくる．地震の物理的機構に基づかない純統計的方法もまた同様である．現在，公的な機関が継続的に取り組んでいるのは地震学的・測地学的な方法による直前予知で，想定東海地震の予知が中心となっている．

　地殻中に歪みを蓄積させて断層破壊を引き起こす主因はプレートの相互運動である．プレートの運動は時間・空間スケールの大きい現象で短期間には変化しないので，これによる歪みの蓄積速度はほぼ一定である．したがって地震により歪みが解消されたあと，再び歪みが蓄積されて次の地震が生じるまでに要する時間は，ほぼ一定とみなされる．このことから，最近大地震が起こっていない地域，すなわち空白域を対象

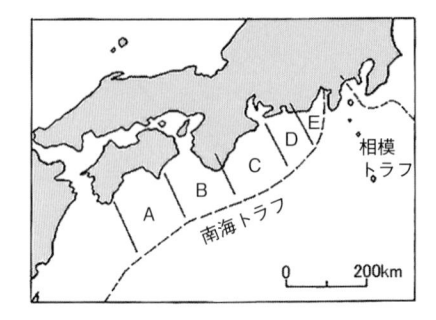

図 2.12 南海トラフにおける地震（岡田・土岐，2000 など）

地震名	年月日	M	震源域
永長東海	1096.12.17	8.3	CD
康和南海	1099. 2.22	8.2	AB
康安南海	1361. 8. 3	8.3	ABC
明応東海	1498. 9.20	8.3	CDE
慶長南海・東海	1605. 2. 3	7.9	ABCD
宝永南海・東海	1707.10.28	8.4	ABCDE
安政東海	1854.12.23	8.4	CDE
安政南海	1854.12.24	8.4	AB
昭和東南海	1944.12. 7	7.9	CD
昭和南海	1946.12.21	8.0	AB

にして，歪みが破壊限界近くに達したことに伴う地殻変動や地震活動などを集中観測してその異常変化（前兆現象）を捕まえようとするもので，大地震の規則的反復性が根拠になり，大地震の空白域の認定が重要な前提となる．

プレートの沈み込みにより生ずる $M8$ クラスの海溝型巨大地震の反復期間は 100 年のオーダーであるので，古文書に複数回の大地震記録が残されている地域が多い．この記録から同じ震源域における大地震の反復期間を求め，最後に起こった年から平均反復期間に近い時間が経っていればそこは空白域で，次の大地震が差し迫っていると判断される．隣接域における最後の大地震の震源域分布からは，取り残された空白域の広さがわかるが，この大きさはやがて解消されるべき歪みエネルギー量，したがって地震の規模を示す．これにより「どこで」と「どんな規模で」の答えが出せるが，「いつ」という防災上最も必要とされる答えを出すのが非常に難しい．

駿河湾には，琉球海溝の東端にあたる駿河トラフが入り込み，フィリピン海プレートが日本列島の下に向け沈み込んでいる．ここに認められる空白域に起こるであろう地震が想定東海地震である（図 2.12）．ここでは 1854 年安政東海地震（$M8.4$），1707 年宝永地震（$M8.4$），1605 年慶長地震（$M7.9$），1498 年明応東海地震（$M8.4$）などが起こっており，その平均間隔は約 120 年である．したがって次回の東海地震の発生がきわめて差し迫っているということで，1970 年代からその予知のための観測が強化された．予想される断層面の長さは 100 km，幅は 50 km で，西に 30°傾斜する．1978 年にはこの地震が予知されることを前提にした「大規模地震対策特別措置法」が制定された．これは「判定会」が観測データの異常を判定し，大地震の前兆と認めたら「警戒宣言」を出して所定の対応措置を「地震対策強化地域」にとらせるよう定めた異例の法律である．

b. 観測項目

認定された大地震の空白域に観測網を展開し（図 2.13），地殻変動や地震活動などを集中観測して，前兆現象を捕まえ，いつ起こるかを中心にした直前予知を目指す．

(1) 地殻変動の観測： $M8$ クラスの地震の発生が近づけば何らかの異常な地殻変

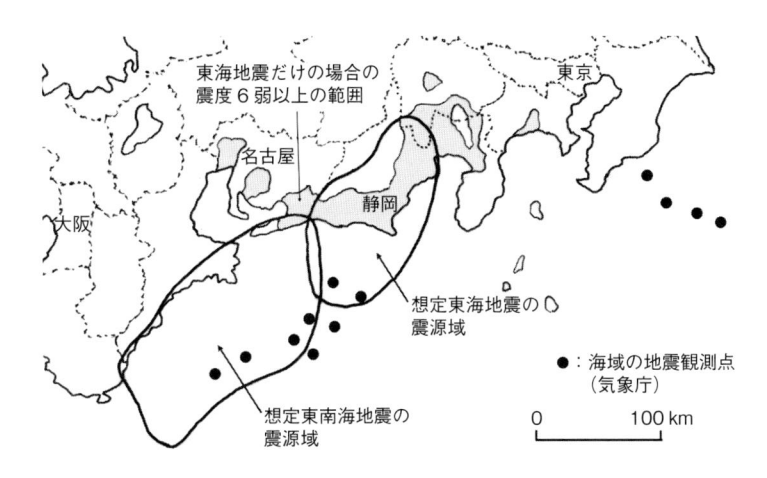

図 2.13 想定東海地震・想定東南海地震の震源域と海域の地震観測点

動現象が事前に現れるであろうという予測のもとに観測を行う．観測項目は，地殻の伸縮や歪み，地盤の傾斜や上下変動などである．最近では，沈み込み域で固着と高速すべりを起こすエリアであるアスペリティの存在が注目され，そこでのプレスリップ（前兆すべり）を精密な歪み計で捉えることに重点がおかれている．地殻の伸縮測定には GPS（全地球測位システム）が利用される．プレート沈み込みは地盤の傾斜増大や沈降を起こし，地震により一気に反対方向に変化すると考えられる．1944 年東南海地震や 1964 年新潟地震の直前に，水準測量でこのような異常が観測された．

(2) 地震活動の観測： $M1$ 以下といった微小な地震は常時起こっている．この微小地震の起こり方が，地震発生が近づくと変化するであろうという予測のもとに地震活動の観測を行う．根室半島沖では 1973 年に $M7.4$ の地震が発生したが（前回は 1894 年），その 10 年前から微小地震の発生がなくなり，周辺では活発化した．断層破壊に先立つ微小割れ目の成長と地中水の移動によって P 波速度と S 波速度の比が変化すると考えられので，そのような発震機構の変化も一つの手がかりとされる．

これ以外にも，地下水位の変化，地下水のラドン濃度（割れ目が形成されると地下深部から放射性ガスのラドンが上昇してくる），地磁気・地電位・電気抵抗・電磁放射などの地球電磁気現象，などが観測・調査の対象とされている．これらの諸データに認められた異常変化を総合的に判断して前兆を認定し，直前の地震予知を目指す．しかし現在のところ，$M8$ クラスの地震でも前兆すべりは観測できないのではないかという判断が広まっている．2011 年の東北地方太平洋沖地震では，$M9.0$ と巨大規模ではあったがプレスリップなどの前兆現象は起こっていなかったとされている．

c. 予知情報と防災

1975年2月4日に中国・東北部の海城で M7.3 の直下地震が発生したが，これは事前に予知され人的被害を少なくしたとされている（死者は約 2000 人）．しかし，翌年の7月28日に海城の西南 400 km の唐山で起こった M7.9 の地震は予知されず，死者25万人（実際にはこの2～3倍と推定される）という20世紀最大の地震災害となった．これは地震予知の不確定さをよく示す事例である．この当時は文化大革命中であり，多数住民の行動を制約できるか否かには，社会の体制がかかわっていることもこれは示唆している．

防災手段としての地震予知は，経験を積み重ねて達成されるものである．このためにはいくつもの大地震の経験を経なければならない．個々の地震の個別性のために，他の場所での地震の経験は一般化し難いであろう．最も必要とされるのは発生時期の正しい予知であるが，これが難問である．地震のような破壊現象の発生には不確定性が大きいからである．過去の再来期間の単純外挿では，直前対策を立ち上げさせる「予知」情報にはならないであろう．

発生時期に大きな不確定さのある予知情報を受けて，被害回避のための種々の対応手段をとるためには，はずれを承知したうえでの，経済的コストの負担や正常な生活・社会活動の犠牲を覚悟する必要がある．これを地域住民（大都市域では 1000 万を超える）全体に受け入れさせることは不可能である．

さらに，予知によって防ぎ得る部分は限られる，ということが指摘される．直前予知は，災害の規模をほぼ決める1次的破壊被害の発生を防ぐことにはつながらない．兵庫県南部地震において，観測値に一斉に異常が現れ直前予知ができたとしても，25万棟の建物被害などの破壊被害は不可避であった．これに伴って多くの人的被害もまた避け得ない．当たり外れが大きく，また対応コストが大きい場合には，予知は補助的手段にとどめるべきものである．

2.1.5 地震発生の探知
a. 地震波

地震波には，P波（粗密波），S波（ねじれ波），L波（表面波）がある．P波は進行方向に振動する縦波で，粗密の状態が伝わっていく．S波は横波で，ずれ変形によって伝わる．L波は境界面に生じる波で，距離による減衰が小さいので遠方にまで伝わる．地下深部岩盤での速度はP波が 5 km/s 程度，S波は 3 km/s 程度である．P波が先行して伝わり，ある地点におけるP波とS波の到達時間の差（初期微動継続時間）は，震源までの距離に比例するので，震源位置決定の手段となる．

地震の規模を示すマグニチュードは，地震計に記録された地震波形の最大振幅から求められる．ただし，使用する地震波，震源から観測点までの距離の補正方法などの違いにより，マグニチュードには種々のものがある．気象庁のマグニチュードは最大地動（地表面の最大変位）を基本として使用したものである．国際的には表面波マグ

ニチュードが広く用いられている.

地震波の振幅によらないマグニチュードとしてモーメントマグニチュードがある. これは断層運動を起こす力のモーメントによるもので,断層運動としての地震の大きさを示すものである. $M8$ を超える巨大地震の規模はこのモーメントマグニチュードで表される. なお,地震モーメント (M_0) は,断層面の面積を S,断層の平均ずれ量を D,岩盤の剛性率(硬さ)を μ として,$M_0 = \mu DS$ で与えられる. マグニチュード M と地震波のエネルギー E(ジュール)との間には,$\log E = 4.8 + 1.5M$ の関係がある. したがって,M が 1 大きいとエネルギーは $10^{1.5} = 32$ 倍に,M が 0.2 大きいとエネルギーはほぼ 2 倍になる.

b. 緊急地震速報

緊急地震速報は,震源近くでP波を観測して震源やマグニチュードをただちに推定し,それが強い地震であったら,周辺地域に主要動のS波が到達する前にその情報をいち早く伝えようとするものである. この緊急地震速報は,機器制御などの高度利用者向けに 2006 年 8 月 1 日から提供され,一般向けには 2007 年 10 月 1 日に発表が開始された. 地震検知・速報発信の流れは,①震源の最寄りの地震計がP波を観測する,②これを即座に気象庁へ送る,③送られてきた記録から震源位置・マグニチュード・発生時刻を決める,④これを情報配信機関(放送局など)や防災関係機関に伝送する,⑤これらの機関が一般市民・諸施設工場などに配信する,⑥この情報を受けて各種の緊急対応を始動させる,という各ステップからなる

緊急地震速報のシステムに組み込まれている地震計は全国で約 1000(気象庁約 200,防災科学技術研究所約 800)あり,その平均間隔は 25 km である. P波の速度は 5～6 km/s なので,最寄りの地震計にそれが到達するのに 2～3 秒ほどかかる. この観測データからある精度でマグニチュードなどを推定するには,複数の地震計が観測したデータをある時間蓄積させる必要がある. 気象庁に送られてきたこのデータを解析して震源やマグニチュードを決定し,緊急地震速報第 1 報として気象庁が発表するまでには 4 秒ほどはかかる(図 2.14). 2011 年東北地方太平洋沖地震では,牡鹿半島の観測所で最初に地震を検知した 8.6 秒後に一般向け速報が発表された.

関東平野の場合,地表から 50～70 km ほどのやや深いところで,かなり大きな地震がたびたび発生している. 地震波は深い震源からいわば斜めに直進してくることを考えると,震央(震源真上の地表)からの水平距離が 30 km のところでは,緊急地震速報の前にS波が到達することになる. 震央から 30 km 以上も離れていると,$M6$ クラスまでの地震では,震度 6 弱以上の強震動域からははずれることが多い. いずれにせよP波の初期微動はかならずS波の強い揺れの前に到達するので,この直接感じ取れる確かな情報に基づいて,危険回避の緊急行動を起こすことができる. 房総沖および東海沖の海底には,地震計が列状に設置されている(図 2.13). これにより海溝型巨大地震の発生を震源近くで検知し,その情報をかなりの余裕時間をもって首都

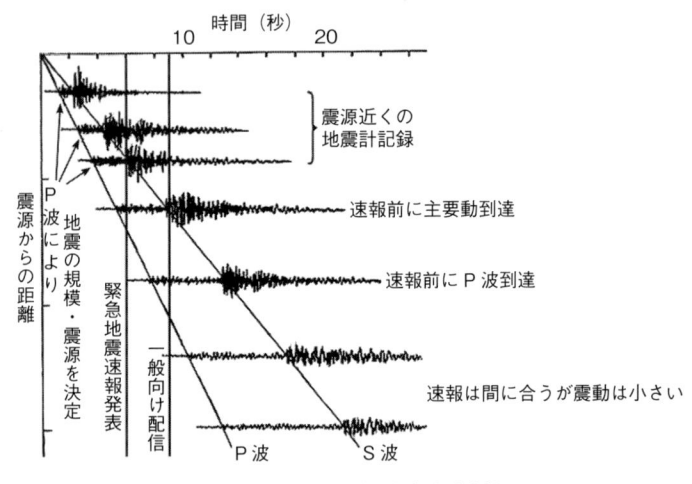

図2.14 地震波到達と緊急地震速報

圏などに伝達することが可能である．

2.1.6 世界の地震危険地帯

　世界のスケールで地震災害の危険性を評価する場合，地震の発生頻度・強度のほかに，住居構造を規定する気候条件，被害規模を決める国・地域の経済水準・社会安定度などの条件を加える必要がある．

　強い地震が頻繁に発生するのは，強大な圧縮力が働く沈み込みおよび衝突の収束プレート境界である．沈み込み境界は環太平洋地域とこれに接続するカリブ海域およびインドネシア南縁海域にほぼ限られる．顕著な衝突境界はユーラシア南縁地震帯の大陸部分だけである．マグニチュードが8以上の巨大地震はほぼすべてが収束境界で発生し，またその大部分は環太平洋地域における海溝型巨大地震である．これらの震源は陸地から離れているので，エネルギー規模は大きくても被害規模は必ずしも大きくはなっていない．大被害をもたらした地震は陸域での直下型地震である．このためユーラシア大陸の南縁につらなる地震帯で大被害地震が多く発生している．とくにイランとその周辺域で多いが，これには気候条件が関係している（図2.15）．

　ユーラシア南縁地震帯はちょうど雨の少ない亜熱帯高圧帯にほぼ一致する．南北アメリカ大陸の西岸（太平洋岸）でも地震帯と乾燥地帯とが重なる．ユーラシア大陸中央部（ヒマラヤの背後）も乾燥地帯である．乾燥地帯では樹木は非常に乏しくて貴重な資源であるので，一般的な建築材料としては利用できない．このため，手近にあり材料費がいらない土が広く使われている．この土に草などを混ぜて水でこね天日で乾かした日干しレンガはアドベと呼ばれる．これを補強材料なしに単純に積み上げてつ

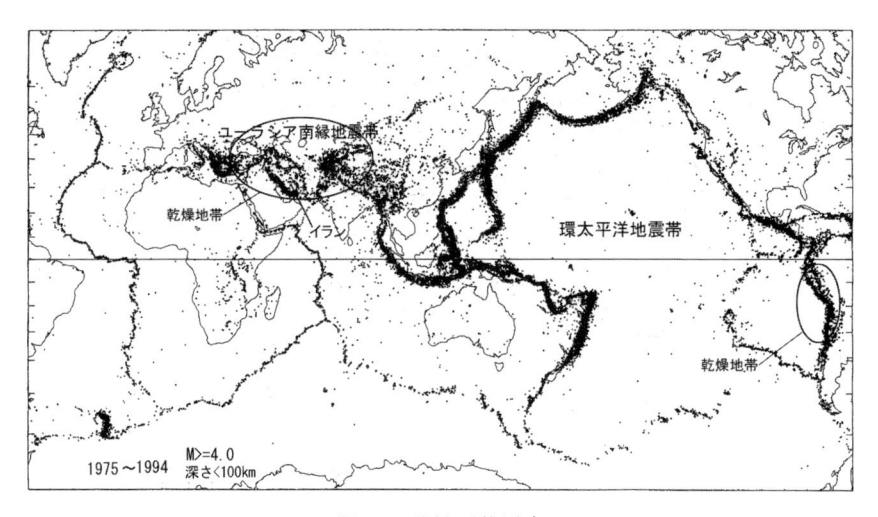

図 2.15 世界の震源分布

くった建物が，とくに経済水準の低い地域では一般的な住居になっている．

アドベ造は耐震性に非常に劣るので，強い地震動で完全崩落して多数の人を生埋めにする．このため死者数の多い地震災害の多くは乾燥地帯の，経済発展の途上にある国で起きている．イラン・アフガニスタン・パキスタン・インド・ペルーなどがこのような国々である．イランでは世界の大被害地震（死者 1000 人以上）の 1/4 が起こっており，頻度はほぼ 5 年に 1 回である．その大部分が $M6$ クラスとエネルギー規模は大きくはない．

一方湿潤地帯では，木材が一般的な建築材料として使われるので，地震後の延焼火災が大きな被害を引き起こしている．なお，熱帯雨林地帯にあっても貧しい国ではアドベ造が多くて被害を大きくしている例が，中米や東南アジアの地域にみられる．

大起伏の断層山地・褶曲山地がつくられる収束境界における強い地震は，土砂の移動による災害も起こす．地震による土砂移動（山地崩壊・岩屑なだれなど）は豪雨によるそれに比べ広域で大規模になる．とくにヒマラヤとアンデスでその危険度が高い．大きな津波は海溝部における巨大地震で起こる．海溝の大部分は太平洋にあるので，太平洋に面する陸域および太平洋内の島で津波の危険が大きい．インド洋での津波はインドネシアの南と西にあるジャワ海溝で起こる．$M9$ クラスの超巨大地震では遠く大洋を越えて伝わる津波を起こすので，その影響は広域に及ぶ．

死者数の非常に多い地震のほぼすべては経済水準の低い途上国で起こっている．死者の大部分は建物の倒壊によって生じる．国民が貧しい国では一般の住宅の強度は劣り，それが密集するスラムは多い．アドベ造が多いのは貧しさゆえである．ビルなどの建築物も施工・管理の不備・手抜き，老朽化などにより耐震性の劣るものが多い．

耐震基準を高めようとしても経済条件がそれを許さない．普及もまた妨げられる．

最近における死者数の多い地震には，2010年ハイチ地震：死者32万人（$M7.0$），2008年四川地震：9万人（$M7.9$），2005年パキスタン北部地震：9万人（$M7.7$），2004年スマトラ沖地震：30万人（$M9.1$），2003年イラン・バム地震：5万人（$M6.8$），1976年唐山地震：25万人（$M7.8$），1970年ペルー地震：7万人（$M7.8$）などがある．これらはすべて低所得および中所得の下位の国（当時の経済水準）で起こっており，$M7$クラスの直下型地震により大量の建物倒壊が生じたことが大被害発生の主因になっている．1945年以降における死者1万人以上の地震災害の回数は21で，うち15はイラン付近を中心としたユーラシア南縁地震帯（これはほぼ乾燥地帯）で発生した．

東京圏は，強い地震発生の危険度，土地条件・市街地環境など地域脆弱性，社会経済的影響度などからみて，世界で飛び抜けて危険度の高い地域であり，都市機能の地方分散による災害ポテンシャル低減の継続的努力が急務である．

2.1.7 関東平野南部の地震活動（地域例1）

関東地方の地下には，北米の大陸プレートの下に東から太平洋プレートが沈み込み，さらに南方からフィリピン海プレートが太平洋プレートの上に潜り込んでいて，世界でも有数の地震頻発地帯になっている．

茨城南部に影響を与える地震には，①関東平野南部の地下で起こる直下型地震，②日本海溝南部陸側の鹿島灘で起こるプレート境界地震，③相模トラフで起こるプレート境界地震がある（図2.16）．最も頻繁に起こっているのが①である．これは主として，フィリピン海プレートと太平洋プレートとが接触している付近で起こっている．接触面は地下50〜70 kmぐらいのところにあるので，震源の深さもそれくらいである（図2.17）．マグニチュードは一般に5以下，せいぜい6クラスであり，震源はかなり深くてそれだけ遠く離れているので，地表での震度は弱まってほぼ5強まで，地盤のとくに悪いところでも最大で6弱程度である．

1895年の「霞ヶ浦付近の地震」は$M7.2$で1995年兵庫県南部地震に近い規模であったが，茨城県全体の被害は死者4人，家屋全壊37戸，同半壊53戸，新治郡では家屋全壊3戸などで，あまり大きいものではなかった．茨城南部の台地面における震度はほぼ5強以下であった．被災範囲は広かったので，震源は70 km以上とかなり深かったものと推定される．参考までに示すと，兵庫県南部地震の震源は深さ16 km，震源からの距離が神戸は30 km以内，大阪中心部は50 kmほどである．1921年の「龍ヶ崎の地震」は$M7.0$，深さ60 kmで，被害は軽微であった．震央は阿見付近であり，一説には千葉県の印西付近とされている．震源は深いので震央（震源の真上）が正確にどこかはあまり意味はない．なお，このような昔の地震のマグニチュードは大きく見積もりすぎで，実際はこれより0.5ほど小さいとしたほうがよいようである．

②は日本海溝での沈み込みによる地震で，2011年以前には$M8$クラスの巨大地震

2.1 地震

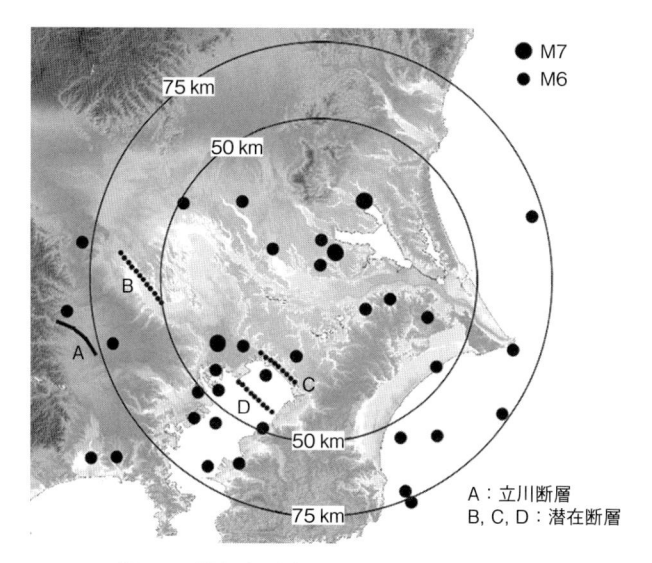

図 2.16 関東平野南部と周辺域における地震活動

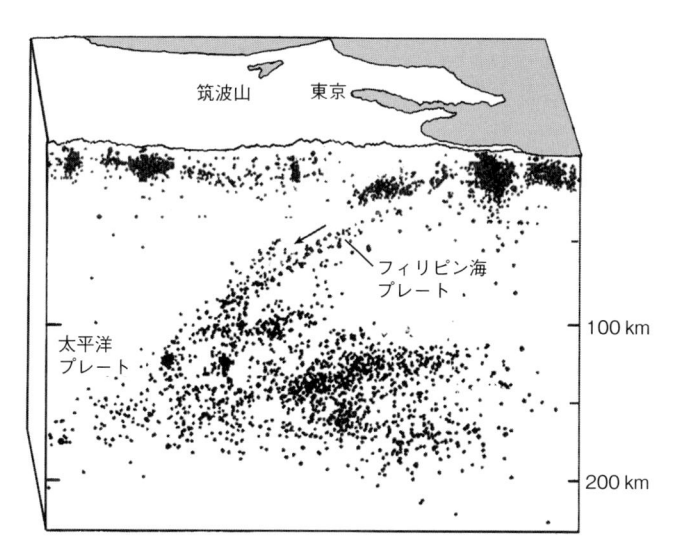

A：立川断層
B, C, D：潜在断層

図 2.17 関東地方の地下における震源断面（総理府，1999）

の発生はなかった．これにはフィリピン海プレートが沈み込みの前面にあることが関係すると推定されていた．それまでに起こった地震で最大の M は 7.5 で，茨城南部

では震度5強までであった．しかし，2011年3月11日に三陸沖を震源とし，茨城沖にまで震源域が拡大するという$M9.0$の超巨大地震が発生した．この本震の30分後には鹿島沖70 kmを震源とする$M7.7$の大きな余震が発生し，本震を上回るほどの強い揺れを茨城南部にもたらした．最大震度は6弱で，死者4人，住家全壊約150棟，半壊約550棟の被害が茨城南部で発生した．強い震動が数分間も続いたために，地盤液状化による被害が大きかった．この地震の震源域南方の房総沖には海溝型巨大地震の空白域があり，2011年地震に連動して発生する可能性が高いと考えられている．ここでの最近の巨大地震は1677年延宝地震（$M8.0$）である．この震源は銚子の南東130 kmであり，茨城南部からは180 km以上離れている．$M8$地震の強震動域は震央からおよそ100 km以内であるので，茨城南部の震度は5強以下であろう．

③は相模湾〜房総南方沖で起こる$M8$クラスの地震で，1923年関東地震（$M7.9$），1703年元禄地震（$M8.1$）はこれである．相模湾域では90年前の関東地震によって歪みが解消されているので，ここ100〜200年ぐらいは大きな地震は起こらないと考えられている．関東地震の時の茨城南部（震央距離100 km以上）における被害は小さく，台地面では震度5弱程度であった．しかし関東平野の基盤が深い埼玉東部低地では，茨城南部よりも震源からの距離の大きいところにおいても著しい被害が生じた．たとえば震央距離が水海道とほぼ同じの幸手では住家全壊率が30％近くで，震度6強以上の非常に強い揺れであった．

この地域には活断層はない．関東平野の地下では頻繁にかなり大きな地震が発生している．すなわち，活動中の断層が非常に多数存在していることになる．しかし深いところで起こっているので，断層ずれが地表までは達しないので活断層として把握されない．

2.2 強震動災害

地表地盤の強震動は地震の直接的な破壊作用の中心部分である．震源断層から発進した地震波は，伝播経路の地質構造および表層部地質の性状による変形・増幅を受けて，地表地盤を震動させる．震動増幅の程度は地盤の硬さに関係し，軟弱地盤では大きな増幅が生じて地震動が強くなる．地形は表層地盤との関係が密接であるので，地盤条件を推定する実用的な手段となる．地形・地盤の条件は，強震動災害の危険性を示す基本要因であるので，地震災害の事例を多数示しながら，これらの土地条件と被害とのかかわりを中心に述べる．

2.2.1 地震動強さ
a. 震　度

地震動の強さ（震度）は，地震災害を引き起こしその規模を決める基本量であり，震度階，最大加速度，最大速度などで表現される．最大変位，継続時間，震動の周期

なども揺れの体感や被害の発生に関係する．

気象庁震度階は，かつては0～7の8階級であったが，1996年から震度計による計測震度に全面的に改められ，また，震度5と6はそれぞれ強と弱に分け，全体で10階級区分となった．計測震度は，それを超える強さの揺れが継続した時間の積算値が0.3秒になるというその加速度を，震度計の観測記録から求め，ある経験的な関係式により10階級区分したものである．大きな震度の地震回数がこれによりかなり多くなっており（3倍ほど），揺れの程度や被害の大きさと震度との関係が以前とは異なってきたので注意を要する．

加速度は作用する力にかかわる値であり，その最大値は地震動強さを示す物理量として最も広く使用されている．計測震度と最大加速度との関係は単純には表現されないが，旧震度では震度5と6の境界が$250\,\mathrm{cm/s^2}$, 6と7の境界が$400\,\mathrm{cm/s^2}$，などの関係がある．地震動の最大速度は運動量にかかわる値であり，建物被害の大きさとの関係が深い量と考えられ，使用されることが多くなった．

強い震動は強震計により観測される．強震計は，ある強さ以上の地震動が加わると動き始めて，強い地震動の加速度や速度を，感度を落とし低倍率で記録する地震計である．強震計は全国的に設置されてはいるが，それでも震央近くに強震計がない場合も出てくる．その場合，墓石の転倒状況が加速度を推定する手段として利用できる．日本では墓地はどこにでもあり，墓石の形はほぼ決まっているので，地震加速度の推定に便利である．

直方体状の墓石を転倒させる加速度αは，高さをH，底面幅をB，重力加速度をgとして，$\alpha=Bg/H$で与えられる．水平動により墓石が傾いて重心からの垂線がその下端Pより外にはずれると，もとに戻ることができずに転倒するからである（図2.18）．一つの墓地における多数の墓石を対象にし，転倒と不転倒を区別して各々のBおよびHをグラフ上にプロットして，それらを分離する最適の直線の勾配から，平均的

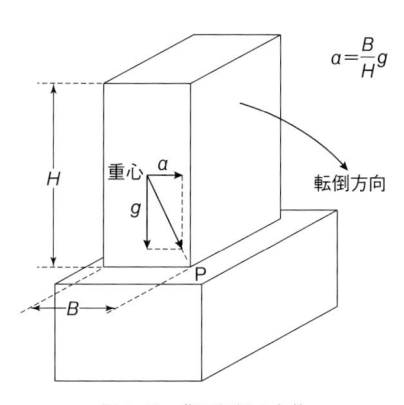

図2.18　墓石転倒の条件

な加速度が推定される．日本の墓石で上段に載せられる縦長の棹石の B/H は 0.25 〜0.4 程度のものが多いので，震度6前後の震動の加速度を推定する手段になる．広い一つの墓地についての墓石転倒率からも加速度のおよその推定が可能で，転倒率 90% で加速度が $400\,\mathrm{cm/s^2}$ といったような値が経験的に得られている．

b. 震度を決める要因

ある場所の地震動強さは，震源断層の規模・運動特性，地震波伝播の距離・経路特性およびその場所の地盤特性・地下構造などによって決められる．ここで最後の場所に関する特性は，制御し選択できる要因であって防災面で重要な意味をもつ．

地震のマグニチュードが大きいほどより強い地震波が放出されて，それぞれの場所での地震動が強くなることは明らかである．地殻の破壊は震源から始まり，$3\,\mathrm{km/s}$ ほどの速度でその破壊は進行していく．破壊が進行していく方向（断層の走向方向）へは，より強い地震波が放出され，また，震動の継続時間は長くなる．地殻破壊の進行速度が遅い場合には，いわば地震のエネルギーが小出しに放出されることになり，最終的に同じ広さの断層が形成されたとしても，放出される地震波はより弱くなる．断層面間の固着の程度は一様ではなくて，それがとくに大きい場所がある．これはアスペリティと呼ばれ，より強い地震波がここから放出される．このように震源断層の規模・特性は，地震波の強さや指向性などを決める．

震源から発した地震波は，波面の広がりによる幾何減衰と，伝播経路にある媒質の特性に起因する散乱減衰および内部減衰を受けて，振幅が減少していく．幾何減衰では振幅が伝播距離に逆比例するという関係がある．散乱減衰は，地殻内部の不均質構造により地震波が散乱されることによって生じる．内部減衰は，波が媒質中を伝わる間に摩擦などによりエネルギーが吸収されるために起こる．散乱減衰と内部減衰は Q という値によって表現される．Q 値の小さい（一般に軟らかい）地殻内を伝播するとき，地震波は大きな減衰を受ける．

地震波が到達してきた地球表層にはさまざまな地層や地形が分布していて，地震波動の強さや性質を変え，その結果として地震被害の地域差が出現する．表層を被覆する軟弱地層における地震波速度の大きな低下は，局地的な地震動増幅をもたらす主原因である．

c. 最大加速度算定式

震源断層からある程度以上離れた場所における地震動の最大加速度 A_m（あるいは最大速度）は，マグニチュード M，震源距離 X，その場所の地盤条件 G の関数

$$\log A_m = a + bM + c\log X + dG \tag{2.1}$$

で与えられる．この式の係数は強震観測資料を用いた重回帰分析によって決めることができる．個別の地震について，また Q 値がほぼ一様と判断される地殻構造区ごとに，回帰分析をおこなった結果では，係数 b はほぼ 0.5 である．係数 c は距離による地震動の減衰の程度を示す値で，地殻構造区によって異なる．たとえば，東北日本外弧では -1.6 程度であるのに対し，東北日本内弧では -2.4 程度で，より軟らかな火山性

2.2 強震動災害

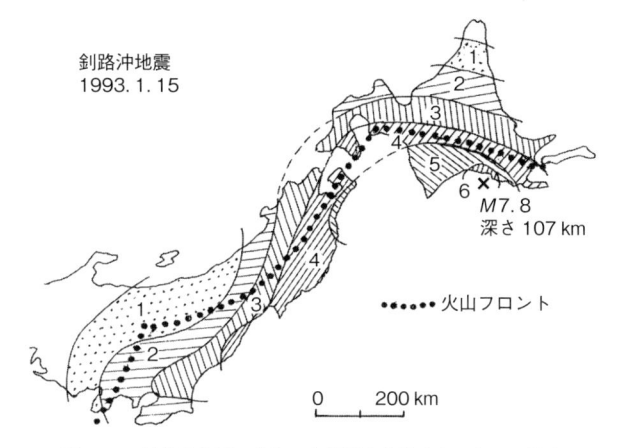

図 2.19 震度分布例—東北日本外弧内を遠くまで伝わる場合

の内弧において減衰が大きいことが示される．また，火山フロントを地震波が通過すると平均して半分程度に地震動強さが低下している．距離減衰の地域差は地震の震度分布に明瞭に現れ，たとえば北海道・東北地方の太平洋岸沖を震源とする地震では常に，東北日本外弧の硬いプレート沿いに大きく南方へ等震度線が伸びるという分布を示す（図 2.19）．

表層地盤と地形とは密接な関係があるので，変数 G を地形区分（分類による質的変数）で与えて回帰分析をおこなった結果では，係数 d の概略の値として，三角州性低地を 1 とした場合，山地・丘陵 0.5，台地・段丘 0.7，扇状地性低地 0.8 程度の値が得られた．これは，砂泥質で軟らかい地盤の三角州に比べ，硬い岩盤からなる山地では最大加速度が約半分に，締まった地層からなる台地では 70% 程度（関東地方に多いローム台地では 80%）に，地表勾配の緩い砂質の扇状地では 80% 程度に低下することを示す．地震動の最大速度についてみると，三角州性低地においてそれは大きく，山地の 4〜5 倍になる．

2.2.2 地震動の増幅
a. 地表層での震動増幅

地震の主要動は S 波で，これは進行の直交方向に振動する横波である．その速度は，媒質の硬さの程度を示す剛性率の平方根に比例し，硬いところほど速く伝わる．したがって地下深くの硬い岩盤のところから地表近くの軟らかい地層中へ S 波が伝播してくると，速度は次第に遅くなる．また，屈折現象によりその進行方向は次第に垂直の方向に向けられていく（図 2.20）．S 波の伝わる速度は，硬い岩盤では 3000 m/s 程度，かなり締まっている洪積層で 300〜500 m/s 程度，沖積層のような軟らかい地層では

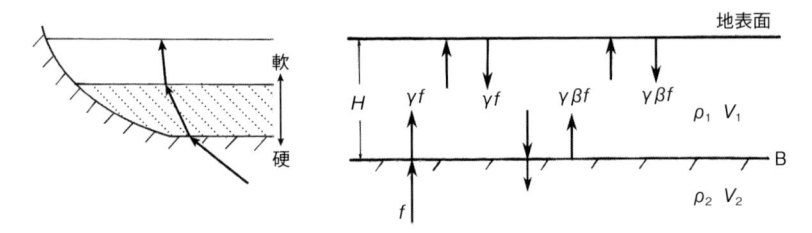

図 2.20 地表層における地震波の屈折・透過・反射

地表近くに伝播してきた地震波は進行方向が次第に垂直に向かうようになり，最表層の上面（地表面）と下面で反射を繰り返して，地震動が増幅される．
$\alpha = \rho_1 V_1 / \rho_2 V_2$ で，$\gamma = 2/(1+\alpha)$ が透過係数，$\beta = (1-\alpha)/(1+\alpha)$ が反射係数である．

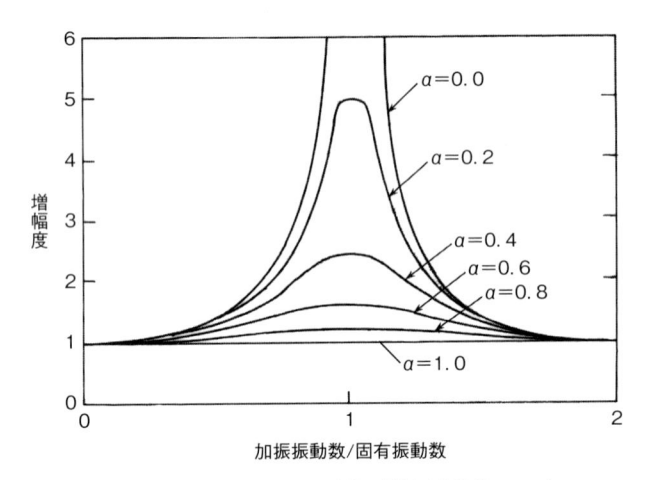

図 2.21 地表層における地震動の増幅（宇佐美，1990）

100～200 m/s ほどである．

　異なる媒質の中を境界面に垂直に伝わる S 波は，境界にぶつかるとある部分は反射し，それ以外の部分は透過する．いま，図 2.20 の右図のように，最表層に厚さ H の軟らかい地層（密度 ρ_1，S 波速度 V_1）が，境界面 B を挟んでその下に硬い地層（密度 ρ_2，S 波速度 V_2）があり，下方から垂直に S 波が入射する場合を考える．境界面 B を透過した波は上に進んで地表面にぶつかるが，ここでは全反射して下降に転じ，B で再び透過と反射を行う．S 波は下方から引き続き入射してきて，層内での反射と透過が繰り返される．表層がより軟らかくて $\alpha = \rho_1 V_1 / \rho_2 V_2$ で示される α（インピーダンス比）が 1 よりも小さいと，層内に留められる部分が増大して波は増幅される．α が小さいほどこの増幅度は大きくなる．

　表層における波の増幅度は図 2.21 に示すように，α のほかに振動の周期によって

大きく変わる．図の縦軸は $\alpha=1$ の場合との比で表す振幅増幅率，横軸は入射波の振動数 ω と表層地盤の固有振動数 ω_0 との比である．ω が ω_0 に近づくにつれて地震動は大きく増幅され，$\omega=\omega_0$ で最大値 $1/\alpha$ に達する．したがって，表層地盤が軟弱であるほど増幅度は大きくなる．しかしそれは無限に大きくなることはなく，有限の値で抑えられている．これは入射波の一部が下方に抜け出ることによる．この共振が生ずるときの振動数を1次の周期（卓越周期）に直すと，$T_c=4H/V_1$ となる．表層地盤の卓越周期 T_c は，軟弱層が厚いほど，またより軟弱でS波速度が小さいほど，長くなる．

b. 地盤・建物の共振

地震波にはいろいろな周期の波が重なっており，一般に最も多いのは 0.3～1 秒ほどの周期の波である．マグニチュードの大きい地震では1秒以上の長周期波動が長時間継続する．一方地盤の卓越周期は，硬い岩盤で短く地層が軟らかくなるほど長くなる．その概略の値は，岩盤 0.1 秒，洪積層 0.2～0.3 秒，沖積層 0.4～1.0 秒，埋立地・沼地 1.0 秒～ほどである．また，建物の固有周期は，構造によって異なりはするが，高さが高いほど長くなる．その概略の大きさは一般の木造住宅 0.2～0.5 秒，10 階建鉄筋コンクリートビル 0.8 秒前後，30 階建鉄骨ビル 1.2 秒前後などである．前項に示した関係により，地表地盤に入射する地震動の周期が地盤の卓越周期に一致すると，震動が非常に大きく増幅される．さらに，地盤の卓越周期と同じ固有周期の建物は共振して大きな揺れが誘発される．

砂泥の沖積層からなる河川・海岸の低地では，その地盤の卓越周期が地震動に多い周期成分にほぼ重なり，さらに一般の低層建物の固有周期にもほぼ一致するので，共振現象により被害が大きくなる．地表近くまでが岩盤のところでは，地震動との共振も一般の建物との共振も起こりにくいので，被害は小さくて済む．したがって，地盤条件の把握，とくに，軟弱な沖積層の分布の把握が重要である．

建物は塑性変形が進むと固有周期が伸びる．そのため，広範囲の周期成分をもつ地震動が長時間継続した場合には，まず短い周期の震動で変形して固有周期の伸びた建物が，より長い周期の震動でさらに変形が進んで倒壊に至るということが起こる．固有周期が数秒以上と長い超高層建物は，長周期地震動により揺れの幅が大きくなる．地震波の長周期成分の存在および固有周期の長い高層建物との大きな共振は，昔からよく知られていた事実であり，それによる大きな被害も生じている．

地盤は常時数 μm 程度の振幅の微小な振動を続けている．この常時微動を測定して，比較的浅い表層地盤の卓越周期を知ることができる．耐震設計基準では，地盤を卓越周期に基づき次の3種に分類している．岩盤・硬質砂礫層は第1種地盤（硬質），腐植土・泥土などの沖積層で深さが 30 m 以上，および沼沢などを埋め立てた地盤が 3 m 以上は第3種地盤（軟弱），これら以外は第2種地盤（普通）である（表 2.1）．沖積層が厚いと卓越周期が1秒前後と長くて震動増幅が著しくなるので，悪い地盤に分類される．

2. 地震災害

表 2.1 地盤種別と固有振動周期

第1種地盤	岩盤，硬質砂礫層その他主として第三紀以前の地層によって構成されているもの，またはこれと同程度の地盤周期を有すると認められるもの	0.4秒
第2種地盤	第1種地盤および第3種地盤以外のもの	0.6秒
第3種地盤	腐植土，泥土その他これに類するもので大部分が構成されている沖種層で，その深さがおおむね30 m以上のもの，沼沢，泥海などを埋め立てた地盤の深さが，3 m以上でおおむね30年が経過していないもの，またはこれと同程度の地盤周期を有すると認められるもの	0.8秒

　表層地盤における地震動増幅の仕組みを直感的な表現で示すと，地震波の進行速度が遅くなるところでは，あとから波が押し込まれてきて重なり合い，振幅が大きくなる．また，地震動の周期と地盤の固有周期とが一致すると，楽器の弦や音叉の共鳴と同じように，地震エネルギーがロスなく吸収されて大きな揺れが誘発される，と説明することができるであろう．

2.2.3 地形・地盤調査
a. 地盤調査

　地盤性状の把握は地層ボーリングにより行われる．代表的な調査の方法は標準貫入試験である．これは，先端にサンプラーをつけたロッドをボーリング孔の底におろし，重さ63.5 kgのハンマーを75 cmの高さから自由落下させて，サンプラーを30 cm貫入させるのに要する打撃回数（N値）を測定する試験である．砂地盤ではN値は砂粒子の詰まり具合（相対密度）を，粘土地盤では水分の多寡による土のかたまり合いの程度（コンシステンシー）を示す（表2.2）．N値には0もあるが，これは，ロッドに打撃を与えなくても30 cm以上沈み込むことを示す．N値が50を超えると重量構造物も支持できる強度があるので，通常はそれ以上の測定は行われず，$N>50$と記載される．

　震動の増幅度を決める主要因は地盤の密度とS波速度である．同種の岩盤や地層

表 2.2 N値と地層の硬さ

砂地盤

N値	相対密度		
0〜4	非常にゆるい	Very Loose	0.0〜0.2
4〜10	ゆるい	Loose	0.2〜0.4
10〜30	中ぐらい	Medium	0.4〜0.6
30〜50	密な	Dense	0.6〜0.8
50以上	非常に密な	Very Dense	0.8〜1.0

粘土地盤

N値	コンシステンシー（稠度）	
2以下	非常に軟かい	Very soft
2〜4	軟らかい	soft
4〜8	中位の	Medium
8〜15	硬い	Stiff
15〜30	非常に硬い	Very Stiff
30以上	固結状	Hard

であれば密度の違いは小さい．これに対しS波速度は数十〜数千m/sと広い範囲の値をとり，同種の岩石・地層であっても，風化や圧密の状態などによりその値は場所によって異なることが多い．したがってS波速度が増幅度に大きな影響を与える．

S波速度（m/s）のおおよその大きさは，硬い岩盤で3000程度，洪積層300〜500，ローム150，密な砂質土250，ゆるい砂質土150，硬い粘性土220，軟らかい粘性土140，泥炭80などである．泥炭は池や湿地に生えた植物がほとんど腐らずに積み重なったもので，極度に軟弱である．未固結層のS波速度については，これがN値の1/3乗に比例するという関係式から推定することができる．その大きさは，N値5で150m/s程度，N値0で80〜100m/sほどである．

簡易な地盤調査の方法にスウェーデン式サウンディング試験がある．これは先端がスクリュー状になっているロッド（鉄棒）に重りを載せ，回転させながら沈下させて貫入抵抗を調べるもので，一定深さ沈むのに要する回転数が，硬い地盤ほど多くなることで硬軟を判定する．深さ10mぐらいまで測定可能で，一般住宅建設のための地盤支持力調査などに用いられる．地層のサンプルは採取できない．

ボーリングは高い建物の建築や道路・鉄道・高圧送電塔などの建造の際に行われることが多いので，その地点は市街地に偏在し，また，線状に分布することが多いので，データが得られない広い空白域があるのが通常である．このようなデータから地盤分布図をつくる手がかりに地形がある．

b. 地形と地盤の関係

地形は表層地盤とよい対応関係にあり，また，平面的広がりの把握がより容易である．ある範囲の地形を，その形状（平面形・断面形・傾斜・微起伏・微細形状など），形成営力（流水・風・噴火など地形をつくる作用力），地理的な位置，形成時代などに基づいて類別するのが地形分類作業で，こうして区分された各単位地形はそれぞれ特有な地層・地盤条件をも示すという関係にある（表2.3）．

たとえば，河川が山地から平野に流れ出すところに位置する平面形が扇状の地形は，河流が運搬してきた土砂のうちの砂礫が堆積して形成された扇状地で，段丘化している扇面部分があれば，それは形成時代が相対的に古いと判断される．同じ扇形の地形であっても河口部にあれば，砂泥が波・海流の作用下で海底に堆積して形成された三角州で，堆積後まだ間もない締まりの非常にゆるい地層で構成されている．河川や海岸の低地から連続する崖で境され，一段と高い位置にある地形は台地で，日本ではその大部分が数万年以上前に堆積した地層からなり，砂泥質ではあってもかなり密に締まっている．

強震観測記録を使用した回帰分析により得られた，地層および地形別の最大加速度の平均的な値は，締まりのゆるい泥質の沖積層（地形で表すと三角州・後背低地など）を基準（1.0）として，砂礫質の沖積層（扇状地平野など）0.8〜0.85，締まった砂泥層からなる洪積層（洪積台地など）0.7〜0.75，固結岩層（山地・丘陵）0.5〜0.55などである（表2.4）．これは，たとえば硬い岩盤では泥質の軟弱層に比べ最大加速度

表 2.3 地形分類と地盤種類および災害

地形区分	地質・地盤条件	災害	危険の大きい場所
山地・丘陵地	固結岩	斜面崩壊・地すべり 土石流	急傾斜山腹斜面 谷型斜面,谷底
山麓地	砂礫・岩屑	土石流 山地洪水	現成の扇状地面 開析谷底
台地・段丘	締まった砂泥層 砂礫層	湛水	台地面上の凹地
谷底低地	砂礫(山地内) 泥質(台地内)	山地洪水 内水氾濫・強震動	急勾配谷底面 旧地沼
扇状地性平野 (緩扇状地)	砂質層	河川洪水	旧流路
氾濫平野	砂層,泥層	強震動・液状化 河川洪水	後背低地・旧河道 埋立地
三角州	締まりのゆるい砂泥層	強震動・液状化 高潮・河川洪水	ゼロメートル地帯 干拓地
海岸低地	締まりのゆるい砂層 泥質層	津波・高潮 内水氾濫	潟性低地,堤間低地 沿岸埋立地

表 2.4 地震動の増幅度

地形	増幅度
三角州性低地	1.00
扇状地性低地	0.83
台地・段丘	0.73
山地・丘陵地	0.56

が半分程度になる(震度では1~1.5程度小さくなる)ことを示す.地震調査研究推進本部(文部科学省)による全国地震動予測地図(図2.11)は,地質ではなく地形の種別ごとに与えた最大速度増幅率を使用して作成されている.

図2.22は地盤条件と地形とが対応していることを示す例である.台地面Cでは,表層に数mの厚さのかなり軟らかいローム層(風化火山灰層)が載るが,その下はかなり締まった砂質層からなる.洪積台地面はほぼどこでもこのような地層構成を示す(場所によっては薄い粘土層や礫層を挟む).これに対し,台地面に発する水流が台地を削り込んでつくった谷底Eの表層には,N値0のかなり厚い有機質土が堆積している.谷の出口が砂州で塞がれて谷底には潟がつくられ,水生植物の積み重なりと,粘土質ロームの堆積により,非常に軟弱な地層が形成されたものである.

台地の縁に形成された砂州には,Aのようによく締まった厚い砂層がある.砂州の比高は図の東方域では小さくて,現地で認めにくいほどの微高地であるが,その構成地層は周辺低地と明瞭に異なる性質を示す.海岸低地における沖積層の厚さは,B

2.2 強震動災害　　35

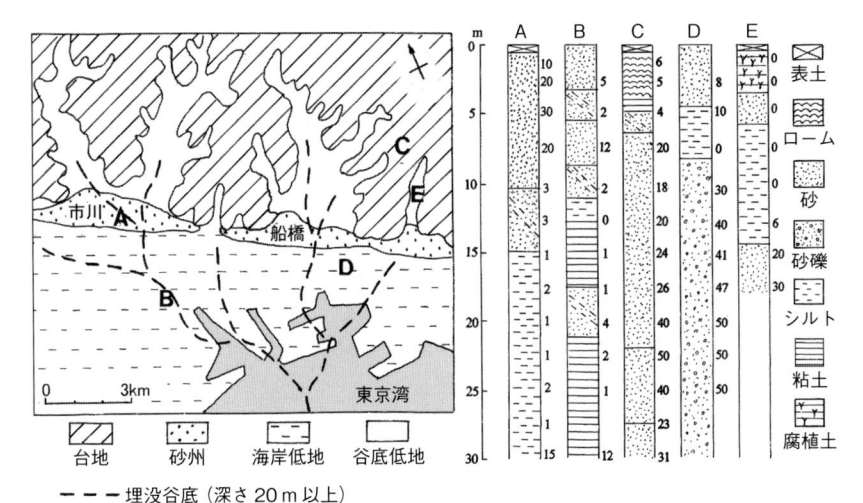

図 2.22　地形と地盤との対応を示す例—千葉県北西部の東京湾岸域

のような埋没谷のところでは、厚さ 30m にもなる。埋没谷の位置は台地の谷を延長することである程度推定できる。埋没谷から離れたところでは、Dのように軟らかい沖積層は薄く（表層は埋立土），その下は締まった台地構成層からなる。これは台地上部が波によって削られた波食台である。このように見かけは同じような海岸低地（あるいは河川低地）であっても、沖積層堆積前の地表面（埋没地形）によって、沖積層の厚さはかなり異なる。

c. 地形分類作業

地形を分類する作業は主として空中写真の実体視により行う。同一地域を上空の異なった空間地点から撮影した2枚の空中写真を使用すると地表面の実体像を得ることができ、これから地表面の3次元形態，傾斜，比高，位置・広がりなどを容易に捉えることができるからである（図 2.23）。地形の境界は主として傾斜変換部に引くが，土地利用・色調なども手がかりとして利用される。通常，起伏が2〜3倍程度誇張される実体像が得られる。平野の地形分類では，わずかな起伏の違いや微細な形態的特徴が地形の種類や地盤の性質を判定する手がかりとなるので，空中写真判読は欠かすことができない手段である。ただし連続的に変化していて境界を引き難い場合は多く，とくに自然堤防などの低地微地形については作業者の個人差が出る。

地形分類図は空中写真上で認定した各単位地形を地形図に移し替えることにより作成される。空中写真では高いところほど大きく写っているという歪みがあるからである。地形図だけでも，等高線の間隔の変化や走り方(屈曲の配列など)，地盤高などから，おおよその地形の境界を引くことが可能である。等高線では表されていない微起伏地

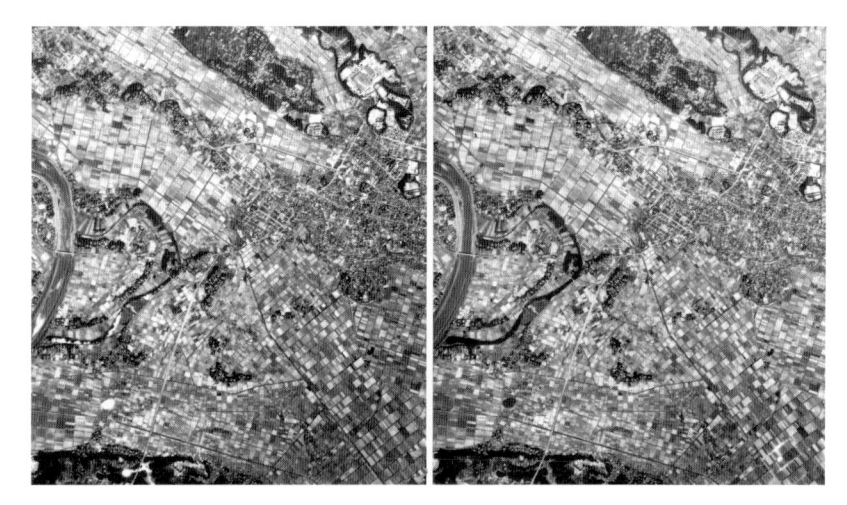

図 2.23　立体視空中写真—龍ヶ崎の小貝川低地
この地域の地形分類図を図 4.20 に示した．

形の境界は土地利用から推定できる場合がある．地形図から得られる傾斜・地盤高・比高など量的なデータは分類の作業に役立つ．明治・大正期の地形図は，自然状態での地形をより明瞭に示してくれるので有用である．

2.2.4　軟弱地盤の分布

　地震動による災害が大きくなりやすいのは沖積層で構成される沖積低地である．約1.8万年前の氷河期最寒冷時には海面は現在よりもおよそ130 m 低い水準にあった．その後の気候温暖化により海面は急速に上昇して海が陸地内に進入した．こうして出現した多数の入り海や内湾などを河川搬出土砂が埋めた地層が沖積層である．海を埋めた地層（三角州性堆積層）の上に陸上の河川が土砂を堆積させるが，この陸成層も沖積層である．したがって形成後間もないので固結は進んでいなくて，空隙が多く締まりのゆるい地層である．海面近いという低い位置にあるので地下水位は高く，空隙は地下水で飽和している．河川が海まで運び出すのは主として細粒物質であるので，沖積層は細粒砂・シルト・粘土によって構成されている．粗粒の砂礫は山寄りのところで堆積して扇状地をつくっているが，この構成層も分類上では沖積層である．
　模式的な平野を図 2.24 に示した．平野には扇状地や形成年代の少し古い洪積台地も含められる．A は大河川がつくる典型的な平野で，上流から扇状地，氾濫平野，三角州と並ぶ．人為作用が加わると干拓地・海岸埋立地がこの海側に追加される．B は大量の砂礫を運搬する急流河川が深い海に流入する場合で，ほぼ海岸までが扇状地になっている．河川搬出土砂が沿岸流によって運ばれて沿岸域に堆積することなどによ

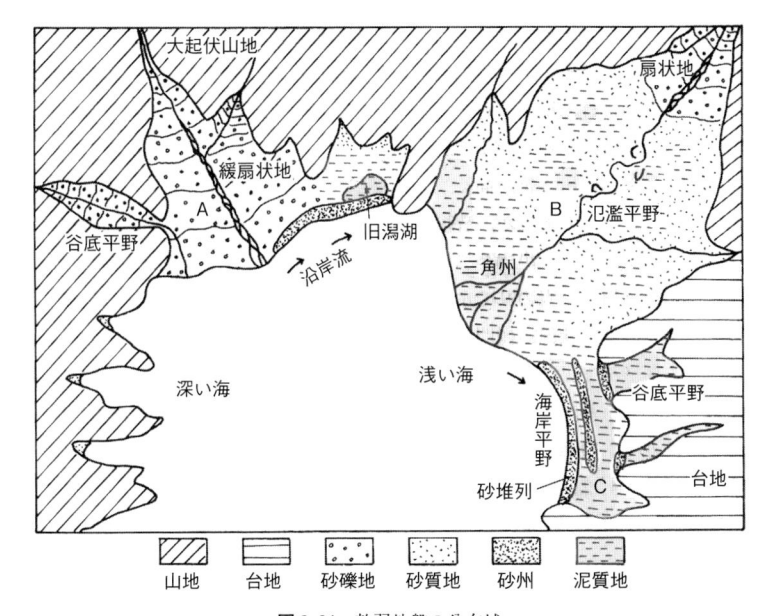

図 2.24 軟弱地盤の分布域
平野模式図中に軟弱泥質層が分布することの多い場所をグレーで示した.

り形成されるのが海岸平野 C である.山地や丘陵内の比較的広い谷底につくられるのが谷底平野である.

　軟弱な厚い沖積層が分布することの多い場所を図中に示した.三角州は海に運ばれた泥質物が沈積して形成された地形で,軟らかくて厚い沖積層からなる.その厚さは東京の荒川河口域で約 70 m,基盤の沈降の激しい新潟平野では 120 m に達する.沖積層厚は埋没谷のあるところで大きい(図 2.25).埋没谷は,かつての海面低下時に河川が陸地面を削り込み谷地形をつくって流れていたところである.大規模な氾濫平野では,平野基盤の沈降の様式が沖積層の厚さの分布を決めている.関東平野では平野中央と東京湾を結ぶ線を軸として沈降しているので,この軸周辺域で沖積層が厚い.濃尾平野の基盤は西に傾動しているので,平野西縁で沖積層が厚く,また標高も低くて木曽三川は西に寄り集まって流れている.

　表層がとくに軟弱なところは,入り海の名残である潟性低地,旧池沼,台地内の谷底などの凹状地で,泥炭や有機質土が表層に分布することが多い.干潟を陸化した干拓地は非常に軟弱な地層からなる.表層が局地的に軟弱な地盤は台地内の谷底に多く,その結果として 1923 年関東地震時には住家倒壊率が山の手台地内の谷底において非常に大きな値を示した(図 2.29).とくに,沿岸砂州によって谷の出口が閉ざされた状態になったところには,軟弱層が分布することが多い.沿岸砂丘の内陸側や砂丘間

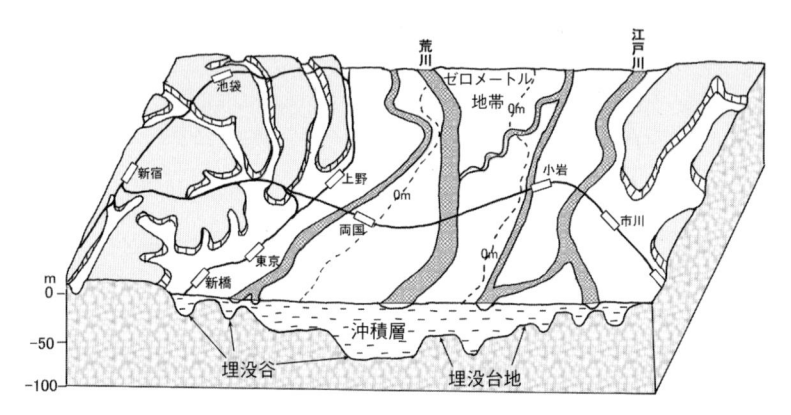

図 2.25 東京・荒川低地の地層断面と埋没地形（貝塚，1990）

の凹地では，砂質のため液状化の危険もある．平野の主部である氾濫原には，河川氾濫時に砂質物が堆積してつくられた堤防状の微高地が分布する．この自然堤防や河道により囲まれた凹状地を後背低地と呼ぶが，ここは排水条件が悪く，一般に泥質の軟らかい地層からなる．

　山地内の谷底平野や盆地では，台地内谷底とは異なり，粗粒の砂礫で構成され比較的締まっている．しかし，硬い基盤岩がつくる盆状地形を未固結の堆積層が埋めているという地下構造のために，下方から入射した地震波の屈折による波の収束や，盆地側方の基岩面で発生する反射波との重なりなどによって，盆地縁辺で局地的に地震動が増幅されるという現象が起こる．山麓に形成される勾配の大きい扇状地は砂礫からなり地層は硬いが，側面山地のつくる基盤面の形状によっては，兵庫県南部地震時の神戸のように局地的な震動増幅が生じる（図2.7）．

　軟弱地盤が分布する土地の利用が避けられない場合の対策としては，構造物の軽量化や荷重の分散，軟弱地層の一部あるいは全体の入替え，脱水による土層の密度増大，締め固めによる密度増大,流入水の遮断などがある．現在最も多く行われているのは，脱水あるいは締め固めにより軟弱地層の密度を増大させるという方法である．土の入替えは古くから行われてきた方法で，抜本的な対策である．

2.2.5　地震被害と地盤条件

　地震被害が地形・地盤条件を反映した分布を示すことは，地震のたびに認められる．したがって地震被害，とくに建物の倒壊率からその場所の地盤条件を知ることができる．このため，全壊率を震度に読み替えて震度分布を示すということが一般に行われている．震度（ただし計測震度以前の震度）が6強で全壊率15%程度，6弱で5%程度，5強上限で1%程度などである．全壊率30%以上は震度7の定義として最初から与えられていた．ここでは大地震災害の数例について，被害と地形・地盤条件との関

a. 濃尾地震

1891年濃尾地震（$M8.0$）は最大の規模の内陸地震で，被害は死者7273人，住家全壊約14万戸など著しいものであった．飛騨山地内の根尾谷断層の活動が地震を引き起こしたが，被害は南方の濃尾平野内に集中発生した．濃尾平野は木曽川が形成した平野で，木曽山地から流れ出たところに広い扇状地をつくり，その先に氾濫平野次いで三角州を展開させている（現在では広い干拓地・埋立地が海岸部にある）．周辺の山地・丘陵地との間には台地がかなり広く分布する（図2.26）．氾濫平野と三角州は軟らかい砂泥の沖積層，扇状地は砂礫質，台地はかなり締まった砂泥層，山地・丘陵は固結岩でそれぞれ構成され，地形種別と地盤条件とはよい対応関係を示す．軟弱な地層からなる氾濫平野・三角州では，震央からかなり離れてはいても，住家全壊率がほぼ50%以上であった．

愛知県・尾張地方の町村単位で，震央からの距離と住家倒壊率との関係を地形別に示したのが図2.27である．住家倒壊率（半壊の1/2と全壊との和を全戸数で割った値）は，震央近くで100%に近く，離れるにつれ地形による差が大きくなっている．震央

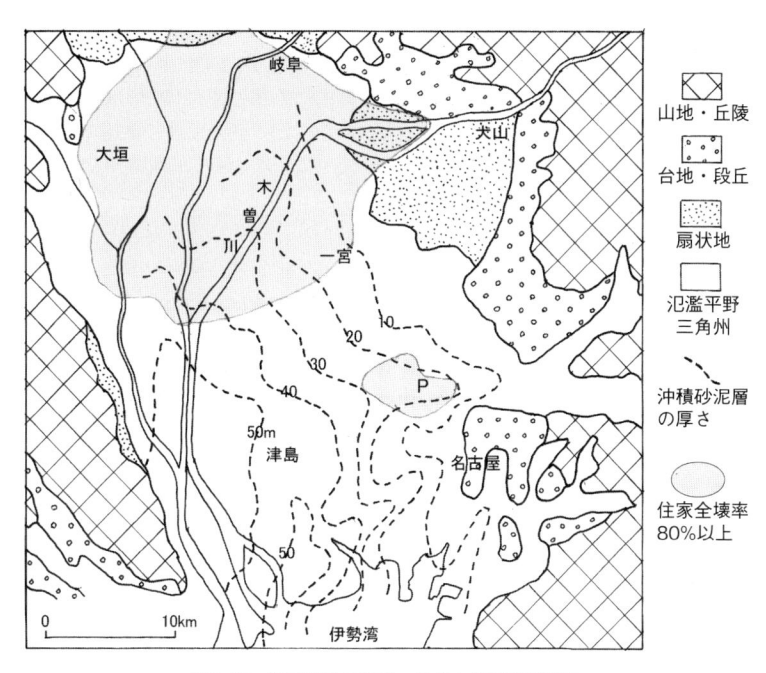

図2.26 濃尾平野の地形・地盤と濃尾地震被害
木曽川の南東側が愛知県・尾張地方．濃尾地震の震央は岐阜の北北西20 km．

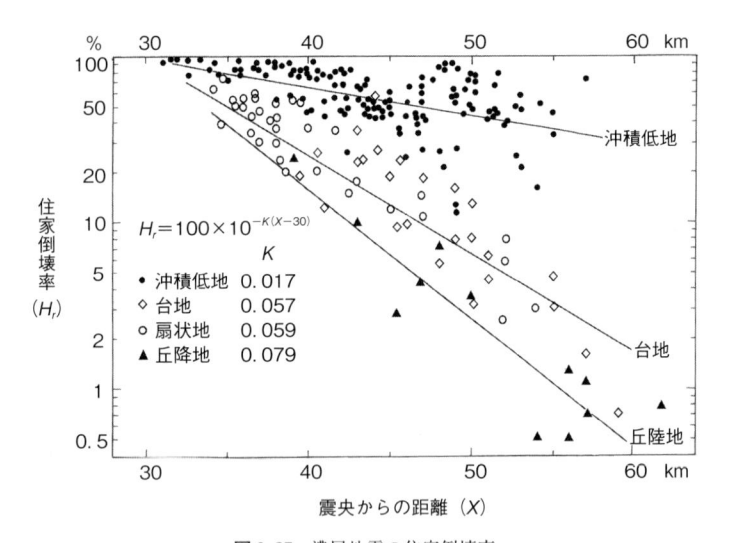

図 2.27 濃尾地震の住家倒壊率
住家の半壊戸数の 1/2 と全壊戸数との和を住家倒壊数とし，これを全戸数で割ったものを住家倒壊率とした（町村単位）．

近くでは非常に激しい震動のため地盤条件に関係なく倒壊率はほぼ 100% になる．倒壊率は 100% を超えることはないので，地形種別ごとに震央距離と倒壊率との関係を示す直線は倒壊率 100% のある 1 点に集中していく．図では震央距離がほぼ 30 km のところにその点がある．

震央距離 (X) と住家倒壊率 (H_r) との関係は図中の式で与えられ，K が大きいほど倒壊率の距離による低下が大きいことを示す．K の値は丘陵地 0.079，台地 0.059，扇状地 0.057，氾濫平野・三角州（沖積層厚 10 m 未満）0.031，同（沖積層厚 10～25 m）0.019，同（沖積層厚 25 m 以上）0.014 となり，地盤の硬軟の程度によく対応している．沖積層厚の厚さの影響も明瞭である．震央距離 45 km 付近に倒壊率 80～90% の町村が集まっているが，これは埋没谷状に沖積層厚が大きくなっているところ（図 2.26 の P 付近）にあたる．この 45 km 地点における倒壊率を比べてみると，丘陵地で約 3%，台地・扇状地では約 8% で，震源から離れるにつれ地盤条件による住家の倒壊率の違い，つまり地震動強さの違いがこのように大きく現れてくる．地震被害の地形・地盤差を調べるときには震源断層からの距離の要因を加えなければならない．

b. 関東地震

1923 年関東地震（$M7.9$）は東京に焼失約 30 万戸という大火災被害をもたらしたが，建物倒壊被害も多く，神奈川県を中心におよそ 5 万戸の住家が全壊した．この災害でも濃尾地震の場合と同じ関係が認められる（図 2.28）．対象地域は神奈川県の相模低

2.2 強震動災害

断層面中央からの距離 (R)

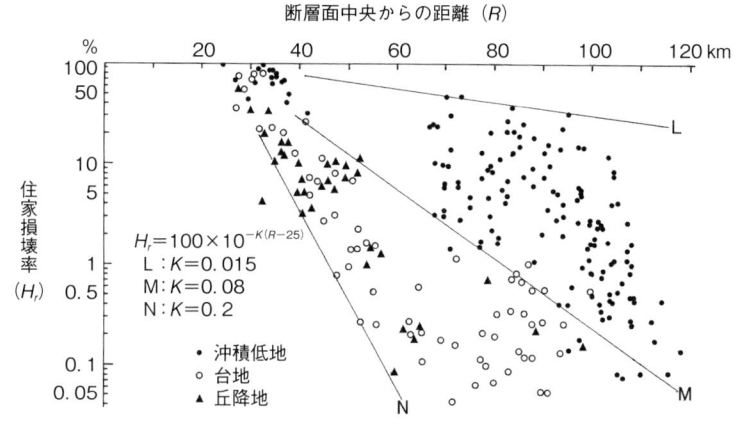

$$H_r = 100 \times 10^{-K(R-25)}$$
L : $K=0.015$
M : $K=0.08$
N : $K=0.2$

● 沖積低地
○ 台地
▲ 丘陵地

図 2.28 関東地震の住家倒壊率

地・相模台地・多摩丘陵，東京都の多摩丘陵，および被害の大きかった埼玉県のほぼ全域である．東京市や横浜市など焼失家屋が非常に多かったところでは，被害統計の示す倒壊家屋数の信頼性が低いので対象外とした．沖積低地（氾濫平野・三角州・海岸低地）に位置する町村のデータと台地・丘陵のそれとは，図の中央の線で分離され，地形（地盤）の違いによる倒壊率低下の程度の差が明瞭である．

この地震では埼玉県の中川・江戸川低地において被害が大きく，震源から100 km 近く離れていても住家全壊率が 20% にもなる町村（幸手町など）が出現した．全壊率 1% の範囲は，熊谷・古河近くにまで伸びている．厚い沖積層の存在のほかに，関東平野の基盤面がこの地域に谷状に湾入していることが関係しているものと推定されている．

東京市は関東地震の震源からはかなり離れていたので，山の手台地面では全壊率がほぼ 1% 以下で，震度は 5 強〜6 弱であった．これに対し下町低地などでは全壊率が局地的に 30% を超え（震度 7），地盤の違いによる被害の差が明瞭に現れた（図 2.29）．全壊住家は東京市全体で約 1.4 万戸であった．全壊率が大きかったのは荒川低地中の沖積層の厚い地域および山の手台地を刻む谷の出口や谷底の旧池沼域であった．

かつての海面低下時には，関東平野を流れて東京湾に流入していた古東京川（利根川）は，下町低地において現在の荒川の流路付近を流れ，当時の陸地面を 60〜70 m の深さ削り込んでいた（図 2.25）．したがって，隅田川の東（本所・深川両区）では西に比べ沖積層がより厚く，その結果が被害率の大きいことに現れている．隅田川の西方では，丸の内谷と呼ばれる埋没谷があり，その南部には中世まで日比谷入江という海が入り込んでいた．丸の内谷は現在の神田川に連続している．住家全壊率はこの旧入江や谷底低地で非常に高くなっている．

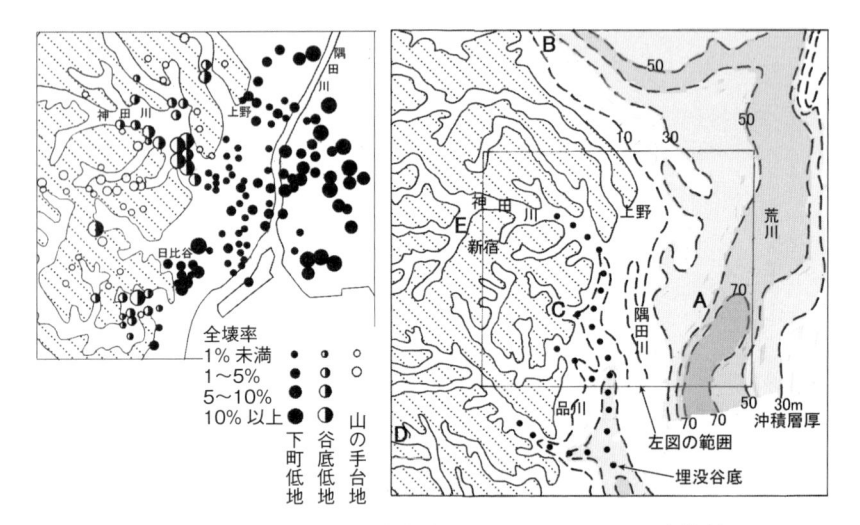

図 2.29 関東地震被害と地盤条件（田治米ほか，1977 などにより作成）

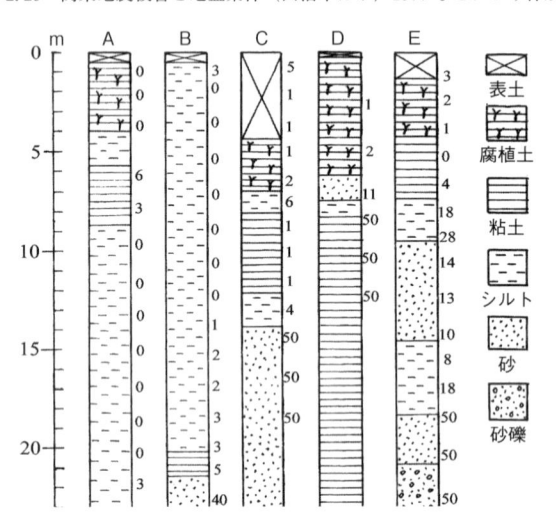

図 2.30 土質柱状図（東京都資料）
A～D の位置は図 2.29 に示す．

東京における土質柱状図の例を図 2.30 に示した．C～E は表層に N 値 0～2 の有機質土層がある例で，山の手台地内の谷底にはかつて随所に沼沢があったことを示す．荒川低地（A, B）では厚い沖積層がある．軟弱な沖積層が厚いところや泥炭地のように表層が非常に軟弱なところでは，地震動が大きく増幅されて，局地的な高被害地と

なる．

　断層面上の端に位置していた横浜では1.6万戸の住家が倒壊した（焼失は6.3万戸）．市街中央部の大岡川低地などでは住家全壊率が80%を超えた．全壊率が大きいところは地下に埋没谷があって沖積層が厚いところにあたっている．ここは近世に干拓された土地で，N値が0に近い非常に軟弱な泥質層からなる．とくに，市街中心部を流れる大岡川の河口部には砂州が形成されたので，背後には潟が出現し表層には有機質土が形成された．大岡川低地では倒壊家屋が多かったので出火数も多く，低地内と周辺域が全面焼失した．地形別の住家全壊率は，台地・丘陵地で5%程度であったのに対し，谷底低地ではおよそ40%，沖積層の厚い干拓地・埋立地では80%を超えた．

c. その他の地震

　1944年の東南海地震（$M8.1$）は，熊野灘を震源とする海溝型地震で，高い津波も発生し，死者998人，住家全壊26,130戸などの被害が生じた．静岡県西部の遠江地方では局地的に大きな被害が発生した．震央から90〜150 km離れていたので距離の効果が薄められ，地盤条件の差が顕著に現れた．地形・地盤別住家全壊率は，粘土質地盤域で26%，砂質地盤域（砂丘地帯）で3.5%，砂礫質地盤域で1.4%，洪積台地で0.3%であった．

　1948年の福井地震（$M7.1$）は，死者3895人，住家全壊35,420戸などの被害を引き起こし，その激烈さから震度階7（激震）が新たに加えられた．被害の大部分は，幅12 km，長さ40 kmの細長い盆地状の福井平野内に集中した．平野東部を南北に走る潜在断層が確認されているが，被害はこの断層に関係なく沖積平野内全域に及んだ．全壊率は平野縁辺部を除く平野のほぼ全域にわたって90%以上という大きな値を示した．しかし側面の山地に入るとほぼ0にまで低下し，山地と沖積低地との差が際立って現れた．地震波の屈折・反射を起こす盆地状の地下地層構造もこれにかかわったものと推定される．

　共振現象が際立って現れた例に，1985年メキシコ地震（$M8.1$）によるメキシコ市の被害がある（図2.31）．メキシコ市域の大半は200年ほど前までは湖であったところを干拓した土地で，盆地状の基盤の上に数十mの厚さのきわめて軟弱な湖成層が堆積している．この湖成層の厚さが30 mを超えるD地点では，最大加速度が火山岩域の4倍ほどになり，震動の卓越周期は2秒と非常に長くなっている．このため10階建て前後の高さの鉄筋コンクリートビルと共振して，この階層のビルが集中的に倒壊した．階層の異なるアパート群が林立していた大住宅団地では，5階の建物は無被害，8階は軽微な損傷，14階は崩壊，21階は大破といった選択的被害を被った．震源から400 kmと大きく離れていたにもかかわらず，メキシコ市を中心に死者は9500人などの大きな被害となった．

　1995年の兵庫県南部地震では，六甲山地に平行して伸びる細長い地域に建物全壊率30%を超えるゾーン（震度7の「震災の帯」）が出現した（図2.7）．この帯状の高被害域は断層との関係はなく，地下の地層構造により地震波が屈折・反射した結果（焦

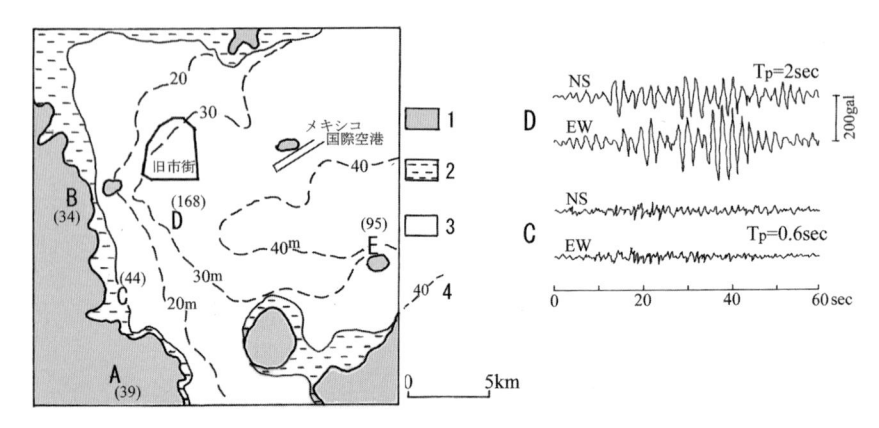

図 2.31 1985年メキシコ地震の被害と地盤条件（応用地質株式会社，1986により作成）
1は火山岩類，2は沖積層の縁辺層，3は湖成沖積層，4は湖成沖積層の層厚．括弧内は最大水平加速度（cm/s^2）．Tpは卓越周期．

点効果など）によるものと考えられている．一般に，盆地の端のような地層構成のところでは，基盤と沖積層の境界での屈折波や側面基盤からの反射波が集中して，震動が大きくなる場所が現れる．

2.2.6 茨城南部の地形・地盤条件と地震災害（地域例2）
a. 土地の生い立ちと災害環境

　自然災害の全体にかかわる地域土地環境について最初に述べる．この地域は，常陸台地南部の台地面とこれを刻む河川低地・谷底低地から主としてなり，北部には筑波山塊，東部には霞ヶ浦とその湖岸低地が部分的にある（図2.32）．台地面の標高は20～35mで，比高10～20mほどの崖斜面をつくって低地から一段と高い位置にある．台地を構成する地層はかなり締まった砂質層で，表面に関東ローム層を載せている．低地は軟らかい沖積層からなり，台地を削り込んでつくられた谷地形を埋めている．沖積層の厚さは，利根川のような大河川の低地で最大50m近くになっている．台地内の小さな谷では軟弱な有機質土が分布する．このような地形と表層の地層の形成はおよそ10数万年前以降のことである．

　12～13万年ほど前の地球は非常に温暖であり，海面は現在よりも高かったので低地には海が侵入し，関東平野は東向きに開く湾となっていた．この浅い内湾を周辺山地からの土砂が埋め立てた堆積面（浅海底および三角州）が台地の原形で，形成当初はほぼ東南にゆるく傾く平坦な地形であった．温暖のピークは12.5万年前にあり，その後気候は寒冷化に向かい，大陸氷床の成長による海水量の減少によって，次第に海面は低下した．最も気温が低くなったのは1.8万年前で，このときの海面は現在よりも130mほど低くなっていた．

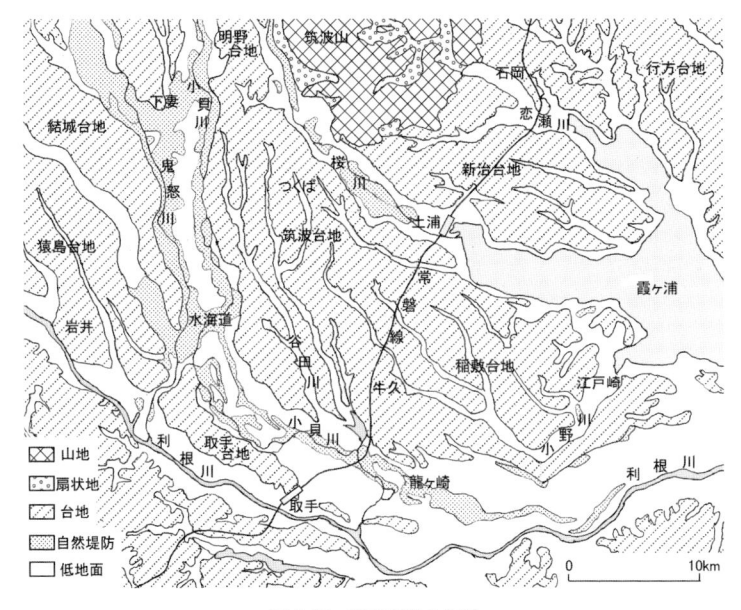

図 2.32 茨城南部の地形

　この海面低下により海抜高を大きくした旧三角州面上を流れる河川は，侵食力を増してこの地表面を削り込んだ．流量の大きい利根川・鬼怒川は 60〜70 m ほど削り込み，また流路を大きく蛇行させて台地側面を侵食し谷幅を広げた．この侵食が及ばなかった範囲が現在の台地面である．なお，関東平野中央部の沈降により利根川はある時期から南に向かって流れるようになったので，平野東半部を流れる最大の川は鬼怒川となった．流量の小さい小流域河川（小野川・谷田川など台地内の川）はその規模に応じた幅狭く浅い谷をつくっただけであった．

　寒冷化初期の 8〜9 万年前ごろに鬼怒川などが運搬した砂礫（龍ヶ崎砂礫層）が，関東平野の南東部に最大 5 m 程度の厚さで堆積した．この最上部は火山灰質の常総粘土層である．さらにこの上に 2〜6 万年前ごろ古箱根火山から飛んできた火山灰の風化土層（関東ローム層）が厚さ 2 m 程度堆積している．北部では赤城山・榛名山など北方の火山群からの火山灰が多少とも堆積している．

　1.8 万年前以降気候は急速に温暖化して海面は上昇した．縄文前期にあたる 6000年前には海面は現在よりも数 m 高くなり，氷河期に削り込まれた谷には海水が侵入した．こうして関東平野には多数の細長い入海が出現し，鬼怒川の谷では下妻の南方まで，桜川の谷では筑波山塊南縁近くまで海であった．貝塚の分布から当時の海の広がりがわかる．この入り海を埋め立てた地層が沖積層である．したがって沖積層は 1.8万年前よりも新しい地層で，まだまったく固まっておらず軟弱である．沖積層の厚さ

はその場所での谷の削り込みの深さと上流山地からの土砂運搬量とによって決められる．霞ヶ浦の南方ではこの厚さは最大で40mを超える．筑波山塊からの流出土砂は少なかったので，霞ヶ浦の埋立ては進まず，また，下流が鬼怒川の運搬土砂により閉ざされたので，入海が内陸に閉じ込められた状態になり，現在も浅い潟状の湖面を残している．湖面の平水位は0.2m，平均の深さは約4mである．

筑波山・加波山は主として花崗岩からなる．花崗岩は風化しやすく，生産された土砂が山腹・山麓に緩傾斜の堆積面をつくっているが，桜川・恋瀬川などへの土砂供給は少なくて沖積層は薄い．鬼怒川・小貝川などの低地内には自然堤防が形成されている．これは洪水時に土砂が溢れ出し堆積してつくられた自然の堤防で，一般に河道沿いに細長くつらなる．この比高は1～2m程度で，現地でもほとんどわからないぐらいの微高地であるが，洪水時に浸水を被る危険は小さく，古くからの集落がここに立地している．

b. 小貝川下流低地の地盤条件と地震災害

小貝川下流部低地には厚さ30mを超える沖積層が分布する（図2.33）．これは氷河期に鬼怒川が削り込んだ谷を，その後鬼怒川の運搬土砂が埋めた地層である．牛久沼の南方には，N値がおよそ5未満の地層が厚さ30mを超えるというボーリングが

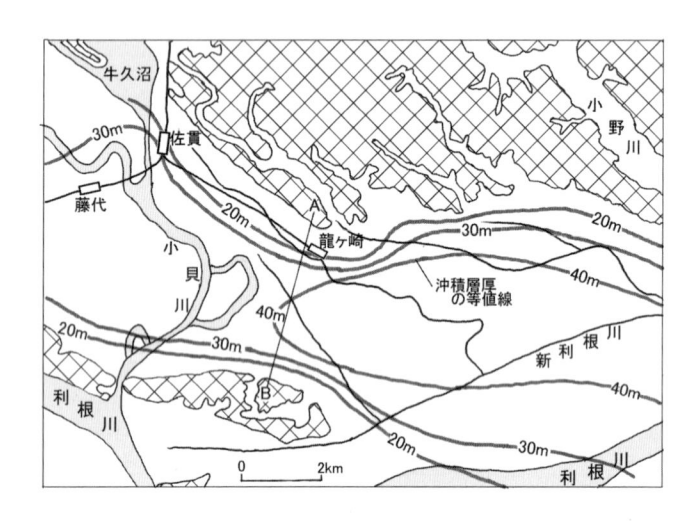

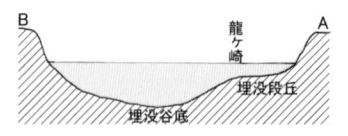

図2.33 小貝川下流域の地形・地盤

多数ある．沖積層の底面は氷河期の河床面であり凹凸はあまりないはずなので，沖積層厚 30 m の等深線は龍ヶ崎南部から小貝川を越えて藤代方面に連続していると推定される．埋没谷の中心はほぼ低地中央部を通っており，その深さは最大で 40 m 以上である．沖積層厚 30 m 以上は最も悪い第 3 種地盤に分類される．

関東鉄道龍ヶ崎線のあたりから台地際までの間には地下に卓状の地形いわゆる埋没段丘が存在し，沖積層は薄くなっている．龍ヶ崎中心市街はこの埋没段丘の境界付近にある．低地の台地際には表層が有機質土である非常に軟弱な地層が分布しており，台地際は河川の堆積作用から取り残されて沼沢地が多数出現したと考えられる．このような表層が非常に軟弱なところも最も悪い地盤である．台地内の谷底の沖積層は厚さ数 m 程度で，砂質・泥質とさまざまであり，局地的に泥炭のような有機質土が分布する．台地面の表層には N 値が 10 未満のかなり軟らかいローム層と常総粘土層が厚さ数 m あり，関東平野以外の他地域の洪積台地に比べ地震時の震動を少し大きくしている．液状化の可能性のある砂質層は，低地内の全域にわたって多かれ少なかれ分布する．一般に自然堤防は砂質であるが，この地域の自然堤防の規模は小さくてとくに砂質というわけではない．

c. 桜川下流域の地盤条件と地震災害

桜川が霞ヶ浦に流れ込む河口域は，ほぼ標高 2 m 以下という低い湖岸低地（三角州）で，地形からみる限りでは地盤はよくないと判断されてもおかしくはない．しかし，軟らかい沖積層の厚さは数 m 程度と薄く，その下には N 値が 30 を超える硬い砂礫層（土浦礫層）がある（図 2.34）．この砂礫層は約 2 万年前に鬼怒川が日光山地から運び出してきたものである．鬼怒川は小貝川近くをほぼ平行して流れており，下館の北方付近で現在の小貝川低地に向け流路をとっていた時期がある．筑波山の西方において，筑波台地北部は比高 10 m ほどの崖を境にし幅 3～4 km ほどが一段低くなっている．この低位の台地面は北北西に伸びて小貝川低地につながっている．小貝川は上流に山地をもたない平地河川で礫を運び出さないので，2 万年前ごろには鬼怒川がこの低位台地のところを斜めに切って流れ，現在の桜川に流入していたと考えられる．2 万年前には海面が現在より 100 m 以上低かったので，それに応じ河床勾配は大きくて運搬力が増していたので，大きな礫も下流まで運ばれてきていた．低位台地面や桜川低地にはこの砂利の採取場が 10 ヵ所ほどある．

沖積層は 1.8 万年前の氷河期ピーク時（海面最低時）以降に堆積した地層なので，約 2 万年前の土浦礫層よりも上にある厚さ数 m 程度が沖積層に相当する．ほぼ粘土・シルトの地層で砂の層は多くない（シルトは粒径が粘土と砂の中間）．N 値は非常に小さくて軟弱な地層であるが厚さが薄いので，とりたてて悪い地盤ではない．沖積層が薄いのは桜川の搬出土砂量が少なかったためで，これは霞ヶ浦が埋め立てられずに現在も潟湖として残っていることにもつながっている．

桜川低地を横断して砂洲が伸びており，かつての水戸街道はこの上を通じ，古い街並みをつらねていた．砂州といっても比高は最大 1 m ほど，砂層の厚さは数 10 cm

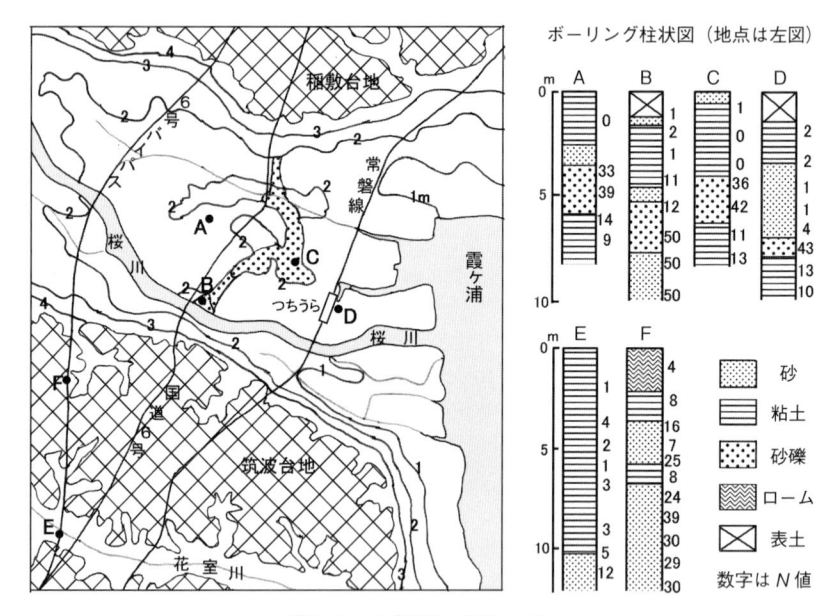

図 2.34　土浦周辺の地形・地盤

程度である．ほぼ常磐線の東側（霞ヶ浦寄り）は三角州に分類される地形で，地盤は多少悪くなる．一方，台地を刻む谷の底には非常に軟弱な有機質土が堆積しており，花室川では厚さが 10 m もある．これは周辺台地面から主にローム（粘土）が運ばれ堆積したものであり，谷底の湿地に生えた植物が分解されずに混じっているので，きわめて軟弱である．

2.3　地盤液状化

　地盤液状化の発生は地下水で飽和した締まりのゆるい砂質層に限られるので，強震動災害の場合以上に地盤性状の把握が危険予測の基本になる．液状化による被害は地盤の変形・破壊により生じるが，これは強震動の作用に比べゆっくりと進むので，人命への危害作用は小さい．しかし，地下埋設物などへの影響は大きい．その発生は，地上の建物などの被害は生じていない小さい震度のところにまで，広く及ぶことが多い．海岸埋立地は液状化が最も起こりやすい人工の地形である．

2.3.1　液状化条件と被害
a．発生機構
　地表近くに締まりのゆるい砂質層がありその間隙が地中水で飽和しているというの

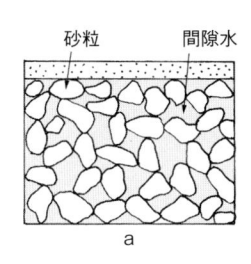

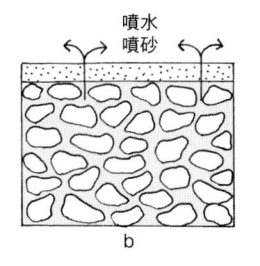

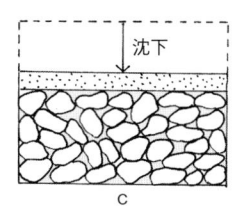

図 2.35 液状化機構の模式図
a：震動前，砂粒子が相互に支え合っている．b：繰返し震動により支えがはずれ，水圧を高めた間隙水の中に砂粒子が浮いた状態になる．c：噴水・噴砂により地層全体の体積が縮小する．

が液状化の発生条件である．砂質層には粘着力がほとんどないので，せん断抵抗力 τ は，$\tau = (\sigma - u)\tan\phi$ で示される．ここで σ は垂直応力，u は間隙水圧，$\tan\phi$ は摩擦係数（ϕ は内部摩擦角）である．この砂質層を構成する砂粒子間の間隙がすべて水で満たされているとき，強い地震動が繰り返し加わると間隙水の圧力 u が急速に高まっていき，その水圧が垂直応力 σ に等しくなると，せん断抵抗力 τ は0となる．せん断というのはずらす作用であり，この作用に対して抵抗できずにどこまでもずれていくという物体は液体（および気体）である．

　震動により揺すられると砂粒子は配列を変えて寄り集まり，全体としての体積を小さくしようとする．これに対し水は気体と違い圧縮されにくいので，体積縮小に対して強く抵抗する．この結果として間隙水の水圧が高まる．石礫層のように透水性が大きくて排水がすぐに行われれば水圧は増大しないが，強震動の続く短時間内では，自然堆積の砂層は実質的には非排水の状態にある．このようにして有効垂直応力 $\sigma - u$ が0の状態になると，砂粒子は容易に配列を変えて相互の支え合いをはずして，圧力を高めた水の中にばらばらになって浮いた状態になる（図 2.35）．

　地震動の主力であるS波は，ずれ変形が伝播していく横波であるので，ずれの力に抵抗できない液体の中にはS波は伝わらない．したがって液状化は地震動を減衰させる．1995年兵庫県南部地震（$M7.3$）では，液状化が発生した地点の地表および地下に設置されていた強震計で，地表の最大加速度が深さ16 m における最大加速度の60%にまで低下したという記録が得られた（図 2.36）．液状化は地表の震動を低下させ，被害は専ら基礎地盤の変形・破壊によって引き起こされる．

b. 液状化の被害

　圧力を高めた地下水が砂とともに地表へ噴出すると，地層の中身が抜け出たこととなり，沈下・亀裂・陥没・隆起などの地盤変形が起こる．噴水・噴砂が生じた跡には，ミニ火山クレーターのような地形が出現する．側面からの押さえのないところや傾斜のあるところでは，液状化層が側方へ流動する（図 2.37）．地表面傾斜が大きいと泥

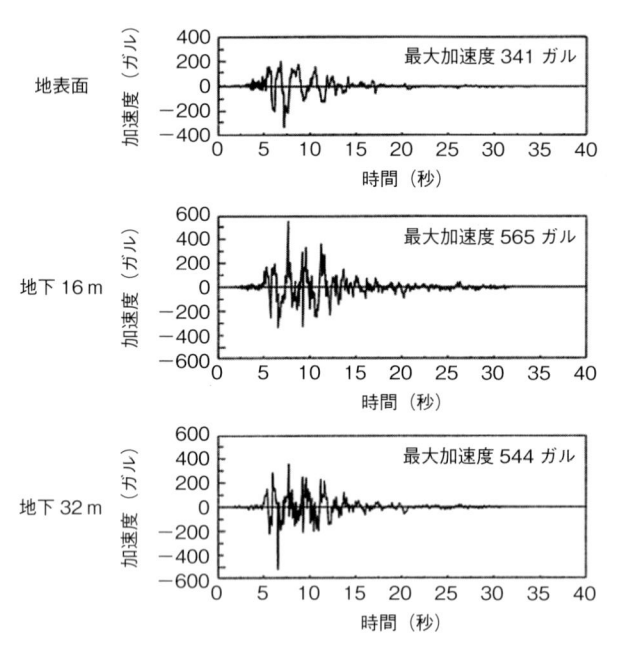

図 2.36 液状化による地震動の減衰（阪神・淡路大震災調査報告編集委員会，1998）

流状になって流れ下る．これにより液状化層中の地下埋設物および地表の建物・構造物は被害を受ける．

　水と砂が抜け出すのにはかなりの時間を要する．1964年新潟地震（$M7.5$）では，噴砂は地震動が終了したころから始まり，10〜数十分継続した噴砂が大多数であった．大規模な噴砂では数時間も続くことがある．震動の直接作用による建物の破壊は強い揺れの続く数十秒ほどの短時間に起こるのに対し，液状化による建物の傾斜や沈下はこれよりも長い時間かけて進む．したがって人命への危害力は小さい．たとえば想定東海地震の被害予測では，液状化により約3万棟の建物全壊が生ずるが，これによる死者は発生しないとされている．

　被害を受けやすいのは重量の大きな建築物や構造物であり，液状化砂層中に沈み込んだり，不等沈下により傾斜したりする．地中に埋設された上下水道管・ガス管・マンホール・タンクなどは，内部を含めた見かけ比重が液状化層の比重よりも小さいので浮き上がりやすい．砂の比重を2.65，間隙比（砂粒子の全体積と間隙の全体積との比）を0.8とすると，液状化砂層の比重は1.8になり，これよりも比重の小さい物体には浮力が生じて浮き上がる．地中埋設物・護岸・擁壁などは側方流動によって押し出される．港湾施設・水際構造物・橋梁など基礎構造物はとくにこの被害を受けや

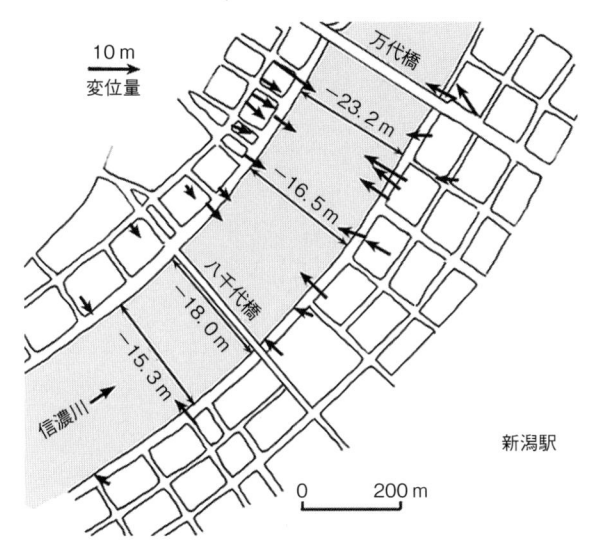

図 2.37 1964 年新潟地震時の液状化による信濃川河岸の側方流動
数字は河幅の減少長さ.

すい．堤防・道路などの盛土は基礎地盤が液状化すると，沈下や滑り出しにより破壊される．地盤の上に載っているだけの軽量の木造建物に対しては，液状化の影響は相対的に小さいが，亀裂・陥没・隆起などが大規模になるとやはり被害を受ける．住宅はわずかな傾斜でも非常に住みづらくなる．基礎地盤が変形を受けているので復旧が困難である．2011 年東北地方太平洋沖地震（$M9.0$）では，強震動が 5 分近くも継続したので，液状化が大規模に発生し木造家屋も大きな被害を受けた．

2.3.2 液状化予測
a. 危険度判定法

液状化危険度の判定は，土質調査に基づく液状化解析，地形と表層地質との関係の利用，液状化履歴の調査などの方法によって行われる．土質調査による方法では，限界 N 値法と F_L 法が代表的である．限界 N 値法は，液状化事例の調査から液状化する限界の N 値を求め，この値が深さ方向に変化することから，N 値と深さをそれぞれ両軸にとったグラフ上で液状化の可能性の程度を区分する限界線を示す，というものである（図 2.38）．F_L 法は，ある深さの地層のせん断抵抗力 R とその深さに作用する地震動のせん断応力 L との比で定義する液状化指数 $F_L(=R/L)$ が 1 より大きいか小さいかで判定する方法である．R は土質調査による N 値，砂の粒径，上載圧から求める．地形による方法は，地形が表層地質に密接に関係していることにより，液状化しやすい地層が存在する地形種類を判定し，地形分類図の作成によりその分布を

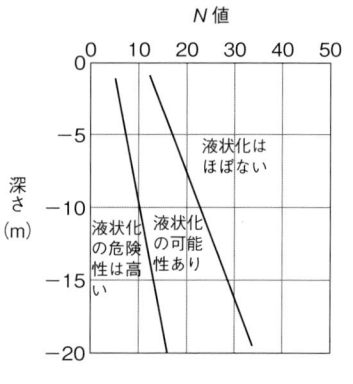

図2.38 液状化発生条件

示すものである．液状化の発生履歴は，そこに液状化しやすい砂層が存在していることを明らかに示す情報である．これらの方法による結果などに基づき，液状化砂層の条件を次に整理して示す．

液状化が発生しやすいのは，地下水位が高くて表層近くまで水で飽和した，深さ15～20m以内のN値の小さい（締まりのゆるい）砂質層である．地下水面が地表から10m以上の深さにあれば液状化の危険はほとんどない．液状化が最も起こりやすいのは細粒・中粒の砂（粒径1/8～1/2 mm）で，その粒径が揃っているほど液状化の可能性が大である．より細粒になると粘着力による抵抗が生じて液状化が起こりにくくなる．粒径の大きい礫になると，透水性が大きくて水が抜け出しやすく，繰返しせん断を受けても水圧が高くならないので，液状化し難い．

深さおよび加わる地震加速度によって異なるが，N値がおよそ20以下であると液状化発生の可能性がある．N値が10以下になると液状化の危険性は非常に大きくなる．深いところ（一般に20m以深）では周囲からの拘束圧が大きいので液状化は生じ難い．液状化が起こっても噴水・噴砂を伴わなければ，地表への影響は直接にはない．また，N値が大きい，つまり砂粒子がより密に詰まっている場合には，液状化が起こっても一時的であり，それによるせん断歪みも小さい．一度液状化すると圧密されたことによって，その後は液状化の危険が小さくなると考えられるが，少なくとも液状化層の上層では浮遊砂の沈降による自然堆積が行われるので，締まりがゆるい状態は続く．

間隙水圧は震動の繰返しによって次第に高まっていき，粒子間の接触圧がなくなったところで液状となる．したがって，継続時間の長いマグニチュードの大きい地震では，比較的小さい地震動によっても液状化が起きる可能性がある．東北地方太平洋沖地震では，本震の震央から600 km，$M7.7$の大きな余震の震央から160 km離れたところ（海岸埋立地）においても液状化が生じた．

b. 液状化危険地

主に砂質層で構成され地下水位が高いのは次のような地形であり，過去の液状化災害は主としてこのようなところで起こっている（図 2.39）．ただし，沖積層で構成される河川・海岸の低地であれば，多かれ少なかれ液状化が起こり得る砂層が存在すると考えたほうがよい．

(1) 海岸埋立地： 造成されて間もない締まりの非常にゆるい地層であり，海辺にあるので地下水位は高く，埋め立て材料は海底砂であることが多いので，液状化が最も起こりやすい（人工の）地形である．東北地方太平洋沖地震では，千葉から東京に至る東京湾岸埋立地で大規模に液状化が発生した．

(2) 旧河川敷・旧河道，旧潟湖・池沼： 平野中の凹所で地下水位は高く，旧河道では表層が主として河床砂で構成されているので，液状化が生じやすい．液状化が注目される契機となった1964年新潟地震では，新潟市内の信濃川旧河川敷で著しい液状化被害が発生した．東北地方太平洋沖地震では，霞ヶ浦と利根川の間にある潟起源の低地において大規模な液状化が起こった．ここは低い海岸砂丘の内陸側にもあたる．

(3) 砂州・砂丘の内陸側縁辺，砂丘間凹地： 砂州・砂丘の高いところでは地下水面は深いが，その内陸側やそれらの間の凹地では地下水面が浅いことが多いので，液状化が生じやすい．一般に沿岸砂丘の発達する海岸平野では砂質層が多く分布し，また，人工盛土・埋土の材料も砂が使われるので，地震時には平野内の各所で液状化が発生する．日本海沿岸では冬の強い季節風による沿岸流の作用によって砂丘が広く発達しているので，1964年新潟地震，1983年日本海中部地震など日本海における地震では液状化が著しい．

(4) 低い自然堤防・緩扇状地・三角州など： 平野面は，やや小高い自然堤防，帯状凹地の旧河道および浅い皿状の後背低地で構成される．自然堤防は砂質層からなるので，その低いものは液状化の可能性がある．後背低地や旧河道では地下水位が

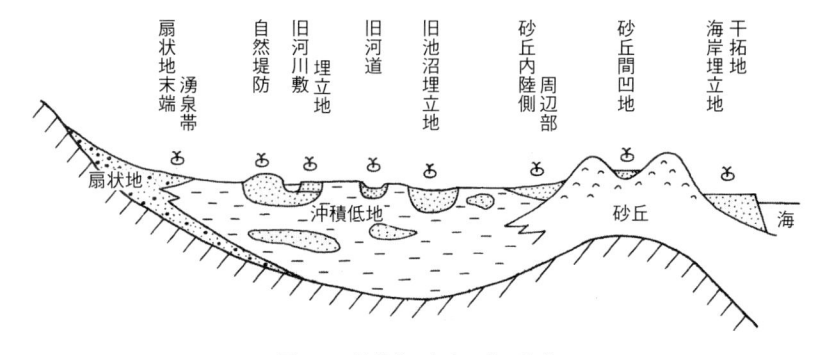

図 2.39 液状化の起きやすい地形

高いので，砂質のところでは液状化が生じる．三角州は河川が土砂を海に搬出してつくった地形で，地下水位は高く，堆積層の締まりはゆるい．したがって砂質のところでは液状化発生の可能性は大きい．地表面勾配が数百分の1ぐらいの緩傾斜扇状地は主として粗・中粒砂で構成されるので，一般に放射状に伸びる旧流路内や扇端部において液状化の可能性がある．

2.3.3 液状化事例
a. 新潟地震

1964年の新潟地震（$M7.5$）は，新潟平野および酒田平野において砂質地盤の液状化による被害を広範囲に引き起こした．図2.40は，新潟市周辺の液状化地域を示したもので，通船川（阿賀野川旧河道）沿いの帯状域，信濃川の旧河川敷，砂丘後背地および砂丘間凹地で，液状化が集中発生している．これらは砂質層で地下水位が高いところである．被害の最も著しかった新潟市内（最大震度は5）では，多数の鉄筋コンクリート（RC）建物が上部構造にほとんど損傷を受けないまま大きく傾斜したり，信濃川に新設された橋が落下したりしたので，これを引き起こした地盤液状化が注目されるようになった．ただしこれ以前にも，濃尾地震や関東地震など沖積平野が強震域に入った地震のたびに，液状化は発生している．

重量の大きな建築物や構造物は被害を受けやすく，液状化砂層中に傾斜して沈み込んだり，浮力が働いて浮き上がったりした．新潟市における木造家屋の被害率は2%であったのに対しRC建物の被害率は20%と10倍にもなった．被害を受けたRC建物の90%は液状化による地盤変形が原因であり，その2/3は上部構造が無被害であった．地盤の上に載っているだけの軽量の木造建物には液状化の影響は比較的小さいが，

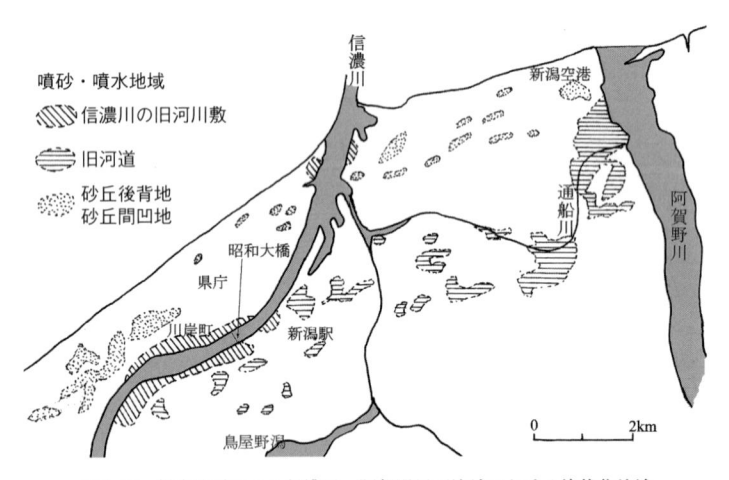

図2.40 新潟地震による信濃川・阿賀野川下流域における液状化地域

地割れや不等沈下が家の真下で生じた場合には，変形し破壊を受けた．

信濃川では河口から100 km地点で日本海に向け分水路がつくられたので，その下流において従来ほどの河幅が必要でなくなった．新潟市内では昭和以降に信濃川の埋立てが進められ，河幅が以前の1/3にまで狭められ，旧河川敷は市街地化された．この旧河川敷で生じた目をひく被害は，現在でも液状化被害の典型例とされている．川岸町の埋立地では3～4階建ての県営アパート7棟が，まったく損傷を受けないまま傾斜し，うち1棟はほとんど横倒しになった．しかし窓は開閉できる状態であったので，中にいた人はケガなしで脱出した．建物は10年前につくられ，構造は壁式鉄筋コンクリート造の布基礎で，直接砂層の上に載っていた．

地震は新潟国体終了の5日後に起こったのであるが，これに合わせて建造され1ヵ月前に竣工したばかりの昭和大橋の中央部橋桁が，川底砂層の液状化による橋脚の移動によって落下した．川底にはN値10以下の砂層が厚さ10 mほどあり，これが液状化したと推定されている．川岸の液状化層は川の方向に向け流動を起こしたので，信濃川の川幅は20 mも狭くなった(図2.37)．信濃川の旧河道に位置する新潟駅では，軌道路盤やプラットホームが大きく波打ち，跨線橋の一つは落橋した．

この地震の3ヵ月前に起きたアラスカ地震（M9.0）により，アンカレッジ市内において液状化が原因で大きな地すべりが発生し，海岸が海に向かって150 mせり出した．この地震および新潟地震により，液状化が世界的に注目されるようになった．

b. 日本海中部地震

秋田・能代海岸の沖50 kmを震源とする1983年の日本海中部地震（M7.7）では，能代平野および津軽平野において大規模に液状化が発生した．この地震による住家全壊1570戸のほぼすべては液状化が原因であった．震源から110 km離れた青森駅構内では噴砂・噴水が生じた．近くの青森港に設置されていた強震計では最大加速度が116ガルであった．したがって，震動による建物被害はほんとど生じない震度5弱でも液状化が起こることがわかる．

震源距離がほぼ100 kmの津軽平野北部では，非常に多数の噴砂が発生した．噴砂孔の大きなものでは直径8 m，深さ1.5 mもあり，噴水は最大10 mの高さにまで噴き上がり，水の湧出は半日以上続いた．高さ50 mという大きな屏風山砂丘の内陸側に位置する車力村では，80 ha（およそ900 m四方）の水田に約1万の噴砂孔が出現した．この平均間隔は9 mという高密度である．沿岸砂丘の陸側縁辺は排水条件が悪くて地下水位は高いので，液状化が非常に起きやすいところである．砂丘は粒径がよく揃った中粒砂で構成されているが，これは液状化を起こしやすい条件である．下牛潟地区では大量の噴水によって7戸が床上浸水した．また，著しい地盤変形・流動により木造家屋の倒壊率が50％近くにもなった．

震源域に直面した能代平野では，液状化は幅2 kmの砂丘の内陸側で線状に連続して発生した．また，八郎潟干拓堤防はほぼ全周（延長50 km）にわたって亀裂・沈下・膨れ上がりが生じた．鉄道・道路の盛土などのすべり破壊も目立った．この地震では，

大きな余震によって本震と同じところで噴砂が生じたという例が認められた．液状化により砂は密に詰まるので，その後は起きにくくなるとも考えられるが，必ずしもそうではないようである．

c. 兵庫県南部地震

兵庫県南部地震（$M7.3$）では，六甲山のマサ土を使用して造成された人工島（ポートアイランド，六甲アイランド）が広範囲に液状化を起こした．ポートアイランド（826 ha）では半分が液状化による噴出土砂に覆われた．中央部は平均で 30 cm 沈下し，海岸線が最大で 5.1 m 海に向かってずれ出した．マサ土とは花崗岩の風化土で，砂よりも細かい土や粗い礫も多く含む．粒が粗いと隙間の水は容易に抜け出せるので震動を受けても水圧は高まらない．また，粒が細かいと粘土のような粘着力が生じるので，ばらばらに分離はしない．したがって，マサ土は液状化が起きにくいと考えられるが，新しい造成の場合には防止対策をとらないと液状化が大規模に起こることがわかる．この埋立地の側方流動により，港湾施設・水際構造物・橋梁など基礎構造物に大きな被害が生じ，港湾施設の被害額は1兆円にも達した．これは総被害額の10%に及ぶ．

ポートアイランドの地中に設置されていた強震計の記録から，厚さ16mの埋立層（液状化層）の下端では最大加速度が 565 ガル，地表では 341 ガルと 60% に低下したことが示された（図 2.36）．また，地表では1秒以下の短周期の波が少なくなり，より長周期で大きく揺れた．つまり，液状化は免震構造と同じ効果をもたらしている．

2.3.4 液状化対策

液状化は締まりのゆるい砂層と地下水飽和という2つの条件の組合せによって生じるので，これらの条件をなくすことが，液状化防止の地盤改良対策になる．これには一般の軟弱地盤対策に共通する部分が多い．

(1) 砂層をなくす： 砂よりも細粒で粘着性があるため液状化が生じない粘土・シルト，あるいは粗粒のため排水が速やかに進む礫によって砂層を置き換える方法で，抜本的な対策であるが高コストである．

(2) 地下水をなくす： 水抜き・脱水・止水などをおこなって地下水位を下げ，表層部における飽和状態を解消する方法であるが，恒久的に地下水位を下げることは難しい．

(3) 砂層を固める： 締め固め・圧密により砂層の密度を上げて液状化しにくくするもので，最も多く行われている方法である．振動杭の打ち込み，締め固め砂杭（サンドコンパクションパイル）の圧入などの工法がある．ただし，振動や騒音が問題になる．薬液（水ガラスなど）の注入により固化させるという方法もある．

(4) 透水性を高める： 砕石柱（グラベルドレーン）をつくって排水経路を短縮し，砂層中に発生する過剰間隙水圧を速やかに消散させる方法である．先端を閉じた鋼管を砂中に貫入し，砂利や砕石を詰め込んだあと鋼管を引き上げるという方法によってつくられる．

(5) 盛土を行う： 表層に厚さ2〜3mの非液状化層をつくって，有効垂直応力を増し，また噴水・噴砂を抑え込むもので，一般住宅などの被害防止に役立つ．大規模な地盤改良を行うことができない場合には，コンクリートのべた基礎にして基礎剛性を大きくして地盤変形に対する抵抗力を与える．

2.4 津　波

津波は主として海底下での大きな地震および火山島・海底火山の爆発的噴火によって引き起こされる．これらが起こるのは沈み込みプレート境界である．発生海域から高速で伝播してきた津波は，海岸線の平面形や水深分布などの海岸地形の影響により波動が増幅され，陸地内に進入する．その高危険域は大きな増幅が生じやすい海岸地形のところの海抜高の低い海岸低地であるが，同じ海面波動である高潮とは違い海面は非常に高くなり得るし，また，局地的な地形の効果で大きな駆け上がりを示すので，大きな安全度を見込んだ危険域設定をしなければならない．津波の勢力は強大で襲来は高速度であるから，できる限り高いところへの迅速な避難が，取り得るほぼ唯一の対応行動である．このため，地震が発生したら何よりもまず津波の情報・警報が発信される．強い震動を感じて，あるいは警報を受けて人々がとる避難対応行動のレベルは，人的被害の規模を大きく左右する．災害経験は避難を促進する最大の要因であるが，逆に不当な安心感を与えて避難を妨げることも多い．

2.4.1 津波の発生
a. 地震による津波

津波の発生原因の大部分は海底下を震源とする規模の大きい地震である．震源断層の運動が海底面を急激に隆起ないしは沈降させると，その海底面変化が即座に海面の変化になって現れる．断層により地形変化が生じる範囲は，$M8$クラスの地震では長さで$100\,km$のオーダーであるのに対し，水深は数kmほどである．このように水平スケールに比べ垂直スケールの非常に小さい現象であるから，海底面の変位はほぼそのまま海面の変化に移し替えられる．この海水位変化を初期波形として，周囲に伝播する海面波動が発生する（図2.41）．弱い地震では海底地形の変化がほとんど生じないので津波は起こらない．強い地震でも震源が深いと，断層ずれの影響が海底面にまでは達しないので，津波は発生しない．

大きな津波を引き起こすのは，プレートの沈み込みに伴って起こる海溝型巨大地震で，これは図中に示すような低角の逆断層である．このような断層では海面が押し上げられるところと引き下げられるところとが生じる．押し上げの側では押し波（海面の上昇）が先頭となって伝わり，引き下げの側では引き波（海面の低下）が先行する．高角の（垂直に近い）逆断層ではほぼ押し上げだけである．断層ずれの量は$M8$で$5\,m$程度，$M9$で$20\,m$程度であり，垂直変位量はこれよりもかなり小さい．マグ

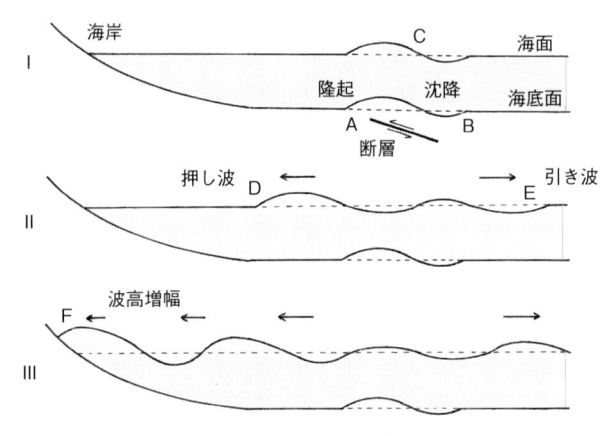

図 2.41 津波発生模式図
I：低角の逆断層は海底面に隆起部 A と沈降部 B とをつくる．この地形変化はほぼそのまま海面の変化 C に移し替えられる．II：隆起側では押し波 D が，沈降側では引き波 E が先頭になって伝播していく．III：水深が小さくなるにつれ波の進行速度は低下し，その結果として波高 F は高くなる．

ニチュードが大きくても断層変位の横ずれ成分が大きければ，津波の規模は相対的に小さくなる．

　津波は海底面の垂直変位が生じた海域で発生する．この範囲を波源域という（図2.42）．これは地震断層が生じた範囲，すなわち震源域にほぼ相当する．断層面の長径は，$M7$ で 50 km 程度，$M8$ で 150 km 程度である．2004 年のスマトラ沖地震（$M9.1$）では断層面の長径が 1300 km，波源域の長径は 1000 km と巨大であった．断層の破壊は震源から始まり，3 km/s ほどの速さでその破壊は進行する．したがって，破壊が終了するまでに要する時間は $M8$ で 1 分以内である．このような短時間内に起こる現象であるから，地震の規模（断層の規模）が海面変化の大きさ，したがって津波の規模に直接関係してくる．しかし，断層破壊が比較的ゆっくりと進行して，地震の規模のわりには大きな津波を発生させることがある．これは津波地震と名づけられており，震動が強くないために避難が遅れて，大きな人的被害をもたらしている．

b. 火山噴火などによる津波

　頻度は小さいが，火山島や海底火山の噴火，海底地すべり，山崩れ土砂の海中突入などによっても津波は発生する．

　火山のカルデラは地表の大規模な陥没で，これが海で起こると大きな津波を引き起こす．1883 年のインドネシア・クラカタウ火山島の巨大噴火では，海中に直径 6 km のカルデラが形成されて最大波高 35 m の津波が生じ，3.6 万人の死者を出した．これによる海面変動は日本でも認められた．1792 年に雲仙岳の側火山眉山が，地震を

2.4 津波

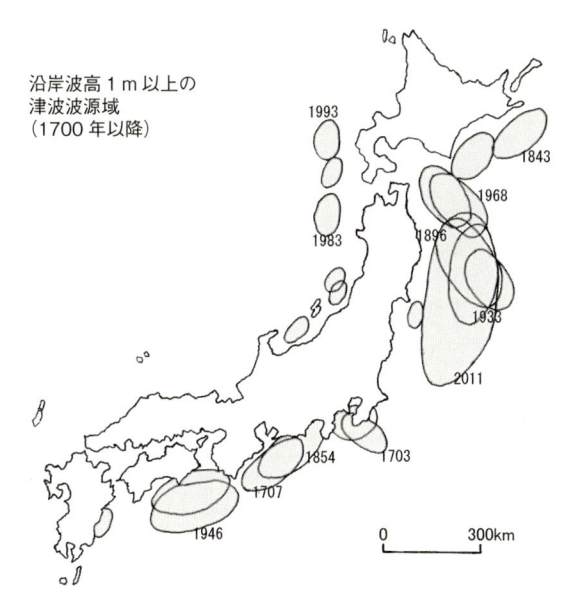

図 2.42 主要津波の波源域（羽鳥，1981 など）

主要な引き金として，土砂量 4 億 m^3 の巨大崩壊を起こし，有明海に突入した大量の土砂は，対岸の肥後国に最大 23 m の高さの津波を発生させた(図 3.12)．死者は約 1.5 万人で，これは日本における最大の火山災害である．

　日本において記録のある最大の津波の高さは，1771 年の明和八重山津波の時の石垣島における 85 m である．これは地震（$M7.4$）によって生じた海底地すべりによるものと推定され，また，実際の津波遡上高は 30 m 程度であったらしい．1958 年にアラスカ南部のリツヤ湾において，$M7.9$ の地震により海岸の急斜面で生じた山崩れの土砂（体積 3500 万 m^3）が海中に激しく落下し，最大 530 m の高さの波を対岸の山腹に跳ね上げた．これが世界で最大の高さの津波（正しくは巨大波）とされている．

　爆発的噴火を起こす火山は沈み込みプレート境界域に分布する．ここではまた，海溝型巨大地震が発生する．したがって世界的にみた津波発生危険域は，環太平洋地域，インドネシア諸島と周辺海域，カリブ海地域，地中海北東部である．環太平洋域では遠くにまで伝播する津波を引き起こす巨大規模地震の発生が多い．インドネシアでは爆発的噴火を起こしている火山島が最も多い．

2.4.2　津波の伝播
a. 伝播の速度・方向
　津波は波長の非常に大きい波であり，長波に分類される．長波は水深の平方根に比

例する速さで進行する波である．その速度は，水深 4000 m の外洋において約 200 m/s (720 km/h)，水深 200 m の陸棚では約 44 m/s，水深 10 m の海岸部では約 10 m/s と，海岸に近づき水深が浅くなるにつれ速度は低下する．

津波の周期は数分から数十分であり，波源域の広い巨大津波では一般に周期が長くなる．日本に大きな被害をもたらした 1960 年のチリ地震津波の周期はおよそ 50 分であったが，太平洋の平均水深を 4000 m とすると，波長＝波速×周期の関係から，波長が 600 km という巨大な波となる．日本とチリの間の距離は約 17,000 km であるから，この津波は 30 波ぐらいの波動で日本にまで到達した．このような非常な遠方で発生した津波が伝播してきた場合，これを遠地津波と呼ぶ．

津波の速度が水深によって決まることに基づき，津波到達時刻がわかっている複数の地点から逆にたどって，地震発生時刻までさかのぼることにより，波源域を求めることができる．津波はこの波源域の外周から四方に発進する．この広がりは必ずしも一様ではなく，ある方向にそのエネルギーが集中するという指向性を示す．波源域の形は，断層面の形状に対応して，ほぼ楕円形である．大きな津波を起こす海溝型地震では，波源域は海溝に沿って細長くなる．この細長い楕円の短軸方向（横方向）に津波のエネルギーは強く放出される．海溝は大陸や弧状列島にほぼ平行して走っているので，波源域は陸地に側面を向ける楕円形となり，陸地および沖に向かってより高い津波を伝える．

b. 屈折・収束

津波は光と同じように屈折・回折・反射などを行う．屈折は進行速度が遅くなる水深の浅い方へ波が向かうように起こるので，この結果として，等深線に直交する方向に向け津波は進行する．このため，陸地に平行の方向に放出された波は次第に陸の方向へ向けられ，陸地に波が集まる．半島や岬などにはとくに集中する．島があると回折によって波が回り込み，裏側で波が強くなることがある．陸地に反射した波は屈折により外洋へ出られなくなって，陸棚内に波が捕捉される．実際には等深線の走り方には屈曲が大きいので，波の進行は複雑になるが，大きくみて屈折や反射などにより陸に向かって津波エネルギーが集中するという傾向を示す．

地球儀では，北極から全方向に向かって伸びる緯線は赤道で最も広がったあと次第に収束して，裏側の南極で再び 1 点に集まるが，これと同じことが遠地津波の波向線でも生じる．南米西岸に沿うチリ海溝では巨大地震による津波の発生が多い．ここは日本からみて地球の裏側に近い位置にあるので，チリ海溝で発生した津波は太平洋の中央でいったん広がったあと次第に収束して，日本近海で波高が高くなることがしばしば起こっている（図 2.43）．

2.4.3　津波の陸地進入

a. 波高増幅

津波が海岸に近づくと水深が小さくなることにより進行速度が低下する．波は，地

2.4 津　　波

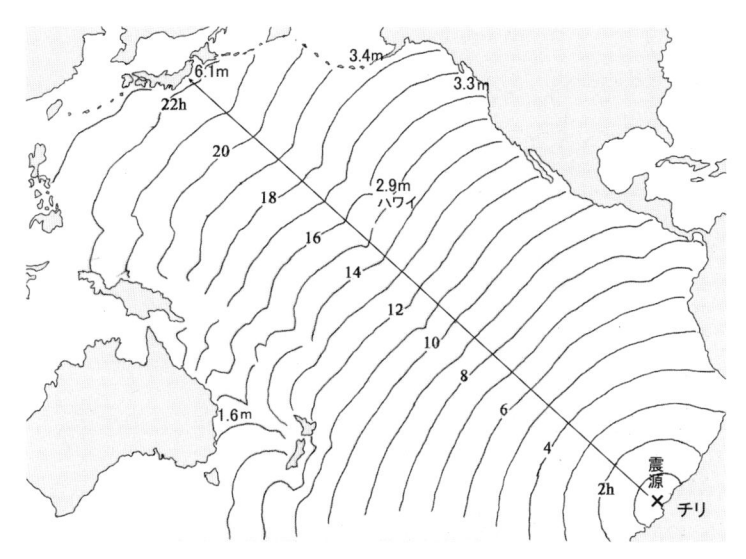

図 2.43 チリ地震津波の伝播（気象庁, 1961）
波高は各地の検潮所で観測された全振幅（波の山から谷までの高さ）．

震波でもそうであるが，速度が低下すると振幅（波高）を増すという性質がある．波の先端では次第に減速しているところへうしろからの波が追い付いてきて，押し込まれるようになり波の高さが増す，と簡単に表現できるであろう．奥ほど幅狭い湾の中に進入してくると，今度は横から押し込まれて波はさらに高くなる．

この関係は，波の周期および 1 波長あたりの波エネルギー（波高の 2 乗に比例）が，波が変形しても変わらないという性質に基づき

$$\frac{H}{H_0} = \left(\frac{B_0}{B}\right)^{1/2} \left(\frac{h_0}{h}\right)^{1/4} \tag{2.2}$$

と表現される．ここで H は波高（波の山から谷までの高さ），B は湾の幅，h は水深であり，0 の添字は湾の入口での値を示す．この式から，湾の幅の減少度が大きいほど，また水深の減少度が大きいほど，波高の増幅度が大きくなることがわかる．したがって，湾の外が深い海で，湾奥に向かって水深が急速に浅くなり平面形が V 字状の湾では，湾奥で津波が大きく増幅される．なお，水深が小さくなるにつれてどこまでも波高が大きくなるわけではない．速度があるところまで遅くなると波は砕けて，あとは段波状の流れとなって海浜を遡上する．

湾内での波高増幅の例として岩手県の宮古湾の場合を示す（図 2.44）．ここはリアス式の三陸海岸にある奥行き 8 km の細長い湾である．チリ地震津波では，波高が湾の入り口で 1.4 m であったのに対し，湾奥では 6 m と 4 倍以上も高かった．1896 年

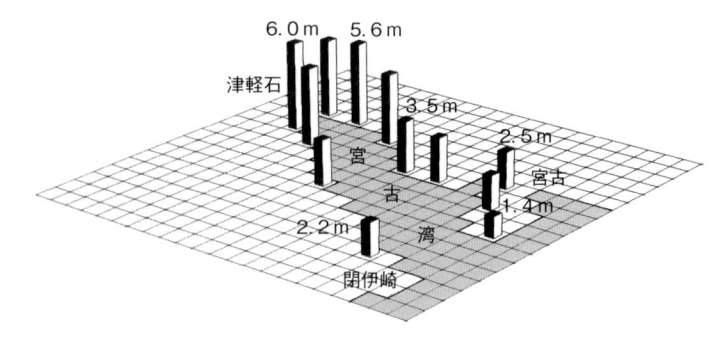

図 2.44 湾内における津波増幅の例—チリ地震津波時の宮古湾

の明治三陸津波では湾内の最大波高は 18.3 m，1933 年昭和三陸津波では 13.6 m であった．

地盤や建物などと同じように，湾にも平面形や水深分布などによって決まる固有周期がある．入射する津波の周期と湾の固有周期とが一致すると，共振現象により津波が増幅される．湾内が広く奥深くて，海への出口が狭いような閉鎖的内湾においてこの現象が著しい．1960 年のチリ地震津波は周期 50 分ほどと長かったので，近海で起こる近地津波（周期 15 分程度）とは異なった増幅を示し，近地津波では被害が生じなかった湾（大船渡湾など）で被害をもたらす結果となった．

b. 到達限界

高さを増した津波は海岸線を越え，激しい流れとなって陸地内へ流入する．津波の 1 つの波による海面の高まりは数分以上続くので，周期の短い風波の打ち寄せとはまったく異なり，大量の海水が引き続き流入してくる．水深の大きい海域では水粒子は小さな円運動をおこなっているだけであるが，陸地内では水平方向に運動する流れに変わるのである．

この海水流入は上り勾配をさかのぼる流れであるから，次第に流速は低下する．また，数分程度で海面は上下するので流入した海水はやがて引き戻される．この結果海水の到達標高はある限界を示す．地表面勾配がかなり大きいところでは流れの大きな慣性力により，海岸での波高よりも高くにまで駆け上がりが生ずる．勾配がゆるやかな広い低地では，引き戻しの効果により到達限界の標高は海岸での波高よりも小さくなる（図 2.45）．周期の短い津波では波形勾配（水面勾配）がより大きく，したがって流速が速くなるので，より高くにまで斜面を遡上する．遡上が終わったあとは海への戻り流れになる．今度は地表面の傾斜方向への重力成分が加わるので，より激しい流れになる．

最大到達限界標高（遡上高）は津波の規模を表す主要な指標である．明治三陸津波では三陸海岸において 38 m を記録した．2011 年東北地方太平洋沖地震津波ではおよ

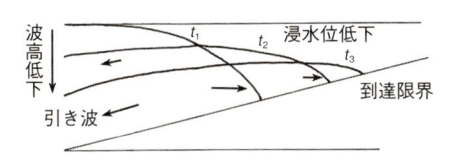

図 2.45 津波の遡上に伴う浸水位の低下
引き波により侵入海水が引き戻されるので，内陸に向かうにつれ浸水位は低下する．

そ 40 m であった．到達の水平距離は，流れの抵抗の小さい河川を遡上して周囲の低地に氾濫する場合に大きくなる．勾配のゆるやかな大河川の河口部ではとくに大きくなり，2011 年津波では北上川低地において河口から 20 km にまで浸水域が及んだ．

到達標高は浸水痕跡などから推定されるもので，現地調査の場所や精度などに依存する．潮位観測所での記録と陸上での到達標高とは明確に区別する必要があり，被害にかかわるのは後者のほうである．潮位観測記録では，最大振幅か最高水位か，水位は基準面をどこにとっているかをはっきりさせる必要がある．最大到達高など大きな値は，局地的な地形の効果によって限られたところで生じた高い駆け上がりによるもので，その標高までの範囲が全面浸水したということではない．被害の規模に対応するのは，低地内市街域における津波の高さで，これは建物などに残された痕跡高により把握される．

最大波は，近地津波では第 1 波であることが多いが，海岸での反射により第 2 波以降のこともある．遠地津波では最大波はかなり遅れて到達する．チリ地震津波では第 3 波ないしは第 4 波であった．

津波の破壊力（流体力）は水深（津波の高さ）が大きいほど強くなるが，これが 3～4 m にもなれば破壊力は十分に強大であるから，海面に近い標高の海岸低地に集落があれば，数 m 程度の高さの津波でほぼ完全な破壊を受ける．昭和三陸津波などの集落別被害データでは，津波の高さが 2 m を超えると住家被害率は急速に上昇し 4 m を超えると 100 % の集落が出現している（図 2.46）．2011 年津波でも，浸水深が 2 m を超えると被害が急増するという報告がなされている．

c. 数値計算

津波が海から陸地内へまっすぐ向かう場合の流れ（1 次元流れ）の到達限界が，海浜の地形勾配によってどのように変わるかを数値計算によって示す．計算の基礎式は，浅海長波の運動方程式 (2.3) と連続の式 (2.4) である．

$$\frac{\partial M}{\partial t} + \frac{\partial (uM)}{\partial x} = -gh\frac{\partial (h+z)}{\partial x} - gn^2 \frac{u|u|}{h^{1/3}} \tag{2.3}$$

$$\frac{\partial h}{\partial t} + \frac{\partial M}{\partial x} = 0 \tag{2.4}$$

ここで，M は流量，u は流速，h は水深，z は高度，n はマニングの粗度係数である．

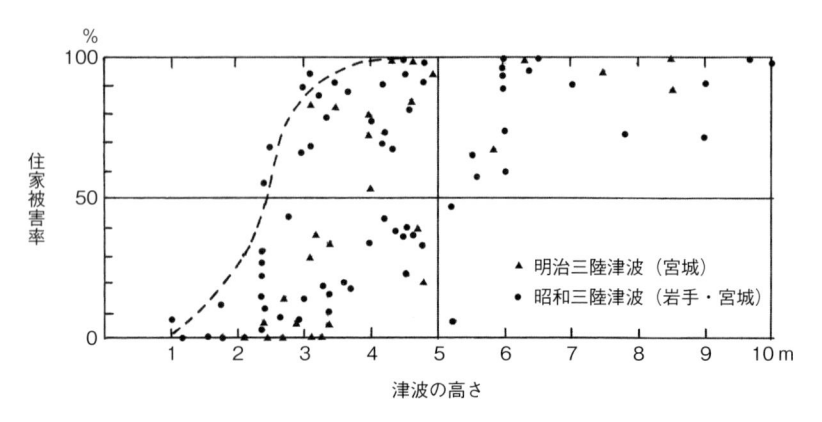

図 2.46 津波の高さと住家被害率との関係
住家被害率は，流失・全壊+半壊/2 の戸数を流失・全壊・半壊・浸水の総戸数で割った値．

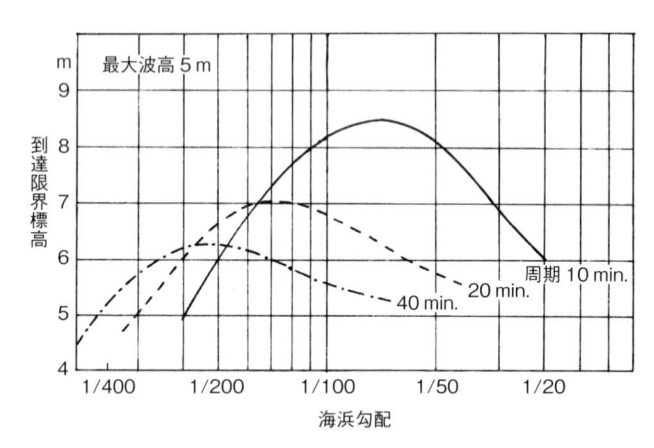

図 2.47 数値計算による海浜勾配と到達限界標高との関係
津波の最大波高が 5 m の場合．

　津波波形は半振幅 5 m の正弦波で与え，その最低水位時，すなわち，引き波によって海水面が -5 m に退いたときを計算の出発点とし，津波の陸地に向かっての前進と，引き続く後退を再現計算した．流れの状態は複雑であるので，運動方程式中の移流項（左辺第 2 項）には，流速の正負により前方差分と後方差分とを使い分ける風上差分を使用した．障害物のない平滑な地形を想定して粗度係数をかなり小さくとり，陸地面 0.04，海底面 0.025 を与えた．

　海底面および陸地面を連続した一定の勾配と単純化し，到達限界標高と勾配との関係を，津波の周期別に示したのが図 2.47 である．周期が 10 分の津波（近海に発生す

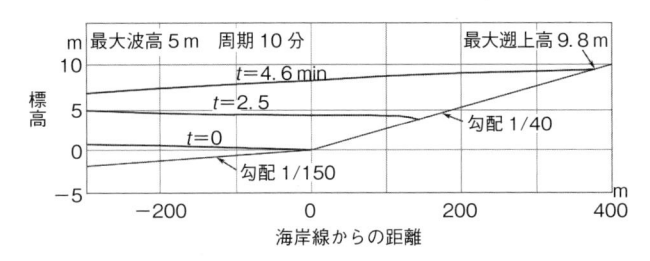

図 2.48 数値計算による津波断面例
t は津波が海岸線に到達してからの時間.

る通常の津波の周期)の場合,勾配 1/70 付近で到達限界標高が最も大きく,海域での津波の高さの 1.7 倍になる.

勾配が陸地と海底で異なる場合には,陸地面勾配 1/40,海底面勾配 1/150(遠浅の砂丘海岸のような海浜地形)の時に到達限界標高が最大になり,海域での津波高さの 2 倍近くになる(図 2.48).なお,粗度係数によってこの増幅度はかなり異なってくる.また,津波の周期が長いと増幅度は小さくなる.

最大遡上高に達するのは沖での波高がピークを超えて海水の引きが生じているときである.海底勾配が急であると海水の引きが速くて,陸上に進入した海水は速やかに引き戻されるので,高くまで到達する時間的余裕はない.海底および陸地勾配が 1/25 と急な場合,最大遡上高に達するのは沖合い波高のピークからわずか 10 秒後である.一方,海底面勾配が小さいと海水の引きが遅いので,陸地内に流入した海水はより長時間前進を続けて高くにまで達することができる.陸上勾配がある程度大きいと,獲得する高さがより高くなる(図 2.48).このように湾入のない直線的海岸であっても,海が遠浅であると津波の遡上高が大きくなる可能性がある.

広くて緩勾配の海岸平野では,津波の水位は内陸に進入するにつれ低下する(図 2.45).仙台東部の海岸平野における 2011 年東北地方太平洋沖地震による津波の高さは,海岸線で約 10 m であったが,3～4 km ほど内陸の浸水域限界では 3 m に低下していた.ここは明瞭な傾斜変換部で,海岸側は平均勾配 1/3500 とほとんど平坦,内陸側は勾配 1/400 ほどで緩扇状地状である.海岸線には比高 0.5～1 m ほどの砂州が部分的につらなる.海底の勾配は 1/150～1/200 と遠浅である.この地形条件を与え,海岸での最大波高 10 m,周期 45 分,とした場合の数値計算結果が図 2.49 の A である.陸地面の粗度係数には,かなり市街化が進んでいる場合の値 0.12 を使用した.

流速 5 m/s を超える速度で海岸線から流入した津波は,海面低下による引き戻しによって水位を急速に低下させながら遡上して,10 分後に 2 km ほど進入したときには,内陸部に残った海水の水深は 2 m 以下である.勾配が非常にゆるやかな場でのこのような水深の流れでは,海に向かう流速はかなり小さくなるので,引き戻しの効果はほとんどなくなり,内陸に向かう先端部は速度を急速に低下させながらゆっくり

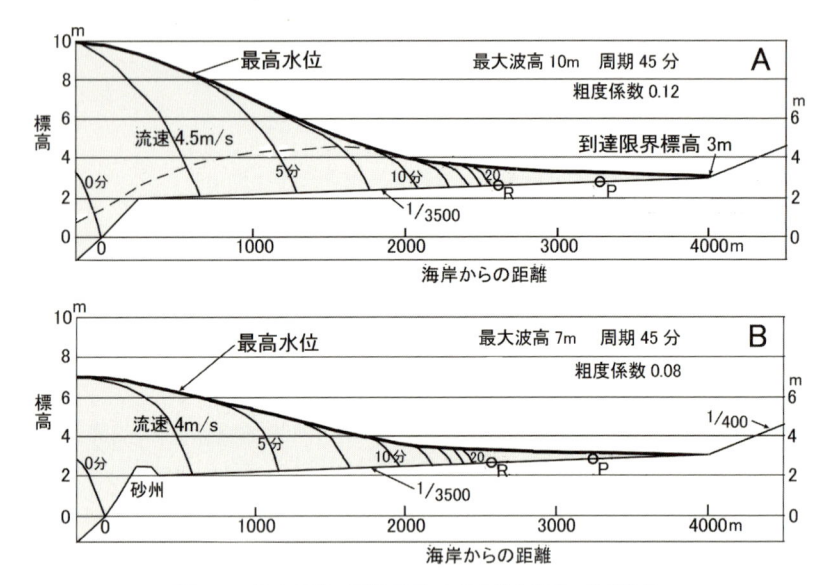

図 2.49 仙台東部の海岸平野における津波流動の数値計算
P：周期 30 分の場合の到達限界，R：周期 15 分の場合の到達限界．破線は津波が海岸線に到達してから 10 分後の水位曲線．

と前進し，標高 3 m の傾斜変換線で停止している．

このように平野のほぼ中央部を境にして，海側は水位が大きく変化し激しい流れの押し波と引き波が交互に生じる範囲，陸側は水深の小さい流れがゆっくりと内陸に向け進む範囲とに分けられる．海岸側では流体力（流速の 2 乗と水深との積）は非常に大きくて激しい破壊作用が加えられる．津波の流入開始から 5 分間における平均流速は 4.5 m/s と高速であるが，海岸から 2 km 地点に到達したときには 1.5 m/s ほどに低下する．さらに内陸に進行すると，流速は非常に遅くなり水深も減少するので，流体力は非常に小さくなる．

津波の周期が短い場合には海水の引き戻しがより早くなるので，到達限界の距離および標高はより小さくなる．周期 30 分の場合の到達限界は図の P 地点に，周期 15 分の場合には R 地点にまで後退する．

図 2.49 の B は，最大波高が 7 m で，海岸に比高 0.5 m の砂州があり，かつてのように平野内は地物のない自然状態にあるとして，粗度係数を 0.08 と小さくした場合である．このような低い砂州でも海水の戻りをかなり妨げるので，津波到達限界は標高 3 m の傾斜変換部近くにまで達している．地震による地盤の沈降（2011 年地震では 0.5 m ほど）は海水の陸地内滞留をより著しくする．過去の大きな津波の浸水域は，このような平野地形の条件に支配されて，津波の規模にあまり関係なく，標高 3 m

の傾斜変換部がほぼ限界になったと考えられる．

2.4.4 津波危険地
a. 危険海岸
　大きな津波を引き起こすのは $M8$〜9 クラスの海溝型巨大地震である．日本周辺海域における主要津波の波源域をみると，千島海溝〜日本海溝および南海トラフの海域で大きな津波の発生が多い（図2.42）．また，渡島半島沖から新潟県沖にかけての日本海（北米とユーラシアのプレート境界）および相模トラフで波源域のやや小さい津波が起こっている．波源に近いほど一般に津波は高くなるので，これらの海域に直面する海岸がまず危険海岸として挙げられる．千島海溝〜日本海溝では波源域は陸地からかなり離れているので，津波が海岸に到達するのに30分近くかかる．これに対し南海トラフや相模トラフは，太平洋南岸近くにあり先端は陸地に達しているので，波源は陸地にきわめて近くなり，押し波の第1波は数分以内に海岸に到達する．1946年南海地震の津波は5分ぐらいで四国海岸に到達した．避難などの緊急対応の余裕時間からみると，本州・四国の南岸は高危険海岸になる．日本海では海岸から50 kmほどのところを震源としており，到達時間は10分を超える．ただし，震源は遠くても断層の形成が陸地に向かって進行すると波源域は陸地に近づき，到達時間はより短くなる．

　海岸地形からみた高危険海岸は，増幅の条件からなによりもまずリアス海岸である．リアス海岸とは，地殻運動により山地が沈降し河谷に海が入り込んだ地形で，岬と小湾が連続する屈曲に富む海岸線をつくる．延長200 kmにわたりリアス地形が連続する三陸海岸は，巨大地震の多い日本海溝北部に面するので，世界で最大の危険海岸であり，反復して大きな津波災害を被っている．海溝に面するリアス海岸にはほかに志摩半島がある．リアス式ではなくただ一つの湾であっても，もちろん波高増幅の危険はある．リアス海岸では，集落は狭くて低い湾岸低地に散在して立地することになり，津波に対する脆弱性の大きい居住状況がつくられる．2011年東北地方太平洋沖地震津波では最大遡上高が，牡鹿半島を境にして，北方のリアス海岸で30〜40 m，南の平滑海岸で10〜20 mと，明瞭な違いが示された（震源は牡鹿半島の東南東沖）．

　直線状の海岸でも，海岸近くの海底勾配が小さいと（遠浅であると），海水の戻りが遅くなり，その結果として陸地内に進入した海水が引き戻されることなくより高くまで到達する．1703年の元禄地震では遠浅の九十九里浜で死者数千人の大きな津波被害が生じた．2011年の津波では，仙台平野から九十九里浜にかけての直線的海岸で大きな遡上を示す津波が発生した．

b. 津波到達危険域
　リアス湾岸のような比較的狭い海岸低地では，海岸における津波の最大波高までの標高域が危険域としてまず挙げられるのはいうまでもない．流入する津波の大きな慣性力による駆け上がりのために，これにさらにどれだけの高さの増分をみるかは，低

地面の勾配や平面形などの地形条件によって異なってくる．海岸低地を囲む急傾斜の山地・丘陵部では，最大波高よりもやや高い等高線が到達限界線となるであろう．岬のような突出部では屈折により波が集中して打ち上げ高が大きくなる可能性がある．先細まりで比較的緩傾斜の谷が低地の奥に続いているところでは，最大波高の2倍以上もの駆け上がりが予想される．大きな河川の低地では，流れに対する抵抗の小さい河道内をより速い速度で遡上した津波が，堤防を越えて低地内に溢れ出すと浸水域は内陸深くに拡大する．広い海岸平野では引き波によって遡上が抑えられて，到達限界標高は最大波高よりも小さくなる．これは周期が短い津波ほど著しくなる．津波の周期が長いと駆け上がり高は小さくなり，一方，到達の水平距離は大きくなる．

　これらは一般的にいえる傾向であって，津波という現象の性質を考えると，大まかな目安とし受け止めたほうがよい．津波ハザードマップの多くは，津波の2次元数値計算により作成されているが，設定したある特定の震源破壊過程・津波規模・周期の場合のものであり，安全域を保証するという性質のものではないことを忘れてはならない．このような危険予測情報を利用する場合，現象のいろいろな不確定性から，かなり大きな安全率を見込む必要がある．とくに避難を前提にしてはならない施設（病院，高齢者収容施設など）や緊急避難場所は，可能な限り高いところを選定せねばならない．

2.4.5　津波災害
a．明治三陸津波

　1896年（明治29年）6月15日19時32分，三陸海岸の東方200 kmの日本海溝沿い海底下でM6.8の地震が発生した．陸地における震度は3程度であったので，ちょうど旧暦の端午の節句を祝っていた人々は大して気にも留めなかった．しかしこの地震は，断層破壊の進行がゆっくりと進むのでマグニチュードは小さいが大きな津波を起こすという津波地震であった．断層面の広さは，長さが250 km，幅が80 kmという大きなもので，津波の規模から求められるマグニチュードは8.4という巨大規模の地震であった．津波地震は陸上で感じられる震動が小さいので，不意打ちとなり人的被害を大きくしがちである．

　明治三陸津波と名づけられたこの津波の第1波は，地震から35～60分後に三陸海岸に到達した．津波の高さは全般的に10～15 m程度，最大で38 m（綾里）であった．これによる被害は，岩手・宮城・青森の3県で死者・行方不明2.2万人，流失・倒壊家屋1.2万戸という著しいものとなった．岩手県の36被災町村における家屋流失率は34%，死者率は17%，宮城県の17被災町村における家屋流失率は25%，死者率は11%であった．（表2.5）

　陸地内では津波は前後に流動する激しい流れに変わるので，津波の高さが5 mにもなると，低い海岸低地に立地する集落では全壊率が100%近くにもなり，避難が間に合わないと人的被害が非常に大きくなる．田老村（波高15 m）では死者1867人

2.4 津波

表 2.5 三陸リアス沿岸域の市町村の 4 大津波による被害

	明治三陸津波		昭和三陸津波		チリ地震津波		2011 年津波	
	流失全壊	死者	流失倒壊	死者	流失全壊	死者	全壊	死者
久慈市	180	494	117	27	1	0	65	4
野田村	80	260	62	8	9	0	309	38
普代村	76	302	79	137			0	1
田野畑村	53	232	131	83			225	33
岩泉町	132	364	97	156			177	7
宮古市	832	3010	589	1127	99	0	3669	544
山田町	814	2124	551	20	133	0	2789	853
大槌町	684	600	483	61	30	0	3677*	1449
釜石市	1192	6487	686	728	28	0	3188	1180
大船渡市	806	3174	694	423	384	53	3629*	449
陸前高田市	245	818	242	106	148	8	3159	2115
気仙沼市	486	1887	407	79			8533	1414
南三陸町	475	1234	187	85	601	38	3167	987
女川町	10	1	56	1	192	0	2939	949
計	6065	20987	4381	3041	1625	99	(35526)	10023

2011 年津波の被害は 8 月 11 日現在．＊半壊を含む．死者には行方不明を含む．

で死者率 83%, 唐丹村 (波高 17 m) では死者 1684 人で死者率 66%, 釜石町 (波高 8 m) では死者 3765 人で死者率 54% であった．田老村の田老地区ではほぼ全戸流失・倒壊し，生き残った人は海へ漁に出ていた人か山へ仕事に出かけていた人だけという状態で，一家全滅が 345 戸中で 130 戸にもなった．岩手県全体では一家全滅が 728 戸であった．

1611 年には明治三陸津波よりもやや大きいと推定される慶長の大津波があり (田老における波高は 15〜20 m), 三陸沿岸は大きな被害を被った．これも津波地震であった可能性がある．これ以降少なくとも 6 回，平均 40 年の間隔で，かなりの被害を伴う津波に襲われている．1856 年の安政の津波では，南部藩における家屋流失・倒壊 200 戸，死者 26 人の記録がある．

このように度重なる被災の履歴をもっているにもかかわらず津波に備える態勢はなかったようで，震動が弱い津波地震であったことも関係して，非常に多くの人命被害をもたらす結果になった．津波は神仏の祟りによるものといったような誤った俗説や語り伝えが，危険の認識を甘くしていたこともまたかかわっていたようである．被災後にかなりの集落が集団であるいは分散して高地移動をした．しかし，漁業活動に不便などの理由で，その後多くの地区でもとの地への復帰が行われた．

b. 昭和三陸津波

37 年後の 1933 年に三陸沿岸は再び大きな津波に襲われた．この時は強い震動が感じられたことなどにより死者は少なかったが，それでも 3000 人にのぼった．地震の発生は桃の節句の 3 月 3 日 02 時 32 分で，震源域は 1896 年のそれと半分ぐらい重なり，

地震の規模はM8.1で三陸海岸における震度は4〜5であった．この地震の断層はプレート境界での低角逆断層ではなくて，太平洋プレート内部における正断層で，巨大地震としては特異なものであった．

津波は地震の約30分後に三陸海岸に到達し，まず海水がかなり沖へ退き，ついで数分後に最初の高波が襲来した．多くのところで第2波が最大で高さは10mを超え，綾里では29mに達した．全般的にみて，明治の津波よりもやや規模が小さいものであったが，それでも流失・倒壊家屋は4000戸を超えた．大部分の人が寝静まっている時刻であったにもかかわらず死者が明治に比べ少なかった理由としては，震度5の強い揺れが感じられたこと，明治の大津波の経験がまだ風化していなかったことなどが挙げられる（図2.50）．津波の周期は10分前後であり，大きな波は5波ほど到来した．

明治の津波に比べ大部分の集落で死者を大きく減らしたが，そうでなかった集落もかなりあった．田老町田老（波高10m）では全戸数362戸のうち358戸が流失・倒壊し，地区人口の44%にあたる792人が亡くなるという，明治に引き続く大被害を被った．

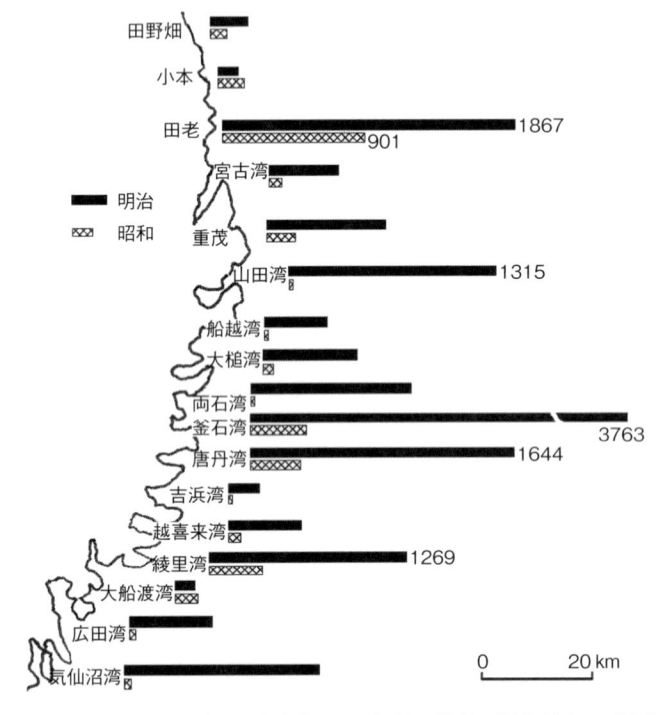

図2.50 明治および昭和の三陸津波による湾ごと（北部は地区ごと）の死者数

ここは慶長大津波でも全滅の被害を受けている．明治の津波後に高地への集団移転をおこなった船越村船越，唐桑村大沢，階上村杉の下などでは，ごく少数の原地復帰者が被災しただけであった．

相次ぐ被災を受けて，今度は高地への集落移転が積極的に進められ，98集落でおよそ3000戸が集団であるいは分散して移転した．できる限り元集落に近いところが選定され，移転先地の標高は平均10m程度であったので，1960年チリ津波は到達しなかったものの，2011年津波では半数以上の地区が部分的にせよ再被災した．

c. 東北地方太平洋沖地震津波

2011年3月11日14時46分，牡鹿半島東南東130kmの三陸沖を震央とするプレート境界地震が発生した．震源断層は大きく南方に拡大し，最終的に長さ500km，幅200kmの範囲が最大25mほどずれ，マグニチュードは9.0と超巨大規模であった．気象庁による最大震度は7であるが，住家全壊率では最大が5%程度と震度6強以下に相当するものであった．死者・行方不明の総数は災害の5ヵ月後において約2万人で，いまなお日々変化している状態にある．この人的被害のほぼすべては津波によるもので，建物倒壊や斜面崩壊など津波以外の人的被害は全体の1%に達しない200人以下であった．津波の規模は明治三陸津波のそれをかなり上回り，最大遡上高が三陸リアス海岸で30〜40m程度，宮城・福島の平滑な海岸線の海岸平野において10〜20m，房総東岸で5mほどであった．浸水総面積は535km^2，津波被災市町村における住家全壊は10.7万棟，半壊は10.2万棟（地震全体では両方合わせて26万棟）であった（地震から5ヵ月後の8月11日現在）．明治および昭和の三陸津波とは異なり，牡鹿半島以南の海岸平野部にも大きな津波が襲来したこと，および昭和の津波以降に標高の低い海岸低地へ市街域が大きく拡大したことが，被害を非常に著しいものにした．社会資産の直接被害の総額は17〜25兆円と試算されている．

牡鹿半島を境にして北方はリアス海岸，南方は平滑な海岸線をもつ比較的広い海岸平野で，津波の高さや被害の様相はこの両地域でかなり異なる．リアス海岸部では死者・行方不明10,023人，住家全壊35,526棟，海岸平野部（福島県北部までとした）ではそれぞれ9587人，61,370棟である（8月11日現在）．総務省統計局による浸水域の人口統計を使用して人的被害率を表すと，リアス海岸部で6.0%，海岸平野部で3.2%と2倍ほどの違いがある．三陸リアス海岸では度重なる被災経験をもち避難用の高地が近くにあるものの，20mを大きく超える激しい流れの津波に襲われたことによって，より大きな人的被害度を示す結果となった．一方，標高1〜3mという低くて平らな海岸平野部では，震央に直面する位置にあったものの，1m近くの地盤沈降の影響も加わって，大きな破壊を及ぼす引き波の勢力が相対的に小さかった可能性がある．

d. その他の津波災害

大きな津波の集中発生は，東海から四国にかけての太平洋岸沖の南海トラフ沿いにもみられる．ここでは100年間隔ぐらいで巨大地震が起こっている．最近では1944

年の東南海地震（$M7.9$），1946年の南海地震（$M8.1$）があり，大きな津波被害をもたらした．南海トラフは陸地近くにあり津波の波源域はほぼ陸地にかかるので，押し波の第1波の到達は地震後5〜10分と非常に早い．

東南海地震は熊野灘を震源とし，リアス地形の紀伊半島南東岸に最大9mの高さの津波を引き起こした．全体の死者は1251人，うち津波によるものは639人と約半分であった．津波による流失・全壊家屋はおよそ3000戸であった．南海地震は潮岬沖50kmを震源とし，波源域が西方に拡大したので紀伊半島南半部と四国南岸に高さ3〜6mの津波を発生させた．流失家屋は1451戸，死者は510人（全体の死者は1443人）であった．第3波が最大であったので，波が引いたから家に戻ったところ次の大波に襲われたという例がかなりあった．

日本海では1983年日本海中部地震（$M7.7$）と1993年北海道南西沖地震（$M7.8$）により大きな津波被害が生じた．日本海中部地震では秋田県能代の遠浅の砂丘海岸において，最大到達標高14mという大きな遡上がみられた（図2.51）．津波による死者は100人であったが，その大多数は港湾工事作業者や遠足の小学生など海を知らない外来者であった．津波は地震後7〜8分で海岸に到達した．

北海道南西沖地震による津波は5分後に奥尻島に達し，島の南端の海岸低地にある青苗地区は高さ8mの波に襲われ，死者107人（島全体で198人）の被害を受けた．災害後，防潮堤を高さ12mに積み増し，半数以上の住民がもとの低い海岸低地に復帰した．すぐ背後にある広い海岸台地面上への集団移転は被災者の4割で，高地移転の難しさがここでも示された．

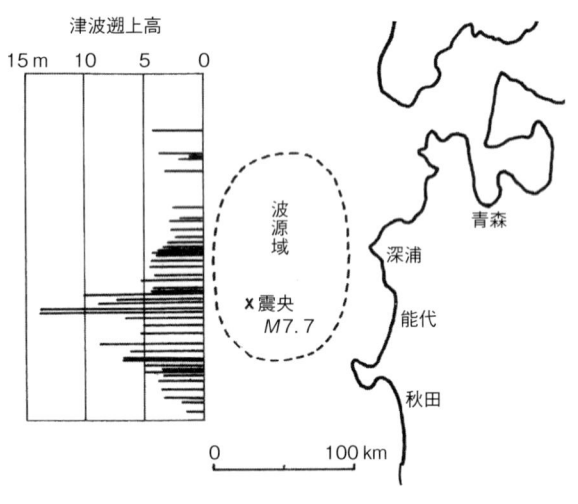

図 2.51 日本海中部地震津波の遡上高分布

2.4.6 遠地津波

　非常に遠方を震源とする地震により生じた津波が伝播してきた場合，これを遠地津波と呼ぶ．気象庁は日本沿岸から600 km以上離れたものと定義している．600 kmというのは，水深の大きい外洋において津波が1〜2時間かけて伝わるほどの距離である．遠地津波は，強い震動が感じられない，到達までに長い余裕時間がある，波動の周期が長い，長時間継続するなどの特色があり，近海で起こる近地津波と区別される．日本沿岸へは，太平洋の対岸にあたるチリ沖からたびたび大きな遠地津波が来襲している．

a. チリ地震津波

　1960年5月23日午前4時過ぎ（日本時間），南米のチリ南部でM9.5という観測史上最大の超巨大地震が発生した．これによって生じた大きな津波は平均速度が750 km/hという高速で太平洋を横断し，22時間半後の午前3時ごろに太平洋の真向かいにある日本列島の沿岸に達した．津波遡上高は三陸海岸で8 mを超え，全国で死者139人，住家の流失・全壊2830戸，半壊2183戸などの大きな被害が生じた．被害の発生は北海道から沖縄に至る太平洋岸のほぼ全域に及んだ（図2.52）．

　チリ海溝は日本に真横を向けているので，波源域の短軸方向に放出される強い波が日本に真っ直ぐ向かってくる．チリと日本の中間にハワイ諸島があり，この海底の高まりによる屈折が凸レンズ効果を起こして，日本に強い波を伝える．日本とチリとの距離は17,000 km，中心角は155°で，地球の真裏近くに位置する．南極から放射状に広がる経線がすべて北極に収束していくことからわかるように，チリ沖から発進した津波は太平洋の中央でいったん発散しても，日本近くにやってくると集まってきて強くなる．しかもチリと日本の間には深い太平洋がほとんど障害物なしで広がってい

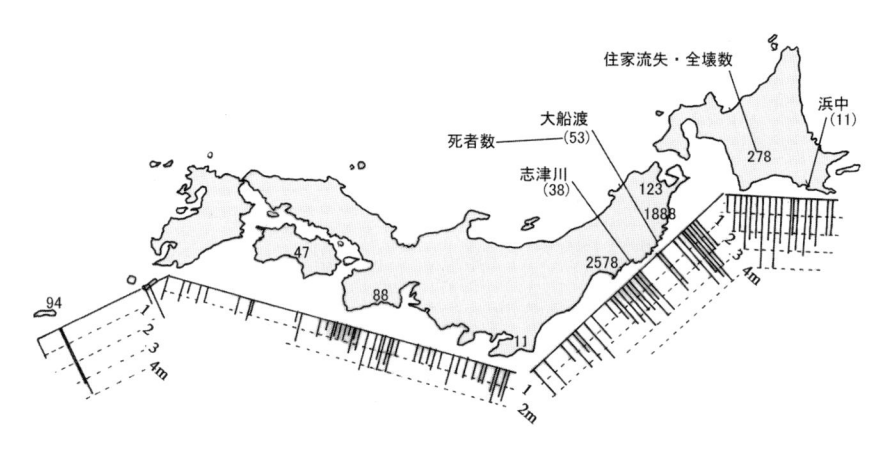

図 2.52　チリ地震津波の高さ（渡辺，1985）

る．

　チリ地震津波は太平洋全域に伝わったが，以上のような理由により，潮位観測所で記録した津波の波動は，遠い日本で非常に大きくなった．振幅（山から谷までの高さ）の最大値は日本で6.1 m，アリューシャンで3.4 m，カナダで3.3 m，ハワイで2.9 m，オーストラリアで1.6 mなどであった（図2.43）．なお，陸上への最大到達標高は，ハワイ島のヒロで10.5 m，三陸の久慈で8.1 mなどであった．チリからの大きな遠地津波の襲来はこれ以前にもかなりあって，近世以降では50年に1回ほどの頻度で，被害を伴うチリからの津波が襲っている．明治以降では1877年と1922年に死者や家屋流失をもたらす津波が襲来している．

　津波は7時間前にハワイ島に到達し死者61人などの被害を引き起こしており，その情報は米軍を通じて伝えられていたが，警報が出されたのは津波が日本に到達し各地から潮位の異常変化が報告されてきてからのことであった．これを契機にして太平洋津波警報システムに日本も組み入れられ，遠地津波に備える体制がつくられた．また，南に2000 km離れた南鳥島などに津波観測施設を設置して日本に向かってくる遠地津波の検出をおこなっている．外洋での津波観測は水圧変化やGPSを利用して行われる．

　遠地津波では途中での反射などにより，最大波が第1波のかなりあとにやってくる．この津波では最大波は第3,4波で，第1波の2～4時間後の午前5～8時ごろ太平洋岸各地に到達した．したがって津波襲来の危険を認知して避難を行うことが可能な時間的条件にあった．図2.53は北海道・根室半島の花咲にある検潮所におけるチリ地震津波の観測記録である．ここには日本で最初に津波が到達した．第1波は小さな押し波で，最大波は第1波の2時間後に来ている．津波の周期は約45分であり，海面波動は30時間ほどの長時間継続した．

　遠地津波では波源域が広大であることなどによって周期が40～60分と長くなる．共振は湾の固有周期と津波周期が一致すると起こるので，それぞれの湾において近地

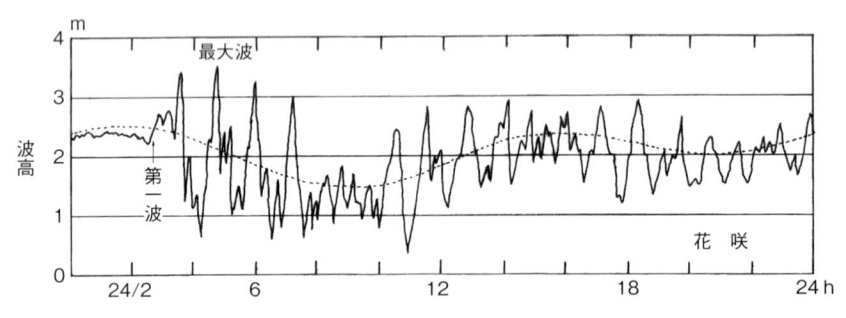

図2.53　チリ地震津波の観測記録（気象庁，1961）
45分ほどの周期で24時間以上継続した．第1波は小さな押し波で，最大波は2時間後に到達．

津波と遠地津波とでは増幅の仕方が地震のたびに違ってくる．奥行きの深い大船渡湾ではこの長周期の波と共振して津波が増幅され，53人もの死者を出した．津波到達の最大標高は1933年昭和三陸津波では3.5 mであったのに対し，1960年には5.5 mと高かった．

b. スマトラ沖地震津波

2004年12月26日朝（現地時間の8時）インドネシア・スマトラ島北西沖160 kmのジャワ海溝北部で$M9.1$の巨大地震が発生し，インド洋全域に津波が伝播した．地震動および津波による死者の総数は22万人にものぼった．この後，2005〜2006年の間に5回も$M7.5$〜8.5の巨大地震が隣接域で起こっている．

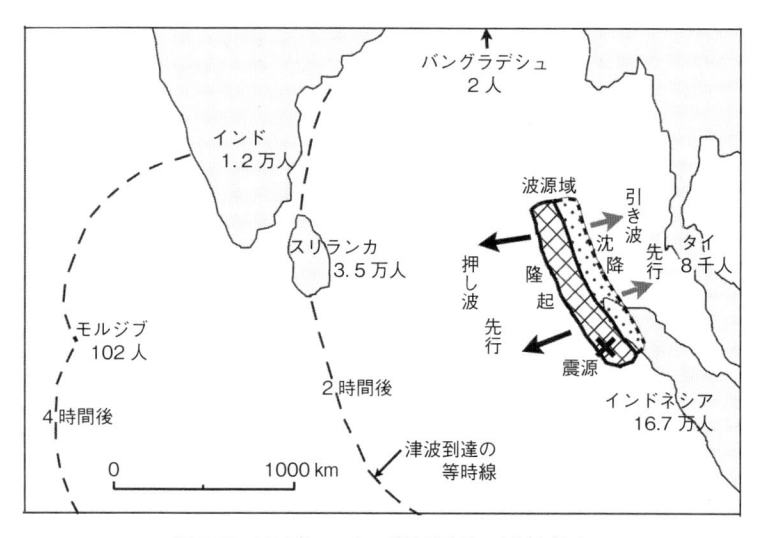

震源断層は，南北に近い走向をもち，東に15°傾斜する逆断層であった．傾斜が非常にゆるやかなので，震源域の西側は隆起し，東側は沈降した．これにより東のタイへは引き波が先に，西のスリランカやインド方面へは押し波を先にして伝播した（図2.54）．津波の到達標高の最大はスマトラで40 m，タイで20 m，スリランカで15 m，インドで12 mほどであった．国別の死者数は，インドネシア16.7万人，スリランカ3.5万人，インド1.2万人，タイ8千人などであった．タイは震源域から500 kmとかなり近くであったので強い震動が感じられたこと，津波の第1波が引き波であったことが，震源域に直面していたにもかかわらず死者が多くはなかったことにつながったと考えられる．死者の半数は津波をまったく知らない外国人で，海が退いたので沖のほ

図2.54 2004年スマトラ沖地震津波の伝播と被害
西方および東方（波源域長軸の直交方向）に強い波が伝播．
数字は死者数（インドネシア以外は津波による死者）．

うへ出ていって津波に遭った観光客がかなりいた．
　一方押し波で始まったインドとスリランカでは多数の死者が出た．スリランカの800 km 西方にあるモルジブは，周りを囲むさんご礁と礁湖が津波の勢力を減殺したので，非常に低い小島群であるにもかかわらず，死者は102人とあまり大きくはなかった．インド洋では津波警報システムがなかったので，地震や津波の情報は沿岸各国へ伝えられなかった．津波は，600 km/h ほどの速度でインド洋全域に伝播した．5000 km 離れたアフリカ東岸のソマリアには8時間後に到達し，約300人の死者を出した．このような遠地津波では，警報を発し避難を行う時間的な余裕は十分にある．

2.4.7　津波対策・対応

　津波は強大な勢力をもっており，同じ海面波動である高潮とは異なってその高さは10 m を大きく超える可能性がある．近海での地震による津波はきわめて短時間で海岸に到達する．したがって海岸低地にいたら，できる限り高所へ緊急に避難することが対応の基本となる．防潮堤・防波堤などの防御施設の機能には限界があるので，これがあったとしても警報・避難の態勢を整えておかねばならない．高所移転は抜本的な危険除去手段であるが，日常の生活・生産活動が優先されるのが現実である．

a. 襲来の認知，警報

　地震の初動からほとんど間をおかずに津波は発生して四方に伝わる．その速度は水深 4000 m の外海で 200 m/s という高速である．しかし，地震の主要動（S 波）の 3000 m/s に比べればかなり遅いし，また，陸地近くの浅いところでは 10 m/s 以下にも速度は低下するので，海岸に到達するのは震動が感じられてから数分以上あとになる．三陸沖の日本海溝付近で生じる津波では 30 分以上の時間がかかる．この震動から津波到達までの貴重な余裕時間を最大限に活かして，危険な海岸低地から高所への迅速・的確な避難が何よりも必要である．

　しかし，マグニチュードは小さいが高い津波を起こす津波地震では，先立つ強い震動という警告は発せられない．明治三陸地震津波はこれであった．数千 km 以上も遠くから来襲するので震動はまったく感じられないという遠地津波もある．このように強い震動という警告情報がない場合には，津波の襲来に伴う異常現象や海岸に迫る大波をいち早く認めて，緊急退避を行う必要がある．

　津波が引き波から始まる場合には，海水が異常に退いて普段の干潮時には決して現れない海底が露出する．この時，幸いとばかりに貝や魚を採りにいくようなことをしてはならない．すぐに大きな押し波がやってくる．第1波が引き波になるのは一般に，海底下の地震断層により陸地側の海底が沈降する場合で，海溝部における低角の逆断層でこれが起こりやすい．しかし，いつも引き波から始まるとは限らない．同じ津波でも海岸によっては，第1波が引きであったり押しであったりすることがある．前回の津波の経験から，この海では津波は引き波から始まるのだ，といった根拠のない先入観をもっていると非常に危険である．

浅い海岸にやってくると波は砕けて白く泡立つ．砕けるともはや上下に振動する波動ではなくなり前進する海水の流れになる．この流れはうしろから押し込まれるような状態になるため，前面が切り立った白い連続する壁となり海岸に迫ってくる．近づくと異常な音と振動が感じられるようである．これを認めたら全力で最も近い高所や高い建物に駆け上がらねばならない．

津波の情報・警報は，地震が起こるとその規模や震源位置に関係なく，すぐに気象庁から発表される．これはそれだけ津波警報の緊急必要度が大きいということを意味している．

津波が起こる可能性とその規模の予測は，種々の条件を与えた非常に多数の津波数値計算をあらかじめおこなっておき，観測した地震の最大振幅・震源位置・深さなどと照合して類似の津波計算例を検出する，という方法に基づき迅速に行われている．こうして予想される津波の高さが3m程度以上の場合には大津波警報が，最大で2m程度が予想される場合には津波警報が，0.5m程度までの場合には津波注意報が出される（2011年末現在）．発表は地震の発生から約3分を目標にしている．

2011年東北地方太平洋沖地震では，地震発生の3分後の14時49分に大津波警報が出された．岩手県の海岸に対しては，14時50分に3mの津波が予想されるとの発表があり，15時14分に6mに切り替えられ，15時31分には10m以上と変更された．実際に津波が到達し始めたのは15時15分～30分ごろで，高さは10mを超えるものであった．

津波の警報・注意報はテレビ・ラジオなどの一般メディア，および市町村の防災無線・同報無線などで伝達される．風の強い海岸などでは，同報無線の屋外スピーカーの音は伝わりにくいし，このような施設のない海岸は広く長い．携帯電話の普及はこれを克服し，パーソナルな伝達手段になった．問題はこれらの情報を受けて人々がどう反応し行動するかということである．

b. 避難対応

強い震動を感じ，あるいは警報を受けたら，一刻を争って少しでも高いところへ急ぐというのが大原則である．高さは安全をみて20m以上は欲しい．前回の津波の高さは3mであった，あるいは警報が3mの津波を予想しているから，それよりも高いところにいれば安全だといった判断は正しくない．5mの高さの海岸堤防があるから3mの津波はそれで防げるといった思い込みもまた危険である．

危険はわかっていても，まっすぐ高所へ向かう避難行動がとれない場合がある．緊急異常時にはまず家族の安否が気がかりになる．家族が離れ離れになっていると，まず一緒になろう，無事かどうか確かめにいこう，連れ戻そうといった行動が先に立つ．とくに，家族の誰かが海岸近くにいることがわかっている場合にはそうである．あらかじめよく話し合っておいて，めいめいが独自に最も手近な高所を目指している，という確信がもてるようにしておく必要がある．

高齢者や病人の避難・移送に手間取っているうちに逃げ遅れるというのは多いケー

スである．高齢者収容施設，病院，幼稚園，小学校などは高台に立地するのが望まれる．避難場所はもちろん十分に安全を見込んだ高所に指定しなければならない．海岸低地に面する山腹は急斜面が多いので，ここには階段など登りやすい通路を設けておく必要がある．指定避難所は，収容が主目的であって安全な場所が選定されているとは限らないことを知っておかねばならない．

　津波の危険が迫っているとは知っていても，時間をかけて貴重品などを取り出してから自動車で避難するという対応行動をとる人は多くなった．しかし，高所へ通じる道路には車が集中して渋滞し，津波に追い付かれてしまう．海岸低地から山地・丘陵の斜面に続く道路では津波が高くまで駆け上がる可能性がある．このような場合，車を乗り捨てて近くの高い建物などに逃れるというとっさの決断が要求される．

　最大波は第1波であることが多いが，第2波以降であることもまたある．津波の周期が数十分と非常に長いこともある．第1波の海水が退いたあと，かなりの時間が経っても次の波が来ないからもう大丈夫だと思って家に戻る，ということはしてはならない．

c. 避難規定要因

　緊急避難対応には種々の外的条件，地区防災態勢，人間行動要因などが関与して，避難が促進されたりあるいは阻害されたりする．2011年東北地方太平洋沖地震による津波の際の三陸沿岸域について，これらの要因を他の三陸域津波と比較しながら示す．

　地震の発生時刻と三陸海岸への押し波第1波到達は，明治津波が午後7時半で約35分後，昭和津波が午前2時半で約30分後，2011年津波は午後2時46分でおよそ30分後であった．地震の震動は，明治では震度3程度の弱い揺れ，昭和では震度5の強震，2011年では震度6強の激しい震動であった（計測震度と以前の震度とは単純比較できないが）．いずれの場合も余裕時間は，強い揺れが収まってからでも20分以上はあった．チリ津波の第1波到達は午前3時ごろ，最大波到達は6時ごろ，津波警報の発表は5時ごろであった．2011年では大津波警報が即座に出された．このように2011年では緊急退避の行動に一番よい外的条件があったことになるが，人的被害は昭和津波を大きく超える規模になった．

　最後に被った災害の規模は，備えのレベルに大きく影響する．1960年チリ津波は三陸において高さ2～4mほどで，大多数の湾で被害は小規模であった．2010年2月にチリ沖から来襲した津波は最大で1m程度であり，10cmオーダーの津波観測値（これは海岸にある検潮所の値）がテレビなどを通じて延々と報道され，津波という現象について甘い判断を人々に植えつけた可能性がある．大津波警報は高さ3m以上の津波が来ると予想されることを警告するもので，3mあるいは6mといった数値が警報の中で伝えられたが，これを単に3mあるいは6mの津波が来る（だからそれ以上の高さのところは安全だ），と受け取った人が多数いたと推測される．

　津波防災計画を1960年チリ津波に主として基づき決めた地区がかなりあった．こ

の低い設定条件に基づいた防災情報の提示や避難所など防災施設配置などは，住民の危険性認識を誤らせた可能性がある．地区危険情報の代表であるハザードマップは一般に，ある特定条件の場合の浸水域などを示すものであり，必ずしも安全情報ではないことを伝えなければ，かえって危険を招くおそれがある．防災の啓発・訓練は盛んに行われたが，甘い設定条件によるものであれば逆効果にもなりかねない．実際，低い標高のところに避難所が指定されていたことは，多くの人を危険に陥れた．

　海岸堤防や湾口防波堤などが建造され，ギネス記録に認定されるというものまでつくられた．海岸低地にいる人々がこれを信頼したくなるのは自然である．しかし，これらの海抜高は最大でも10mほどで，明治や昭和のような大きな津波が来れば安全でないことは明らかである．これらの防災構造物の存在が安心感を与え避難を妨げたことは十分に考えられる．

　家族が離れ離れになっている昼間であったことが，高所へまっすぐ向かうという退避行動を妨げた．ちょうど低学年児童の下校時にあたったことが，緊急行動を複雑にした．高齢化の進行は迅速な避難行動の大きな障害になった．自動車という手段への依存と過信もかかわっていたであろう．

　海辺の街・漁村は，昭和の津波の時でも明治とほとんど変わらないたたずまいを示し，自然に密着した生活をしており，土地の災害危険性に対する認識は共有されていたと考えられる．しかしその後街の景観はすっかり変貌をとげ，広い道路が通じて孤立感は薄らぎ，危険意識はかなり低下していたであろう．

d. 高地移転

　津波の危険の大きい海岸低地から高地への住居移転は，いわば建物・家財ぐるみの恒久的な避難であり，人命だけでなく経済的被害も防ぐ抜本的な対策である．しかし，危険が大きいと指摘されていても，さらには大きな被害を受けた場合でも，なかなか移転にまでは踏み切れないのが現実である．繰り返し大災害を被ってきたという世界で最大の津波危険地帯である三陸沿岸の集落はその典型例といえるであろう．

　明治三陸津波のあと，三陸の多くの町村で安全な高地への集落移転が検討されたが，実施したのは一部の地区に過ぎなかった．その理由としては，被災地区の大部分が漁村で海浜から離れるのは漁業に不便である，零細漁民が多くて資金的に困難である，地区民の利害が一致せず合意形成は難しい，移転地の選定・買収にあたり地主との対立が生ずる，などが挙げられた．また，傾斜地の土地造成は当時の土木技術水準の面から制約があった．このため各戸が任意に行う分散移動が主として行われた．漁業共同体としての集落を再興し維持するために，他地区への移住をやめさせようとする働きかけもあったようである．

　結局，大部分の被災集落は原地再建を選択したので危険は解消されず，昭和の再被災につながった．少数ながら行われた集落移転の跡地には，移転者の一部が復帰したり，その分家や他村からの移住者が住みついたりした．家系の再興，屋敷・耕地の継承などのために移住者の積極的受け入れも行われた．

昭和三陸津波では，明治の貴重な経験を活かして迅速な避難が行われ，死者数を大きく減少させた．しかし，建物はもちろん避難できないので多数の地区が壊滅的な破壊を受け，集落の再建が必要になった．そこで，集落の高地移動が主要復興事業の一つに取り上げられ，県はこれを積極的に推進し，国は国庫補助および借入金の利子補給で支援した．これにより当初は岩手・宮城両県で35町村の102集落が移転のための宅地造成計画を立てた．適地の条件は，海浜に近いこと，既往津波の最高浸水線以上に位置すること，海を望み得ること，南面の高地であること，飲料水が容易に得られることなどであった．しかし，適地が得難いことに加え，資金調達困難，農地転用上の障害，地主との対立などの問題があって，結局，およそ100集落で約3000戸が，分散あるいは集団で高地移転を実施した．これ以外に個別に移住した人々は多かったであろう．

危険な海岸低地への居住を制約するために，宮城県は県令により津波被災地および津波被災のおそれのある地域における居住用建物の建築を規制した．しかし時が経つにつれ，漁業に不便などによる元屋敷への復帰，分家や他地区からの移住者の居住などにより，大部分の地区でもとのような家並みが復活した．

高地移転先はできる限りもとの集落に近いところが選定されて，その平均標高は10m程度であった．したがって，これをかなり超える高さの2011年津波により，こ

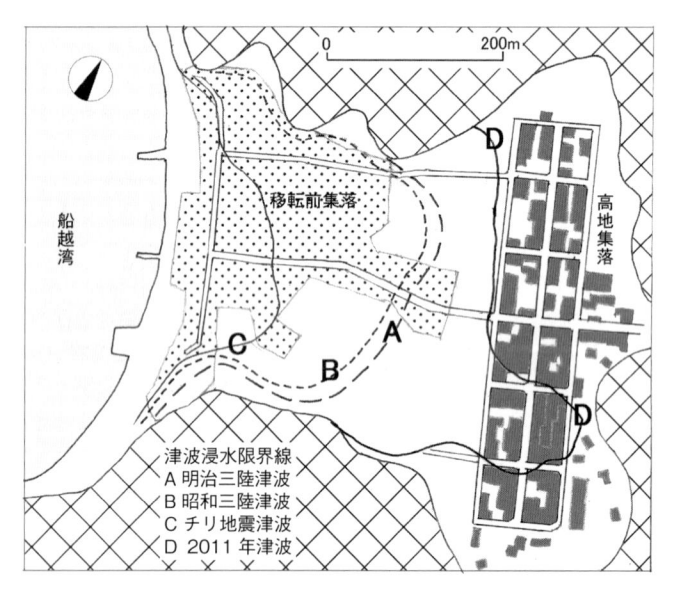

図2.55 三陸海岸における高地移転例－山田町田の浜（国土地理院，1961などにより作成）
移転地の標高は15～20mで，2011年津波により一部被災した．

れらの高地移転地区の半数以上が部分的にせよ被害を被った（図2.55）．高地移転は土砂災害という他の危険への接近を伴う．これは主として大雨で起こり，津波よりも身近な危険である．この防止のためには，急傾斜地や谷底などを避けて移転先の土地を選定する必要があるが，適地を得るのはなかなか困難である．土地造成が土砂災害を起こす原因となることはしばしばである．山火事への備えもまた必要となる．

被災して，現地再建するか集団移転に踏み切るかは，厳しい選択である．次にいつ来るかわからない危険に備えることよりも，日常の生活・生産活動が優先されるのは，やむを得ないことかもしれない．しかし，以前のまちをよみがえらせるのだ，ということだけでは防災にならないことも確かである．本来，災害高危険地にははじめから住まないという選択が基本であって．住んでしまってからの移転はやむを得ない次善の策に位置づけられる対応である．

2.4.8 人的被害規模の規定要因

津波による人的被害の規模を決める主要因には，①津波の高さや流速（これは津波周期に関係）などの外力強度，②住民の危険認識，地区防備態勢，警報発表・伝達の状況，震度・余裕時間・時刻などの外的条件など緊急避難行動にかかわる諸要因（避難対応レベル），③海岸低地の居住・利用や市街地条件（被害ポテンシャル）が挙げられる．

三陸のリアス海岸域は，明治三陸津波，昭和三陸津波，チリ地震津波および2011年東北地方太平洋沖地震津波により大きな被害を受けた．この延長200 kmに及ぶ海岸域にある14市町村（平成の合併後）ごとおよび災害ごとの住家全壊率と人的被害率との関係を示したのが図2.56である．住家の損壊は津波の破壊作用の直接的結果であり，その大きさは人の居住域・活動域に現実に作用した津波の加害作用の規模を直接に反映していると考えられ，上記の①と③を反映する．

この両者の関係は，べき指数値（回帰直線の勾配）は同じで比例定数が災害ごとに異なるべき関数で表されるとして回帰分析を行い，

$$D_r = 0.034 H_c^{1.26} K \quad (相関係数 0.815) \tag{2.5}$$

$\quad K = 6.41$（明治津波），1.00（昭和津波），0.74（2011年およびチリ津波）

を得た．ここで，D_rは人的被害率，H_cは住家全壊率である（災害5ヵ月後時点の被害集計値を使用．人的被害は死者と行方不明との和）．Kは②の避難対応レベルをほぼ示すと考えることができる変数で，回帰直線間の間隔を表す．明治津波のKが6.41であるということは，比例定数0.034にこれが乗じられて，加害作用の規模（住家全壊率）が同じでも，D_rが昭和津波（$K=1$に固定）に比べその分だけ大きくなることを意味する．

明治津波では地震動が小さかったこともあってほぼ不意打ちの状態であり，避難対応レベルが非常に低かった場合の人的被害規模を示すと考えられる．直線的関係が著しいことがこれを示唆している．昭和津波では強い震動が感じられたので明治の経験

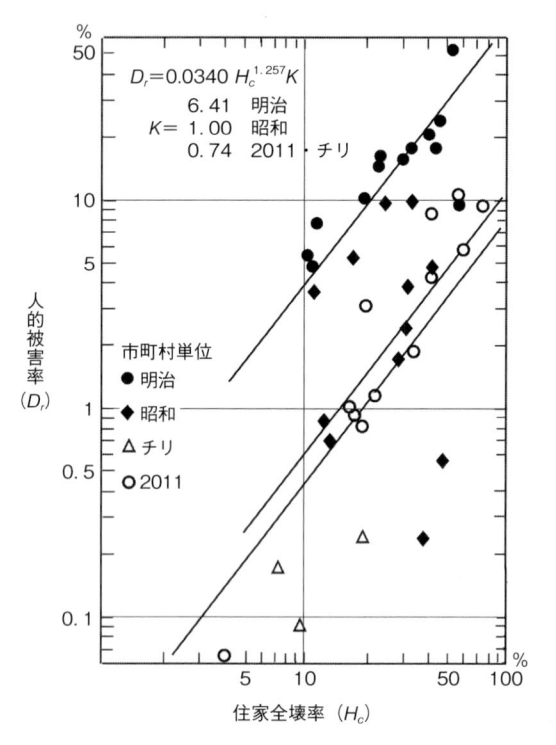

図2.56 三陸海岸の4大津波による住家全壊率と人的被害率との関係

$D_r = 0.0340 H_c^{1.257} K$

$K = \begin{cases} 6.41 & 明治 \\ 1.00 & 昭和 \\ 0.74 & 2011・チリ \end{cases}$

市町村単位
● 明治
◆ 昭和
△ チリ
○ 2011

を活かして，未明の時刻であったにもかかわらず多くの集落で迅速な避難が行われて，人的被害を大きく減少させた．平均的にみると明治に比べ避難対応レベルが約6倍に上がって死者数を大きく減少させた．ただし避難が効果的に行われなかった集落も多く，このことが図における非常に散在するプロットとして現れている．2011年津波では避難対応のレベルが昭和に比べ約1.3倍（1/0.74）に上がっているが，昼間であり非常に強い震動があったなどの有利な外的条件を考え合わせると，実質の避難対応レベルはかえって低下していると考えられる．

明治津波に比べれば，2011年津波における避難対応レベルは8倍ほどに上昇して，人的被害の相対規模が低下した．しかしその絶対数は大きく増大し，三陸リアス海岸域で1万人にもなった．これをもたらした主要因は被害ポテンシャルの著しい増大である．明治津波から昭和津波までの37年間，この地域の人口はほぼ30万人のままで，ほとんど変化しなかった．相次ぐ厳しい冷害や世界的な不況がその背景にあったであろう．現在では人口は約3倍に増大したが，その大部分は津波の危険がある海岸低地に市街地が大きく展開したことによる増大である．明治・大正期の地形図と現在の地

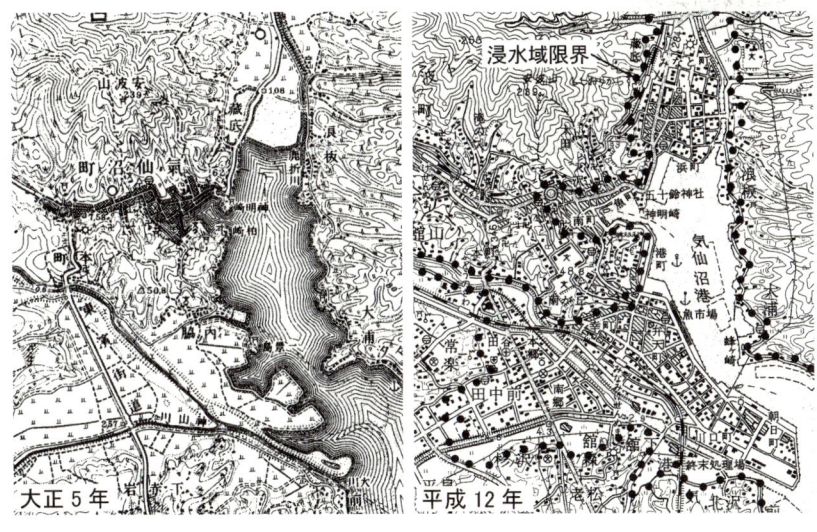

図 2.57 気仙沼の大正 5 年と平成 12 年の地形図比較

形図との比較からも，海岸低地に展開する市街地の規模・人口が著しく増大していることが容易にわかる（図 2.57）．

青森から千葉に至る津波浸水を被った 62 市町村における住家全壊および半壊の数はそれぞれ約 10 万棟である．明治津波では流失・全壊家屋戸数はおよそ 1 万であった．この建物破壊（市街地破壊）の規模が巨大であり，その立地場所が高危険地であるということが，災害の影響を深刻にし，復興を困難にしている基本要因である．

2.5 地震火災

地震時の火災は，同時多発による消防力分散，建築物・構造物の倒壊や道路損壊による通行障害，消火栓や水道管の破損による水利不足，大量の自動車通行による交通渋滞などの要因が複合して消火活動が大きく阻害され，延焼火災に発展しやすい．地震火災の危険度は，出火危険度および延焼拡大による焼失の危険度で判定され，また避難困難度が人的被害については加えられる．いずれも都市の構造が密接に関係している．出火率は建物全壊率と比例的な関係にあるので，建物倒壊の危険度が，したがって地盤条件が，この背後にかかわってきている．火災の規模はその時の気象条件，とくに風速と風向，ならびに季節・時刻といった外的条件が大きく関係する．地震火災の危険が大きいのは沖積低地に展開し木造建物が密集する大都市である．

2.5.1 都市大火
a. 火災拡大要因

　地震による火災の大部分は，建物倒壊や建物内での転倒物・落下物によって生じる．したがって，本震のあとの短時間内に一斉に出火し，その件数は建物倒壊数に比例して増大する．常備消防は基本的には平常時の火災防御に対応できる規模で整備されており，このような異常事態に対処できる態勢にはなっていない．1995 年兵庫県南部地震時の神戸市では，地震直後（午前 6 時までのおよそ 15 分間）の出火 54 件に対し出動可能ポンプ車隊は 28 と半分程度であった．地震時にはまた，消防施設の被災や署員・団員の参集不能などにより消防力が低下する．

　出火現場へ到達するのに道路利用が不可欠であるが，これは道路の亀裂・陥没・崩壊，落橋，建物の倒壊など，および大量の自動車が一斉に動き出すことによる渋滞によって，大きな障害を受ける．神戸では極端な交通渋滞により，消防車両などは火災地点に近づくことが極度に困難であった．大阪からの消防車両は，通常では 1 時間程度で到達できるところが，4 時間以上も要した．この大量通行車両の 90% 以上は緊急性のない一般車であったと推定されている．火災現場に消防隊が到達したとしても消火栓が破壊されていることが多い．神戸ではやむを得ず海や遠くの川からの送水をおこなったが，これには多数のポンプ車や人員・資機材を割り当てる必要が生じて消防力が低下した．

　常備消防力の手が及ばないとなると，あとは地区住民の消火活動にゆだねられることになる．しかし，強い震動による被災や恐怖などにより，震度が大きいほど住民による止火（使用中の火気器具の始末）や初期消火（消火器やバケツなどによる）の活動は低下する．また肝心の水も水道管の破壊による断水によって得ることができない．かくして地震時には出火の多くが延焼に至り，建物が密集する都市では大火災に発展する．

b. 地震火災事例

　1923 年の関東大震災は，被害規模および社会経済的インパクトの大きさからみて，世界の自然災害史上で最大規模の災害であったと判断される．このような大災害を引き起こした主因は，本震後に発生した大規模延焼火災である（図 2.58）．東京市（旧 15 区）の市街地面積の 44% が焼失し，焼失棟数は約 22 万，世帯数では約 28 万で，震動による住家全壊のおよそ 1.2 万棟（推定）よりもはるかに多かった（被害高は資料によってかなり異なる）．死者も総数約 6.9 万人の 95% が火災によるものであった．横浜市では 6.3 万世帯が全焼被害を被った．

　関東地震時の火災はとくに巨大規模であったが，日本では大地震の際には必ずといってよいほど大規模火災が発生している（表 2.6）．兵庫県南部地震による神戸市における火災は焼損棟数 7379 棟で，規模は大きく違うが，関東地震時の東京市と横浜市に次ぐ大火であった．

　江戸の街は昔から頻繁に大火に見舞われてきた（これは京都や大阪なども同じであ

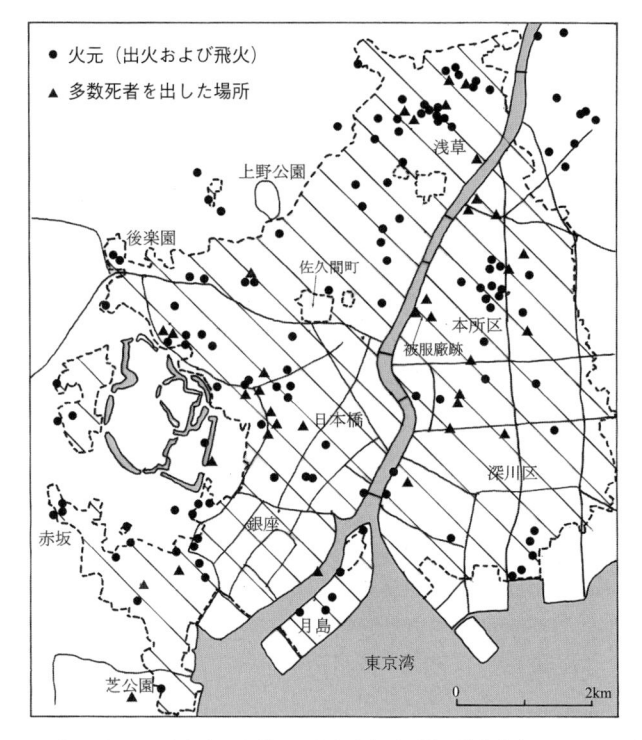

図 2.58 関東地震による東京市の火災域と出火地点（震災予防調査会, 1925 により作成）

表 2.6 地震火災

地震名	年月日	時刻	M	焼失戸数	主な火災発生市町（焼失戸数）
濃尾地震	1891.10.28	6：39	8.0	4204	岐阜市（2102）
庄内地震	1894.10.22	17：35	7.0	2148	酒田市（1747）
関東地震	1923.9.1	11：58	7.9	447128	東京市（366262），横浜市（58981），横須賀市（3500），小田原町（2268）
北但馬地震	1925.5.23	11：09	6.8	2328	豊岡町（1483）
北丹後地震	1927.3.7	18：27	7.3	6659	出石町（2359）
南海地震	1946.12.21	4：19	8.0	2598	新宮市（2400）
福井地震	1948.6.28	16：13	7.1	3851	福井市（1859）
兵庫県南部地震	1995.1.17	5：46	7.3	7456	神戸市（7379）

る）．徳川の江戸城居城以来幕末までの 280 年間に大火と称せられるもの（焼失 1000 戸以上）が 100 回以上も記録されている．その最大は 1657 年の明暦大火で焼失面積は 2570 ha であった．これは一般火災で最大の規模である．大きな地震火災には 1855

年の安政江戸地震（$M6.9$）があり，焼失面積は約 220 ha（関東地震時の 1/20）であった．幸い風が穏やかであったので大規模延焼にまでは発展しなかった．外国における最大の火災は，1905 年 4 月 18 日の地震（$M7.7$）によるサンフランシスコの大火で，焼失面積は 1220ha（市街の 2/3），焼失建物 2.8 万棟であった．このように大都市が強い地震に襲われ，その時運悪く強風が吹いていると，巨大規模の火災に発展する可能性が大きい．

2.5.2 出火と延焼

地震火災の発生は，建物倒壊の規模とその建物の用途，および地震発生の時刻・季節・時代などの外的・偶然的な要因の影響を受ける．延焼は気象（主として風速・風向）および市街地条件（主として木造建物の密集度）によって規定される．関東地震はちょうど昼食時に起こったので多くの火源があり，東京市内全体で 98 ヵ所から出火した（郡部では 30 ヵ所）．地盤が悪いために建物倒壊が多かった荒川・隅田川低地および神田川谷底低地において出火数が多かった．折悪しく弱い台風が日本海を進行中でやや強い南風が吹いており，夜には強い北風に変わった．この強風とその風向変化が延焼域を大きく拡大させた．兵庫県南部地震時の神戸では，ほぼ無風で延焼速度は毎時 30 m 程度と非常に遅かったが，消火活動を妨げる要因が多かったので火災域が広がった．

a. 出火危険度

火災の大部分は建物倒壊により生じるので，出火件数は建物倒壊数にほぼ比例する．兵庫県南部地震の時の神戸では全壊率 30% 以上のいわゆる震災の帯が出現したが，出火地点はこのゾーンに集中している（図 2.59）．

市区などを単位として求めた出火率と全壊率とは比例関係にあり，出火予測などに用いられる（図 2.60）．その比例定数は，使用中の火気器具などの多さにより季節や時刻によって異なる．冬季では夏季に比べ 7〜8 倍ほど，春季・秋季では夏季に比べ 2〜3 倍ほどである．関東地震時（夏の正午）の東京市における住家全壊数は約 1.2 万棟，出火数は 98 で，出火率は 0.02% であった．兵庫県南部地震時（冬の早朝）の神戸市では出火率は 0.03% で，夏季とほぼ同じ水準の低い値であった．時刻による違いは大きく，早朝（5 時台）を 1.0 として昼食時（11, 12 時台）1.5，夕食炊事時（17, 18 時台）2.5，深夜（0〜4 時）0.05 ほどの時刻係数を示す（表 2.7）．

出火の危険性は建物用途にも関係する．東京都の資料では，建物用途別にみた出火危険度は，独立住宅に比べ宿泊・風俗営業施設ではほぼ 2 倍，専用商業施設で 0.7 倍，事務所建築物では 0.6 倍などとされている．現在の東京では，出火危険度の高い地区は山手線内に集中している．

出火原因は使用する火気器具や燃料・エネルギー源の時代による違いを反映する．関東地震の時の出火原因は，かまど 47%，七輪 14%，火鉢 10%，薬品 25% などであった．出火時刻は地震後 10 分以内が 50%，1 時間以内が 80% であった．薬品は現在に

図 2.59 兵庫県南部地震による出火地点（岡田・土岐，2000）

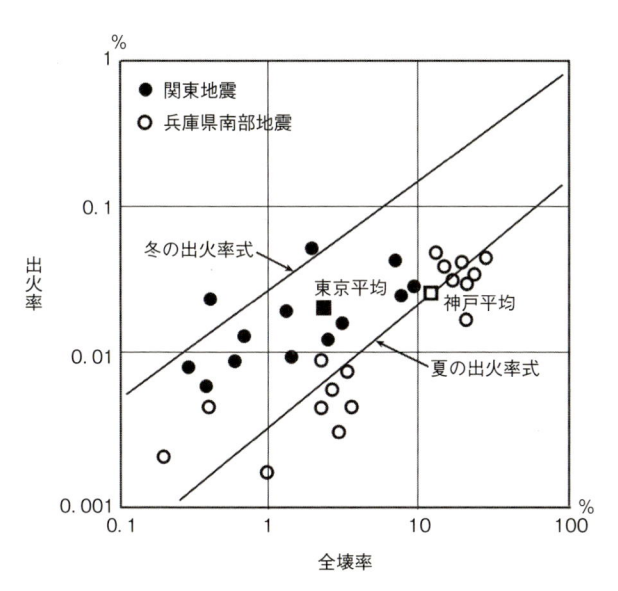

図 2.60 出火率と住家全壊率との関係（岡田・土岐，2000 など）

おいても主な出火源の一つである．石油を使う暖房器具は冬季における主要な出火源である．1968 年 5 月 16 日の十勝沖地震では出火原因の 40% もが石油ストーブであり，その出火率がかなりの大きさであったので，対震自動消火装置の設置が義務づけられ

表 2.7 出火率係数（東京都資料）

時刻係数

時刻(h)	係数	時刻(h)	係数
0〜4	0.046	16〜17	1.30
4〜5	0.15	17〜19	2.50
5〜6	0.98	19〜20	1.80
6〜8	1.64	20〜21	1.10
8〜11	1.10	21〜23	0.45
11〜13	1.52	23〜24	0.12
13〜16	0.85		

季節係数

	夏	春・秋	冬
全出火	0.378	1.0	2.65
炎上火災	0.415	1.0	2.41

急速に普及した．炊事時には油鍋の炎上が大きな危険となる．

兵庫県南部地震時の神戸市における地震当日の火災件数は109で，出火原因は電気器具・設備・配線26，ガス関連8，石油ストーブ4，薬品3，その他6，不明62であった．不明を除外すると，電気・ガス関連が72%を占めるという，これまでにはない事態となった．電気関係では，電気ストーブ，熱帯魚用器具，白熱スタンド，各種電源コードが主な出火原因であった．電気関係を発火源とする出火にはかなりの時間を要する場合があり，また，通電再開によっても出火が起こるので，地震の2時間後以降では出火原因の大部分が電気関係であった．

出火・炎上，天井着火から1棟火災までの10〜20分ぐらいの間における，居住者や地区住民による初期消火が，常備消防力を期待できない地震時にはとりわけ重要である．関東地震時の東京市内における出火98のうちの27（1/4強）が火元付近で消し止められ，残りの71が延焼に発展した．飛び火による火元は45で，うち4が消し止められ41は延焼に至った．結局延焼火元は112ヵ所であった．兵庫県南部地震の神戸では，地震後3日間における建物火災発生数は136で，このうちの約半数が1棟だけの単体火災で，それ以外は延焼に至った．

各家庭や住民組織の消火活動により初期に消し止められた火災の全火災に占める割合を初期消火率と呼ぶ．これまでの地震火災例では，初期消火率は震度の増大とともに大きく低下している．震度が7であった1948年福井地震の場合には，初期消火率は17%と低かった．強烈な揺れと被災状況の激甚さは，消火などの住民活動を大きく阻害するであろうことは容易に考えられる．また，アンケート調査では，震度7の揺れの最中では，反射的に身を守るというのが精一杯で，火を消すといったような意識的行動はほとんど不可能となっている．天井着火が進めば初期消火は困難となり，それ以上の本格的火災の消火は消防隊の役割になるが，地震の場合には消防隊の到着が大きく遅れる可能性は非常に大きい．

b. 焼失危険度

多数の単体火災が延焼に至り火災域が合併・拡大して焼失する危険性は，風速・風向・湿度などの気象条件，建物の種類・構造・密度，道路・公園などの空地比率など

の都市構造要因，河川・海・崖などの地形要因，消防力などの人為要因が関係する．

市街地における延焼域拡大の速度は，風速が大きくなるにつれ指数関数的に増大する．風が強いほど炎と熱気流が風下方向に収束するためであり，また，飛び火が生じて延焼拡大が大きく進行することにもよる．ただし，風速が非常に大きくなると火炎気流が地面を這うようになるので，飛び火の距離は小さくなる傾向がある．過去の多くの火災例では，強風下において500～1000 mの距離の飛び火が生じている．地震により建物が倒壊すると，瓦のずれ落ちや外壁モルタルの剥落などにより木部が露出することによって，飛び火の着火・炎上が起きやすくなると考えられる．延焼域は風下に向かって卵形に延び，強くなるにつれより幅狭い帯状になっていく．

関東地震の時には，弱い台風が北陸沖の日本海を通過中で，東京では10 m/sほどのかなり強い南風が吹いていた．夜に入って強い北風に変わり最大風速21 m/sを記録した．延焼速度は200～400 m/hの場合が多く，最大では800 m/hであった．風速が10～15 m/s程度であったことは飛び火の距離を大きくして延焼速度を速くすることにつながったであろう．幅300 mほどの大川（隅田川）を越える飛び火が4ヵ所で生じ，対岸にまで火災域を拡大させた．飛び火を含む112の延焼火災はこの速い速度で燃え広がり，合流して60ほどの火流となって進行して，逃げ遅れによる大量の死者発生をもたらし，市域の半分近くを焼失させた．避難者が集ってきて動けなくなった橋の袂などでは，1ヵ所で数百人という死者の集中発生が各所で起こった．完全に鎮火したのは44時間後であった．

1855年の安政江戸地震では起災火元が66ヵ所あったものの，風は穏やかであったので火災域の合流はほとんどなく，それぞれが出火点付近での部分延焼で収まった．このため焼失域が関東地震時の1/20ほどで済んだ．兵庫県南部地震時の神戸では，平均風速が2～3 m/s（最大は約7 m/s）と弱かったので，延焼速度は最小で20 m/s，最大で70 m/h程度，平均して30～40 m/hであった．この速度は風速のわりにはかなり小さいものである．この遅い速度で16時間にわたりゆっくりと延焼が進行した．

焼失危険度は都市構造の要因により決められる．木造建物が密集し不燃化率が低く道路が狭い住宅地区は危険度が非常に高いところである．現在の東京では，このような地区が多いほぼ環状7号線に沿う地域にて焼失危険度が高くなっている（図2.61）．耐火性の建物が多い山手線内では，出火危険度が大きくても延焼危険度は小さい．

兵庫県南部地震では，「大火」とされる焼失区域面積3.3万 m^2 以上の火災はすべて木造建物の密集度の高い長田区，須磨区および兵庫区で起こった．延焼速度は遅かったものの，関東地震に次ぐ火災規模になったことの理由としては，水利不足や交通渋滞などによる消火活動の阻害が挙げられる．ここは扇状地で河川には水が乏しかったこと，周辺地域からのアクセスが妨げられやすい山と海に挟まれた幅狭い沿岸地域，という地形的条件もかかわっている．

出火危険度に焼失危険度を乗じた値は総合的な火災危険度となる．現在の東京においてこの火災危険度が高いのは，雑居ビルが多い山手線主要ターミナル付近や，沖積

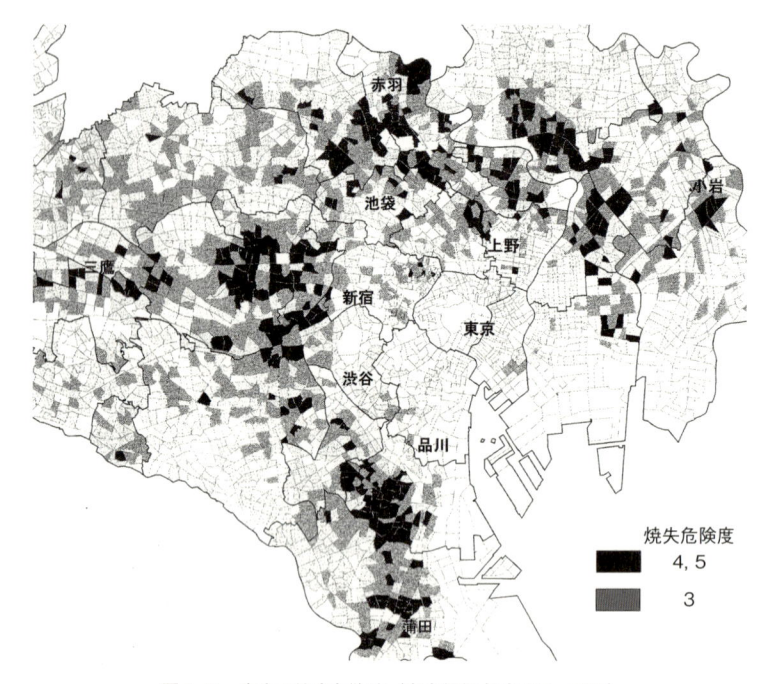

図 2.61　東京の焼失危険域（東京都都市計画局, 2002）

層の厚い荒川低地内の建物が密集し倒壊危険度の高いところなどである.

　避難困難度の高いのは多数の人が集中するターミナル・繁華街・商業地区などである. 関東地震の時の東京では, 50 人以上の死者が出た箇所は 40 あり, その大半は橋の袂や池・川であった. 火に囲まれて逃げ場を失い, 水に飛び込んだ人は多く, 死因では溺死が約 5 千人となっている. 発生時刻は大部分が 1 日の夕刻までの間である. 焼失区域にあった橋 353 のうち 270 は焼失あるいは破壊されて, 避難が大きく妨げられた. このため, 火災発生後の間もない時間内に, 多数の人々がたちまち火に巻かれて命を失ったと考えられる. 避難者が密集した場所では, 運び出した家財に火が移って犠牲者を多くした. これは江戸時代から問題にされ, 火災時に荷物を持ち出すことを禁ずる布令が出されていた.

c. 火災旋風

　火災旋風は中心に火炎柱をもつ大気の激しい回転気流で, 火炎気流によって生じた上昇気流が核となり, 風速の水平勾配が大きいところで発生する. 不安定な大気状態はこの発生を助長する. 旋風は燃焼物体を巻き上げて, 大量の飛び火を発生させる. 複数の火災があると相互干渉により気流の渦が強化される. 大規模火災の際には, 規模の違いはあれ常に火災旋風が発生している.

関東地震では，隅田川際の被服廠跡における火災旋風によって死者3.8万人という大惨事が起こった．この火災旋風は，3方向を火災域に囲まれた湾状域にやや強い風が吹き込む場合に起こるタイプのもので，被服廠跡型と名づけられた．市内では火災旋風は13時ごろから発生し始め，炎上域の移動に伴って発生場所を変え，翌2日までに総数110ほどが発生した．横浜では発生が確認された火災旋風は約30で，そのうちの6個は猛烈と分類されている．それらの多くは川・水路付近で発生し，それに沿って進行している．明暦の大火では，約1万人という死者集中発生が記されており，これは火災旋風によるものと推定される．一般の竜巻と同じように火災旋風もいつどこで起こるか予測できない現象であるが，大火災になれば必ず起こるものとしておかねばならない．

2.5.3 延焼拡大阻止

延焼を阻止する要因には，道路・鉄道，空地・緑地，河川・海，耐火造・防火壁，消防活動などがある（図2.62）．地震火災では消防活動以外の，自然および人為的な延焼阻止要因に大きく依存せざるを得ない．

関東地震による東京市の大火災は市域の半分近くを焼いて44時間後にやっと終息した．延焼を阻止した要因（焼け止まり要因）は，焼失域の全周長に対する比率で表して，崖・広場30.0％，風向に平行16.8％，バケツその他による消火15.5％，樹木12.1％，消防隊による消火10.6％，風上7.5％，海・大河4.3％，破壊消防2.5％，耐火壁・耐火建築物0.8％であった．ここで風向に平行および風上は，道路などで隔てられていて燃え移らなかった場合が多いと考えられる．風がかなり強かったので，横方向への広がりが小さかった．人為的な消防活動によるものは28.6％，空地・緑地や自然地形などが46.4％になる．1949年福井地震（焼け止まり総周長5.1 km）では，空地（河川・湖沼を含む）68.8％，常備消防（有効注水）20.8％，常備消防と空地3.9％，防火造・耐火造5.2％，破壊消防1.3％となっている．兵庫県南部地震の神戸市（総周長16.8 km）では，道路・鉄道39.9％，耐火造・防火壁23.6％，空地22.7％，放水等消防活動13.8％であった．

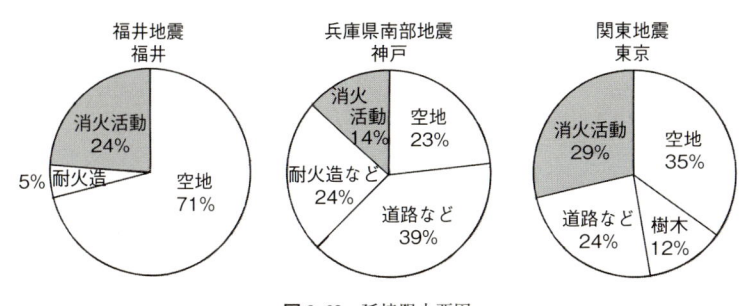

図2.62 延焼阻止要因

阻止効果の評価や区分の仕方に違いがあるので単純な比較はできないが，神戸の場合における消火活動の比率の低さが目立つ．神戸では延焼速度が非常に遅かったものの，消火活動が進まなくて長時間燃え続け，空地や道路などのところでやっと焼け止まったといえる．

このように，市街地が強震に襲われ場合，建物の倒壊の規模に比例して出火が生じ，それが多数であるとかなりの割合で延焼へ発展する．折り悪しく強い風が吹いていれば火災域は合流し大規模な延焼火災に至る可能性は大きい．強震時には人為の消防活動に大きな制約が生ずる．

延焼火災を防止する対策としては，道路，公園，緑地帯などの広い空間を都市内に計画的に配置し，危険な施設・工場は隔離し，また河川や崖などの自然地形や鉄道などの構造物・地物を利用して，延焼遮断体を帯状に連続させて，延焼がおのずから停止するのを図るのが，実現への障害は多いとしても，長期的な視点で対策の基本におかれるものである．道路などに沿って高い耐火建築物を建て並べて輻射熱を遮断することは実現がより容易である．個々の家屋も外壁をなるべく火に耐えるようにするなど，難燃化・不燃化することは，住宅更新時の融資制度などを通じて推進することができる．1997年には防災上危険な密集市街地での建て替えや延焼危険建築物に対する除去勧告を行うことなどを内容とする「密集市街地における防災街区の整備の促進に関する法律」が制定された．

2.6 被害予測

$M8.0$の地震が冬の夕刻に相模湾で起こった場合，湾口における高さが5mの津波が深夜に東京湾に襲来した場合，といったように，外力の規模，発生場所，発生時の条件などを設定して，被害高の予測は行われる．算定の基本になるのは，過去の災害事例の被害データから得られた経験式や統計値である．経験式を導くに十分な量の被害データを与えてくれる大きな災害例は限られ，またそれらはある特定の外的条件や地域環境のもとで起こった場合である．被害予測の結果は，どの災害から得られた式を使うか，どの期間の災害統計値に基づくかなどに依存する性質のものである．予測の目的によっては，小地区単位で建物の種類・構造・用途ごとの全壊数・焼失数を求めて全域を足し合わせる，といったような積み上げ方式で行われるが，使用した経験的な関係式や被害率などの制約下にあることには変わりはない．

ここでは，外力や災害事象の規模・強度と各種被害量とを関係づける統計的な関係式のいくつかを，災害時の外的条件や地域環境の被害への影響度にポイントをおいて示す．これらは被害の大づかみな算定を行うものであり，もちろん使用した災害データに依存したものである．

地震はその発生から各地点への入力のプロセスが，大雨など他の外力に比べ物理的な規則性・一様性にすぐれているので，外力規模と被害高との関係を導きやすい．

2.6.1 建物被害

　地震が引き起こす中心的な1次的被害は，強震動による建物の損壊であり，この大きさが人的被害，火災，各種の社会経済的な影響などの規模をほぼ決めるという関係にある．

　マグニチュードは地震の強さを表す代表値で，陸域の地震についてみると住家倒壊数とマグニチュードとは高い相関を示す（図2.63）．ここで倒壊数は，全壊と半壊の1/2との和である．図に示すように，主震動域を都市域，山地域およびその他陸域に分類すると，その相関は非常に高くなり，それぞれの回帰直線はかなり離れた位置にほぼ平行に引かれる．これは同じマグニチュードでも，主震動域の地理的な位置により，住家倒壊数が大きく異なることを示す．この大きな違いは図中に示した回帰式中の K により数量的に示される．都市域の地震についての K は山地域の地震のそれに比べ約150倍である．すなわち，住家倒壊被害には2桁もの差が出ている．建物の多い都市域では倒壊数が多くなることは当然であるが，その違いはこのようにきわめて大きい．一例を挙げると，兵庫県南部地震（$M7.3$）による住家全半壊は約25万棟，5年後の鳥取県西部地震（$M7.2$）による住家全半壊は約1000棟と，2桁違いの大きさであった．図に示すように鳥取県西部地震の被害は山地域地震の平均規模である．なお，住家倒壊が発生する下限のマグニチュードはおよそ5.5である．

　地盤強震動は建物倒壊を引き起こす主力で，この大きさを表す代表的な観測値に最大加速度がある．図2.64に示すように，住家倒壊率の対数は最大加速度の指数関数

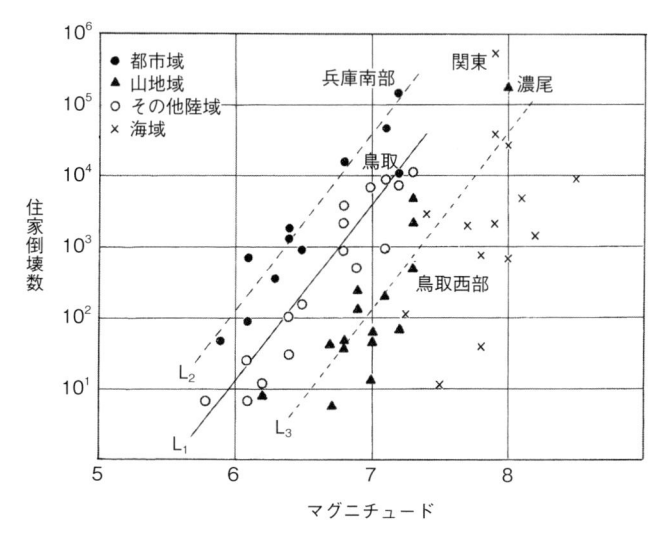

図2.63 マグニチュードと住家倒壊数との関係
半壊数の1/2と全壊数との和を倒壊数とした．

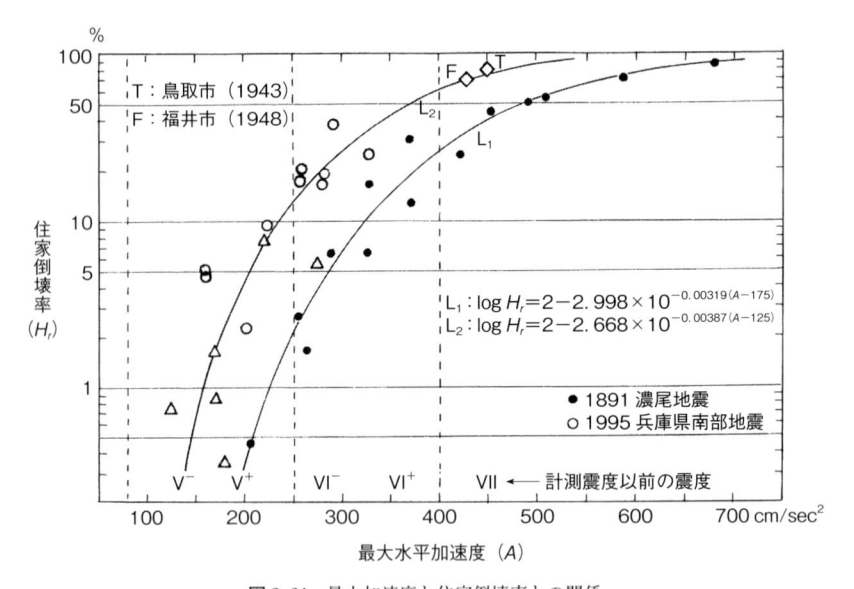

図 2.64 最大加速度と住家倒壊率との関係
L_1 は濃尾地震のデータなどによる．L_2 は1943年鳥取地震以降の都市域における地震のデータによる．

$$L_1: \log H_r = 2 - 2.998 \times 10^{-0.00319(A-175)}$$
$$L_2: \log H_r = 2 - 2.668 \times 10^{-0.00387(A-125)}$$

で表すことができる．ここで住家倒壊率は市町村単位の値であり，1891年濃尾地震（尾張地方），1943年鳥取地震，1948年福井地震，1995年兵庫県南部地震の被害データを用いている．最大加速度は，観測値のない場合には，最大加速度をマグニチュード・震源距離・地盤条件の関数で表す式を使用した推定値で与えている．図中の下側の曲線は濃尾地震の時の農村部のデータに基づくもので，住家倒壊は震度5強から発生し始め，6弱で倒壊率5%程度，6強で15%程度，震度7で30%以上となっている（計測震度以前の震度）．なおこれは，建物の耐震性が現在よりもかなり劣る明治の震災の場合である．上側の曲線は1943年鳥取地震以降の都市域における地震のデータに基づくもので，建物被害が非常に大きくなる場合である．自治体などの行う詳細想定では，地盤種別ごとの倒壊率，木造・鉄骨造など建築構造ごとの倒壊率などを与え，小地区単位で倒壊数を求めて積算するということが行われている．

　出火率と住家全壊率とは季節別に比例関係がある（図 2.60）．地方自治体が行う詳細想定では，建物の種類・構造・用途ごとに出火率を与えた積み上げによる想定計算が行われる．

2.6.2 人的被害

　死者率は焼失も含めた住家被害の率とほぼ比例的な関係にある．図 2.65 は，1870年以降の地震災害についての都市単位で表した住家被害率と死者率との関係を示した

もので，住家被害率10%で死者率0.1%，被害率50%で死者率1%などの大きさである．死者率0.01%以上の事例を対象とすると，両者の関係は図中のべき関数で示され，死者率は住家被害率が増加するにつれやや加速的に増大していく．このべき指数値は図2.56に示した津波の場合とほぼ同じである．兵庫県南部地震のデータは回帰直線の近くにプロットされており，この災害による人的被害が明治・大正期と同じような関係で発生したことが示される．

地震・洪水・土砂の災害全般について，死者数と住家被害数との間には明瞭な比例関係がある．住家被害数は人間活動の領域に現実に加わった加害力を間接的に表すものと推定される．その比例定数は発生時刻や発生時代などにより異なるので，これらの要因の影響度を量的に評価することができる．

1868年以降に発生した45の地震災害についての回帰分析により次式が得られた．

$$D = 0.01918 H_d^{0.961} K_1 K_2 \tag{2.6}$$

ここで住家被害数は全壊，焼失および半壊の1/2を加えた値である．K_1は時刻係数で，昼間1.00として夜間1.51，K_2は時代係数で1961年以降1.00として1960年以前2.95である．死者数は住家被害数にほぼ比例しているが（べき指数が1に近い），これは

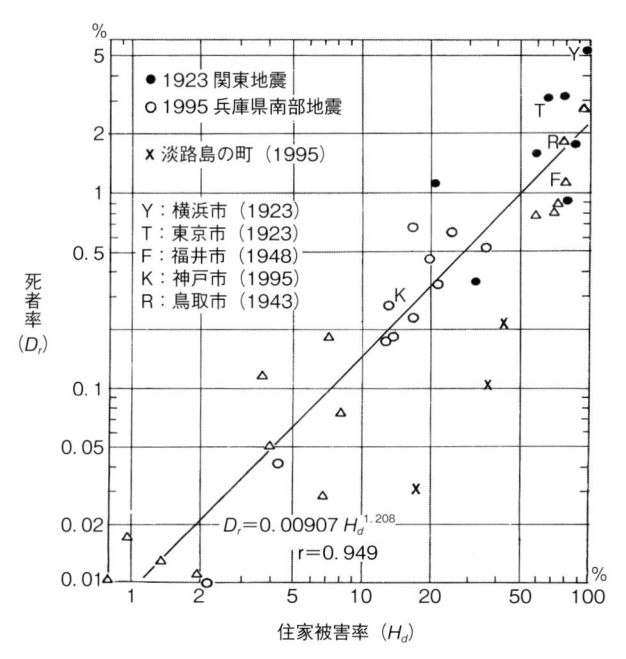

図2.65 住家被害率と死者率との関係
1870年以降の都市域地震災害を対象とした．

他の災害についても認められる．夜間の時刻係数が 1.51 で，昼間に比べ夜間の方が死者数が 1.5 倍になっているが，現代都市型の地震災害ではこれが逆になる可能性が大きい．経年的変化をみると，1960 年以降では建築構造の変化などにより，それ以前に比べ 1/3 に低下している．なお，兵庫県南部地震の死者数は，時刻係数を 1960 年以前の値にした場合の計算値に近い大きさである．

これらの関係式を組み合わせて，地震のマグニチュード・震源距離・地盤条件から住家被害数や死者数などの被害規模を大づかみに算定することができる．

2.6.3 社会的影響

関東震災により東京市（人口 227 万人）の域外に流出した人の数は，1 ヵ月後に 100 万人に達した．震災 2 ヵ月半後に行われた全国調査では，66 万人の東京市罹災者が市域外にとどまっていた．横浜市（人口 44 万人）からの流出者は 11 万人であった．市域外への人口流出の理由には，住宅喪失による居住不能という直接的なものに加え，都市機能破壊による生活困難や環境悪化，工場閉鎖・営業停止などによる失業や配置替え，地域経済力低下による経営不振など，さまざまなものがある．この人口流出の大きさは災害が与えた社会的インパクトの規模を集約して表す指標になる．

図 2.66 は震災を被った都市についての，住家被害数と人口減少数（震災のほぼ半

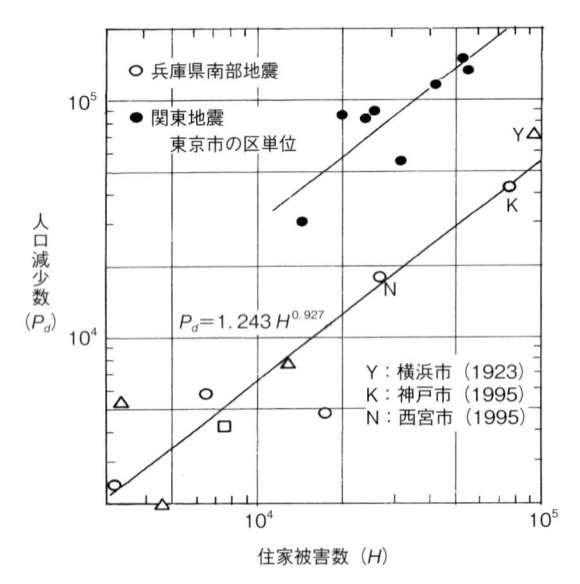

図 2.66 人口減少数と住家被害数との関係
災害の影響が年人口統計にまで現れた 1923 年関東地震（△，●），1943 年鳥取地震（□），1995 年兵庫県南部地震（○）を対象とした．

年後) との関係を示したもので，高い相関がある．関東震災時の東京市については人口減少のあった区の単位で示したが，その回帰式の比例定数は他の都市震災事例についてのそれのおよそ 2 倍で，震災が東京に与えたインパクトの大きかったことがうかがえる．インパクトの大きさは人口回復の遅れに端的に現れる．東京の人口はもとの水準に戻らないまま戦争の混乱期に入ってしまった．年ごとの人口統計に現れるほどの人口減少をもたらした自然災害の事例は数少ないが，戦災を被った都市については多い．戦災に関しても住家被害数と人口減少数との間に高い相関があるが，その比例定数は地震についてのそれの 2.5 倍である．

　大量の域外流出者が発生するということは，流出先の地域において多数の難民の救護・収容を必要とすることを意味する．各地域への流出数は，災害地からそれぞれの地域への距離にほぼ逆比例し，流出先地域の人口にほぼ比例するという関係によって，すなわち重力モデルにより説明できる．この比例定数には明らかな地域差が認められる．関東地震時の東京市からの人口流出では，北陸，西日本（中国・四国・九州），その他道府県というグループでの地域差が明瞭で，比例定数はその他道府県を 1 として，北陸は約 2，西日本はおよそ 0.5 であった．当時から阪神地域は西日本の人口を多く吸収していたが，現在においてもその状態が存在している．兵庫県南部地震では，近畿以西（福井・石川を含む）の府県についての比例定数は，その他の都道県に比べ約 4 倍であった．平常時の住民登録による転出数についてもこれと同じ関係が認められるが，災害時には緊急に身を寄せる先を求める結果として，この地域間の親近関係がより鮮明に出てくる．

2.6.4　想定地震の被害

　発生確率が高く，起こった場合の被害および影響の大きい地震については，発生時条件を複数設定した被害想定がなされている（表 2.8）．

　東海地震の想定震源域の北半分は静岡県の陸域にかかり，直接被害の大部分は静岡県の太平洋沿岸低地および愛知県東端の沖積低地において発生する．ここには東西間幹線交通路が通じているので，これの途絶による間接被害がかなりの額見込まれる．この地震については早くから予知の体制がつくられているので，予知情報に基づく警戒宣言が発表された場合，火災の減少により全焼が最大 3 万棟減，事前避難などにより死者数が 1/4 に減少，経済的被害が 6 兆円減，という数値が参考として付記されている．

　東南海および南海の両地震は，これまでの発生事例から同時に起こる可能性が高いと考えられる．同時発生の場合，愛知県から四国までの太平洋沿岸部に震源域が広がると推定される．したがって高被害域は東海・近畿・四国の沿岸低地域に広くわたる．この地震では大きな津波被害が予想される．津波の死者数は避難意識が高い場合は約 3300 人に，避難意識が低い場合には約 8600 人になると想定している．

　首都圏直下の地震では火災がとくに問題となる．東京湾北部を震央とする $M7.3$ の

表 2.8 想定地震による被害（防災白書平成 20 年版）

東京湾北部地震 $M7.3$　18 時　風速 3 m/s

	建物被害（棟）	死者（人）
揺れ	全壊約 15 万	約 3100
液状化	全壊約 3.3 万	—
急傾斜地崩壊	全壊約 1.2 万	約 900
火災	焼失約 29 万	約 2400
ブロック塀倒壊など		約 1000
計	全壊・焼失約 48 万	約 7300

東海地震　朝 5 時　風速 3 m/s

	建物被害（棟）	死者（人）
揺れ	全壊約 17 万	約 6700
液状化	全壊約 3 万	なし
津波	全壊約 7 千	約 400～1400
火災	焼失約 1 万	約 200
崖崩れ	全壊約 8 千	約 700
計	全壊・焼失約 23 万	約 8000～9000

東南海・南海地震（同時発生）　朝 5 時

	建物被害（棟）	死者（人）
揺れ	全壊約 17 万	約 6600
液状化	全壊約 8 万	—
津波	全壊約 4 万	約 3300～8600
火災	焼失約 1 万～4 万	約 100～500
崖崩れ	全壊約 2 万	約 2100
計	全壊・焼失約 33 万～36 万	約 1.2 万～1.8 万

　地震では，焼失棟数は風速 4 m/s で 5 時の場合 4 万棟であるのに対し，風速 3 m/s で 18 時の場合約 29 万棟，風速 15 m/s で 18 時の場合約 65 万棟で，風速および時間帯によって非常に大きな違いが出る．火災死者数は風速 3 m/s で 5 時の場合約 70 人，風速 15 m/s で 18 時の場合約 6200 人と，さらに大きな違いを予想している．これに対し建物倒壊などによる死者数の時刻差は当然に小さい．悪条件下で地震が起こる確率は，地震そのものが起こる確率よりも 1 桁小さいと考えられるが，いずれにせよ東京における地震火災は巨大な災害をもたらす可能性がある．大東京への集積のさらなる進行は，その災害ポテンシャルをますます巨大なものにしている．

　被害金額については，18 時で風速 15 m/s という最悪のケースの場合，資産喪失による直接被害が，首都直下地震で 67 兆円，東海地震で 26 兆円，東南海・南海地震で 43 兆円が想定されている．首都の地震では，生産・サービス停止による損失，被災地域外への波及などの間接的被害が非常に多く見込まれ，間接被害合計で 45 兆円になっている．

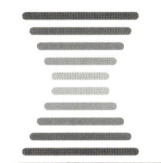

3 火山噴火災害

　沈み込みプレート境界に位置する日本列島には約100の活動的な火山があり，大部分が爆発的噴火を行う性質の珪長質マグマを噴出する．これらの火山は噴火履歴や現在の活動度により3ランクに分けられている．爆発的噴火は，降灰・火砕流・爆風・津波など多様な現象を引き起こす．危険域はこれらの現象ごとに，また噴火の規模により異なる．最も危険が大きいのは火砕流であるが，その規模や運動性状を考えると危険域は容易には限定できない．主要な火山についてはハザードマップが作成されているが，これらの示す危険域は想定した噴火規模に規定されたものである．噴火は数多くはない火山に発生場所が限定されるという災害ではあるが，噴火のエネルギーは巨大で，大規模噴火では影響域は時に広く世界に及ぶ．

3.1　火山噴火

3.1.1　噴火様式とマグマ組成

　マグマ（含まれるガスや熱も含む）が地表に噴出するのが火山噴火である．この噴火が起こる様式は，爆発的な噴火と，溶岩（マグマ）が溢れ出すという爆発的でない噴火とに大別される．溶岩溢れ出し噴火では，噴出し流動する灼熱の溶岩が噴煙に隠されることなく直接にみえるので，見かけはすさまじくて自然の猛威の例としてよく取り上げられるが，被害の大きさからみれば相対的に穏やかな噴火である．

　これに対し爆発的噴火では，大量の熱エネルギーと火砕物・溶岩とが一気に放出されて，噴石・火砕流・山体崩壊・爆風などさまざまな種類の災害事象が生じ，大きな被害をもたらす．火砕物とは火山灰・軽石・火山弾などマグマが大小に粉砕された物質の総称である．噴火が爆発的になるか否かは，粘性やガス（大部分が H_2O）含有量など，マグマの性質によってほぼ決まる．

　マグマは二酸化珪素（SiO_2）含有量によって，大きく苦鉄質（玄武岩質）と珪長質とに分類される（図3.1）．苦鉄質マグマは SiO_2 の含有量が少なく（30～40%），1200℃ほどの高温であり，粘性率が小さくて流動性に富み，比較的黒っぽい色をしている．これが噴出して固化したものが玄武岩である．SiO_2 単独の鉱物は石英や水晶である．

　珪長質マグマは，SiO_2 を多く含み（60～70%），900℃ほどのやや低温であり，粘性は大で苦鉄質マグマの 10^6～10^8 倍ほどの粘性率を示し，白色鉱物が多いので白っ

化学組成	苦鉄質	←→	珪長質
岩石の名称	玄武岩	安山岩	流紋岩
二酸化炭素の量	45% 少ない	←→	多い 75%
岩石の色	黒っぽい	←→	白っぽい
噴出時の粘性率	小さい（流れやすい）	←→	大きい（流れにくい）
噴火様式	爆発的でない（溶岩溢れ出し）	←→	爆発的
噴出物	溶岩	火砕物・溶岩	火砕物・固化溶岩
溶岩流	速く薄く広がる	流れにくく厚くたまる	流れない
火山の形	盾状火山	成層火山	溶岩円頂丘
火山の例	伊豆大島・三宅島	浅間山・桜島	有珠山・雲仙岳

図 3.1　マグマ化学組成と噴火様式

ぽい色をしている．これが噴出して固化した岩石は流紋岩である．地下深くにおいて固化した場合には花崗岩となり，大陸地殻の大部分を構成する．安山岩は SiO_2 含有量が 50% 程度で，両者の中間的な性質を示す．日本の火山の 70% は安山岩である．SiO_2 は H_2O と結合して珪酸となっているので，珪長質マグマは H_2O 含有量が多いということになる．珪酸は重合して糸のようになり網状の構造をつくるので，粘性を大きくする．このような理由で珪長質マグマを噴出する火山は爆発的な噴火を起こすことが多い．

3.1.2　爆発的噴火

地球深部から上昇してきたマグマは，地表から 2〜10 km ほどの深さのところでいったん停止してマグマ溜りをつくる．マグマがここからさらに上昇して地表近くまで来ると，冷却および圧力低下により結晶が次第に成長して固体部分が増す．残りの液相の部分ではガス成分が多くなり，その発泡によってマグマ上部のガス圧が増大する．ガス成分の大部分は H_2O で，これを多く含むマグマはガス圧が高くなる．高粘性であるとガスは容易には外へ逃げ出せない．したがって珪長質マグマではガスの圧力が高くなる．

マグマが火口近くにまで上がってきてガスの発泡が進み急激に体積を膨張させると，マグマ片とガスの混合物は火口から激しく噴出する（図 3.2）．これにより火砕物が多量に放出され，また，山体の一部も破砕され，激しい噴火となる．このタイプの噴火はブルカノ式やプリニー式とも呼ばれている．規模はプリニー式のほうが大きく，火山灰を高く成層圏にまで吹き上げる．溶岩の流れ出しも同時に起こることもある．なお，低粘性の玄武岩質マグマが起こす溶岩溢れ出しの噴火はハワイ式と呼ばれる．やや爆発的で溶岩片が火口から飛び散るという見かけは華々しい噴火は，ストロンボリ式と名づけられている．

3.1 火山噴火

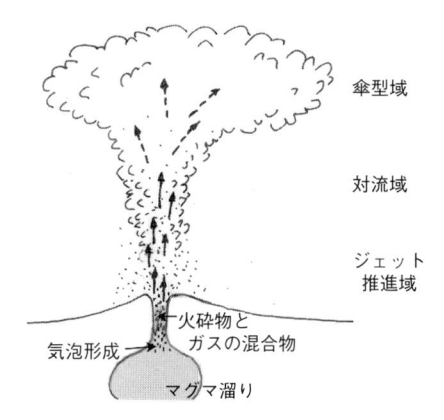

図 3.2 爆発的噴火の噴煙柱（鍵山，2003 など）

　ガス成分が多くてもその脱出・分離（脱ガス）が火道内で効率的に進めば爆発には至らないので，珪長質でも爆発的噴火をしないこともある．この場合，ガス成分は噴煙として噴出し，固体成分はほぼ固まった状態で押し上がって溶岩ドームを形成する．
　爆発の他のタイプには，マグマが火山体中の地下水や海水を熱して急速気化させることにより起こる水蒸気爆発あるいはマグマ水蒸気爆発がある．水蒸気爆発は火山体を構成していた岩石だけが粉砕・飛散する場合，マグマ水蒸気爆発はマグマ自体も粉砕される場合である．これらの噴火は玄武岩質マグマの火山でも起こる．

3.1.3 プレートと火山分布

　マグマはマントルや地殻の岩石が融解温度（融点）に達して部分的に溶けることにより形成される．融点は岩石の化学組成や圧力によって異なる．珪長質岩石は，融点の低い鉱物だけが先に結晶化してできた岩石であるので，融解の温度は低い．苦鉄質岩石は残りの融点の高い鉱物が集まってできた岩石で，融解の温度は高い．圧力と融点とは比例的関係にあり，同じ岩石でも圧力が上昇すると融点は高くなる．また，水が存在すると融点が低下する．
　したがって，岩石が融点に到達する仕組みには，温度上昇，圧力低下，水など融点を低下させる成分の混入，高温物質との低融点岩石の接触がある．溶けると周りの岩石よりも軽くなるので浮力を得て上昇し，密度が等しくなったところで停止してマグマ溜りをつくる．火山の直下では一般に深さ 2〜10 km ほどのところにマグマ溜りがある．火山は，このようなマグマの生成と上昇の条件が存在するところに形成される．
　地球上で火山が分布する地域は，プレートの生産・分離境界（大洋の海嶺軸，大陸の地溝帯），沈み込みプレート境界の陸側（島弧，活動的大陸縁），およびプレート内部に孤立したホットスポットである（図 3.3）．生産・分離境界およびホットスポッ

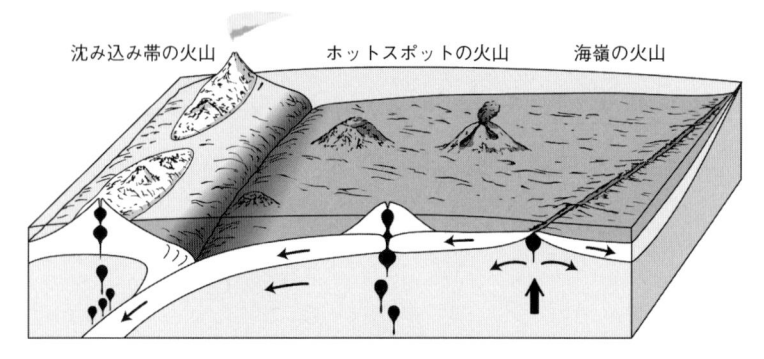

図 3.3 プレート運動とマグマ上昇域

トはマントル内での大規模な対流の上昇部にあたり，圧力低下により苦鉄質のマグマが大量に生産される．海嶺のほとんどは海面下であるが，これが海面上に出ているところがアイスランドである．ホットスポットの代表例はハワイ島で，ここには地球上で最大の火山がある．海嶺とホットスポットにおける火山の噴火はほぼ溶岩溢れ出し型になる．マグマの生産量は沈み込み境界よりも1桁多くて，大型の火山や広い溶岩台地が形成される．

沈み込み境界では，海洋プレートによって持ち込まれる大量の水による融点降下，融点の低い大陸地殻（花崗岩質）への高温マグマの混入などによって珪長質マグマが形成される．したがって沈み込み境界における火山の噴火は爆発的であることが多い．マントル上部の溶融によって形成されるマグマは苦鉄質であるが，沈み込み境界に限って珪長質マグマが形成される仕組みが存在することになる．

プレート沈み込みによるマグマの生成は，沈み込み深さが100〜150 kmに達したところで起こる．この結果として，火山は海溝にほぼ平行して帯状に出現するので，火山帯の表現が与えられる．海溝に最も近い火山を連ねる線を火山フロントと呼ぶ．火山フロントと海溝の間には火山はないが，一方ここでは地震活動が最も活発である．沈み込み境界は環太平洋地域（接続するカリブ海およびインドネシア周辺海域を含める）にほぼ限られ，活火山の80%はこの環太平洋地域に分布する．環太平洋火山帯の北西部に位置する日本列島とその周辺域では，地球全体の火山噴火エネルギーの1割近くが放出されている．地球全体における火山噴火エネルギーの年間の総量は地震により解放されるエネルギーの総量にほぼ等しい．

3.1.4 火山地形

火山の基本形は，火砕物や溶岩が運搬され堆積してつくられた堆積地形である（図3.4）．運搬は噴火の力により行われるので，噴火の様式が火山の地形・構成物質・堆積構造などをほぼ決めている．火山の地形には噴火口などの凹地形や，火山体形成後

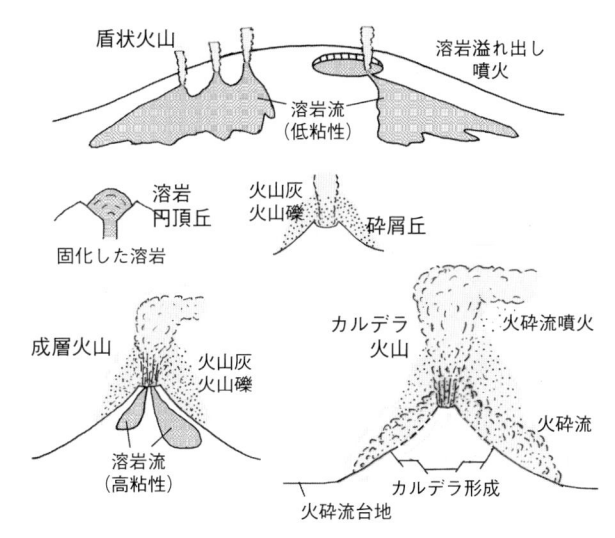

図 3.4 マグマの種類と噴火様式・火山地形

における侵食・堆積の地形もある．これらの地形は噴火の履歴を記録しており，危険予測の手段を提供する．

　玄武岩質マグマの火山は溶岩が火口から溢れ出すという比較的穏やかな噴火を行い，低粘性の溶岩流は広く遠くまで広がってなだらかな盾状火山をつくる．ハワイ島の火山はその典型である．大量の溶岩が長い割れ目状の火口から溢れ出すと，広大な玄武岩台地が形成される．インドのデカン高原では 50 万 km^2（日本の 1.4 倍）の広さに富士山 50 個分に相当する溶岩が噴出している．なお，噴火の規模は噴出物量で表現され，1 km^3 のオーダーで非常に大規模，100 万 m^3 のオーダーで中規模，などと分類されている．

　爆発的噴火では，噴き上げられた火砕物が火口近くほどより多く降下・堆積する結果として，円錐状の火山がつくられる．安山岩質マグマの場合，火砕物噴出と溶岩流出とが生じ，これが非常に多数回繰り返されて成層火山が形成される．比較的最近の溶岩流出は，山腹・山麓部に押し出して盛り上がった舌状の地形で識別できる．粘性率の非常に大きい流紋岩質の場合で脱ガスが効率的に進むと，溶岩はほぼ固まった状態のままで押し上がり，ドーム状の溶岩円頂丘をつくる．大規模な火砕流が生じると，それが抜け出たあとには大きなカルデラが出現し，火山の周囲には広い火砕流台地が形成される．巨大崩壊が生じた場合には一方が開いた馬蹄形のカルデラがつくられる．これにより生産された多量の岩屑は遠方にまで流下して多数の小円丘（流れ山）で特徴づけられる堆積地形をつくる．　水蒸気爆発が生じると，火口の大きさのわりには小さくて低い円錐状山体の砕屑丘がつくられることが多い．スコリア（火山礫）を放

出する小噴火では多数の砕屑丘がつくられる．マグマが水と接触すると爆発的な噴火（マグマ水蒸気爆発）が生じ，大きな爆裂火口（マール）が形成されることがある．

3.2 噴火による災害事象

　火山噴火は降灰，噴石，溶岩流，火砕流，泥流，山体崩壊，爆風，津波，有毒ガス放出など，さまざまな種類の災害事象を引き起こす．溶岩溢れ出し型の噴火では主事象はもちろん溶岩流であるが，同時に噴煙も吹き上げて降灰（火山灰の降下・堆積）をもたらす．爆発的噴火ではこれらのすべての災害事象が起こる．その危険度・危険域はそれぞれの事象によってかなり異なる．大きな人的被害を引き起こしているのは火砕流，泥流および山体崩壊とそれによる津波である．最も危険が大きい火砕流は危険域が限定し難い．これに対し泥流の危険域は谷地形によってほぼ正しくゾーニングできる．

3.2.1 火砕物の降下・堆積

　火口から立ち昇る噴煙は，高温の空気と火山ガスに比較的細かい火砕物がまじったものである．噴煙柱は下からジェット推進域，対流域，傘型域に分けられる．噴煙の上昇は，まず火口における火山ガスの急膨張によるジェット推進によって行われる．ついで周りの大気よりも高温であることによる大きな浮力が激しい対流を起こす．ここでは周りの大気を取り込んで熱するので，もくもくとした噴煙が上にいくに従って幅広くなっていく．この上昇力が大きいと噴煙は高く成層圏内にまで到達する．噴煙柱の密度が周辺大気の密度と同じになったところで上昇は停止して横に広がり，風下に伸びた傘型になる（図3.2）．

　火山灰の噴出はほぼすべての様式の噴火で生じる．大型のプリニー式噴火ともなると噴煙柱は 20～40 km もの高さに達し，成層圏に運び込まれた大量の細粒火山灰は地球を周回し日射を妨げて，世界の気温を下げることがある．100万人以上の餓死者を出した天明年間の大冷害は浅間山の大噴火（1783年）が一因となった．火山島や氷河の下で噴火が起こると，マグマの急速水冷および多量の水の爆発的気化により，マグマは細かく粉砕されて大量の火山灰が生産され，広い範囲に降灰が及ぶ．2010年にアイスランドの氷河の下で噴火が生じ，生産された大量火山灰はヨーロッパ大陸に運ばれて，ほぼ2週間にわたり航空機の運行を麻痺させた．

　細かい火山灰や隙間が多くて軽い軽石片は，上層の風に乗って遠方にまで運ばれ，広範囲に降下・堆積する．日本のような偏西風地帯では，降灰域は火口から東に向かって細長く伸びる．富士山の宝永噴火（1707年）では，火山灰は南関東を覆い，富士山東麓で数m以上，江戸でも約5cm積もった．九州の火山が大規模噴火を起こすと，東日本一帯にまで大量の降灰が生じるおそれがある．

　火山灰の降下・堆積は，農作物倒伏・交通障害（視程低下やエンジントラブル）・

健康障害・水質汚濁などの被害や障害を広範囲にもたらす．噴火の後に雨が降ると，火山灰は湿って重くなり粘りを増すので，植物は倒れたり呼吸を妨げられ枯死したりする．史上最大であった1815年のインドネシア・タンボラ火山の噴火では大量の細粒火山灰が生産され，これが火山周辺を覆ったため農作物は壊滅して，約8万人の餓死者が出た．

堆積物の粒径と厚さは火口に近づくと急速に大きくなる．火山麓における大量で高温の火山灰・火山礫の堆積は，家屋の埋没・倒壊・焼失を引き起こす．フィリピン・ピナツボ火山の1991年噴火では，噴煙柱は40 kmの高さに達し，多量の降灰は折悪しく重なった台風の雨により重さを増して，4万戸の家が倒壊した．ここは偏東風地帯であるので，高く吹き上げられた火山灰は西回りで地球を周回した．

上空に放出された溶岩の塊が回転しながら落下して弾丸状になったものを火山弾という．火口を埋めていた岩石や古い溶岩が噴火によって吹き飛ばされ，岩塊として落下してきたものを噴石と呼ぶ．火山弾や噴石の落下は火口から3〜4 km以内，ほぼ山地内に限られる．落下範囲はその時の風下方向に多少伸びる．この危険を避けるために火山の観光地では緊急退避用のシェルターが配置されている．絶えず噴火をおこなっている桜島や浅間山などでは，山頂近くは登山禁止である．

3.2.2 火砕流
a. 火砕流のタイプ

高温の火山ガスと多量の火山灰・軽石などの火砕物とが混然一体となって流動状態になり高速度で運動するのが火砕流である．固体の火砕物が濃集した本体部の温度は500℃以上で，噴煙を高く噴き上げながら100 m/s近くの高速度で，周りに高温熱風（火砕サージ）を伴って突進してくるので，非常に危険な噴火事象である．20世紀における死者1000人以上の火山災害11件中の8件は火砕流によるものであった．

火砕流には大きく分けて，噴煙柱崩壊型と溶岩崩落型とがある（図3.5）．噴出直後の火砕物とガスとの混合物は，周辺の空気よりも大きな密度をもっている．火口からの噴出の速度が十分な大きさでないと，この混合物はいったん噴き上がったものの

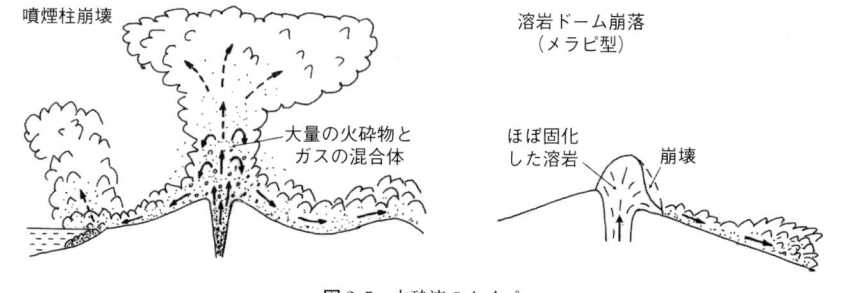

図3.5 火砕流のタイプ

推力不足で失速したような状態になり落下してくる。こうして生じた噴煙柱崩壊型の火砕流は，高い尾根も乗り越える非常に厚みのある高速・高温の流れとなって広がり，火山周辺を埋め尽くす。巨大規模のものは火口から100km以上も離れたところにまで到達する。阿蘇山における7万年前の火砕流は180km離れた中国地方西部にまで達した。

　噴出した大量の火砕物は火砕流台地をつくり，それが抜け出た跡は陥没してカルデラになる。南九州のシラス台地は，始良カルデラ（鹿児島湾北半部）の噴火による火砕流台地で，周囲50kmの範囲にまで広がっている。巨大火砕流噴火が起こったことを明瞭に示す地形は，カルデラと火砕流台地の組合せである。これは北海道・東北北部および九州に多く分布する（図3.6）。

　溶岩崩落型の火砕流は，急斜面上に噴出してきた溶岩のドームが崩壊し，溶岩塊が

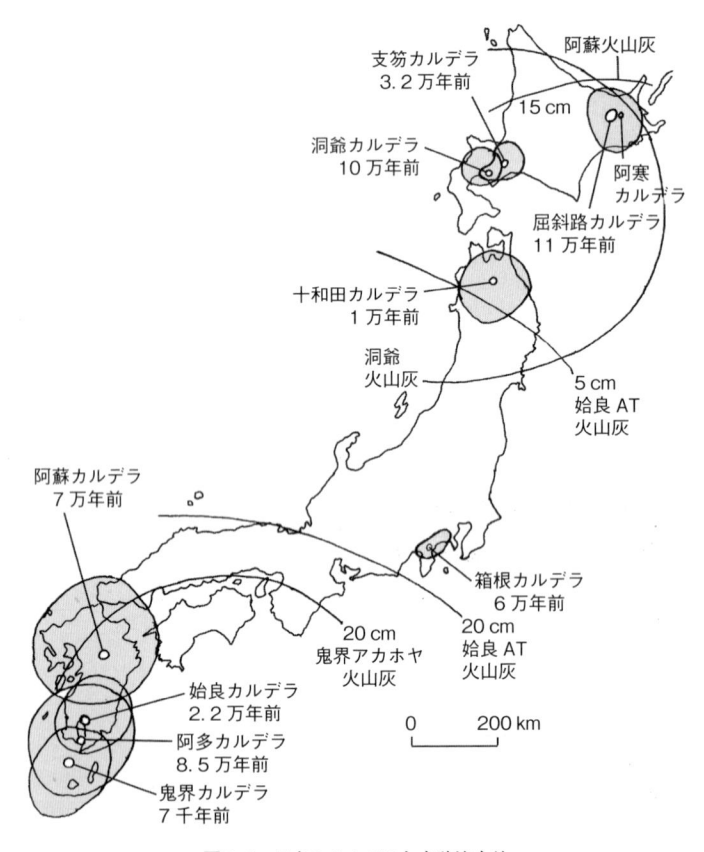

図3.6　日本のカルデラと火砕流台地

斜面を転落していく間にさらに細かく砕かれて，内部から高温ガスが噴出し，溶岩片や火山灰が一体になって流動するものである．これは規模が小さく（体積は一般に100万 m^3 以下），その運動は地形に支配されやすく，主として谷間を流下する．ただし火砕サージの危険は谷壁斜面の高くまで及ぶ．このタイプの火砕流は，頻繁に生じているインドネシアのメラピ火山の名をとってメラピ型とも呼ばれる．1991～1994年に約1万回起こった雲仙岳の火砕流はこのタイプである．

約7000年前，九州の薩摩半島南方50 km の鬼界カルデラが，噴出物総量 150 km^3 の巨大火砕流噴火を起こし，その到達距離は 100 km に達した．急速水冷による大量の火山灰（アカホヤ）は広範囲に降下し，九州南部では 50 cm 以上に堆積した．これによって西日本の縄文文化に断絶が生じた可能性が指摘されている．南九州のシラス台地をつくった姶良カルデラの噴火は 2.2 万年前で，噴出量は 350 km^3 であった．この時の火山灰の堆積厚さは東北北部でも 5 cm に及んでいる．7 万年前の阿蘇カルデラの火砕流は山口県にまで到達し，火山灰は本州全域を厚く覆った．阿蘇カルデラは南北約 25 km，東西約 17 km と大型で，30 万年前から 7 万年前の間における 4 回の大噴火によりつくられた．

このような巨大火砕流は日本において 1～2 万年に 1 度ぐらいの頻度で起こっている．もしこのような噴火が起これば，たとえば九州全域が壊滅するといったような破滅的な災害が引き起こされる可能性がある．大規模火砕流の発生を十分な時間的余裕をもって予知することは現在のところ不可能である．なお，これらの大噴火による火山灰は広域を覆い，災害や遺跡などの年代決定の手段を提供している．

b. 雲仙岳火砕流

九州・島原半島の雲仙岳は，死者 1.5 万人という日本で最大の火山災害を起こした 1792 年の噴火活動のあと，およそ 200 年間ほぼ休眠状態にあったが，1990 年に噴火を再開した．山頂部東端に出現した溶岩ドームは成長と崩落を続けて，これによる火砕流の回数は 94 年の噴火終息までにおよそ 1 万回に達した．そのうち被害を伴ったものは 6 回であった．火砕流の総量はおよそ 1 億 m^3 で，これによる住家全半壊は合計で 269 棟であった．

雲仙岳では，1990 年 7 月から火山性微動が観測され，11 月 17 日に最初の爆発（水蒸気爆発）が起こった．91 年 5 月 23 日には，山頂火口からの溶岩溢れ出しと小火砕流が発生した．山頂溶岩ドームの成長とともに火砕流の流下距離は長くなり，26 日には 2.5 km に達した．火砕流に対する最初の避難勧告はこの 26 日に出された．6 月 3 日，到達距離 4.3 km の火砕流が生じて，東面の水無川の最上流集落（北上木場）付近などにいた 43 名が，主として火砕サージに巻き込まれて犠牲になった．火砕サージとは，火砕流本体部の周りを包み本体に先行する高速の熱風部分である．到達距離は 6 月 8 日には 5.5 km（全期間中のほぼ最大）に達した．このように発生開始当初に火砕流の規模は日を追って大きくなっていて，それを見込んだ対応が必要であった．流下方向は当初には東面の水無川方向であったが，谷上部の埋積が進んだことにより，

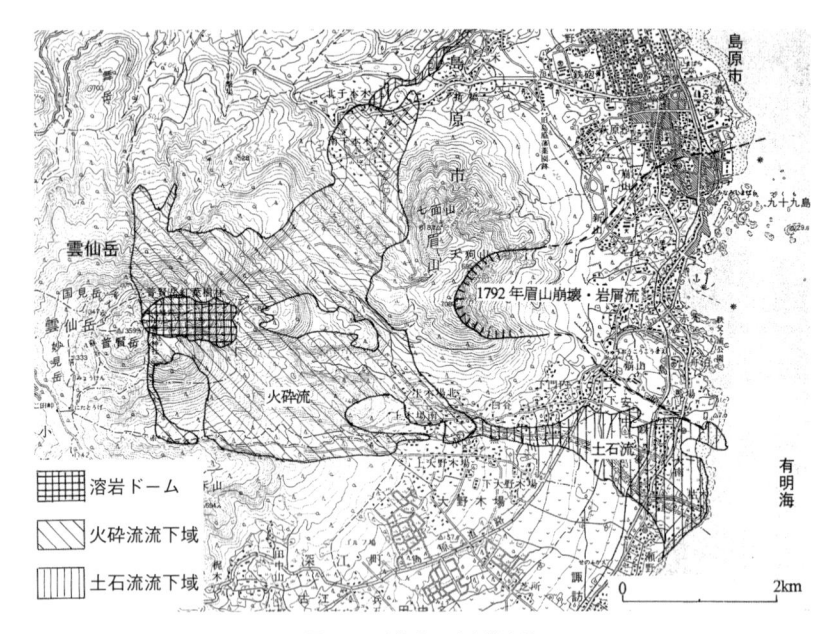

図 3.7 雲仙岳の噴火災害域

8月半ばには北面のおしが谷にも向かうようになった（図3.7）．

溶岩ドームは成長を続け，92年5月には本峰の標高 (1360 m) を超え，94年4月には1494 mの最大標高に達した．94年7月には最後の第13ドームが出現し，95年2月に成長をほぼ停止した．溶岩の総噴出量は2億 m^3 で，その約半分が崩落して火砕流に転化した．火砕流の総発生回数は，火山性地震に比べ継続時間の非常に長い震動や低周波の空気振動の観測から，9425回とされている．この噴火が爆発的ではなくて溶岩ドーム成長という噴火様式をとったのは，火道内においてマグマからのガス成分の脱出・分離が効率的に行われたことによるものであった．

火砕流の堆積した谷からは，降雨による2次的泥流が発生し，回数は124回であった．その流動・堆積域は火砕流堆積域の先に接続するように分布する．泥流による被害は住家全半壊526棟，浸水536棟などであった．

c. 諸外国の火砕流

20世紀最多である2.9万人の死者を出した火山噴火災害は，1902年5月8日にカリブ海域のモン・プレー火山 (1397 m) における火砕流によって生じた．この火砕流は，火道内のガス圧が高まり成長中の溶岩ドームの根元から横方向に爆発的な噴火が生じたことによるもので，プレー型と名づけられた．この時に火砕流という現象が初めて観測され，当時はこれに熱雲という名が与えられていた．火砕流の量は500万 m^3 足

らずの比較的小規模であったが，山頂から6km離れたサンピエール市（人口2.8万）の市街が，運悪く火砕流側面の火砕サージ域に入ったので全滅し，生存者はわずか2名であった．港に停泊していた18隻の船は，海面上を走ってきた火砕サージに襲われて沈没あるいは破壊された．これに先立って多量の降灰，泥流，火砕流が引き続き発生していたが，パニックを恐れて市外・島外への脱出を制限するような措置がとられたことなどのため，このような大災害に至ったようである．

モン・プレーの大災害の前日に，南に200km離れたセントヴィンセント島のスフリエール火山（1234m）が，噴煙柱崩壊型の火砕流を起こし，島の北半分を埋めた．この火砕流はスフリエール型と呼ばれた．島内での最大到達距離は10kmであった．風下側（西側）では事前避難が行われていたこともあって，死者は1327人であった．

メラピ型ともよばれる溶岩ドーム崩落による火砕流は，インドネシア・ジャワ島のメラピ火山（2911m）において頻繁に発生している．この山の山頂部にある火口は大きく南西方向に開口しているので，火口内に成長してきた溶岩ドームの崩落による火砕流は常に南西方向に向かって流下する．したがって，火砕流およびラハール（2次的泥流）の危険域は山地・山麓の南西域に限られている．最近では1〜5年おきに噴火を繰り返しており，1994年には火砕サージにより60人が亡くなった．

フィリピン・ピナツボ火山の1991年噴火は，20世紀で最大級の規模であった．この火山に噴火の記録はなかったが，4月はじめから活動活発化の兆候が認められるようになった．東麓には東アジアで最大の米軍基地があったので，80年セントヘレンズ火山と85年ネバド・デル・ルイス火山の噴火の経験を踏まえて，アメリカ地質調査所がフィリピン火山研究所に協力して，火山活動の観測，ハザードマップの作成，警報・避難の呼びかけなどをおこなった．6月15日には最大の噴火が起こり，噴煙柱崩壊型の大火砕流は$100\,km^2$を埋め，山頂から20kmのところにまで到達した．しかし事前避難により火砕流による死者はわずかであった．同時に起こったプリニー式噴火の噴煙は40kmの高さに達し，大量の火山灰を降らせた．降下・堆積した火山灰は台風の雨により重さを増し，4.2万戸の家が押し潰された．公式発表の死者359人の大部分は家の倒壊によるものであった．被災域は広大で罹災者は120万人にもなった．

史上最大の噴火は1815年のインドネシア・タンボラ火山の火砕流噴火で，噴出物の総量は$150\,km^3$という巨大規模であった．タンボラ火山は半島の先端にあるので火砕流は周囲の海に流入し，急速水冷による溶岩片の粉砕によって多量の細粒火山灰が生産され，これを含む直径40kmの巨大リング状噴煙が立ち昇った．周辺500km以内は闇夜の状態が3日続いた．多量の降灰により農作物は壊滅したために，8万人の餓死者が出た．火砕流の直接の死者は1.2万人であった．成層圏に吹き上げられた大量の火山灰塵は地球を周回して覆い，太陽光を遮ったので，翌年は夏がないという著しい冷夏の年になった．この噴火により山頂高度は4300mから2850mに低下し，直径6km，深さ1100mのカルデラが出現した．タンボラ火山では1815年以前の噴火

は知られていなかった．この噴火は長期間の休眠のあと大噴火を起こした典型例とされている．

3.2.3 火山泥流
a. 泥流危険域

噴出した高温の火砕物が，雪や氷河の融水とあるいは溢れ出た火口湖の水と一体になり，土石流のような流れとなって高速で流下するのが，噴火に伴って発生する火山泥流である．山腹に堆積した火山灰が，噴火後における強雨の流出水に取り込まれて一体となり流動化するという2次的な火山泥流もある．これは噴火が起こるとしばらくは頻繁に発生する．名前は泥流であるが一般の土石流と同じ現象で，大きな火山岩塊も一緒に流れる．細かい火山灰を多く含むので非常に流動的で，数十km/hという高速度で流れ，非常に遠方にまで達する．大雨による土石流と同じように，その運動は地形によってほぼ決められ，谷底を流下し勾配のゆるやかな山麓に広がって堆積する．ほとんど地形の影響を受けない大型火砕流とは対照的である．

新しい火山灰堆積層は透水性が小さいので，強い雨があるとすぐに表面流が発生する．植生はかなり埋まっているので，この表面流は抵抗をあまり受けることなく流れ，侵食によって火山灰を多量に取り込んで容易に泥流にまで成長する．噴火直後の有珠山や絶えず火山灰を噴出している桜島では，10分間で10数mmという短時間の強雨によっても，泥流が起こっている．火山噴火があれば大なり小なり火山泥流が発生する．

南米・コロンビアにあるネバド・デル・ルイス火山の1985年噴火では，山頂部を覆う氷河の融解によって大規模な泥流が発生し，狭い谷底低地内を山頂から80 km離れた地点（標高差5200 m）まで流下した．これを富士山の場合にあてはめると，桂川・相模川に沿ったところでは神奈川県・相模原付近になる．火口から45 km離れたところにあった人口3万のアルメロの市街は，泥流によりほぼ全域が埋められ，ここだけで2.1万人の死者を出した．標高差は5000 mで，山頂を見通す角度は6.3°になるが，富士山においてこれに相当する地点は，30 km離れた大月，三島，富士川河口などである．

危険域に対する火山地形の影響は火砕流と泥流とでは対照的である．ルイス火山のハザードマップでは，最近の火砕流堆積域がほぼ10 km範囲であることなどから，半径20 kmの円内を火砕流の中程度の危険域としていた．これに対し泥流危険域は谷底および谷底扇状地面とされていたが，実際の泥流の流下・氾濫域はほぼ完全にこれに一致した．

日本における大きな泥流災害には，1926年の十勝岳泥流がある．これは5月のことで，まだ多量にあった残雪が溶けて泥流が発生し，25 km流下して146人の死者を出した．積雪期の長い北日本の火山では，噴火時泥流の危険が大きい．2次的な泥流は噴火後の数年にもわたって発生するおそれがある．火山泥流は遠くまで到達し，頻

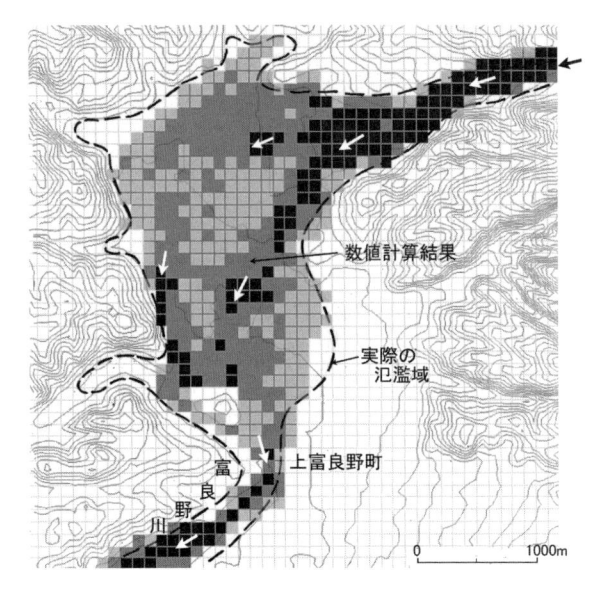

図 3.8　1926 年十勝岳泥流の数値計算

繁に起こり，噴火後もしばらくは危険が続き，大きな人的被害を引き起こす原因になっているので，火山の谷地形および山麓の扇状地地形から高危険域を判定して備える必要がある．

　火山泥流の運動は，あとに示す洪水流の場合と同じ基礎式を使用し，泥流の規模と地形条件を与えて，数値計算により危険域を示すことができる．1926 年十勝岳泥流の富良野盆地内における氾濫域および数値計算結果を示したのが図 3.8 である．富良野川に流入した主流は，地形に支配され上富良野の街の北西部を回り込むようにして 25 km 流下した．なお，深さが 30 m 以上もあり溢れ出しがないような谷では，泥流の流下・氾濫域は，数値計算を行うまでもなく谷底低地の全面である．

b. コロンビア・ルイス火山泥流災害

　1985 年 11 月 13 日，南米コロンビアのネバド・デル・ルイス火山（標高 5399 m）が，噴煙を高さ 10 数 km にまで噴き上げるかなり大きな噴火を起こした．火山灰や軽石を多く含むこの噴煙柱の部分的な崩壊によって生じた小規模な火砕流は，山頂部を覆う氷河（アイスキャップ）を融かして，大規模な泥流を発生させた．泥流は中腹の V 字状放射谷内を流れ下って，東面および西面の山麓の谷底低地に氾濫した．これにより死者・行方不明 2.3 万人という大きな被害が生じた．死者数でみるとこれは世界の火山災害史上 4 番目という大災害である．被害が最も著しかったのは山頂の東 45 km のところにあった人口 3 万のアルメロ市で，市街の大半が泥原と化し 2.1 万人もの死

者が出た.

コロンビアはアンデス山系の北端に位置し，南北につらなる標高3000〜4000mの変成岩・花崗岩の山地の上には，比高1000〜2000mの10数個の火山が載っている.歴史時代に噴火している火山は7あり，ルイス火山はその一つで，しばしば噴火を起こしている．近年では1845年に今回と同じ程度の噴火を行い，泥流による被害が生じた．

ここは赤道に近い北緯5°であるが，雪線は標高4800m付近にあり，それよりも高いところはほぼ氷に覆われている．ルイス火山はなだらかなドーム状なので，氷はアイスキャップというかたちで山頂部の17 km^{2}を覆っている．アイスキャップの下方からは山体を刻む放射谷が発達し，標高1000〜4000mの非火山の中腹域に大きく屈曲するV字状の谷を刻んでいる．火山体は山体の上部だけなので，山麓には火山にみられる広い平滑な緩斜面の発達はなく，丘陵状地形内を少数の谷があまり幅広くない谷底低地をつくって流れている（図3.9）．

活動が最も活発な火口が山頂部の北端近くにあり，ここで発生した火砕流は火口から2.5kmほどの範囲に堆積した．これはちょうどアイスキャップの範囲にあたる．900℃を超える高温の火砕流は氷の表面を急速に融かした．融けた氷の量はアイスキャップ全体の8%程度（2000万m^3）と推定されている．この一時に出現した大量の融氷水は主として北側の谷に流れ込み，堆積した火山灰やモレーンなどを取り込んで大規模な泥流に成長した．噴火に伴って生じた雷雨性の強雨がこれに加わった．

泥流によりほぼ埋められたアルメロの市街は，ラグニジャ川が幅2.5kmほどの谷底低地に流れ出す出口に形成された扇状地上に位置していた．勾配は1/50〜1/100とゆるやかで，土石流の領域（勾配1/30程度まで）からはかなりはずれている．泥流

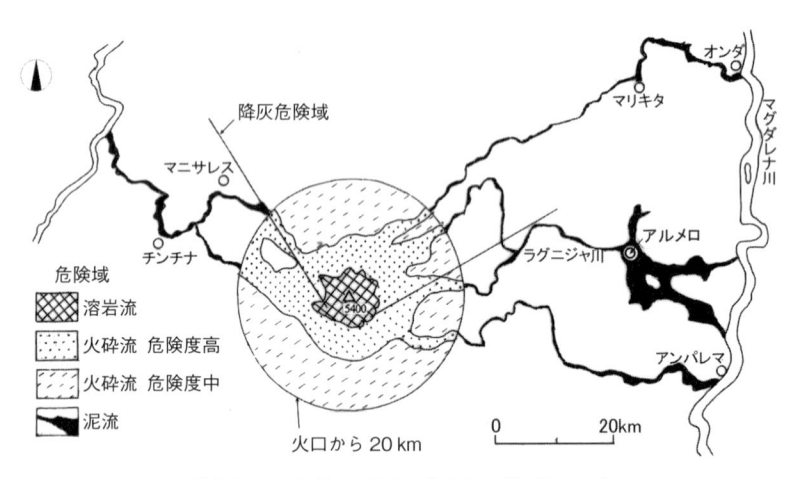

図3.9 コロンビア・ルイス火山のハザードマップ

の主流は南方向に流路を変えるラグニジャ川から離れてほぼ直進し，市街を直撃した．市全体の家屋4920戸中の4180戸が破壊された．泥の堆積の厚さは平均して2〜3 mであった．

ルイス火山の噴火活動は1年前から始まり，群発地震，水蒸気爆発，噴石・降灰，泥流などの発生が続いていた．このため国内外の関係機関が協力してハザードマップ（火山災害危険区域図）の作成にあたり，10月7日に第1案をつくり上げ，地元機関に配布し説明をおこなった．このマップにはアルメロが泥流の危険域にあることが明示されていた．しかし地元はこれを受け入れる態勢にはなかったようで，大被害を防ぐことには貢献しなかった．10月に入って噴火活動が急に静かになったことも危険意識の低下に関係したようである．

ハザードマップ作成にあたっては，過去の泥流堆積域を参考にしながら主として地形に基づき，予想される最大限度の範囲を泥流危険域として表示した．この危険域は，源頭部に融氷水の流入がなかったレシオ川を除き，実際に生じた泥流域とほとんど一致した．ルイス火山の山頂域を水源とし東方および西方の山麓を流れる川は少数であり，しかも狭い谷底低地内を通ってマグダレナ河などの本流に流入しているので，危険な川および危険域が明確に限定されてゾーニングしやすいという事情もある．

11月13日の噴火は午後3時過ぎに始まり，アルメロへの降灰は5時ごろから一段と激しくなった．噴火の鳴動もとどろいた．しかし市当局は，住民をいたずらにパニックに陥れるとして避難の指示を最後まで出さなかった．ラジオは専門家の話として危険はないと報道し，また，教会の神父が住民に家にとどまるよう説いた．7時過ぎから強い雷雨になり，雷鳴が噴火の鳴動をかき消した．赤十字は7時半に避難の呼びかけをしたとされているが，住民の反応はわずかだったようである．8時半ごろから噴火が強まり，9時10分と30分に大噴火があり，山頂部で融氷による泥流が発生した．泥流のアルメロへの到達は約2時間後の11時半ごろのことであった．その平均時速は25〜30 kmとなる．避難指示の責任者である市長は中央広場で無線交信中に泥流に呑み込まれた．この日はお祭りで，近隣の町村から大勢の人々が訪れていて宿泊者も多く，当時市内に居た人は4万人近くあったと推定され（常住人口2.9万人），犠牲者の数を多くした．

危険域と明示されていたにもかかわらず事前避難がほとんど行われなかった理由には，火山噴火という現象についての理解を欠いていたという基本的な要因以外に，その当時のいくつかの状況が挙げられる．まず，1ヵ月前から噴火活動が静穏化していたことが警戒心を低下させていた．大噴火は夜9時過ぎ，泥流の到達は11時過ぎのことであり，また激しい雷雨が降っていて，状況の把握・情報の伝達・避難行動の実行が妨げられた．お祭りの日でもあり，市の責任者は避難指示による人々の動揺・混乱を恐れたと推測される．カトリック信仰の篤い農村地域であって神父の発言は住民に大きな影響を与えた．少数の大地主が支配する封建的な社会であり，市長など地域のリーダーや教会に住民がほぼ従属するという風土が，悪い方向に作用した．

3.2.4 山体崩壊・岩屑なだれ・津波

　火山は山体崩壊と呼ばれる巨大規模の崩壊をしばしば起こし，その崩壊跡地には大きな馬蹄形カルデラが出現する．これにより生産された大量の岩屑は一体となって流動状態になり高速で流下する．この流動化には水が関与しないので，一般の土石流と区別して岩屑なだれと呼ばれることが多い．岩屑なだれの堆積表面には小丘群が出現するのでそれと判定できる．大量岩屑が海に突入すると津波が発生する．崩壊に伴って強い爆風が生じることもある．これらは一連の現象であり，多様な被害を引き起こす．

a. 山体崩壊

　噴出物が積み重なってできている火山は本来的に不安定である．とくに，溶岩と火砕物が山の傾斜方向に幾重にも層をなして重なる急峻な富士山型の成層火山は，非常に不安定な内部構造をもっている．火山体は内部が高温の温泉水により変質して脆くなっていることもある．この不安定な山体は噴火や地震を引き金として大崩壊を起こす．

　1888年に起こった磐梯山北面の大崩壊は，水蒸気爆発により誘発されたものである．1980年にアメリカのセントヘレンズ火山において生じた大崩壊は，溶岩ドームの上昇による山体の変形・急峻化が原因であった．これに引き続いて大噴火が起こり，噴煙は20 kmの高さまでに達し，降灰はアメリカ中央平原にまで及んだ．1956年にはカムチャツカ半島のベズイビアニ火山が巨大な崩壊を起こした．この場合にも溶岩ドームの上昇による山体の変形が大崩壊を引き起こし，続いて噴火が生じている．1792年の雲仙岳・眉山の大崩壊は，火山性の地震が主な引き金であったと推定されている．

　崩壊により圧力が除去されると，山体中の高温熱水は急速気化して爆発し，爆風（ブラスト）を発生させる．セントヘレンズにおいて発生したブラストは300 km/h以上の高速で突進し，600 km^{2}の樹林をなぎ倒した．1888年磐梯山の噴火でも南東方向に向かう爆風が発生し多くの家屋が破壊された．

　山体崩壊は山体の上部を吹き飛ばし，あとに馬蹄形カルデラと呼ばれる巨大な崩壊跡地を残す．陥没による一般のカルデラとは成因が異なるが，一方が開口しているという違いを除けばその形状はよく類似しているためか，このように呼ばれている．各火山における馬蹄形カルデラの形状は，規模の違いを除けば，ほとんど区別がつかないほど似通っている．日本の火山にある代表的な馬蹄形カルデラには，磐梯山（北に開口），北海道駒ヶ岳（東に開口），鳥海山（北方に開口），浅間山（東方に開口）がある．

　馬蹄形カルデラはその後の噴火活動によりかなり急速に埋められて消失するので，その数はあまり多くはない．約5000年前に磐梯山南面でつくられた馬蹄形カルデラはほぼ埋められて，崖線がわずかに認められるだけになっており，会津富士と呼ばれるような円錐状につくり直されている（図3.10）．鳥海山のカルデラは約2600年前に形成されたものであるが，ほぼ埋め立てられている．浅間山ではカルデラ中央部か

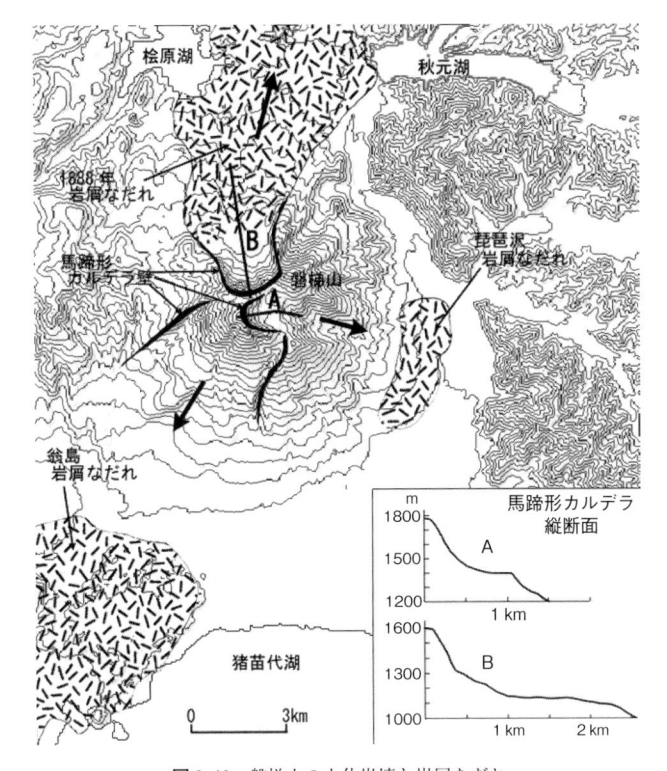

図3.10 磐梯山の山体崩壊と岩屑なだれ

ら東方にかなり離れたところで崩壊後の噴火が続き現在の山頂部をつくったので，2万年前であるにもかかわらず馬蹄形カルデラの上半部は残されている．

　山体崩壊を起こしやすいのは富士山のような大型成層火山である．富士山の東面は約2400年前に大崩壊を起こした．崩壊による馬蹄形カルデラは現在の火口を取り巻く直径3kmほどの範囲にあったと推定されているが，その後の活発な噴火活動によって跡形もない．現在の富士山の形状は北西～南東方向に長軸をもつ楕円形で，南西面と北東面とが急傾斜になっている．大沢および吉田大沢と呼ばれる2大放射谷はこの方向に発達している．したがって崩壊は南西面か北東面で起きやすいであろう．

　山体崩壊は特殊な現象ではなく，数十万年に及ぶ大型火山の一生の中では何度も起こる普通の現象である．人間の尺度からみれば発生頻度は小さいといえるものの，山体崩壊とそれに引き続く岩屑なだれおよび津波は非常に大きな被害をもたらすおそれがある．

b. 岩屑なだれ

　山体崩壊により生産された大量の崩壊物質は，巨大土石流である岩屑なだれとなって高速で流れ下る．固体である岩屑の集合体を流動状態にするのは，岩屑粒子間の衝突による空隙の形成と摩擦低下である．粒子のぶつかり合いが激しいほど粒子間の接触は少なくなって摩擦抵抗は小さくなり流動性を増す．この流れを駆動する力は，地表面勾配と流動層の厚さとの積の大きさに比例する．岩屑生産量が非常に多い山体崩壊では，流動層が100 mを大きく超える厚さになるので，大きな流動性が与えられて高速で長距離にわたり流下する．

　1985年セントへレンズの噴火の巨大崩壊による岩屑なだれは，岩屑量2.4 km^{3}で，150 m/sの初期速度を示し28 km流下した．1888年の磐梯山噴火では，岩屑量は1.2 km^{3}で，北麓に10 km流下して川を堰き止め多数の湖沼をつくった．浅間山はおよそ2万年前に山体崩壊を起こし，岩屑なだれは16 km離れた小諸南方に，また，13 km離れた南軽井沢にまで達した．北東へ向かった岩屑なだれは吾妻川に流れ込み，利根川にまで達した．富士山で約2400年前に起こった山体崩壊による岩屑なだれは御殿場など東麓一帯を覆い，一部は酒匂川沿いに相模湾まで，また黄瀬川沿いに駿河湾まで到達した．標高の高い独立峯の富士山では流下の高度差が大きくなり，最大到達距離は40 kmほどになった．

　岩屑なだれの堆積層表面には，流れ山と呼ばれる非常に多数の小丘がつくられる．これは大小さまざまな大きさに破壊された山体の破片を中身としている．形成当初は頂部が尖っているが，やがて丸みをもった形になる．その大きさは裏磐梯では高さが10～40 m程度，底面の長径が50～200 m程度である．平面形は一般に長円状で，その長軸は岩屑なだれの流動方向に平行になることが多い．八ヶ岳南麓の韮崎岩屑流は，推定崩壊源（権現岳）から20 kmのところで比高80 m，底面長径500 mの大きな流れ山をつくっている．この岩屑流は日本で最大の規模で到達距離約50 km，厚さ120 mもある．JR中央本線は，比高50～100 mの台地状堆積面上に載るこれら流れ山の間を通じている．

　岩屑なだれが海に流れ込み，あるいは川を堰き止めて湖をつくると，流れ山が多数の小島となって水面に浮かぶ景勝の地となる．磐梯山北面の裏磐梯湖沼群，北海道駒ヶ岳の南麓の大沼・小沼，鳥海山北西麓の象潟，雲仙岳・眉山西方の有明海・九十九島などがこのようなところで，かつての大災害の現場は現在では観光地となっていることとなる．なお象潟は1804年の象潟地震により隆起して陸地になってしまい景観が失われた．磐梯山では，約5000年前に南面において1888年を上回る規模の崩壊が起こり，岩屑なだれは河流を堰き止めて現在の猪苗代湖をつくっている．なお，溶岩流の堰止めによる湖は中禅寺湖など数多い．

　このように，巨大崩壊は大規模な馬蹄形カルデラを山頂部に残し，流れ山と呼ばれる小丘群を表面にもつ岩屑なだれの地層を山麓に堆積させるので，かつてそれが起こったことがよくわかる．カルデラはその後の噴出物により埋められて現在は残って

いないことも多いのに対し，山麓の流れ山や堆積層は長期間残存する．日本の火山の山麓には 30 前後の岩屑なだれ堆積物が認められる．流れ山の集団が山麓に分布する火山には，有珠山，然別岳，北海道駒ヶ岳，岩手山，鳥海山，浅間山，八ヶ岳，磐梯山などがある．そのうちの 4 例は最近 400 年の間に起こっている．北海道駒ヶ岳では 3 回，八ヶ岳・鳥海山・岩手山では 2 回起こったことが，地形や堆積層から知られている．

c. 津 波

大規模な岩屑なだれが海に突入すると，海水が大きく振動して津波が発生する．1792 年 5 月の雲仙岳・眉山の崩壊では，0.3 km^3 の土砂が島原城下を経て有明海に突入し，大きな津波を発生させた．津波の到達高は対岸の熊本平野で最大 23.4 m，南方の宇土半島で 22.5 m に達した（図 3.11）．島原半島側でも島原で 14 m になった．これによる死者は岩屑なだれによるものも含め島原側で 1 万人，熊本・天草で 5 千人に達した．この 1 年前から 3 km 離れた雲仙主峰の普賢岳で有感地震が発生し始め，3 ヵ月前には噴火が起こって溶岩が流出した．地震の発生は次第に島原のほうへ移動してきて活発化した．この群発地震が収まりかけた 5 月 21 日夜，強い地震が 2 回起こり，次いで側火山の眉山（現在の標高 819 m）の東面が大崩壊した．噴火活動が関係したかどうかは不明である．

海底火山や火山島の噴火によっても津波は引き起こされる．1883 年にインドネシア・クラカタウ火山が史上第 5 位の規模の大噴火を起こし，最大波高 35 m の津波が発生して，3.6 万人が犠牲になった．クラカタウ火山はジャワ島とスマトラ島との間にある火山島群で，交通の要所スンダ海峡の南西 100 km に位置する．噴出物の総量は 25 km^3 で，その大部分は火砕流であった．火砕流は 40 km 離れたスマトラ島南端に到達し，約 1000 人の死者が出た．爆発により火山島のいくつかは消滅し直径 8 km のカルデラが海底につくられ，この地形変化によって大津波が発生した．これによる海面変化は九州において，また，遠くフランスにおいても記録された．クラカタウは

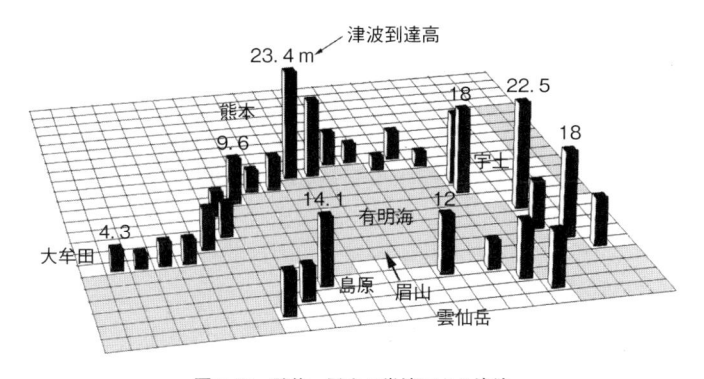

図 3.11 雲仙・眉山の崩壊による津波

535年に大噴火してインドネシアの文明に断絶を引き起こし，また，世界に異常気象をもたらし，その影響は樹木の年輪にも示されている．

ハワイ島は周辺の深海底からの比高が9000mを超える地球上で最大の火山である．この巨大山体の下部（海面下にある）に巨大地すべり地形が多数存在する．その規模は陸上での地すべりを大きく上回る．このような海底下で巨大地すべりが起こったときには，太平洋の全域に大きな津波を伝えたと推定される．

d. 磐梯山の噴火

1888年の磐梯山の噴火活動による噴出物にはマグマ起源の高温本質物質は含まれず，すべてかつての山体を構成する岩石からなっている．したがってマグマの貫入はなく，火山体の内部に蓄えられていた高温の熱水が急速気化したことによる水蒸気爆発が主な原因であると推定されている．崩壊した小磐梯山の北斜面には3ヵ所に温泉が湧出しており，湯治場となっていた．この熱水による岩石の変質が火山体を脆弱にしていたので，水蒸気爆発を引き金として急傾斜山体が巨大崩壊を起こしたものであろう．これ以前における噴火は806年（大同年間）で，以後1100年近く活動を停止していた．

この爆裂的噴火は7月15日7時45分のことであった．1週間ほど前から地震が頻発し，温泉の湧出量が少なくなり，水蒸気噴出が激しくなっていた．このため温泉場にいた湯治客が多数下山した．15日の7時半ごろから地震が激しくなり，次いで20回ほど爆発的噴火が生じて大崩壊に至った．小磐梯山の上部は消失し，北に開口する幅1.5kmの馬蹄形カルデラが出現した（図3.10）．これにより小磐梯の山頂は640m低下した．1.2km^{3}の崩壊物質は岩屑なだれとなって80km/hの速度で北麓に流下し，10kmのところにまで達した．大量の岩屑は谷を堰き止め，桧原湖，小野川湖，秋元湖，曽原湖および五色沼の池沼群をつくった．岩屑流の一部は本流の長瀬川に流入し土石流状になって南に向かい4kmほど流れ下った．また，水蒸気爆発に伴う土石まじりの爆風が，櫛ヶ峰との鞍部を抜けて南東部の谷間を襲った．

この岩屑なだれ，土石流，爆風などによる被害は，死者・行方不明約500人（大部分が行方不明），損壊家屋およそ100戸などであった．湯治場は埋没し26人が行方不明に，北東麓の川上温泉では温泉宿3軒が埋没し45人が行方不明になった．土石流の末端近くにあった長坂集落では多数の住民が長瀬川の対岸に避難中に土石流に襲われ79人（住民の半数）が行方不明になった．このため損壊家屋数に比べ人の被害が多くなっている．岩屑なだれに直撃された檜原村の3集落39戸はすべて埋没し210人（住民の90%）が犠牲になった．なお，湖の湛水により檜原村（総数102戸）は全村が移転した．土石まじりの爆風に襲われた南東面2集落では破壊された家屋が66戸と多数を占めた．

e. セントヘレンズ火山の噴火

1980年のセントヘレンズ火山の噴火は，3月27日の水蒸気爆発と火山性地震の発生から始まった．ただちに観測が開始され，山体北面の直径1.5kmほどの範囲が1

日あたり最大 2.5 m の速さで北にせり出していることが捉えられた．これは上昇してきた溶岩ドームが山体を押し上げていることを示す．累計変位量が水平に 120 m，垂直に 90 m に達した 5 月 18 日の 08 時 32 分，$M5$ の地震が引き金となって体積 2.7 km^3 の大崩壊が起こった．崩壊物質は初期の速度が 150 m/s という高速の岩屑なだれとなって流下し，28 km の地点にまで到達した．

崩壊により圧力が除去されたため山体中の高温熱水は急速気化して爆発し，ブラストを発生させた．この速度は 320 km/h 以上もあり，樹木を根元からねじ切り，600 km^2 の山林を破壊した．ブラストが 10 分程度続いたあと，噴煙柱を高く噴き上げるプリニー式噴火が起こった．これは貫入してきたマグマの頭部が崩壊により断ち切られたことによって生じたものである．噴煙の高さは 25 km に達し，降灰の堆積は 10 km 東方で 50 cm になった．火砕流もまた発生して岩屑なだれの上を覆った．馬蹄形カルデラの幅は 2 km，深さは 600 m で，標高 2950 m のもとの山頂部は 1000 m 低くなった．このカルデラ縦断面は磐梯山のそれとまったく同じ形で，スケールが 2 倍ほど大きいだけである．カルデラ底にはその後溶岩ドームが成長してきて，直径 1000 m，最大比高 260 m の円頂丘が形成された．事前に避難勧告や立ち入り規制が行われていたので，この噴火による死者は，観測中の研究者も含め 57 人であった（図 3.12）．

1956 年にカムチャッカ半島のベズイビアニ火山の東斜面が大崩壊し，直径 1.3 km，深さ 700 m の馬蹄形カルデラが出現した．これにより生じた時速 360〜500 km，温

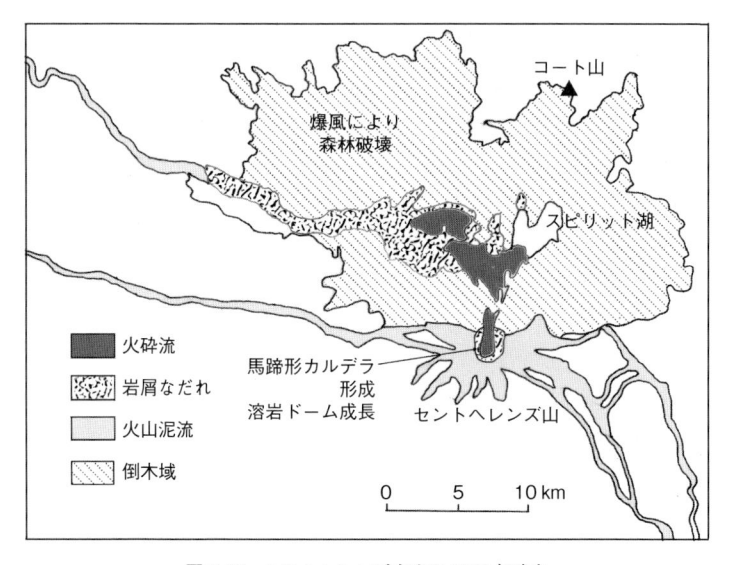

図 3.12 セントヘレンズ火山の 1980 年噴火

度100～200℃の爆風が60 km^{2}の範囲に礫まじりの火山灰を堆積させた．このあとプリニー式噴火と火砕流が続いた．カルデラ底には溶岩円頂丘が出現し，直径650 m，高さ320 mにまで成長した．噴煙柱の高さは40 kmに達した．この噴火経過はセントヘレンズとまったく同じである．これらの噴火例から火山体の巨大崩壊と岩屑なだれが，火山形成過程で普遍的に生じる現象であることが広く認められるようになった．

3.2.5 溶岩流・火山ガス・地震

マグマが地上に噴出すると，流動状態にあっても固化していても溶岩と呼ばれる．溶岩の粘性は火山形態に大きな影響を与える．野外での粘性の測定値は，横断面形状がわかっている傾斜θの通路（溝状の凹地など）を，溶岩流がhの厚さで流下するときの表面速度vが

$$v = \frac{\rho g h^2 \sin\theta}{4\eta} \tag{3.1}$$

で与えられることから求められる（図3.13）．ここで，ρは溶岩の密度，ηは粘性率，gは重力加速度である．実測された粘性率（Pa・s）は，玄武岩で10^2～10^3（温度1100℃），安山岩で10^4～10^6（1000℃），流紋岩で10^8～10^{10}（900～1000℃）程度である．

溶岩流は温度が低下し，またガス成分を失うにつれて粘性を増して，10^{10}～10^{11} Pa・s程度になるとほぼ流動性を失う．玄武岩の溶岩流の平均厚さは数m以下で，流下速度は時速30 km以上にもなることがある．流紋岩質の溶岩流では，厚さ数十m以上で，流下速度はきわめて遅い．粘性が大きくなるにつれ溶岩流の長さと厚さの比は小さくなり，ずんぐりした形となる．この比の値が8以下になると溶岩円頂丘と表現される．

溶岩流の流れる速度は粘性率が大きいほど遅いので，日本に多い安山岩質の溶岩では100 m/h以下である．このようにゆっくりと動く間に冷えて固まっていくので，山頂火口からの溶岩流が山麓にまで達することはあまりない．ただし，桜島の大正噴火（1914年）のように，噴出量の多い山腹噴火であると山麓を埋めることがある．

富士山は現在のところ粘性の小さい玄武岩質マグマを噴出するので，溶岩流はかなりの長距離を流れ下る（図3.14）．937年ごろの剣丸尾溶岩流は北東へ向かい桂川に流入して，山頂から40 kmのところにまで達した．北西麓に広がる青木ヶ原溶岩流

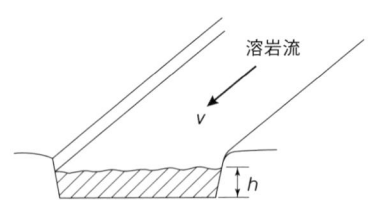

図3.13 溶岩の粘性測定

3.2 噴火による災害事象

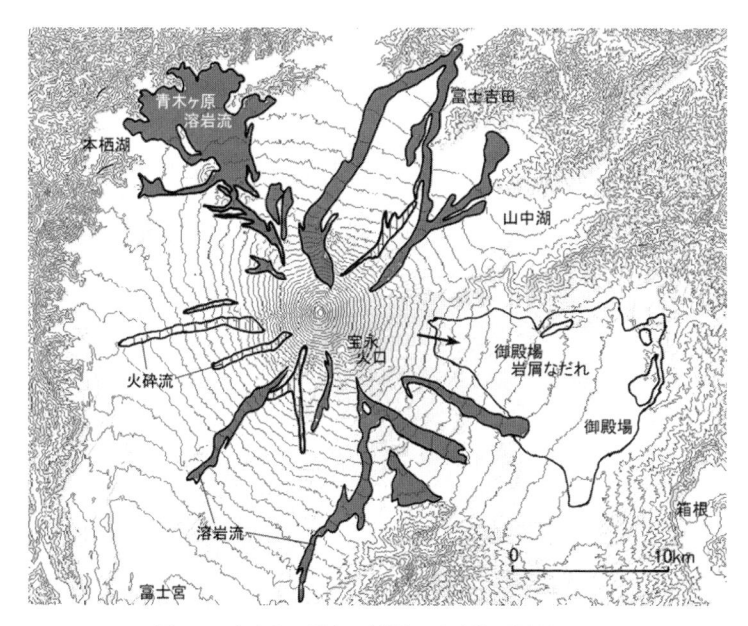

図 3.14 富士山の最近の溶岩流・火砕流・岩屑なだれ

は864年ごろに側火山から噴出したもので，現在は広い樹海になっている．大島・三宅島など伊豆諸島の火山も玄武岩質の溶岩を噴出する．1983年の三宅島噴火による溶岩流は，1.7 km/hで西南方向に向かい，2.5時間後に4.5 km離れた海岸に達した．

ハワイやアイスランドの火山から噴出する大量の低粘性溶岩の流れる速度は，急傾斜の山腹において30～40 km/hにもなるが，勾配がゆるやかな山麓では遅くなり，人が逃げ切れないということにはならない．迫ってくる溶岩流を阻止し進路を変えることは可能で，放水による冷却や方向を変えるための導流堤建造などが行われる．

火口から放出される気体の大部分は水蒸気であるが，二酸化炭素，二酸化硫黄，硫化水素，塩化水素など人体に有害な火山ガスも含まれる．これらの火山ガスの多くは大気よりも重いので谷底など地形の低所に滞留して，人命を奪うことがある．これは目にみえない不気味な危険である．1986年にはアフリカ中部・カメルーンのニオス湖（カメルーン火山の火口湖）周辺の住民約1700人が死亡しているのが発見され，谷地形のところに被害が広がっていることなどから，大量の二酸化炭素が湖から放出されたことによると推定された．

2000年から始まった三宅島・雄山の噴火では，世界でも類をみないほど大量の二酸化硫黄ガスの噴出が続いたため，全島民が長期間の島外避難を余儀なくされた．噴火活動は6月から始まり，7月には山頂に直径800 mの陥没火口（カルデラ）が生じ

ていることがわかり，8月には噴煙を15kmも噴き上げる噴火を起こした．二酸化硫黄の放出は次第に増加し，9月には1日5万トンにも達した．その後放出量は減少してきているが，2010年現在なおも1日数千トンの放出が続いている．なお，日本における人為的な二酸化硫黄放出量は1日あたり3000トンとされている．避難指示が一部解除されたのは4年半後であり，ほぼ全面的に解除されたのは10年後のことであった．

　火山体内部でのマグマの移動に伴い地震が起こる．一般に小規模なものが頻繁に発生して噴火の有力な前兆となる．しかし時には規模の大きい地震も起き，被害が生じる．1914年の桜島噴火では，$M7.1$の地震が起こり，鹿児島市内で死者13人，住家全壊29戸などの被害が生じた．1792年の雲仙岳・眉山の巨大崩壊は，噴火活動に伴う地震によって誘発されたものと推定されている．

3.3　危 険 火 山

3.3.1　日本の危険火山

　日本列島は沈み込みプレート境界に位置するので，爆発的な噴火を行うマグマの火山が多数形成されている．世界の活動的な火山のおよそ8％が日本列島とその周辺域に分布している（図3.15）．

　気象庁は，おおむね過去1万年以内に噴火した火山および現在活発な噴気活動のある火山108を活火山とし，これらを最近100年間と過去1万年間の火山活動の度合いにより，A，B，Cの3ランクに分類している．なお，データが不足している海底火山12および国後・択捉の火山11は分類対象から除外している．Aランクは100年活動度または1万年活動度がとくに高い活火山で，十勝岳，樽前山，有珠山，北海道駒ヶ岳，浅間山，伊豆大島，三宅島，伊豆鳥島，阿蘇山，雲仙岳，桜島，薩摩硫黄島，諏訪瀬島の13火山である．Bランクは100年活動度または1万年活動度が高い活火山で，富士山，箱根山，磐梯山，鳥海山，霧島山など総数36である．地域別では，北海道6，東北11，関東・中部9，伊豆・小笠原3（ランク分け対象外の海底火山が10ある），九州3，南西諸島3である．Cランクは活動度がともに低い活火山で，大雪山，八甲田山，赤城山，白山，開聞岳など総数36である．近畿と四国には活火山はない．中国にはCランクだけが2ある．このランクは火山学的に評価された過去の火山活動度に基づいた分類であり，現在の噴火の切迫性を示すものではない．

　木曽・御岳山は2万年もの間活動を休止していたが，1979年突然に水蒸気爆発を起こした．史上最大規模の噴火は1815年のインドネシア・タンボラ火山の噴火であるが，この火山ではそれ以前の噴火は知られていなかった．このように，活火山でないと言い切るのは容易ではない．

　現在活発に活動し，また噴火の記録の多い火山は，危険な火山としてまず挙げられる．桜島は世界でも最も活動的な火山で，頻繁に噴煙を高く噴き上げている．噴火の

3.3 危険火山

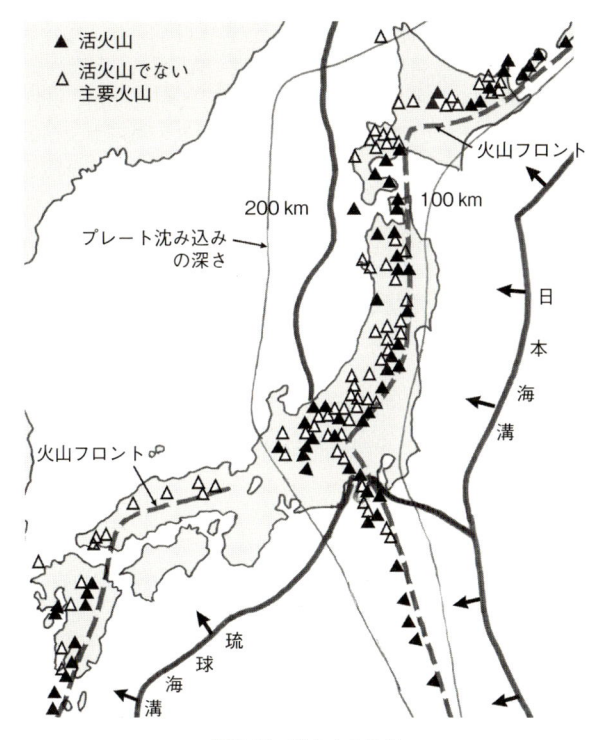

図 3.15 活火山の分布

　記録が最も多いのは浅間山と阿蘇山である．桜島と浅間山では噴石の危険が常にあるので，入山規制が行われている．阿蘇山には世界でも有数の大きなカルデラがあり，幾度も巨大噴火が起きたことを示している．阿蘇山・中岳の553年の噴火は日本で最古の噴火記録である．噴火の記録がついで多いのは霧島山，伊豆大島，三宅島，有珠山などである．霧島山には多数の噴火口があるが，その一つの新燃岳が2011年2月に噴火を開始した．三宅島と有珠山はかなり等しい時間間隔で大きな噴火を繰り返している．タンボラ火山の例のように，休眠期間が長いと噴火の規模が大きくなるという傾向があるともいわれており，近年の活動度だけからは危険程度を判断することはできないようである．

　最大の被害をもたらしており最も恐れられるのは火砕流である．火砕流発生の危険性は多くの火山で指摘されるが，過去の災害履歴や現在の活動度から，十勝岳，北海道駒ヶ岳，有珠山，浅間山，雲仙岳，霧島山，桜島などがとくに危険が大きいと判断されている．北海道駒ヶ岳は1640年に，浅間山は1783年に，雲仙岳は1991年に大きな火砕流災害を起こした．

南九州のシラスのような火砕流台地を火山周辺に広げている大カルデラは，巨大火砕流がかつて起こったことを明らかに示す．最近の例では，薩摩半島の南50kmにある鬼界カルデラ（薩摩硫黄島）が約7000年前に巨大噴火を起こした．日本における巨大火砕流噴火の発生は1万年に1回という稀な頻度であるが，ひとたび起これば広域が，たとえば九州全域が壊滅するという超巨大災害が起こる可能性がある．
　山体崩壊による岩屑なだれおよび津波は，頻度は小さいものの多くの人命被害をもたらしている災害である．日本には山体崩壊を起こしやすい大型成層火山が数多くある．一般に○○富士と呼ばれる火山は非常に崩壊しやすい山である．日本の火山の山麓には，30ほどの岩屑なだれ堆積層がみられる．そのうちの4例は最近400年の間に起こっている．これらは北海道駒ヶ岳1640年，渡島大島1741年，雲仙岳・眉山1792年，磐梯山1888年である．海岸近くや島にあるため噴火津波を起こす可能性の大きい火山には，北海道駒ヶ岳，渡島大島，雲仙岳，桜島などがある．富士山の山体規模はとくに大きいので，発生する崩壊と岩屑なだれの規模は巨大になるおそれがある．
　日本上空では偏西風が卓越するので，噴き上げられた火山灰は火山の東方に細長く伸びる範囲に堆積し，種々の混乱・障害を引き起こす．九州の火山でも噴火が大規模であれば，本州一円が大きな影響を受ける．約7万年前の阿蘇山噴火による火山灰が10cmの厚さに堆積しているところが北海道においてもみられる．富士山の噴火は首都圏に大きな降灰被害をもたらし，また東西の交通動脈に大きな障害をもたらすであろう．火山がない都府県にも火山の災害は及ぶ．

3.3.2　世界の火山災害

　爆発的な噴火を起こす火山が形成される沈み込みプレート境界は，環太平洋地域，カリブ海域，インドネシア周辺海域，地中海東北部に存在する．火山が多く分布し人口もまた多いため噴火災害の危険が大きい地域は，カリブ海の小アンチル諸島，中米，アンデス山地北部，日本，フィリピン，インドネシア，パプアニューギニア，イタリアなどである．
　1500年以降に生じた死者1000人以上の噴火災害の回数は，インドネシアが13回と際立って多く，次いでフィリピン・日本・イタリア・西インド諸島が各3回，コロンビア・パプアニューギニアが各2回などである．これらはすべて沈み込みプレート境界にあり，イタリア以外は環太平洋火山帯とその接続域の国々である．なお，アイスランドはプレート生産境界にあるが，氷河底での噴火により大きな被害が生じている．
　インドネシアでは，南からオーストラリアプレートが，東からフィリピン海プレートが沈み込んでおり，火山活動がきわめて活発である．非常に活動的な火山はおよそ130ある．最近400年間に100人以上の死者を出した噴火は，メラピ火山5回，ケルート火山3回など，12の火山で計25回起こっている．

死者数の原因別割合は，火砕流（岩屑なだれを含む）32%，津波26%，火山泥流23%，降下火砕物6%，火山ガス1%などである．人的被害を発生させる主原因は，このように火砕流・火山泥流・津波である．大規模な降灰による広域の農作物被害が飢饉を引き起こして餓死者を発生させるという2次的災害の死者も多く出ている．

噴火の規模は噴出量で示される．有史時代における最大規模は1815年のインドネシア・タンボラ火山の噴火で150 km^3 であった．約7000年前の鬼界カルデラの噴火はこれと同規模である．1600年以降における噴火で，タンボラ火山に次ぐ第2位は1883年のクラカタウ火山噴火で，噴出物量は25 km^3 であった．次いで，アラスカ半島のカトマイ火山の1912年噴火で，噴出物量は17 km^3，アイスランド・ラキ火山の1783年噴火で16 km^3（15 km^3 が溶岩流）がある．なお，約7万年前の阿蘇山噴火は600 km^3 と巨大であった．

噴出物量が1000 km^3 のオーダーの噴火は，規模が最大級にランクされる超巨大噴火である．この規模の噴火は最近10万年間では2回，26,500年前のニュージーランド・タウポ湖の噴火で1170 km^3，および74,000年前のインドネシア・スマトラ島北部のトバ火山噴火で2500 km^3，がある．トバ火山のカルデラは世界最大の大きさで100 km×30 km ある．この火山は58万年前にも噴出量2800 km^3 の噴火を起こしている．

アメリカ・ワイオミング州のイエローストーンは，64万年前に噴出物量1000 km^3 という超巨大噴火を起こした．ここでは130万年前，200万年前と，ほぼ70万年間隔で超巨大噴火が起こっているので，やがてそれが起こるであろうと懸念されている．超巨大噴火による被害は，小惑星の衝突に次ぐ規模になると予想される．

3.3.3 茨城南部における火山災害（地域例3）

関東平野の台地は火山灰の風化土層である関東ローム層によって厚く覆われている．この大部分は，およそ2万〜9万年前の期間における箱根山と富士山の度重なる噴火の火山灰が飛来し堆積したものである．常陸台地南部ではローム層の厚さは2〜3 m ある．ローム層下部には厚さ8 cm ほどの黄橙色の層が挟まっている．これは約6万年前における箱根山の1回の巨大噴火による降下軽石が粘土化したもので，東京軽石層と呼ばれている．噴火当時には隙間の多い軽石であってその堆積の厚さは10 cm を超え，地表の植物はほとんど埋まったであろう．このように火山から遠く離れてはいても，偏西風の風下である火山東側では噴火の危険が広く及ぶ．なお，この6万年前の箱根山噴火の火砕流は60 km 離れた横浜にまで達している．

関東平野周辺には活火山が12ほどある（図3.16）．最も活動的なランクAは浅間山と伊豆大島，次いで活動的なランクBは那須岳，草津白根山，榛名山，富士山，箱根山，伊豆東部火山群（大室山など）である．茨城南部に影響を与えるおそれの大きい火山は，位置関係および活動度からみて富士山と浅間山，次いで草津白根山で，これらは150 km ほどの距離にある．富士山は1707年（宝永4年）に大噴火し，茨

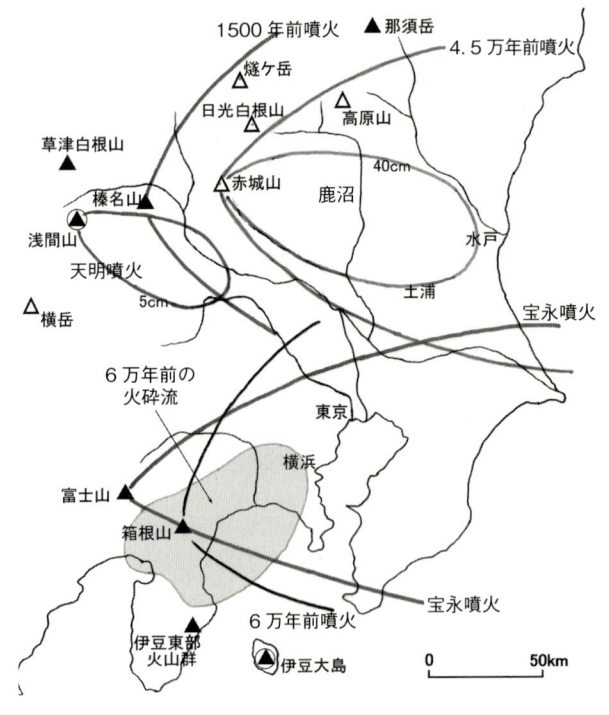

図3.16 関東平野周辺の火山と降灰域

城南部では厚さ1 cmほどの火山灰が降った．浅間山は1783年（天明3年）に大噴火し，茨城南部にも降灰があった．この時生じた泥流は利根川を流れ下り，泥水や漂流物は河口にまで達した．北関東では北方にある火山の噴火の影響を受ける．鹿沼土と呼ばれているのは4.5万年前の赤城山噴火による風化火山礫である．

首都圏に2～3 cmもの降灰があると大混乱が生ずると懸念される．九州で巨大火砕流噴火が生ずると，風下にあたる関東地方にも大量の降灰が生ずるおそれがある．

3.4 危険予測と対応

3.4.1 噴火予知

マグマが火山の直下2～10 kmぐらいの深さにあるマグマ溜りにいったん集まり，そこからさらに上昇して地表に出現するのが噴火である．噴火予知は，このマグマの集積と移動に伴って生じる異常現象を捉えるという方法で行われる．この現象には，地震，火山性微動，地形変化（火山体の変形），電磁気現象（地電流・地磁気などの変化），

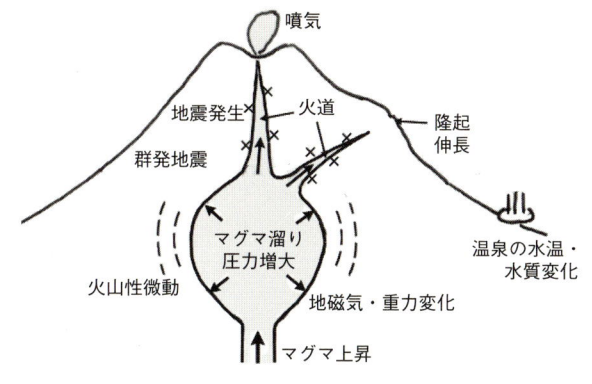

図3.17 噴火前兆現象

熱異常，火山ガスの組成・量・温度の変化，噴煙量の変化などがある（図3.17）．

　火山性地震は，マグマが岩盤を破壊して入り込む（貫入する）ことによって起こる．これは一般の人でも感じ取れる現象であり，有力な前兆でもある．この震源が浅くなってくると噴火が近いと推定でき，それが集中するところが噴火地点を示す．火山性微動は，地震よりも長く続き波形も違う連続的な振動である．これはマグマ溜りの圧力増大やマグマの移動などによって発生するもので，マグマ活動の強さを示す現象である．マグマが浅いところにまで上昇してくると，山体の隆起，傾斜増大，地割れの発生などが生じる．地形変化の著しいところは噴火の起こる可能性の高い地点を示す．

　このようにマグマの活動とこれら前兆現象との因果関係は明確である．しかし，いつ噴火するかがたとえ予測できたとしても，その後も再び大きな噴火があるのかないのか，どのように推移しいつ終息するかについての予測はできない．前兆現象の規模，たとえば地震の回数と噴火の大きさとはあまり関係していない．警戒情報が出されても噴火に至らないのはしばしばである．噴火活動は数日で終わることもあれば，数年続くこともある．容易に終息宣言が出せないので，長期間の避難・立ち入り禁止・道路閉鎖などが余儀なくされ，地域の社会経済活動に大きな影響を与える．火山の観光地ではこれはとくに深刻な問題になる．

　気象庁は2007年より噴火警報および噴火予報の発表を開始した．噴火警報は居住地域あるいは火口周辺に影響が及ぶ噴火の発生が予想された場合に発表される．主要29火山については，噴火警戒レベルを，平常，火口周辺規制，入山規制，避難準備，避難，の5段階に設定して発表される．レベル5の避難は，居住地域に重大な被害を及ぼす噴火が発生あるいは切迫している状態にある場合のものである．噴火予報は，噴火警報を解除する場合や，火山活動が静穏（平常）の状態が続くことを知らせる場合に発表される．

3.4.2 ハザードマップ

噴火は火口というほぼ確定できる地点で起こるので，噴火の規模や様式を設定すれば，火山体の地形をもとにして，その噴火により起こる種々の災害事象の発生とその危険がどの範囲に及ぶかを示すことができる．このため，ハザードマップ（災害危険域および避難場所等を示す地図）は火山について最も早くから作成されている．

一つの火山は種々の発達ステージを経て数十万年ほど活動を続ける．各ステージにおける数千年ぐらいの短期間をとれば，マグマの性質はほとんど変わらず，類似した噴火を続けるという性質がある．したがって，噴火の履歴，火山の発達ステージ・噴火サイクル，マグマの性質・挙動などを調べて，予想される噴火の様式・規模・地点などを設定することができる．過去に起こった大きな噴火と同じ規模の噴火が生じた場合，という設定もよく行われる（図3.18）．この予想される噴火が生じた場合，降灰，噴石，火砕流，泥流，溶岩流などがどの範囲に及ぶかを，それらの運動機構と地形条件とから推定して，図に示したのが学術的ハザードマップであり，これに避難に関係する情報などを加えたものが行政用・広報用のハザードマップである．

1985年にネバド・デル・ルイス火山噴火の泥流によって壊滅し死者2.1万人を出

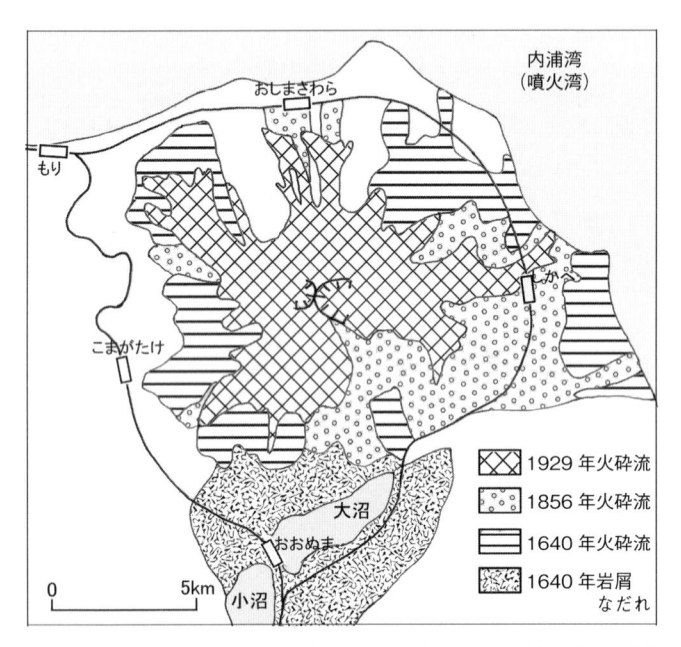

図3.18 北海道駒ヶ岳における近年の火砕流と岩屑なだれ（駒ヶ岳火山防災協議会，2002により作成）
高危険域（第1危険区域）は，ほぼこれら火砕流の到達範囲に設定されている．

したアルメロの市街は，直前に作成されたハザードマップで危険域と明示されていた（図3.9）．しかし，この大被害の発生を防ぐことはできなかった．ハザードマップという1次情報を被害軽減にまで結び付けるには，住民に対して適切な防災対応行動を始動させる種々の方策が必要となる．

　危険域予測の精度は災害現象によって異なる．大規模な火砕流の危険域はその性質上，火口からある半径の円内というようにきわめて大まかに設定せざるを得ない．たとえば，ルイス火山のハザードマップでは，最近の火砕流堆積域がほぼ10 km 範囲であることなどから，半径20 km の円内を中程度の危険域としていた．これに対し泥流は，その運動がほぼ完全に地形によって支配されるので，火山体および山麓の谷地形に基づいて，危険域を精度よくゾーニングすることができる．規模の小さい溶岩崩落型の火砕流も地形の支配を受ける現象である．

　火山の谷は山頂から放射状に派生するので，泥流や火砕流が一つ隣の谷に流入すれば，山麓では大きく離れたところに到達するということも起きる．ハザードマップを利用する場合，それがある限定された仮想噴火に基づいていること，災害現象によってその精度や意味するものが異なること，噴火が大規模になれば危険域は限定し難くなること，したがって安全域を保証するものでないこと，などを理解している必要がある．

3.4.3　噴火への対応

　火山噴火災害の大きな特徴の一つは，その発生が比較的に少数の活動的火山に限られるということである．場所に関する未知数がほぼ消去されるということで，その限りでは対応しやすい災害である．しかし一方，噴火規模が巨大になり危険域が広範囲になるという可能性がある．火砕流は安全側に立てば危険域を限定できない．火山噴火は大量の熱エネルギーによる山体内部からの激しい変動である．したがって構造物などによるハードな方法での抵抗は基本的には無意味である．このような性質の危険を相手にする場合，敬遠方策が基本の対応とならざるを得ないであろう．噴火予知により一時的に危険を回避するという方法には，噴火活動の推移の予測がとりわけ難しくて，避難対応が非常に長期化する可能性が常にある，という問題がつきまとっている．

　噴火の危険への接近の程度を示すわかりやすい指標に，頂上火口との比高とそこからの水平距離との比，すなわち仰角を示す値がある．日本の火山における集落でこの仰角が最も大きいのは，桜島西岸の温泉・農業集落と1991年から続いた火砕流により被災した雲仙岳東面の農業集落，水平距離が最も近い集落は2000年噴火で被災した有珠山北面の温泉街である．火山島や温泉集落については，接近せざるを得ない理由は存在する．火山山頂への仰角の大きな都市には，島原市，富士吉田市，鹿児島市などが挙げられる．

　火山は風光明媚な観光地となり温泉が多いので，利用し居住するのは当然のことで

ある．しかし，噴火という明らかに現存している危険に接近することで，経済的利益や日常的便益を得ているのであるから，噴火が始まった場合の被害や避難・移転などの対応費用は，その土地を利用することに伴うコストに算入されていなければならないであろう．火山噴火の性質を考えれば，効果的対応策には敬遠方策以外の余地は小さいと考えられる．これには，運悪く噴火が始まってしまった場合に長期避難や移転を覚悟し準備しておくということも含まれる．

4 大雨・強風災害

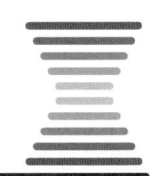

　風水害と表現されるように大雨と強風とは相伴うことが多く，その代表は台風である．雨および風は災害誘因であり，これが引き起こす災害事象には河川洪水，内水氾濫，高潮，斜面崩壊，土石流などがある．風は直接に破壊作用を加える外力でもある．河川洪水，内水氾濫，高潮など水災害は地形の支配を大きく受ける現象である．斜面崩壊・土石流は，地震によるものと併せて土砂災害の章で示す．発達した積乱雲による異常事象に竜巻・降雹・落雷などがある．これらの気象にかかわる災害諸事象における，発生機構，予測・予報，危険性評価の方法などにつき，土地環境に重点をおいて説明する．

4.1　大　　　雨

4.1.1　大雨の発生条件

　大気中に含まれる水蒸気が，非常に細かい水滴（気温の低い高空では氷の粒）に変わると雲としてみえるようになり，この水滴が集まって大きくなると，雨となって落ちてくる．水蒸気を水滴に変えるのは気温の低下である．大気が含み得る最大の水蒸

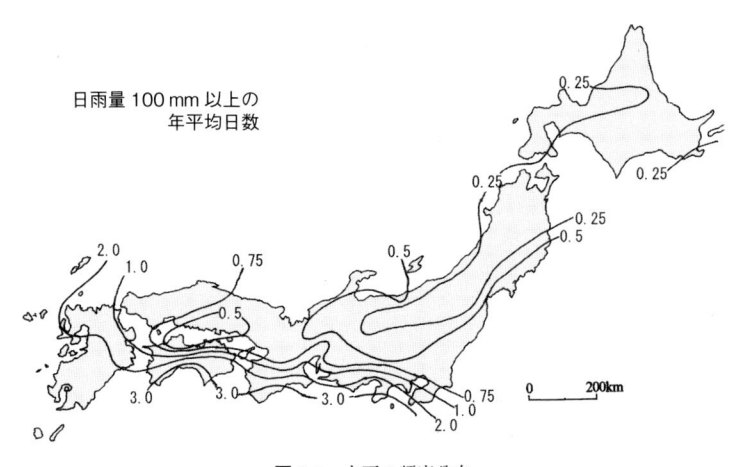

図 4.1　大雨の頻度分布

気量は気温が低下するほど少なくなるので，含まれる水蒸気の量が同じでも，気温の低下に伴って湿度（水蒸気量の相対比）は高くなり，飽和すると（湿度100%を超えると），その超えた分の水蒸気が水滴に変わる．気温低下の主な原因は，大気の上昇に伴う断熱冷却である．上昇すると気圧が低くなるので大気は膨張し，この結果として気温が低下するからである．

降雨強度や積算雨量がある大きさ以上になると，災害が発生し始める．大まかな目安として，1年に降る雨の10%程度が一度に降ると災害になる．この雨量は，北海道でおよそ100 mm，西日本の太平洋岸で200〜300 mmである．大雨の頻度は太平洋南岸域で大きく，日雨量100 mmを超える日数は年平均2〜3回である（図4.1）．

このような大雨は，多量の水蒸気が急速に水滴に変わることによって起こる．水蒸気を水滴に変える働きをするのは上昇気流であるから，水蒸気を多量に含む大気が速く上昇すると，強い雨になる．しかし，雨量が多くなるにはそこにある水蒸気の量だけでは不十分で，周りから湿った大気が流れ込む必要がある．つまり，強い上昇気流と周りからの継続的な水蒸気供給との組合せが，大雨の発生条件である．

強い上昇気流は，上空高く盛り上がる積乱雲（雷雲）をつくる．積乱雲の横幅は通常10 km以内である．したがって一つの雷雲による強い雨の範囲もその程度である．一方，しとしと降る地雨は層状の雲から降り，雨の範囲は数百kmと広くなる．

4.1.2 上昇気流と水蒸気供給

上昇気流には対流性，地形性，収束性がある．暖かい空気は軽いので浮力によって上昇する．もし上昇していった先の気温がより低いと，上昇はさらに続く．つまり，大気の下層と上層との気温差が大きいと不安定な状態となり，強い上昇気流が生じやすくなる．このような不安定状態は，夏の強い日射によって地面が熱せられることでも生じるが，季節を問わず大規模に起こるのは，上空への寒気の流入である．

大気上昇による気温の低下率は，水蒸気の凝結が生じない場合，高さ100 mにつき1℃で，これを乾燥断熱減率と呼ぶ．凝結が生じると熱が放出されて気温低下を相殺する．この湿潤断熱減率は100 mにつき0.6℃程度である．いま，実際の気温が図4.2の曲線Tのように高度変化をしているとする．山腹に沿うなど何らかの原因で持ち上げられた空気塊は，最初は未飽和の状態であるため乾燥断熱減率によって温度が低下していき，飽和状態に達すると凝結が始まり（B点，雲底），その後は湿潤断熱減率によって温度が低下していく．曲線Tとの交点Cを超えると，上昇してきた空気塊の温度は周りの大気温度よりも高くなるので，力を加えなくても上昇する．これが対流不安定の状態である．上昇はD点で停止し，ここが雲頂になる．発達した積乱雲では雲頂の高さは1万mにも達する．

山があると気流はその山腹に沿って這い上がる．これは地形性の上昇気流で，風上斜面に雨を降らせる．台風による雨がしばしば紀伊半島・四国・九州の山地の南東斜面で多くなるのは，この地形効果によるものである．

4.1 大雨

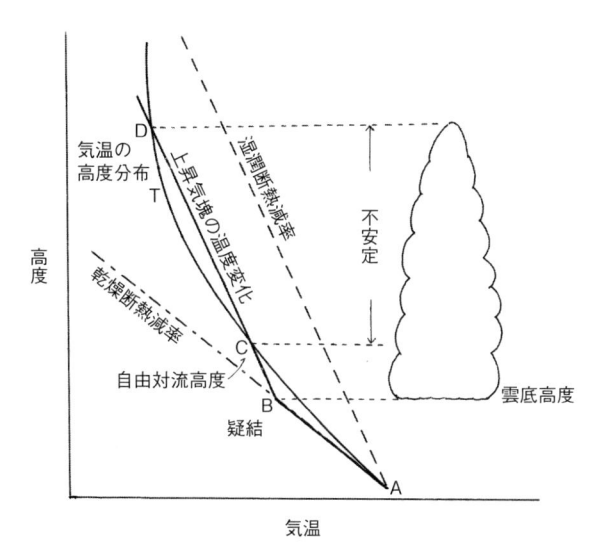

図4.2 大気の対流不安定

ある場所に違った方向から風が吹き込んできてぶつかると（収束すると），そこが収束性の上昇気流の場になりやすい．低気圧は，気圧が低くて周りから大気が集まり上昇するという，収束性の上昇気流が生じる場である．

雨の源となる水蒸気の供給源は海である．日本では南方海上からの暖かく湿った気流，いわゆる湿舌が，多量の水蒸気を継続的に送り込む働きをしている．南方海上に台風があると，台風の東側から太平洋高気圧の縁に沿って，湿った気流が日本列島に流れ込みやすくなる．この時，日本付近に前線が停滞し低気圧がその上をゆっくりと移動している，というような状態にあると，大雨になる．台風自体も南から湿った空気を引き連れてくるので，接近すると強い雨を降らせる．強い雨は，中心域はもちろんとして，周囲に渦巻き状に伸びる雲の帯（レインバンド）のところでも降る．

4.1.3 集中豪雨

数十km四方以下という比較的狭い範囲に，3〜4時間で200〜300mmといったような強さで，時間的・場所的に集中して降る雨を，一般に集中豪雨と呼んでいる．このような激しい雨は，強い上昇気流により背が高く発達した積乱雲が，いくつも引き続いて襲来することによって生じる．雨は激しい雷雨となり，断続的に強く降る．雲の背が高いので，日射が遮られて昼間でも真っ暗になる．湿った大気が流入するので蒸し暑くなり，下層の雲は激しく動く．

1982年7月の長崎豪雨は記録的な集中豪雨の例である（図4.3）．気象状態は，本

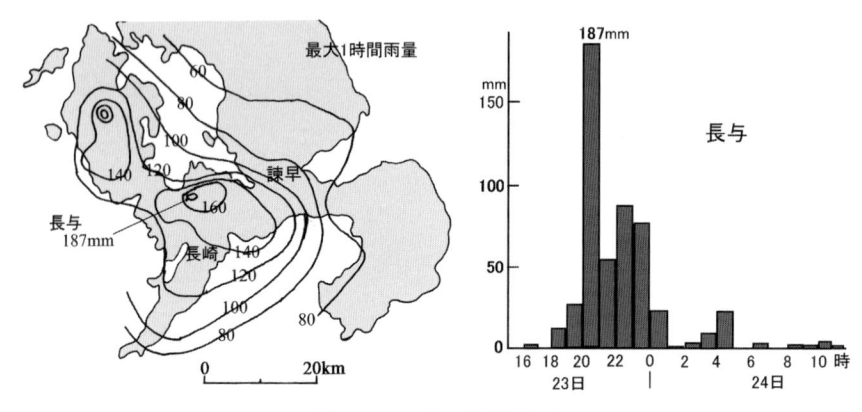

図 4.3　1982 年 7 月長崎豪雨

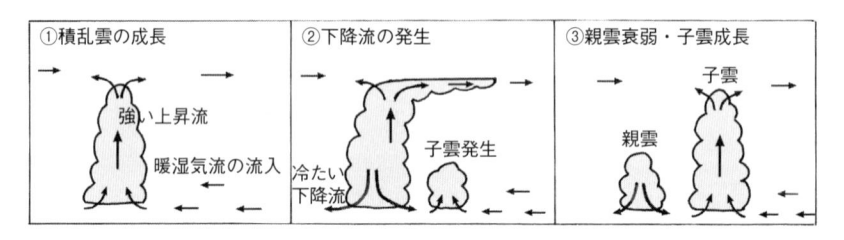

図 4.4　積乱雲の世代交代（大西，1992）

土上に前線が停滞し，北方から上空に寒気が，南方海上の台風から湿った気流が流入するという，集中豪雨の典型的なパターンであった．豪雨域の幅は 30〜40 km 程度，豪雨の継続時間は数時間で，時間と場所についてきわめて集中した．長崎市の北方の長与における最大 1 時間降水量 187 mm は日本の観測史上最大である．長崎の市街地は起伏の大きい山地内に展開しているので，この豪雨により山崩れ，土石流および急流小河川の氾濫が同時多発し，市全体の死者 262 人などの大きな被害が生じた．

　降雨の場所的な集中は積乱雲の自己増殖の仕組みによって起こりやすい（図 4.4）．積乱雲中の強い上昇気流により水蒸気が凝結して生じた雨滴は，合体して大きく成長し上昇気流に打ち勝って，やがて落下し始める．落下する雨滴は空気を引きずりおろして下降気流をつくる．この気流中では雨滴が蒸発して温度が下がるので，冷たい下降気流が生じる．この下降気流は周りに吹き出し，流入してきた暖かく湿った空気とぶつかって，隣に新たな上昇気流の場をつくり，積乱雲を新しく成長させる．最盛期を過ぎると積乱雲中の上昇気流は次第に弱まるので，一つの積乱雲の寿命はほぼ 1 時間程度であるが，こうして子から孫へと積乱雲が自動的に増殖していく条件がある場合に，強い雨が続く．

4.1.4 大雨の現況把握と予報

集中豪雨の範囲は気象現象としては狭いものなので，かつては観測の網にかからなかったが，現在では，アメダス，気象レーダーおよび気象衛星の利用によって，リアルタイムでの把握がほぼできるようになっている．アメダスの観測地点は全国に約1300ヵ所あり，平均の間隔は 17 km である．これらの地点の気温や雨量などを自動観測して東京へ集め即時処理して，利用に供される．気象庁のレーダーは全国で20基あり，各々は直径 300 km ほどの範囲をカバーしている．気象レーダーは即時に雨雲の分布を示す．気象衛星は赤道上 3.6 万 km の高さを周回して，地上からは静止してみえる衛星で，地球の半分近い範囲についての雲や水蒸気の分布などがわかる．レーダーは，電波の発信と受信を高速度で繰り返し，雨滴などの物体に反射して返ってきた電波の強さを明るさに変え，その分布を映像として示す装置である．

大雨警報・暴風警報などの気象警報は，重大な災害が起こるおそれがある旨の警告をする予報であり，雨量や風速などの気象要素がある基準を超えると予想される場合に発表される．この基準は，過去の災害時気象状況に基づいて地域・地区ごとに定められており，大雨警報基準では1時間雨量 50 mm や3時間雨量 80 mm とされている場合が多い．

雨量がこの基準を超えるという判断は，アメダスと気象レーダーの観測データに基づく降水短時間予報により行われる．レーダーから発射され雨滴に当たって戻ってくる電波の強さは，雨滴の粒径の6乗にも比例し雨の総量をそのまま示さないので，アメダスの実測値などにより受信電波強度を補正して，実際の雨量に相当するものに直している．これは解析雨量と名づけられ，1 km 四方の細かさで30分ごとに求められている．降水短時間予報は，過去および現在の解析雨量が示す雨域の動きなどから，6時間先までの雨量分布を予測するものである．記録的短時間大雨情報は，基準とした激しい雨（数年に1度程度しか起こらないような大雨）を観測したり解析したときに発表される．

土砂災害警戒情報は土壌雨量指数を発表基準にしている．土砂災害の発生には，浸透し地中に滞留している雨水の量が関係する．そこで，地中を孔のあいたタンクになぞらえ，上から解析雨量と今後予想される雨量をインプットして，各時点にタンク内に滞留している水分量を計算し，土砂災害の危険にかかわる土壌雨量指数としている．洪水警報は，流域をやはり孔あきのタンクにモデル化して下流への流出量を示す流域雨量指数を計算し，これと雨量基準とを合わせ発表の基準にしている．強い雨域が去っても，流域内に多量の雨水が残っている間は警報が継続する．

大雨という外力を表現する値には，一続きの（一般に数日程度以内）の雨の総量（総降雨量）およびある一定時間内の雨量（降雨強度）がある．この一定時間には1日（朝9時を気象庁は1日の区切りにしている），任意24時間，任意3時間，1時間などがあり，それぞれの時間内における雨量の最大値（最大24時間雨量など）が使用される．大流域の河川の洪水では最大2日雨量など，より長時間の雨の総量が関係し，流域が

小さくなるほどより短時間の降雨強度に規定されるようになって，都市域の内水氾濫では1時間程度の強度がその発生を決める．土砂災害では2～3時間程度の降雨強度およびそれに先行する降雨の量が関係する．1時間雨量の時間経過のデータからは，以上に示した任意の時間の最大値が得られる．気象統計値は気象庁の各種刊行物などにより，近年については気象庁のウェブサイトから入手できる．

4.1.5 水害発生限界雨量と確率雨量

日雨量100 mmというのが水害を発生させるおおよその限界雨量である．この年平均日数は，太平洋南岸域で多く年に2～3日以上，瀬戸内を含む内陸域や東北・北海道で少なく2～4年に1日程度で，10倍程度の差がある（図4.1）．ただし，水害が発生する限界の雨量が年平均降水量にほぼ比例しているので，水害の起こる頻度にはこれほどの地域差はない．年平均降水量は西日本の太平洋岸域と北海道とで3倍程度の違いがある．気象庁が定めている大雨警報発表の基準値は，災害発生下限の雨量に相当する値である．24時間雨量基準値のおおよその値は，北海道で100 mm，関東・東海で150 mm，南九州で200 mmなどで，年平均降水量のほぼ10%程度の大きさになっている．ただし現在では全国的に1時間雨量が大雨警報発表の主な基準値になっている．

日本における雨量記録は，最大1時間雨量が1982年7月の長崎豪雨時の長崎県・長与における187 mm，最大3時間雨量が1957年7月の諫早豪雨時の長崎県・西郷における377 mm，最大日雨量は1976年9月の台風17号による徳島県・日早における1114 mmである（気象庁以外の観測地点データを含む）．長崎豪雨では，最大日雨量が400 mm以上の地域の幅は20 kmという小範囲であった．台風17号は，九州西

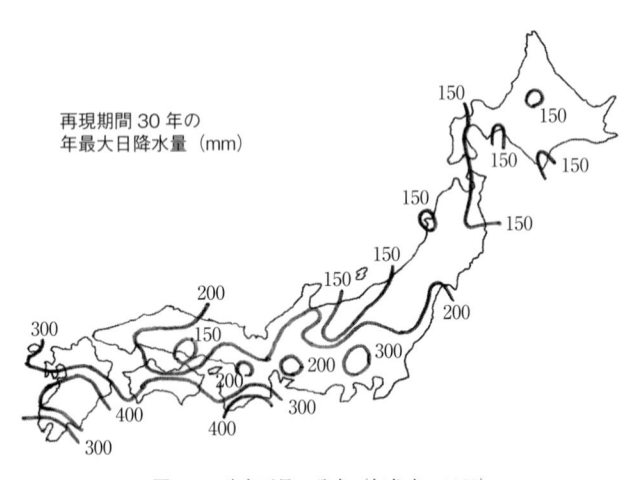

図4.5 確率雨量の分布（気象庁，1980）

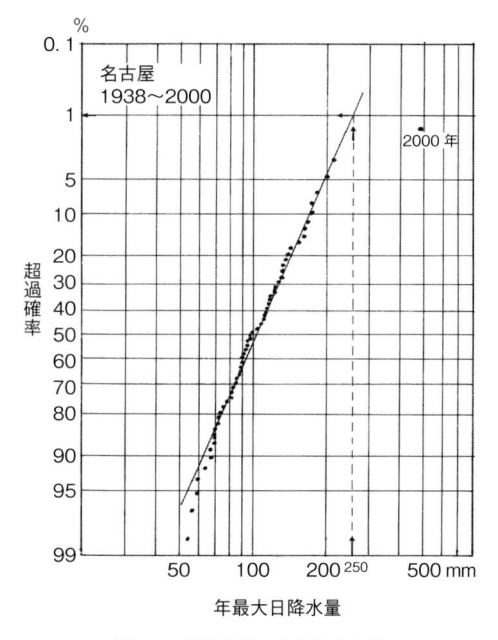

図 4.6 超過確率の簡単な求め方

方海上で 2 日間以上も停滞したので，台風前面に渦巻状に広がる強雨域も停滞し，南東側山地斜面域を中心に記録的豪雨をもたらした．都市化・地球温暖化の進展および観測網がより密になっていることなどにより，強い雨の観測記録が多くなってきている．

その地域の降雨データの長期間統計値に基づいて，ある強さの雨が何年に 1 回起こる規模のものか，あるいはある期間に予想される最大の降雨強度はどれだけかという確率的な値が求められる．これは，再現期間あるいは確率降雨と表現され，大雨の頻度・強度をより正しく表す値になる（図 4.5）．

この確率雨量や再現期間は，対数正規確率紙（市販されている）を使用して図上で簡易に求める方法がある（図 4.6）．これは，年最大日雨量のような気象極値はほぼ対数正規分布を示すということに基づいたものである．まず，日雨量などの年最大値の統計を長期間にわたって求め（図示した例では 63 年間，ただし欠測の年があるのでデータ数は 61），これを大きさの順に並べて（同じ大きさであっても省略せずに並べる） 1 から始まる番号をつける．データ数に 1 を加えた数値でこの各番号を割った値（この例では 1/62, 2/62, 3/62, …, 61/62）を縦軸に，日雨量などの年最大値を横軸（対数目盛り）にプロットし，各点の並びの方向に最もよく合う直線（平分直線）を目分量で引く．図右上の点のように大きくはずれるデータは無視する．この直線を交

点にして，横軸からたどれば，任意の気象量（図の場合には日雨量 250 mm）に対応する超過確率（図の例では 1%＝1/100，100年に1回の確率の雨，再現期間 100年），縦軸からたどれば任意の超過確率に対応する日雨量が求められる．2000年(東海豪雨)の日最大雨量約 500 mm は再現期間が 1000 年をはるかに超える豪雨になる．

4.2 台　　風

4.2.1 台風の発生と進行経路

　台風は直径が数百 km ほどの大気の渦である．この渦中心に向かって周りから風が吹き込み激しく上昇するので，中心域で強い風と雨をもたらす．台風とは，最大風速が 17 m/s（34 ノット）以上の熱帯低気圧をいい，ハリケーンなど他の地域の強い熱帯低気圧とは定義が多少異なる．

　台風のエネルギーの源は，熱帯・亜熱帯の海域の暖かい海水のもつ大量の熱である．ここはほぼ偏東風（貿易風）の領域であり，大気の渦はその波動によって発生し成長する．渦の中心には周囲から気流が集まってきて上昇し，断熱膨張により水蒸気が凝結して海水から得た大量の熱エネルギーが放出され，渦がさらに発達する．渦が発達し中心気圧が深くなるにつれ吹き込む風は強くなり，また，中心域での上昇気流も強

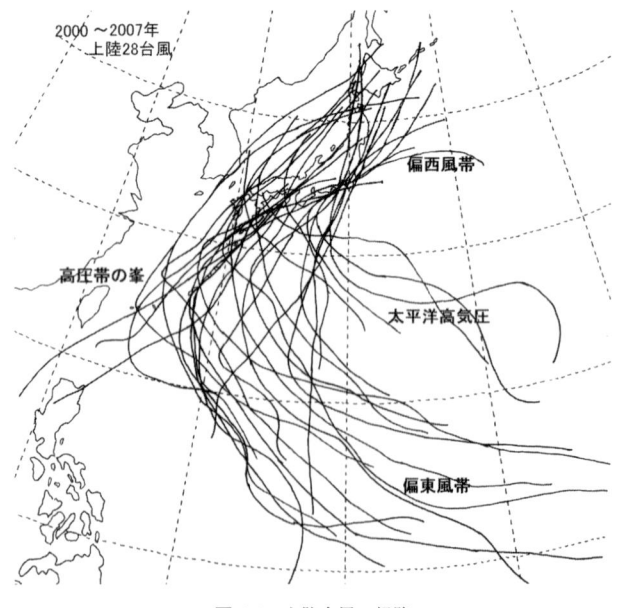

図 4.7　上陸台風の経路

くなって激しい雨を降らせる.

台風の発生には高海水温の条件に加え，大気を回転させるもととなるコリオリ力が必要である．コリオリ力は地球の自転により生じる見かけの転向力で，その大きさは緯度の正弦に比例し，赤道では0である．このため低緯度では大気の波動をつくる力が弱いので，赤道から緯度10°ぐらいまでのところでは，海水温は高くても台風など熱帯低気圧はほとんど発生しない．さらに海流の条件によって，熱帯低気圧は海洋の西部で多く発生する．

北半球における大洋の中・低緯度域では，コリオリ力の作用とその結果としての卓越風向の分布により，時計回りの海流が流れる（南半球では反時計回り）．したがって大洋の西部では，海流は低緯度から高緯度へ向かうので，暖流が流れる．このため大洋西部域ではより高緯度まで海水温度が高くなるので，熱帯低気圧が多く発生し，また移動しながら成長を続ける．

黒潮が流れる北西太平洋における熱帯低気圧を台風，メキシコ湾流が流れる大西洋西部域における熱帯低気圧をハリケーンと呼んでいる．これが世界における2大発生域である．太平洋西部の低緯度海域（主としてフィリピン東方海域）で発生した台風は，暖かい黒潮に沿って勢力を維持・拡大しながら北上して，日本列島に来襲する．発生域を吹く偏東風に流され夏の太平洋高気圧の西の縁を回り込むようにして北西に向かい，北緯25度付近（ほぼ沖縄の緯度）にある亜熱帯高圧帯の気圧の尾根を越えると，上空の偏西風に流され速度を増して北東に向かう，というのが典型的なコースである（図4.7）．したがって台風の経路は，太平洋高気圧の位置と勢力および上空の気流の状態に左右される．

熱帯低気圧の周辺は温度差のほとんどない大気で満たされているので，前線を伴わないし，また，その等圧線は同心円状である．高緯度に進んできて北西からの寒気が流れ込み，中心から前線が伸びるようになると，温帯低気圧に変わる．台風の年平均の発生数は約27，本土への上陸数は年平均2.7である

4.2.2 台風の風と雨

台風中の大気には，気圧傾度力，コリオリ力，遠心力，摩擦力の4つの力が作用している（図4.8(a)）．ここで気圧傾度力が基本的な力であり，これによって大気は気圧の最大勾配の方向に，したがってほぼ台風中心の方向に動かされる．しかし大気が運動すると，その運動の右直交方向に働くコリオリ力が加わるので，運動は右方向にそらされる．さらに渦の回転による遠心力が加わって，結局のところ，等圧線の接線方向に左回り（反時計回り）で吹くことになる．これは高空の場合であるが，地表近くでは地面との摩擦力が運動の反対方向に作用する．これらの力の合成および釣り合いの結果として，等圧線と約30度の角度をもち，反時計回りに内側に向かって螺旋状に吹く．このため台風の雲は左巻きの渦巻き状である．

台風の渦の場は全体として移動していく．偏西風の流れに乗ると，移動速度は

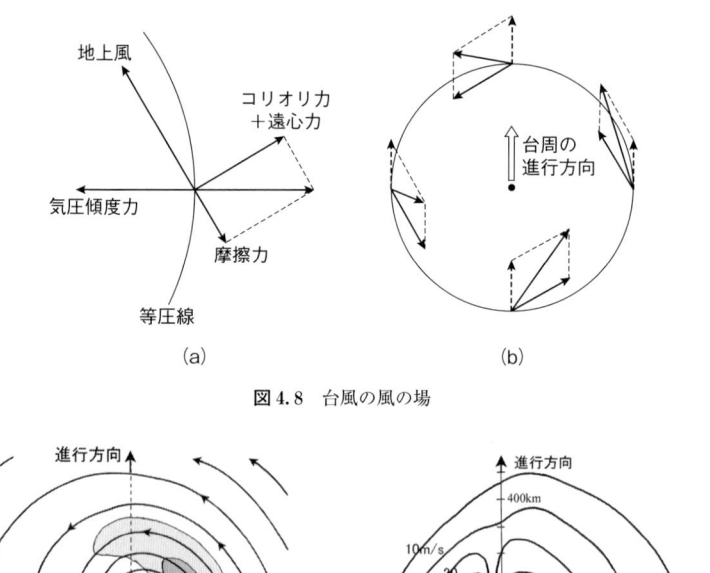

(a) 地上風 / コリオリ力＋遠心力 / 気圧傾度力 / 摩擦力 / 等圧線

(b) 台風の進行方向

図 4.8 台風の風の場

図 4.9 台風の危険半円
右図は伊勢湾台風についての推算（気象庁，1961）．

20 m/s(72 km/h)以上にも達する．台風進行の右側（通常北に進行するので東側）では，左巻きに吹き込む風の速度に移動速度の半分程度が加わるので，その反対となる左側（西側）に比べて風がより強く吹くことになり危険である（図4.9）．進行右側は危険半円，左側は可航半円と呼ばれ，昔から船乗りなどにはよく知られていた．発達した段階では，中心から50〜100 kmほど離れたところで風が最も強く吹く．

最大風速（10分間の平均）の記録は1965年23号台風による59.8 m/s（室戸岬），最大瞬間風速の記録は1966年第二宮古島台風による85.3 m/s（宮古島）である．台風の強い風は低い気圧と相まって，高潮を引き起こす．

台風の眼は，遠心力が働いて風がそれ以上吹き込めない範囲で，台風が弱まると消失する．眼の周りには強い上昇気流によるタワー状の積乱雲がそそり立ち，強い雨を降らせている．外に向かって螺旋状に伸びる雲の帯のところでも強い雨が降る．停滞

4.2 台風

表 4.1 主要台風（1945 年以降に本土に来襲したもの）

台風名	上陸年月日	特記事項
枕崎台風	1945.9.1	観測最低気圧が最小：916 hPa（枕崎）
台風 6523 号	1965.9.10	観測最大風速が最大：59.8 m/s（室戸岬）
第二室戸台風	1961.9.16	観測最大瞬間風速が最大：84.5 m/s（室戸岬）
伊勢湾台風	1959.9.26	死者数が最多：5041（愛知県 3351）
		損壊家屋数が最多：全半壊・流失 153,930 戸
		高潮最大偏差が最高：3.45 m（名古屋港）
台風 7617 号	1976.9.12	降水量が最多：本土の総降水量 834 億トン
狩野川台風	1958.9.26	浸水家屋数が最多：521,514 戸（東京都 329,256 戸）
台風 9119 号	1991.9.27	損害保険金支払額が最大：総額 5675 億円

した梅雨前線や秋雨前線があると，台風から暖湿気流が送り込まれて前線の活動が活発となり総雨量が多くなる．通常，山地の南東側が風上斜面になり雨量がとくに多くなる．1976 年台風 17 号による総降水量は 834 億トン，1990 年の台風 19 号では 740 億トンであった．800 億トンの雨とは，日本全域に 220 mm の雨が降った場合の総量に相当する．この強い雨は洪水災害や土砂災害を引き起こし，一般に風による災害よりも大きな被害をもたらしている．しかし，時には風の被害が大きくて「風台風」と呼ばれるものがある．中心気圧の低い台風が衰えずに日本海沿岸を高速で北東進すると，危険半円に入る日本列島の全域に強風が吹き荒れ，建物の損壊棟数が非常に多くなることがある．1991 年台風 19 号（9119 号）がその著しい例である（表 4.1）．

4.2.3 台風の勢力と被害

台風の勢力を示す目安に「大きさ」と「強さ」という 2 つの表現がある．「大きさ」は風速 15 m/s 以上の強風域の半径により，「強さ」は最大風速により分類されている．現在のところ，強風域の半径が 500 km〜800 km を「大型」，800 km 以上を「超大型」に，最大風速が 33〜44 m/s を「強い」，44〜54 m/s を「非常に強い」，54 m/s 以上を「猛烈な」，と気象庁は区分している．以前は中心気圧および等圧線の示す台風圏の半径により分類していた．

最大風速などの気象データは，1987 年までは米軍が飛行機観測をおこなっていたので，ここから入手できた．それ以降は，気象衛星の画像が示す台風の雲の形状・特徴とその変化を数値化し（ドボラック法），それと最大風速との統計的な関係から求められている．つまり，実測値ではなくて推定によるもので，衛星画像の判読・解釈に個人差が生じるものである．図 4.10 に示す台風は，雲の渦巻きのパターンや眼の大きさ・形などから中心気圧 890 hPa，最大風速 60 m/s という猛烈な台風と推定された．

中心に向かう気圧の傾きが大きいほど風は強くなるので，中心気圧の低い台風は一般に強くなる．本土で観測された最低の気圧は 1934 年の室戸台風による 911.6 hPa（室戸岬）である．死者 3036 人などの大きな被害をもたらした室戸台風は観測史上最強

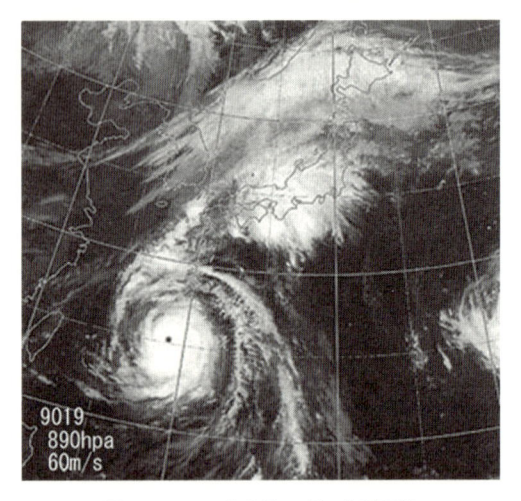

図 4.10　1990 年台風 19 号の衛星画像

の台風であったが，このような超大型の台風では，日本の本土がすっぽりと覆われてしまうほどの大きさになる．この台風は主被災地の京阪神地方を不意打ちする状態となり被害を大きくしたので，台風予報の向上を促す契機となった．第二次大戦後における最強の台風は敗戦直後の広島地方に著しい土砂災害を引き起こした枕崎台風で，室戸湾台風に次ぐ勢力であった．最大の台風災害は 1959 年の伊勢湾台風によるもので，伊勢湾に発生した観測史上最大の高潮などにより，死者 5040 人などの著しい被害が生じた．

　強い風と低い気圧によって引き起こされる高潮は，世界的にみても最大の被害をもたらしている．台風が湾岸低地に大都市のある湾内に大きな高潮を発生させるようなコースを運悪くとった場合には，そうでない場合に比べ被害は数倍にも大きくなるおそれがある．ただし，1961 年の第二室戸台風（死者 202 人）のように，災害の教訓をうまく活かすなどにより，人的被害を大きく減らすこともまた可能である．

　台風はその発生・移動の経過が完全に捉えられている．見失うことはまずあり得ない．地震や噴火などに比べれば，ほぼ完全に予報されていることになるが，台風被害を防ぐにはさらに，洪水・山崩れ・高潮などの予測が必要である．

4.2.4　台風被害の予測

　1946～2005 年の 60 年間に日本本土に上陸して被害をもたらした，139 台風のデータを使用した回帰分析により導いた台風被害予測式を示す．説明変数は，台風の強さ，台風の大きさ，および時代・時刻などのカテゴリー変量である．死者数を目的変数として導いた回帰式は次式で与えられる．

4.2 台風

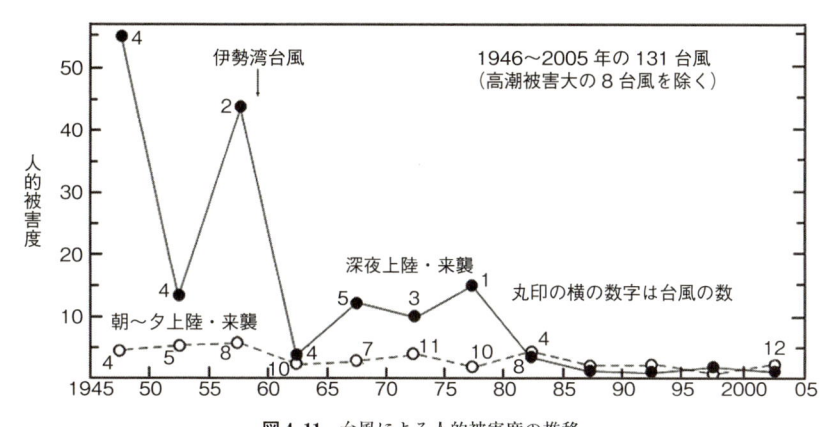

図 4.11 台風による人的被害度の推移
人的被害度は単位台風勢力あたりの死者数で 5 年平均値.

$$D = 7.27 \times 10^{-6} P^{1.5} R^{1.3} K_1 K_2 K_3 \quad (r = 0.814) \tag{4.1}$$

$K_1 = 9.04$ (1946〜60 年), 2.64 (1961〜80 年), 1.00 (1981〜2005 年)
$K_2 = 2.11$ (深夜), 1.17 (夕刻), 1.00 (朝〜昼間)
$K_3 = 3.05$ (高潮台風 $N=8$), 1.00 (高潮台風以外)

ここで, D：死者・行方不明数, P：上陸時の中心気圧深度 (hPa), R：上陸時の最大円形等圧線半径 (km), r：相関係数である. $K_1 \sim K_3$ は年代係数, 時刻係数および高潮係数と名づけられる値で, ダミー変量に 0 を与えたカテゴリーを 1.00 とした相対値で表している. たとえば年代係数の場合, 1946〜60 年の台風については比例定数に 9.04 が乗じられる. 同じ勢力の台風であっても, 大きな高潮を起こすコースをとるか否かで被害は大きく違ってくるので, 高潮係数を加えた.

住家損壊数 H(流失 + 全壊 + 半壊 × 0.5)を目的変数とする回帰式は次式で示される.

$$H = 1.17 \times 10^{-6} P^{3.6} R^{1.0} K_1 K_2 \quad (r = 0.833) \tag{4.2}$$

$K_1 = 28.85$ (1946〜60 年), 6.87 (1961〜80 年), 1.00 (1981〜2005 年)
$K_2 = 6.58$ (高潮台風), 1.00 (高潮台風以外)

年代係数の差は大きく, 住家損壊被害の経年的低下は著しい.

これらの結果により, 死者数を $P^{1.5} R^{1.3}$ で割ったものを人的被害度, 住家損壊数を $P^{3.6} R^{1.0}$ で割ったものを建物被害度と定義して, 台風勢力の違いを消去した場合の, いわば実質被害高の経年的変化を示す.

戦後のほぼ 15 年間には, 強い台風が頻繁に来襲し死者数の多い台風災害が多数発生した. 人的被害度もこの期間に年によってかなり変動しながらも全体として高い値を示した. これを上陸時刻別でみると, 深夜上陸台風の被害度がほぼすべて非常に高く, 一方, 朝〜夕刻のそれは深夜のおよそ 1/7 で, 1960 年以降と大差のない低い値であった (図 4.11).

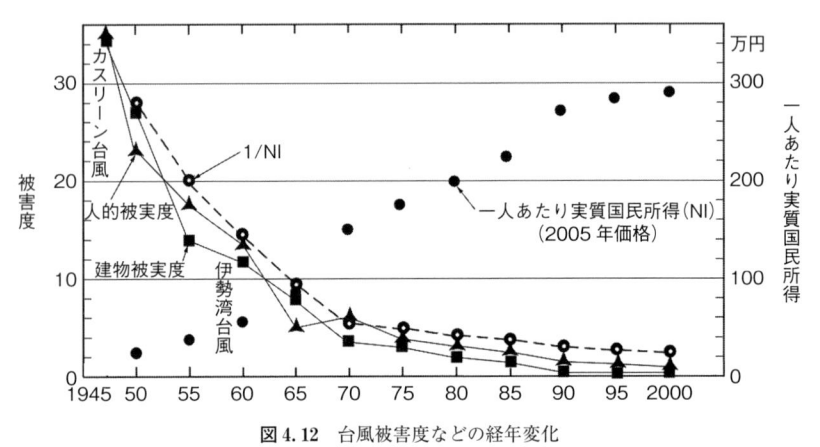

図 4.12 台風被害度などの経年変化

人的被害度は 5 年平均値を移動平均して平滑化，建物被害度は単位台風勢力あたりの住家損壊数で 5 年平均，国民所得（GDP の約 80%）は 2005 年価格換算値.

　戦後の風水害死者数の推移で最も顕著な変化は 1960 年ごろを境にした死者数の急減である．これは，深夜来襲台風の被害急減によるものであり，情報・警報の伝達と避難行動の難易にかかわる要因の変化がその主因であることを示している．1959 年の伊勢湾台風よりも強かった 1961 年第二室戸台風が幸い昼間に来襲したこと，および 1960 年代前半には強い台風が第二室戸以外なかったことが，死者数の急減を際立たせた．伊勢湾大災害の教訓が全国で活かされ情報伝達・避難行動が的確に行われたことはもちろん大きく貢献しているが，災害経験は風化しやすくて，1960 年代後半の深夜来襲台風の人的被害度は，1960 年代前半のそれに比べ 3 倍ほどに再び増大した．1961 年には災害対策基本法が制定されたが，これに基づいて防災の最前線を担う市町村の防災体制が整備されて被害の軽減に結び付くまでにはかなりの長年月を要した．非常に効果的な情報伝達手段であるテレビは，普及率が 1959 年の 10% から 1965 年の 80% へと，1960 年代前半に爆発的に全国家庭に普及していった．生活も次第に夜型に変わった．このような生活環境の変化も被害の規模にかかわっている．

　図 4.12 には，移動平均により平滑化した人的被害度，建物被害度および 1 人あたり実質国民所得の逆数の経年変化を重ねて示した．これら被害度の経年変化はまったく並行的であり，少なくとも中所得国の水準にあった戦後 20 年間ぐらいの間は，経済水準の上昇が自然災害の被害低下をもたらした基礎的な要因であったと推定される．

　第二次大戦後しばらくの間日本は貧しい国であった．1950 年における 1 人あたり GDP はおよそ 2000 ドルで，中低所得国の水準にあった．高度成長期直前の 1960 年にはこれが 5000 ドル，成長最盛期の 1970 年には 15,000 ドルへと増大してきた．こ

の貧しさからの脱却の過程で，日本の自然災害による人的被害などの実質規模は大きく低下した．国の経済水準の低さは，悪い居住環境，粗末な住宅，情報伝達の不備，防災予算の不足などにより被害とくに人的被害を大きくする．1人あたりGDPで端的に示される経済水準は，とくに中所得以下の国において，社会の災害脆弱性および防災抵抗力の程度を総合的に表現するマクロな指標となる．

4.3 河川洪水

水は低きに従うという自然の理により，洪水の運動やその危険域・危険度は河川平野の地形によって規定される．洪水発生の出発点ともなる破堤の危険箇所も河道地形とのかかわりが深い．ここでは地形に主点をおき，地形調査の方法，平野地形と洪水氾濫特性，地形量を基礎データとする氾濫数値計算などについて述べる．洪水は地域性のとくに大きい現象であるから，各種タイプの平野における典型的な洪水災害事例を多数示す．これは平野地形と洪水特性との関係の記述が主題であるが，治水と洪水の履歴，水害発生の気象条件，災害発生の経過，被害拡大にかかわった自然的・社会的要因など，豪雨・洪水災害の全体についても述べる．

4.3.1 治水計画規模

堤防など治水施設の整備水準は，河川の全般的な安全度に関係する．治水施設整備の水準は，各河川の重要度に基づいて決められ，具体的にこれは降雨強度についての再現期間で示される．再現期間はある強度の自然現象（この場合は降雨）が次に起こると期待されるまでの期間で，通常は年数あるいは超過確率（年数の逆数）で表現される．重要度は，A級（再現期間200年以上），B級（100〜200年），C級（50〜100年）D級（10〜50年），E級（10年以下）に5区分されている．A級には，利根川，石狩川，北上川，信濃川，木曽川，淀川，筑後川など主要大河川や大都市圏の河川の主要区間が入っている．

この再現期間の豪雨が流域に降った場合に生じる最大流量を河道から溢れ出させないように，両岸の堤防間の間隔（河幅）と堤防の高さを決め，また，上流山地におけ

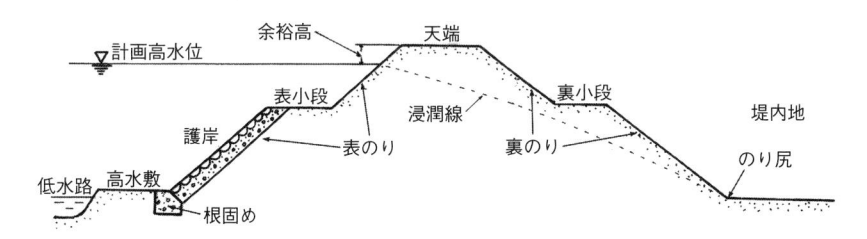

図4.13 堤防断面

る貯水ダムおよび平野内における遊水地の容量を決定する．河幅が決まれば最大流量時の水位が決まるが，この想定洪水時の水位（計画高水位）は現在の堤防が防御できる最大の洪水位を明確に示す．実際の堤防の高さはこれに 0.5～1 m ほどの余裕高を加えてつくられている（図 4.13）．

　利根川は最重要の河川で，その主要区間は再現期間 200 年で計画され，大流域であるから流域平均 3 日雨量を対象降雨にしている．利根川の一支流の小貝川（再現期間 100 年）を例にとると，基準地点の黒子（筑西市）における再現期間 100 年の流域平均 3 日雨量は，明治 30 年代ごろからの雨量観測データの統計処理により 301 mm が得られ，これがすべて流出してきた場合の最大流量は 1950 m^3 となる．このうちの 650 m^3 を遊水地で一時貯留して，黒子におけるピーク流量（計画高水流量）を 1300 m^3，計画高水位を T.P. 23.14 m としている．T.P. は東京湾の平均海面を基準にした高さで，実際には河川ごとに異なる工事基準面が採用されている．（図 4.14）

　あまり大きくない河川では，大雨時の最大流量は，流出率，降雨強度および流域面積を掛け合わせた大きさになる．流出率は，河道のある地点の上流域（集水域）に降った雨のどれだけの割合がその地点に流れ出してくるかを示す値で，地中への浸透や地表面での貯留の量が多いほど，流出率は小さくなる．日本の山地河川では 0.75～0.85，平地小河川では 0.45～0.75 程度の大きさである．降った大雨の総量が同じであっても，それが集中して河川に流れ出し，最大流量（あるいは最高水位）を大きくすることがなければ，洪水の氾濫が生じないか，あるいは洪水の規模が小さくて済む．

　流量あるいは水位の時間経過を示す曲線（ハイドログラフ）のピークを抑え全体としてなだらかにすることが，洪水防御の基本対策である．森林が伐採されたり農耕地・緑地が市街地化されたりすると，雨水の浸透や一時貯留の能力が低下し，また雨水が地表を流下する速度が増すので，同じ雨が降っても洪水流量は増大する．上流山地内での森林伐採や地形改変が進み，あるいは平野内で市街地化が進展した河川の下流域

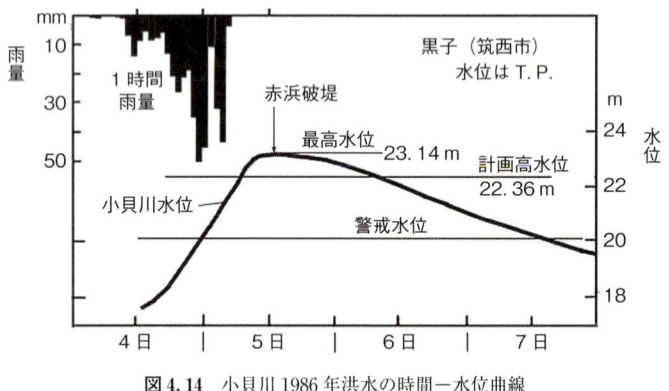

図 4.14　小貝川 1986 年洪水の時間−水位曲線

は，洪水危険度が増大したと判断される．

4.3.2 破堤危険箇所

　大雨の降水が河道内に集まってきて流量を増し，人工の堤防や自然の河岸を越え，あるいはそれを決壊させて，河川水が河道外（堤内地）に氾濫するという洪水が，最も典型的な水害である．氾濫の様式には，越流と破堤とがある．日本の平野にはほぼ連続した堤防が建造されているので，大きな河川洪水は破堤の発生から始まるといってよい．したがって破堤の起こりやすい場所を押さえることがまず重要である．

　破堤の原因には，越流，洗掘（洪水流による侵食），崩壊，漏水がある（表4.2）．破堤には複数の要因が多かれ少なかれかかわっているが，中でも越流は最大の要因で，破堤件数の80%以上にこれが関係している．堤防を越えて水が溢れ出すと，堤防の上面（天端）や側面（のり面）がその流れにより侵食される．越流が生じるまでには高水位が継続するので，これにより堤体中に水が浸透して堤防が弱体化する．洪水流が堤防に突き当たるとのり面や基礎が洗掘される．水の浸透による堤防内の地中水位上昇は通常の斜面崩壊と同じようなのり面崩壊を起こす．河川水が漏れ出すと土砂が洗い出されて漏出口や水みちが拡大し，漏水がさらに激しくなる．堤防の幅が高さに比較して狭いと，堤体中の地下水面（浸潤線）が堤防基部（のり尻）にまで達して漏水が起こる．

　これらが起こりやすい河道地形や施設の条件には，河道屈曲部（水衝部），支流との合流地点，河幅が狭くなっているところ（狭さく部），河川工事により旧河川が締め切られた箇所，橋・堰の上流側，取水施設の設置箇所，河床勾配の急減部，未改修や工事中の箇所などが挙げられる（図4.15）．これらの多くは一般の地形図からでも容易にわかる．

　河道の屈曲部では外カーブ側（河道内からみて堤防の凹部）に洪水流が突き当たり，その水衝作用・洗掘作用によって堤防のり面が侵食を受ける．また，洪水流に遠心力

表4.2　河川堤防の破堤原因

破堤原因	発生要因
越流	異常出水 橋・堰による堰上げ 堤防高の不足（未改修）
洗掘	洪水流による表のり面の侵食 堤防基礎（のり先）の洗掘
崩壊	河川水位上昇による堤体浸透 雨水の浸透
漏水	取水用構造物との接合面のゆるみ 堤体の止水性不足 堤防基礎地盤の止水性不足

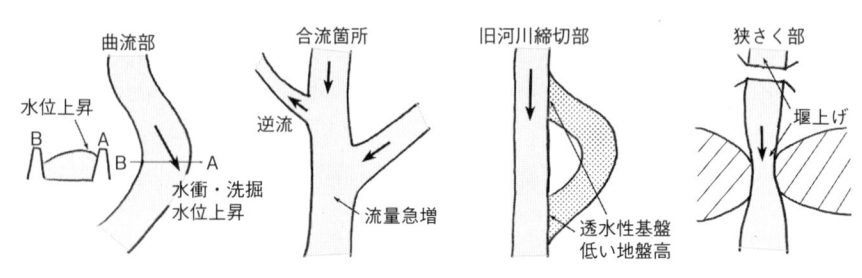

図 4.15 破堤危険箇所

図 4.16 河道屈曲部での破堤—1967年新潟・加治川（国際航業撮影）
A, B：破堤箇所, C：工事中の直線河道.

が作用して水面が外カーブ側に盛り上がり水位が高くなる．勾配のゆるやかな平野では河川は蛇行を成長させる性質があるので，自然河川は屈曲に富む．このような屈曲部をショートカットして直線状にする捷水路工事は，代表的な河川改修工事である．図 4.16 は S 字状の屈曲部において，2 年連続して同一箇所が破堤した例で，2 年目は直線河道に改修する工事中に生じた．

　大きな支流との合流地点の付近では，流量の急増により本流および支流の水位が高まりやすい．本流の出水が大規模な場合には支流への逆流が生じ，一般により弱い支流堤防が破壊を受ける．支流からの洪水の流入が本流の流れに渦をつくり，その洗掘作用によって堤防のり面や基礎が洗掘されることもある．

　狭さく部では，洪水の流れが妨げられて上流側で滞留し，水位が高くなる．自然地

4.3 河 川 洪 水

図 4.17 旧河川締切箇所での破堤－1981 年茨城・小貝川（龍ヶ崎市提供）

形では盆地の下流端などで，人工河道では台地・丘陵の開削部でこのような場所がよくみられる．最重要河川の利根川においても下流部の台地開削箇所で，両岸堤防の間隔が直上流部に比べ 1/3 にも狭くなっているところがみられる．

　橋脚は洪水流に対する大きな抵抗となって上流側水位を高め，逆に下流側水位を低下させる．流木などが引っ掛かれば水位の堰上げはさらに大きくなる．こうして生じた大きな水位差および基礎洗掘のために橋脚が転倒し橋が流されると，堰き上げられていた水が一気に流下して，下流に段波状の洪水を起こす．堰は文字どおり上流部の水位を堰き上げる．また，洪水の流れの方向を変えて河岸・堤防の侵食を起こすことがある．

　屈曲部のショートカット（捷水路工事）や別の河道への付替えが行われると，以前の河道を横切って新しい堤防が築造されることになる．この旧河川締切箇所に築造された堤防の基礎は最新の河床堆積層からなり，透水性が大きく締まりがゆるいなどの弱い地盤である．また，堤内地（河道の反対側で堤防により護られた土地）は旧河川敷であって地盤高は低い．これらは漏水が生じやすい条件である．この箇所からは旧河川の凹地や水路が続いているので，農業用水の取水施設が設置されていることが多い．したがって，樋管など堤防を貫く工作物がつくられていることもあって，漏水が生じやすくなる．図 4.17 は旧流路の締切箇所に設置されていた農業用水門のところで生じた破堤の例である．本流からの逆流により破堤時には流れはほとんどなく，また，水位は堤防上端から 2.5 m ほど低かったので，原因として越流や水衝作用は考え難く，漏水が大きくかかわっていたと推測される．

　河床勾配が急にゆるやかになると流速が急減して水位が上昇する．福岡・博多駅のすぐ東を流れる小河川の御笠川が 1998 年と 2003 年に氾濫し博多駅周辺が 2 度にわた

り浸水し，地下空間の浸水が問題となった．河床勾配はここで1/40から1/200へと突然に低下しており，氾濫が生じやすい地形条件にあった．

地方自治体の水防計画書には，普段にとりわけ出水時に重点的に見回る箇所として，すなわち氾濫が予想される箇所として，重要水防区域が指定されている．この指定基準は，堤防余裕高がない，新堤（完成後1年未満），堤防断面狭小，漏水箇所，水衝箇所，工作物施工中，堤防開削箇所，堤脚洗掘箇所，橋や堰があり通水断面小などである．

4.3.3 氾濫流の運動

越流や破堤によって河道から溢れ出た水は，低きにつくという自然の理に従い，基本的には平野地形の最大傾斜の方向に流れ，より低い場所に集まる．平野内には，自然堤防と呼ばれるさまざまな形や高さの微高地，小河川堤防・道路のような線状の構造物などがあり，洪水の運動を規定している．氾濫流入量が少ない場合には一般に水深が小さくなるので，このような地形・地物とその配列の仕方が大きく影響して，浸水域がより限定される．低いところが浸水しやすいということには必ずしもならない．流れの先を閉ざすように自然堤防や道路などが配列していると，流れが堰き上げられて，局所的に激しい洪水流が生ずることがある．氾濫流入量が多い場合にこのような危険が増す．

平野のタイプによって洪水流の運動の様相に特色がある．多量の土砂を山地から運び出す河川では，堆積により河床が上昇して一般平野面よりも高い天井川になるので，氾濫水は河道から離れ平野内部に広く流入する．上流山地内に大きな盆地がある場合のように，下流の平野に運ばれてくる土砂量が少ない河川では河流が平野面を掘り込んで，河道部の地盤高がより低い侵食性河道になっている．このため氾濫域は河道周辺に限られるが，一方，浸水深は大きくなる．本流と支流の堤防によって下流側が閉ざされて袋状になっている低地では，浸水が頻繁に起き，また，浸水深が大きくなる．

水流の流速は地表面勾配が大きいほど，また水深が大きいほど速くなる．日本の大河川の平野の勾配は一般に1/1000以下であり，三角州域では1/5000以下にもなる．平野内に広く拡散するタイプの洪水では，浸水深は一般に1～2m程度である．したがって，広い平野内における水深の大きくない洪水では，氾濫域が広がる速度はあまり速くはなく，おおよそ人がゆっくりと歩く程度である．1981年の小貝川の氾濫では，氾濫域の平均勾配1/2500で氾濫域先端の平均広がり速度は0.2～0.5km/hであった．1976年の長良川の氾濫では，破堤口に直面する後背低地内でも2km/h程度の速度であった．最大規模の破堤洪水であった1947年の利根川の洪水では氾濫流入量が非常に多かったので，破堤口に面する後背低地内での平均流速は5km/hに達した．この利根川の氾濫流は自然堤防に囲まれた後背低地内に一時的に貯留されながら，平野の一般的傾斜に従い60kmにわたって流下を続けて，東京湾に流入した．中流域における洪水の平均流下速度は，1km/h程度であった（図4.18）．

このように大きな河川の平野における氾濫域の広がり速度は，人が普通に歩く速さ

4.3 河川洪水

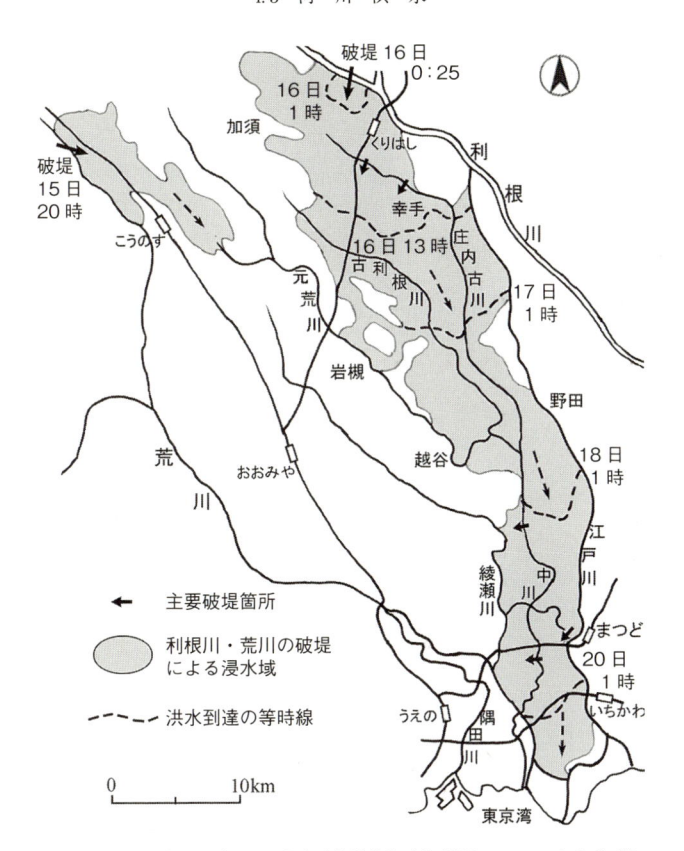

図 4.18 1947 年の利根川氾濫域（科学技術庁資源局，1961 により作成）

程度であるから，余裕をもって家財などの退避や避難を行うことが可能である．ただし，堤内地河川や排水路内では速く流れるので，注意しなければならない．また，地形・地物の配列の仕方によっては，流れの幅が狭められて水深と流速の大きい激しい洪水流が生じ，人が流され家屋が流失するという危険がある．1947 年の利根川氾濫では，破堤地点から 10 km 離れたところにおいても 80 戸ほどの家屋が流失・全壊を被った．

4.3.4 洪水氾濫危険域
a. 地形によるゾーニング

越流や破堤によって河道内から溢れ出た洪水が，平野（低地）内においてどの方向に流れ，どの範囲に広がり，どこに滞留するか，また，その水深や流速はどのような

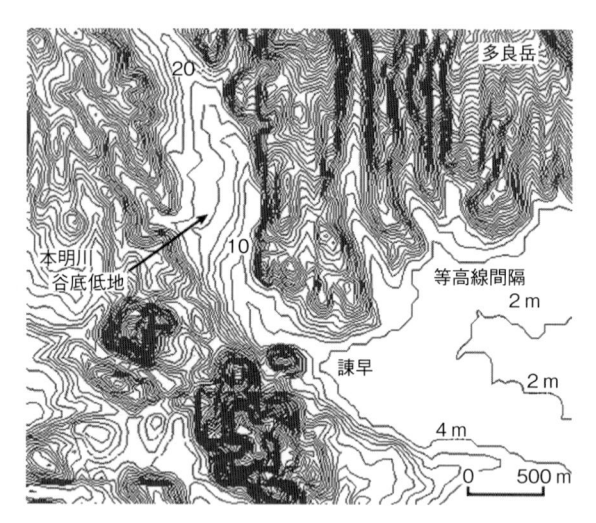

図 4.19 数値標高データによる詳細コンター図の例—長崎・諫早
この場合, 1 m 間隔では煩雑になりすぎて地形の特徴がかえって読み取りにくいので2 m 間隔とした.

大きさになるかの予測は，洪水の危険性評価の中心である.

洪水は基本的には平野の地形に支配されて運動するので，平野面の詳細な地盤高分布の把握が危険予測の基礎になる．広くゆるやかな平野では比高数 10 cm 程度の微起伏も氾濫水の運動に大きく影響するから，1 m 程度の間隔の等高線図が必要になる．しかし，このような詳細地形図の作成地域はきわめて限られているので，数値標高データ (DEM) と地図作成ソフトを入手しパソコンを使用して，任意の地域について任意間隔のコンター図を自ら描くのが便利な方法である（図 4.19）．DEM はあるメッシュ間隔での標高値を収めたディジタルファイルで，最も一般的に使用されているのは国土地理院の 50 m（間隔の）DEM および 250 mDEM である．この格子点での標高から比例配分の方法によりコンターを描くのであるが，それをパソコンで計算し表示するフリーソフトが提供されている．

河川平野は洪水が繰り返し土砂を運んでつくり上げた地形であり，その堆積表面は下流方向へ傾斜する平坦な面であるが，詳細にみると多少の起伏がある．この微起伏地形の代表は自然堤防である．自然堤防とは，洪水時に河道から溢れ出た水が土砂を運び出し，そのうちの粗い砂質分が河道近くに堆積して形成された微高地である．その低いものは比高が 1 m 以下であるので，等高線図ではその存在および分布が必ずしもうまく表現されない．これに代わる図として，地形を形状や構成物質などにより分類し表示した地形分類図がある（図 4.20）．地震の場合には地形分類作業は地盤（構成物質）の条件を推定する手段として有用であるが，洪水では傾斜や比高などの地形

4.3 河川洪水

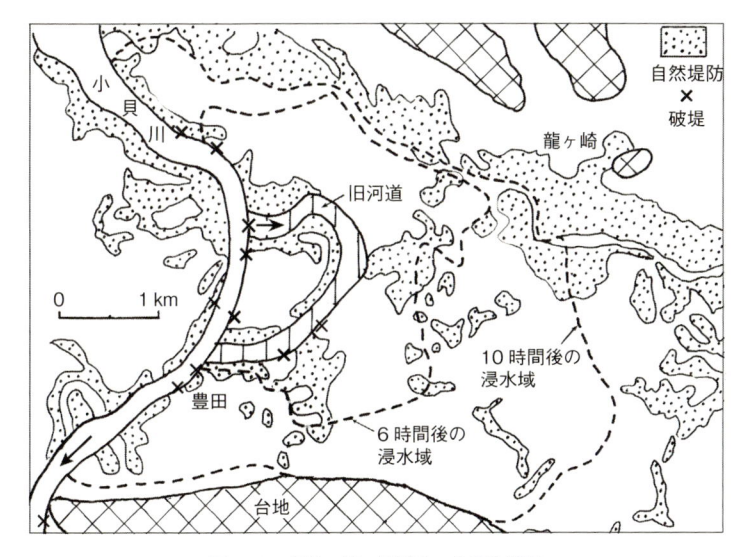

図 4.20 茨城・龍ヶ崎低地の地形分類図
破線は 1981 年の小貝川氾濫地域．×印は 1700 年以降の破堤箇所．この範囲の空中写真を図 2.23 に示した．

量がその運動を規定すのであるから，定性的な地形分類作業の有用性は小さい．平野内の微地形の認定では，等高線のほかに集落・畑・水田といった土地利用も手がかりになる．1 m 未満といったわずかな高さの違いでもこのような土地利用に反映していることが多いからである．
　浸水域の拡大は氾濫地点の前面にある低地の地盤高，傾斜，微地形の配列によって決められ，かならずしも低いところへ向かって進行し湛水するというものではない．道路・鉄道など線状の盛土構造物は洪水の運動に大きな影響を与える．この地形・地物の場に，ある地点からある規模の洪水を入力し，流体の運動を表す式を使ってその流動をシミュレートすることにより，浸水危険域をより正しくゾーニングすることができる．過去の洪水はいわば自然がおこなったシミュレーション実例ともいえるもので，最も役立つ危険情報である．

b. 地形の簡単な調べ方
　地形の専門用語は別として，いまいる場所が山腹であるか谷底か，海沿いの低い土地か一段と高いところにある高台かといったおおよその地形は，見通しがきき開けたところであれば，目でみて，多少歩き回ることでもわかる．もう少し詳しく地形を知る一般的な方法には，次のようなものがある．
　日本全域について作成されていて書店などで入手できる地形図に，国土地理院作成の 1/25,000 と 1/50,000 の縮尺の地形図がある．地形図では高さが等高線によって表

現されている．等高線の高さの間隔は，1/25,000 で 10 m，1/50,000 で 20 m で，平野のような傾斜のゆるやかなところでは，この 1/2 あるいは 1/4 の高さ間隔の等高線が描かれている．数は少ないが，三角点や水準点のようなところでの高さが 10 cm 単位などで記されている．実距離は図上での長さに縮尺の分母を掛けたものになる．こうして得られる高さと距離とから，斜面の傾斜角，崖の高さ，平野の平均勾配，河川や海からの距離と比高などの，災害の危険性に関係する基礎的な地形量が求められる．もっと詳しく高さを示している地図には，縮尺 1/10,000 の地形図があるが，これが作成されているのは主な都市域だけである．

平野のように勾配のゆるやかなところや，種々の地図記号や地名などが書き込まれている市街地域では，小さな屈曲は無視して等高線を色鉛筆で色づけすると，等高線の位置と配列の仕方がわかりやすくなる．また川や水路を色づけすることも地形を判定するのに役立つ．等高線で表されないような小さな起伏は，集落・林地・畑・水田など土地利用状態を色分けして示すと，浮かび上がってくることがある．とくに古い地形図を使うと，この方法が役立つ．水田は低いところに，集落や畑はより高いところにあるのが普通である．河道が曲がっているところ，河幅が狭くなっているところ，合流しているところなど，氾濫が生じやすい河川の地形は地図から明らかである．

平野における洪水では，数十 cm 程度の地盤高の差でも，浸水するかしないかの違いになって現れることが多い．かなり離れたところにある河床や水田からの比高などを直接測る簡単な方法に，重りつきの紐を取り付けた三角定規などで見通す，という方法がある．距離は自分の歩幅を調べておいて歩数で測ることができる．飛行機が飛びながらカメラを下にまっすぐ向けて，撮影範囲が重なるように連続的に撮った航空写真では，広い範囲の地表を立体的にみることができるので，地形の調査には欠かせない（図 2.23）．練習すれば道具なしの肉眼でも立体的にみることができる．

4.3.5 洪水氾濫の数値計算
a. 数値計算の方法

水流の運動を記述する基本式を使用し，破堤口からの流入量とその時間経過，氾濫域の地盤高分布および平野面の抵抗（粗度係数）を与えて行う洪水氾濫の数値計算の方法を示す．2 次元の運動方程式（移流項は省略）は，

$$\frac{\partial M}{\partial t} + u\frac{\partial M}{\partial x} + v\frac{\partial M}{\partial y} = -gh\frac{\partial (h+z)}{\partial x} - \frac{\tau_{bx}}{\rho} \tag{4.3}$$

$$\frac{\partial N}{\partial t} + u\frac{\partial N}{\partial x} + v\frac{\partial N}{\partial y} = -gh\frac{\partial (h+z)}{\partial y} - \frac{\tau_{by}}{\rho} \tag{4.4}$$

連続の式は

$$\frac{\partial h}{\partial t} + \frac{\partial M}{\partial x} + \frac{\partial N}{\partial y} = r \tag{4.5}$$

である．ここで，M：x 方向の流量，N：y 方向の流量，u：x 方向の流速，v：y 方向の流速，

4.3 河川洪水

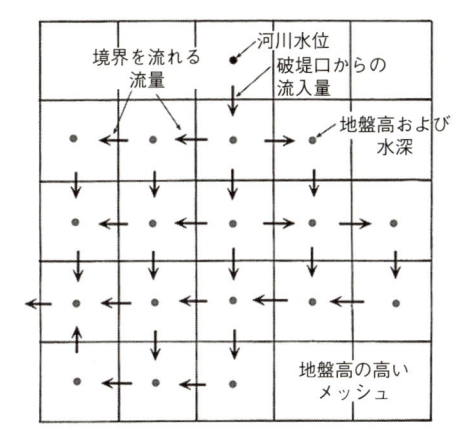

図 4.21 氾濫数値計算格子

h：水深，z：地盤高，g：重力加速度，ρ：水の密度，t：時間，τ_{bx}：x方向の底面せん断応力，τ_{by}：y方向の底面せん断応力，r：降雨などによる側方からの流入量である．底面せん断応力は，マニングの抵抗則を用いて，

$$\tau_x = \frac{\rho g n^2 |u| u}{h^{1/3}} \tag{4.6}$$

$$\tau_y = \frac{\rho g n^2 |v| v}{h^{1/3}} \tag{4.7}$$

で与えた．ここで n はマニングの粗度係数である．

　まず，対象領域を正方形メッシュに区画し（広い平野では間隔は一般に 50～100 m 程度），地形図や DEM により各メッシュの代表地盤高を与える．堤内地の初期水深は通常 0 とする．氾濫地点の河道側メッシュの水位を洪水の水位-時間曲線などにより与え，ある任意の微小時間内に破堤口から流入する水量を，水流の運動を表す式や堰の越流量を与える式などにより計算する．次に破堤口に直面するメッシュから隣接3メッシュへの流量を式（4.3），（4.4）により計算し，さらに隣接メッシュへと計算範囲を順次拡大させていく（図4.21）．流量を計算する式は基本的には，メッシュ間の水位（地盤高＋水深）の差および流れの場の抵抗（粗度係数）によって流出入量が決まるという式である．こうして全境界を流れる流量が決まれば，次に各メッシュについて流量の出入差を求め，これをメッシュ面積で割ってその時点の水深を得る．この計算を数秒程度の時間間隔で非常に多数回繰り返すことにより，洪水流の運動の時間的変化を数値的に再現させる．

　流れに対する地表面の抵抗（粗度）が水の運動に大きな影響を与えるが，これはほぼ経験的にしか与えられないので，最初の場合には氾濫実績に計算結果を合わせるこ

とによって求める．また，破堤地点およびそこからの流入量と時間経過が任意に与える設定条件（外力条件）になっている．この計算により，氾濫域の拡大経過，各時点の水深分布，最大水深分布，流体力分布などがわかる．この計算においては地盤高が基礎データになっており，基本的には地盤高分布を反映した浸水域が得られる．

現在の地方自治体作成の洪水ハザードマップは，洪水の数値計算結果に基づいて作成されている．このほぼすべては当該市町村の区域内の浸水域・浸水深の表示だけにとどまっているが，広い平野内では周辺市町村を含めた広域の洪水情報（破堤氾濫地点・流動方向・到達時刻・洪水流の強さ）が危険の判定に必要である．

b．数値計算例

洪水氾濫の実例により，粗度係数を求め，数値計算の妥当性を検証する．対象としたのは氾濫域拡大の時間経過を示す空中写真が撮影されている洪水例，1981年8月の茨城県・龍ヶ崎における小貝川破堤洪水である．数値計算は6secの時間ステップ，200mの空間ステップでおこなった．各メッシュの代表地盤高は1/25,000の土地条件図を使用して0.1m単位で与えた．河道内水位の時間経過は2km下流の堰における観測データに基づいて与えた．破堤時の水位差は4.2m，最終の破堤延長は35mである．氾濫域はほぼ整然と区画された水田の中に自然堤防状微高地および小集落が散在し，路盤のやや高い主要県道や排水路が通じているという，一般的な水田地帯である（図2.23）．このような地表条件の場における氾濫流が受ける抵抗（マニングの粗度係数 n ）の平均的な値を得るのが，シミュレーションの目的の一つとなる．

図4.22は，破堤後6時間および10時間後における空中写真の示す氾濫域と，$n=0.12$ としておこなった数値計算結果（各メッシュの最大水深分布）とを比較したものである．200mというかなり粗い空間メッシュであるので微地形分布がよく表現できていないが，計算結果は実際の氾濫域をよく再現している．上流方向へ回り込んでいる流れも表されている．

粗度係数0.12は10時間後の時点の氾濫域が再現できるようにして決め，すべてのメッシュに同じ値を与えた．6時間後の時点において計算による氾濫域が実績のそれよりもやや広くなっているのは，氾濫域のほぼ中央を南北に走る主要県道（田面との比高1～1.5m）が流れをかなりの時間堰き止めたこと，および，図4.20の地形分類図に示すように，6時間後の時点の氾濫域には自然堤防や旧河道堤防が多く分布していて実際の粗度係数をより大きくしていることによるものである．

各メッシュの最大水深はほぼ1.5mまでであるので，氾濫域北縁につらなる低い自然堤防列により，龍ヶ崎市街への浸水は防がれている．氾濫域の拡大速度は破堤口付近を除き，200～500m/h程度である．これは平野勾配が1/2000とゆるやかであること，および氾濫流入量があまり多くはなかったことによる．10時間を超えてさらに時間が経過すると，排水路（新利根川）からの排水が進行して計算が合わなくなってくる．

この結果から，大・中河川平野下流域の水田地帯における，水深のあまり大きくは

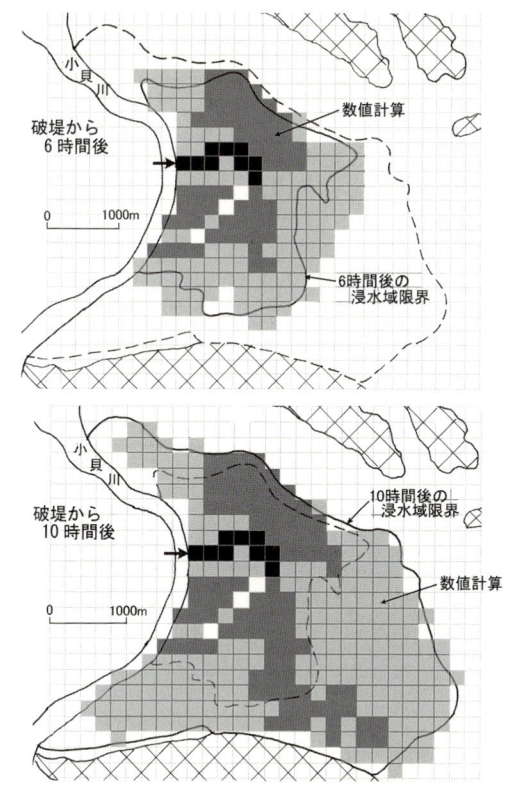

図 4.22 小貝川の 1981 年氾濫の数値計算

ない洪水の平均的な粗度係数（氾濫流に対する地表面の抵抗）は，0.12 程度とすることができる．これは自然河川の河道内粗度係数のおよそ3～4倍である．これを使用して，破堤氾濫流の流動速度や到達時間を予測することができる．

4.3.6　平野地形特性と洪水の危険性
a. 平野の種類

平野とは，現在の河床あるいは海面からの比高が小さい平坦地で，河川や海の作用によってつくられ，現在もその作用を受ける可能性のある土地をいう（ここでは，低地にあたる地形を，わかりやすく平野と表現している）．日本の平野は最も新しい地層である沖積層で構成されているので，沖積平野と呼ばれることが多い

平野には，谷底平野，扇状地性平野（緩扇状地），氾濫平野（氾濫原），三角州，海岸平野などがある（図2.24）．また，人工の土地として干拓や埋立てによる平野があ

る．木曽川がつくった濃尾平野は，これらの平野地形がきれいに配列する例である（図4.25）．一般にこの図のように，上流から扇状地性平野，氾濫平野，三角州の順に並ぶ．勾配はこの順にゆるやかになり，構成物質は礫から砂，次いで泥と細かくなる．

上流山地内に盆地のようなやや開けたところがあると，谷底平野が形成される．山地内の谷底平野は，勾配がかなり急であり，両側が山で限られているので，水深の大きい激しい流れの洪水が起こる場所である．台地内の谷底平野では，激しい洪水は起きないが，市街地化が進むと浸水被害が頻繁に生じる．扇状地は，河川が山地から開けた平野に流れ出るところに砂礫が堆積してつくられた地形で，等高線はやや開いた扇のように描かれる．洪水は最大傾斜の方向に放射状に流れ，河道から大きく離れたところにまで達することがある．

氾濫平野は，河川が氾濫を繰り返し，流路を変え，土砂を堆積してつくり上げた平野主部である．勾配はゆるやかで，1/1000～1/3000程度である．平野内には，洪水時に砂質物が河岸に堆積してできたやや高い自然堤防（比高が0.5～3m程度），最近まで河道であった溝状凹地の旧河道，浅い皿状の凹地である後背低地があり，小さな起伏を示す．洪水の流動方向と浸水域は，これらの微起伏の配列と平野の全体としての傾斜方向によって決められる．

三角州は，河川が海に流入し運搬してきた砂泥が海の作用下で堆積して形成された地形で，沖に向かって開いた三角形（あるいは扇形）のような形になるのでこの名がつけられている．河流は，合流ではなくて分流し，その間に州をつくっている．海面とほぼ同じ高さの低い平らな土地であり，河水および海水の浸水を被りやすい排水条件の悪い地形である．この土地はまた地盤沈下の起きやすい場所で，これにより水害の危険が一層増す．三角州の海側には，潮の満ち引きによって水面上に出たり水面下になったりする干潟がある．これを堤防で締め切って陸地にしたのが干拓地である．これはいうまでもなく最も低湿な土地である．

河川がほとんど流れ込んでいない海岸に，主として沿岸流によって運ばれてきた砂が堆積して形成されたのが，典型的な海岸平野である．隆起により浅海底が陸化してできるものもある．ここでは砂丘や砂州が海岸線に平行して発達することが多いが，これらは陸地を閉ざして内陸に排水の悪い低湿地を出現させる．入り海が閉ざされた場合には潟ができる．潟が陸化した凹地は浸水の危険が最も大きい場所である．

河川や海岸の低地から崖によって画され，それらよりも一段と高いテーブル状の地形に台地や段丘がある．台地面や段丘面は，河川の氾濫水や高潮・津波の浸水を受けるおそれはなく，ほぼ平らなため土砂災害は起こり得ず，また，地盤は低地に比べより硬くて地震の揺れは大きくはならないので，総合的にみて災害の危険が最も小さい地形である．

b. 平野タイプと洪水特性

日本の平野のほぼすべては河川の堆積平野で，洪水時の水と土砂の氾濫の繰返しによって形成されてきたものである．その地形特性は今後起こる洪水の氾濫の様相を，

4.3 河川洪水

したがって氾濫危険度・危険域を決めている．

　日本の河川は山地から多量の土砂を搬出するので，平野内において河床は上昇傾向にあり，いわゆる天井川が一般的である．このような河川の平野では，氾濫水は河道から離れ平野内に広く流入し，凹状地があればそこに滞留する．一方，上流山地内の盆地に土砂が堆積してしまうことなどにより，河床が低下している侵食性の河川平野では，連続堤防がつくられていないこともあって，氾濫域は地盤高のより低い河道周辺に，氾濫流入量および地形に従って広がる．大陸の広大な平野を流れる大河川は侵食性である．

　砂丘列により海への出口が閉ざされた状態にある潟性の平野では，平野内に残存する潟起源の凹地にまっさきに流入して滞留する．自然の地形に逆らったようにして河道が付け替えられている河川では，氾濫が生じると自然状態での昔の流れを再現して，平野面の傾斜方向に浸水域が広がる．平野を横断するように付け替えられている場合，低い方向に面する側で破堤が生じると，それがどこであっても氾濫域はほぼ同じようになる．支流との合流により先が閉ざされている状態にあると，そのいわば袋状低地に滞留する．山地から平野に河川が流れ出たところに形成される扇状地では，放射状に伸びる旧流路が発達し，洪水の主流がこの中を一気に流下する．日本の大きな平野は基盤の沈降域に形成されている．中央が盆状に沈んでいるか，傾動しているかといった沈降の様式は平野地盤高の分布の大要を決め，したがって氾濫流向と浸水域を決めている．

　平野の主部である氾濫平野は，一般に自然堤防・旧河道・後背低地から構成され，数十cmから3～4m程度の微起伏をつくっている．相対的な高所である自然堤防は浸水を免れたり，あるいは床下浸水で済んだりするので，昔からの集落は主としてここに立地している．谷底平野では高い堤防がつくられないこともあり，低地内全面に氾濫は広がる．山地・丘陵を削り込んで流れている急勾配河川では，広く氾濫することはないものの，激しい流れにより宅地・道路などが側面から侵食される危険がある．

　次に，これらの各タイプの平野における典型的な洪水災害事例を示す．平野地形と洪水特性との関係の記述が中心であるが，これに加え，治水と洪水の履歴，水害発生の気象条件，災害発生の経過，被害の様相など，豪雨・洪水災害の全体についても述べる．

c. 大河川の平野における洪水－利根川

　1947年9月のカスリーン台風は小さい勢力ではあったが，本州付近に停滞していた前線の活動を活発にしたため，関東・東北地方に大雨を降らせた．関東山地では総雨量500mmを超える近年にない大雨となったため，関東平野を流れる利根川は大規模に出水した．中流部の八斗島では毎秒1.7万トンの最大流量を記録し，既往最大である1935年の1万トンを大きく上回った．これにより9月16日未明，埼玉県・東村地先の新川通右岸堤防が栗橋西方4kmのところで350mにわたり破堤し，この広い破堤口から利根川の流量の大部分が溢れ出したため，未曾有の大洪水になった（図

4.18).

　利根川の現在の河道は，江戸時代初期から行われた大規模な工事により人為的に東へ向きを変えられていて，自然の地形には従っていない．平野内に流入した氾濫流は，付替え工事前の自然状態における流れを再現し，現河道から離れ古利根川沿いに南下した．氾濫流入量が大量であったため，途中にある中小河川の堤防を次々と破壊しながら流下を続け，19日早朝には東京都内に流入し，江戸川河口から東京湾に排水された．洪水の流下距離は60 kmに達した（図4.18）．

　新川通の破堤洪水による被害は，死者58人（埼玉51人，東京7人），流失・全壊家屋600戸，浸水家屋145,520戸（うち東京105,500戸）という大きなものであった．大河川のつくる広くゆるやかな平野内における洪水では，このように大量の家屋損壊が生ずることは稀である．カスリーン台風時に起こった洪水にはほかに，岩手県一関における北上川支流・磐井川の氾濫（死者数101），群馬県桐生市における渡良瀬川とその支流桐生川の氾濫（同144），栃木県足利市における渡良瀬川の氾濫（同319）がある．これらは激しい洪水流が生じやすい地形条件をもつ山地内・山麓における洪水である．

　関東平野は地殻運動により，中央が窪むという盆状の沈降をおこなっている．台地面高度から推定される最近10数万年間における沈降の中心は，平野の中央部の幸手・久喜・栗橋付近にある．したがってこの付近では流れが停滞して氾濫が生じやすい地形条件下にある．かつての利根川はこの中流域において乱流し，複雑な河道網をつくっていた．沈降の中心は東京湾にもあり，ここと幸手・栗橋付近の平野中央部とをつなぐ地域で沈降が大きくなっている．利根川はこの沈降の軸に沿って流路をとるのが最も自然な状態にある（図4.23）．今回の氾濫流だけでなく，江戸時代から昭和にかけて何度も起こった利根川大洪水は，いずれもこの方向をたどって江戸や東京に流入した．カスリーン台風時には荒川も熊谷の南で破堤したが，洪水はやはり付替え工事前の流路である元荒川を流れて東南に向かい，利根川の洪水に合流した．

　江戸時代以前には，関東平野の東半分は東に向かって流れる常陸川・鬼怒川の流域，西半分は南流して東京湾に流入する利根川・渡良瀬川の流域であった．江戸に本拠を定めた徳川は，舟運路をつくり，新田を開発し，江戸を水害から守るなどの目的で，利根川の流路を東に向け渡良瀬川と合流させ，台地を開削して常陸川に連絡して鹿島灘に放流するという大規模な河道付替え工事を進めた．河道拡幅などの工事は明治に入っても行われた結果，この東に向けられた河道が利根川流量の大部分を流す本流になった．それでも利根川は中流部で氾濫を繰り返したので，旧利根川低地内を斜めに横断する数列の洪水防御堤（中条堤など）をつくり，ブロックごとに氾濫を食い止め，氾濫水を本流や江戸川に導く方策がとられた．しかし大きな洪水を防ぐことはできなかった．

　1947年の洪水の最大流量毎秒1.7万トンは既往最大を大きく超えものであった．このため新川通における破堤地点付近では，河川水位が堤防を0.5 mも超え，延長

4.3 河 川 洪 水

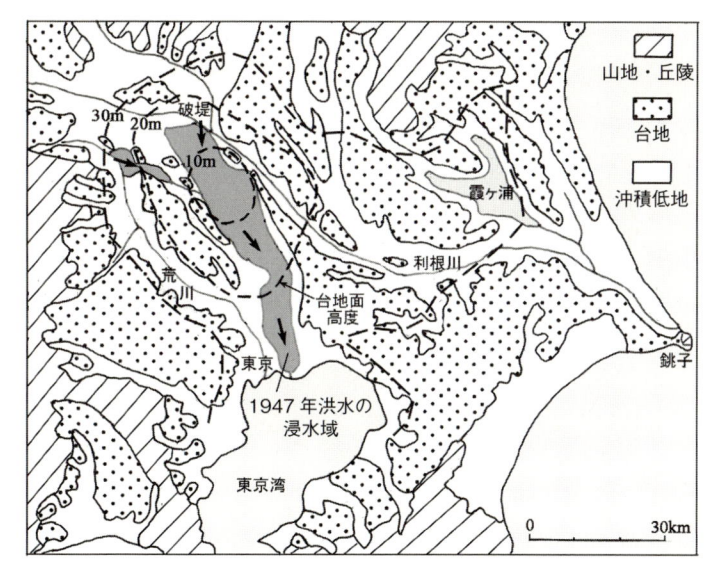

図 4.23 関東平野の地形と利根川氾濫域

1300 m の区間で越流して,最終的に長さ 350 m にわたり破堤した.このように水位が上昇した原因としては,すぐ下流にある鉄道橋と道路橋による流れの堰き上げ,ほぼ同時刻に出水した渡良瀬川との合流による流量急増の影響などが挙げられる.なお,現在の河川計画では,渡良瀬川の洪水は広大な渡良瀬遊水地で一時貯留されて,本流の洪水ピーク時には合流しない計画になっている.この付近の河道は新川通という名が示すように人工水路で,利根川を渡良瀬川に合流させるために 1621 年に開削されたものである.堤防の高さは,明治以来何度も改定されてきた計画規模に達しておらず,河川工事が続行中であった.

この当時は敗戦直後の占領下で,米空軍が洪水の航空写真を撮影していた.破堤の 50 日後に撮影した写真では,破堤口の先に楔状の細長い池と白く映える砂州が両側面にみられる(図 4.24).池は流入した激しい洪水流の侵食によってできたもので,落堀と呼ばれる.長さは 1 km,最大深さは 7 m もあり,流れが非常に激しかったことがわかる.砂州は運ばれてきた砂が流れの側面で堆積してできたもので,その位置と形が示すように自然の堤防である.左上から下方に続く帯状部は以前に利根川本流であったこともある浅間川の旧河道で,現在は水田になっている.旧河道に沿って連続する黒い部分は,やや小高いので集落や林地となっている自然堤防である.これと利根川河道とに囲まれる半円状の部分は浅い皿状の低湿地で,後背低地と呼ばれる.一般に平野内には旧河道・自然堤防・後背低地が分布していて,かなりの起伏がみら

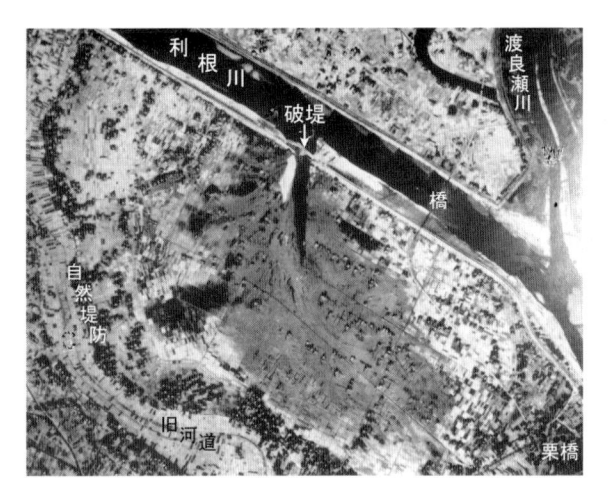

図 4.24　利根川破堤から 50 日後の空中写真（1947 年米軍撮影）

れる．その高度差は通常 0.5～3 m 程度と小さいものであるが，浸水の危険度には大きな影響を与える．写真中の自然堤防上の家は浸水を免れあるいは床下浸水で済んだ．

　破堤による氾濫流はまず後背低地内に激しく流入した．破堤後約 1 時間で洪水は後背低地内全域に及び，4 時間後には凹地を満水し，次いで南および西に向かって流れ出した．このように，氾濫流は自然および人工の堤防に支えられて後背低地内にプールされ，水位を高めて堤防の低所を破って次の低地に流入するということを繰り返しながら，平野地盤の傾斜に従い東京湾に向け南下した．古利根川・庄内古川・中川・元荒川などの低地内河川の堤防は各所で決壊・破堤した．洪水の主流は次第に東へ寄り，江戸川沿いに進行した．その平均時速は洪水域中流部において 0.5～1 km 程度であった．

　家屋の流失および全壊は，破堤地点から幸手南方に至る約 10 km の区間で集中的に発生しており，ここを激しい洪水が流れたことがわかる．破堤口に面する後背低地内ではおよそ 120 戸の家屋が流失した．この後背低地から溢れ出た氾濫流が栗橋に集中したため，栗橋町全体で流失・全壊 116 戸という被害が生じた．幸手付近には数列の自然堤防がゆるやかに屈曲しながら並走している．これらの間隔が狭くなってきたところで激しい流れが生じたため，破堤口から 10 km も下流であったにもかかわらず，80 戸もの流失・全壊が生じた．

　破堤から 2 日半後に氾濫流は，埼玉・東京境界の大場川を越え古利根川桜堤に達した．ここで氾濫流は一時阻止されたものの，米軍の江戸川堤防爆破による排水は間に合わず，9 時間もちこたえたあとついに破堤した．これにより葛飾区の全域および江戸川区・足立区のほぼ半分の地域が浸水した．浸水戸数は 10 万戸を超え，埼玉県の

それを大きく上回った．勾配の非常にゆるやかな三角州域であり，鉄道・道路などの障害物が多いので，洪水の進行は遅く 0.2 km/h 以下であった．荒川沿いの地域は地盤沈下により海面下の土地になっているので，湛水期間は半月を超えた．

d. 大河川の平野における洪水－濃尾平野

1976 年台風 17 号は九州の南西海上で長時間停滞したため，台風の前面に広がるレインバンドも停滞して，ほぼ南北に伸びる強雨域が出現した．飛騨山地を水源とし濃尾平野を流れる長良川の流域は全域がこの強雨域に入ったため，流域平均総雨量が 855 mm にも達するという豪雨が降り続いた．このため長良川では警戒水位以上の高水位が 80 時間も継続して，9 月 12 日 10 時 25 分，新幹線鉄橋の 600 m 下流の安八町地先左岸堤防が破堤し，岐阜県の安八町と墨俣町の約 17 km² が浸水した（図 4.25）．

この地域はかつての典型的輪中地帯であるが，輪中堤の多くはすでに取り壊されていた．しかし，下流の輪之内町との間に連続して残されていた輪中堤により，氾濫水

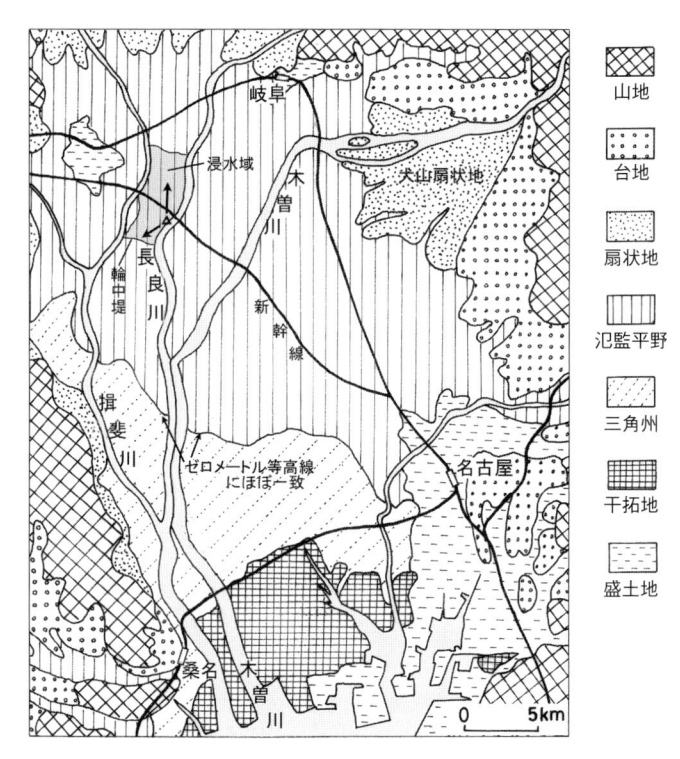

図 4.25　濃尾平野の地形
△印は 1976 年長良川破堤箇所．

の流下が阻止されて下流への浸水域の拡大が防がれたことで，水郷農民の知恵が生んだ輪中の機能が再認識されることになった．

輪中とは，水害防御のために集落および農用地を輪形の堤防で囲んだ地域をさし，またその地の住民によって構成される水防共同体をも意味している．本流と支流に挟まれ先が閉ざされた状態の袋状低地や河川が網状に分流する三角州の中洲によくみられるように，周囲を堤防で囲んで川から隔離している土地は他地域にもあるが，特有の自然的・社会的条件によって典型的な輪中が展開しているのは，濃尾平野を流れる木曾・長良・揖斐三川の下流域である．

濃尾平野は地殻運動により全体として西に傾くような沈降をおこなっており，また，木曽川の運搬土砂量が最も多いこともあって，平野の西部ほど地盤高が低い．このため木曾三川の流路は西南部に集まり，かつては縦横に交錯して流れていた．この乱流域に居を構えた住民は，上流側から始まり次第に周囲全体を取り囲む堤防を築いて，水害から集落と農地を守る手段とした．徳川・尾張藩は耕地の広い尾張の平野を木曽川の洪水から守るのを優先し，木曽川左岸に右岸よりも高いいわゆる御囲堤をつくった．このことも自衛手段としての輪中の形成を促す要因になった．典型的な輪中が形成されたのは江戸時代末期から明治初期にかけてのころで，その総数は約80あり，そのうちの90%が木曽川の西方（右岸側）につくられた．

木曽三川は東から木曽川，長良川，揖斐川と並んでいるが，揖斐川の河床は木曽川の河床よりも2～3mも低い．このため木曽川の洪水が長良川へ，次いで揖斐川へと流れ込んで頻繁に氾濫を繰り返していた．この三川を分離する工事が江戸時代から行われたが（薩摩藩がおこなった宝暦治水が有名），完成したのは明治末期のことであった．木曽川左岸に連続する延長48kmの御囲堤は例外として，現在のように河沿いに連続する堤防がつくられるようになったのは明治に入ってからのことである．それまでは河を閉じ込めるのではなくて自らを囲い込む輪形の堤防が中心であった．

このような輪中堤は一般に不完全なもので，木曽三川の氾濫による水害を頻繁に被った．江戸時代において輪中堤の破堤を伴った水害は1～2年に1回，明治期には2～3年に1回の頻度で起こっていた．明治における最大の水害は1896年(明治29年)のもので，今回破堤した森部輪中など3輪中を除きすべて破堤・浸水を被ったとされている．

1976年の長良川・安八町地先における破堤地点では，大雨の降り始めから4日目の12日朝，堤防にクラックが発見されたので，堤防のり面の崩壊を防ぐ杭打ち作業が水防団によって行われた．しかし10時25分決壊が始まり，やがて破堤口は80mに広がった．流入した氾濫水はまず直面する輪中の凹地を満たし，ついで自然堤防の低所などを越えて浸水域を拡大させていった．下流方向では，破堤地点から2kmのところにある輪中堤が浸水域の南限になった．このため浸水域は上流側に拡大し，破堤地点の上流5kmまでの，揖斐川と長良川とに囲まれる地域が，最大3mの深さに水没した．

4.3 河 川 洪 水

　氾濫域の拡大速度は，破堤口に直接面する低地内においても，平均2～3km/hと人がゆっくり歩く程度の速さであった．2km離れた旧森部輪中北端に達したのは1.5時間後，南方2kmにある福束輪中堤（浸水域南縁）に到達したのは，途中に旧輪中堤があるのでおよそ5時間後であった．
　この浸水域にはかつて6輪中があった．その輪中堤の多くは戦後の土地改良事業や道路整備により取り壊されて連続性を失っていたため，浸水域の拡大を許すことになった．しかし，南に隣接する輪之内町との間に残されていた海抜高9mの福束輪中堤はその役割を果たして，下流域への氾濫拡大を防いだ．この輪中堤は県道によって2ヵ所カットされていたが，そこにはなお水防資材倉庫が設置されており，水防団や地元住民による土のう積みが間に合った．この輪中堤がなかったなら，ゼロメートル地帯に続く下流低湿地へと浸水域は大きく広がったはずである．しかし一方，これは上流地区へと浸水域を拡大し，浸水深・浸水期間を大きくする結果をもたらした．輪中地帯に限らず，洪水災害では必ずといってよいほど地区間，上下流間の利害が相反する．
　輪中堤は自然堤防をつないでつくられている．この地域は木曽三川が乱流していた広い氾濫原の中央部にあたり，比高1～3m程度の自然堤防がよく発達している．地盤高は高いところで8～9m程度である．洪水ピーク時の浸水位は7.4mであったので，自然堤防上では浸水を免れたり，あるいは床下浸水程度で済んだ．
　輪中は多重的手段で洪水から自己を防衛する水郷農民の知恵である．地区への河川水流入を防ぐ輪形の堤防がまずつくられたが，これが突破された場合に備えて，盛土や石積みによって一段と高くした敷地に水屋とよばれる別棟を建てて，倉庫および避難所とした．一般の住家も屋根裏の桟を太く床板を厚くして，避難所や物置として使えるようにした．洪水流の衝撃を弱めるために，家の周囲を樹林・竹やぶ・石垣などで囲んだ．竹やぶの竹は水防資材として利用できる．1階の床を高くして床上まで浸水しないようにした．軒下や土間の天井には上げ舟とよばれる舟を吊り下げ，避難用とした．敷地を高くするために周囲の低地から土をとって盛土が行われ，その跡が集落の周りの堀として残った．共同の水防活動や被災した場合の相互扶助のしきたりもつくられていた．
　輪中という水防共同体は，土地の水害脆弱性についての共通認識の上に成り立っている．かつては孤立した自然の中で，自らの努力で自らを守るという気概が養われていた．しかし，新幹線・高速道路の開通や大工場の進出が行われ，昔は渡し舟を使って越えていた大川に立派な橋が架かり孤立状態は解消されて，運命共同体的な意識は薄らぎ，社会的な意味での輪中は崩壊していた．輪中は排他的な側面をもってはいるが，そのよい面は取り入れて，コミュニティの災害防備の態勢を高めておくことが望まれる．

e. 潟性平野における洪水

　新潟平野はその名が示すように，海が内陸に閉じ込められてできた潟が，かつては

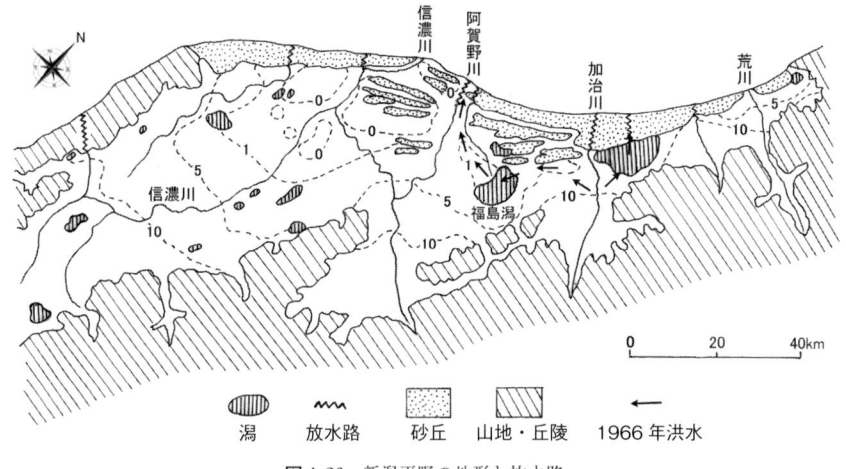

図 4.26 新潟平野の地形と放水路

凡例：潟　放水路　砂丘　山地・丘陵　1966年洪水

多数存在していた．冬の強い季節風による波が荒い日本海沿岸では，多量の砂が浜に打ち上げられて砂の高まり（浜堤(ひんてい)）がつくられる．この砂は風に動かされて砂丘に変わる．海浜での堆積の進行により海岸線が沖に向かって前進すると，新たな浜堤が海岸線に沿ってつくられ，以前の浜堤は内陸へと移っていく．海面が低下すると沖にあった沿岸砂州が陸化して砂丘に変わる．新潟平野では，こうしてつくられた砂丘列が多いところでは10列，全体の幅が20 kmにもなっている（図 4.26）．平野に流入する河川の出口はこの沿岸砂丘列によって塞がれるので，まっすぐに海へ流入することができない．

　新潟平野は地殻の褶曲運動による沈降域にあたる．沈降の速度は大きく，1年あたり10 mm近くにも達している．沖積層厚は日本の平野中最大で，最も厚いところでは170 mもある．沈降の進行により，内陸に位置する古い砂丘は部分的に地表下に埋没して断続的になっている．最も古い砂丘の形成は約6000年前で，縄文前期の土器が出土する．近年では地下水の過剰揚水による地盤沈下が，平野の地盤高をさらに低くしている．揚水は地下水中に溶存しているメタンなどの採取のために行われ，1957年ごろがその最盛期であった．地盤沈下は含水層の圧密により起こり，一度生じたら回復しない．

　このように新潟平野は，砂丘列による海岸部の閉塞と平野基盤の急速な沈降とにより，信濃川・阿賀野川という大河川が流入して多量の土砂を供給しているにもかかわらず，非常に低湿な平野となっている．6000年前の海面上昇期（縄文海進期）には，平野北半部は海で，長い砂州により閉ざされた潟湖(せきこ)があったと考えられている．そののちの海面低下と信濃川などによる土砂堆積により次第に陸化したが，地盤高は低く

て多数の潟が残存してきた. この低湿な平野の開発は江戸時代前期になって始められ，潟はほとんど干拓された. 残っている水域はわずかであるが，排水条件の悪い凹状の地形はなお多数現存している. 主要な潟には, 鳥屋野潟 (広い水面存在), 福島潟 (ほぼ干拓), 紫雲寺潟 (1733年干拓), 鎧潟 (1966年全面干拓), 八丁潟 (明治前期までに干拓) などがある.

平野開発前において, 海へ排水する出口 (河口) をもっていたのは信濃川と平野北端の荒川だけで, それ以外の河川は砂丘列の間や背後を通ってこれら2河川に合流していた. 現在では, 砂丘列や丘陵を横切る14本もの放水路 (開削水路あるいはトンネル) がつくられて, 海への直接排水をおこなっている. 流路延長が日本最大の信濃川では, 1922年に丘陵を開削して大河津分水路が設けられ, 洪水の大部分はここから日本海に排水されるようになった. また, 大河川の阿賀野川が放水路および水門により信濃川と分離されたので, 平野中央部における洪水の危険は大きく低下した.

新潟平野の北部を流れる加治川の右岸には, かつて広大な紫雲寺潟があったが, 落堀川放水路により1733年に干拓され水田に変わっている. 左岸側には, 阿賀野川との間に福島潟がある. これはほぼ干拓されて残っている水域はわずかであるが, 周囲にはゼロメートル地帯が広がっている. かつて加治川水系を構成していた諸河川は, 海への出口を砂丘列によって阻まれて, 左右に流路をとり紫雲寺潟や福島潟などに流入していた. 加治川はその名が示すように, さまざまな治水工事が14世紀ごろから加えられてきた. 現在のように砂丘列を5kmにわたり掘り割って分水路がつくられ, 直接日本海に流入するようになったのは, 1917年 (大正6年) のことである. このような河川が砂丘列背後において氾濫した場合には, 氾濫流は現河道から離れ, 以前の河道沿いの凹地をたどって潟起源の低地に流入して, 長期間の湛水をみることとなる.

加治川は1966年, 1967年と連続して同一箇所が破堤した. この破堤は河道がS字状に屈曲して洪水流が突き当たる水衝部にて生じた (図4.16). 1966年の洪水のあとすぐに直線河道に改修する工事が工期2年で進められ仮堤防の状態にあったので, 1年後の洪水で再び同一箇所が破堤した. 新設の直線河道内に位置することになった西長柄の集落は500m西方に移転したが, 再び洪水の直撃を受けた. 破堤氾濫が生じると, その上流部河道内の洪水流の流速は大きくなるので, 上流にある水衝部では破堤の危険が増す. 破堤の時間差は, 66年洪水で5時間, 67年洪水では30分であった.

加治川は著しい天井川であるので, 氾濫流はまったく河道から離れて流下する (図4.27). 左岸側では洪水の主流は微高地上の新発田市街地を迂回して流れ, 砂丘列によって行く手を阻まれて福島潟の低地に流入した. 右岸破堤口からの氾濫流は, 自然堤防の間の凹地をまっすぐ流下して, 現在は干拓されている旧紫雲寺潟の低地に流入した. これらの潟性低地は排水条件が非常に悪い凹状低地であるため, 66年の水害時には湛水日数は右岸側で15日, 左岸側で19日に及んだ. 福島潟の排水河川である新井郷川の河口近くには, 当時は東洋一ともいわれていた規模の排水機場が設置さ

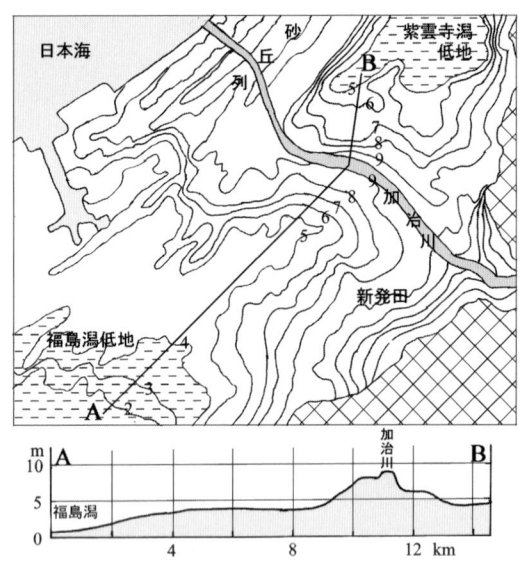

図 4.27 天井川地形—新潟・加治川

れていたが，排水をさらに促進するために阿賀野川堤防を開削するという非常手段もとられた．新井郷川堤防も 4 ヵ所開削された．

　加治川流域では，1913 年の大洪水後は，1966 年までの 53 年間大きな災害はなかった．この間の 1952 年からは，計画洪水流量を 2000 m^3/s とする河川改修計画が進められていた．この進行過程で，最大流量 2300 m^3/s と推定される出水により破堤が生じた．このため計画流量を 3000 m^3/s に引き上げて工事にとりかかった矢先に，最大流量 3200 m^3/s の洪水が発生して，2 年連続の災害を被った．

　連続して大きな災害を受けた例としては，1947 年 9 月のカスリーン台風と 1948 年 9 月のアイオン台風により大きな洪水被害を受けた岩手県一関市，1963 年から 3 年連続して水害を被った球磨川上流の熊本県・五木村などが挙げられる．一関市の被害は，1947 年が死者 101 人，1948 年が死者 571 人という著しいものであった．群馬県・桐生市は 1947 年（カスリーン台風）と 1949 年（キティ台風）により大きな洪水被害を受けた．

　短期間の観測データに基づく確率計算によって，ある流量の洪水が 50 年とか 100 年といった長い期間に 1 回しか起こらないとされたとしても，実際にそのような期間を経て起こるということを意味するものではない．自然現象の発生の不規則性ということのほかに，流域の土地利用変化や河川改修は，同じ雨量であっても最大流量を大きくして，既往最大値を更新させる働きをする．

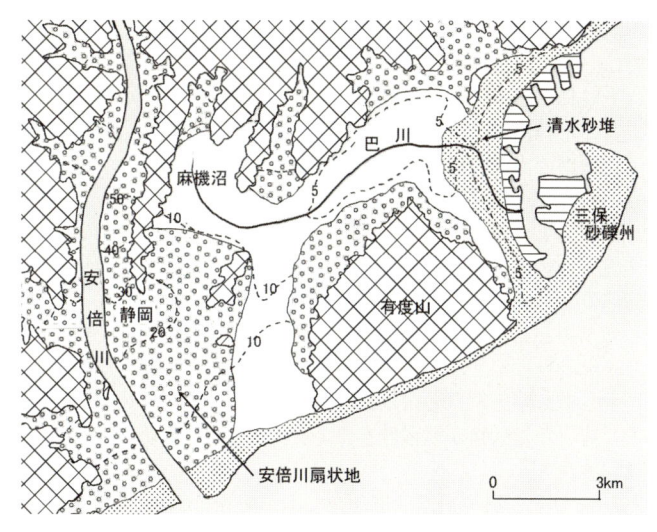

図 4.28 扇状地・砂州により閉ざされた海岸低地—静岡・清水低地

海岸に砂丘がつらなり，内陸が広い後背低地状になっている平野としてはほかに，庄内平野，秋田・能代平野，津軽平野，石狩平野，天塩平野（すべて日本海沿岸）などがある．規模の小さい潟性の海岸低地は，太平洋岸も含め日本各地にあり，数多くの浸水危険地をつくっている．このような潟性低地の浸水例として，静岡・清水低地を流れる巴川の 1975 年 7 月の氾濫が挙げられる（図 4.28）．巴川低地は，安倍川が運搬する多量の土砂によって閉ざされた潟起源の低地で，浸水の高危険地である．最上流部にある麻機沼（標高 7 m）の排水河川は，かつて有度山の西を通って駿河湾にまっすぐ流入していたが，安倍川の上流で生じた巨大崩壊（大谷崩れ）による流出土砂が標高 10〜30 m の扇状地をつくり南流が妨げられた．安倍川の運搬土砂はまた，三保の砂礫州および清水砂堆（最大標高 5 m）をつくったので，巴川下流低地（標高 2 m）は出口が閉ざされた状態になった．このような低湿地への市街化の進展は，新たな災害をつくり出している．

f. 侵食性・堆積性の河川の洪水

1986 年台風 10 号は，中心気圧 980 hPa の温帯低気圧に変わったあと，8 月 5 日未明に房総半島に上陸し，進行の速度を非常に遅くして三陸沖に抜けた．この低気圧進行の前面で前線の活動が活発となり，4 日正午ごろから 5 日の朝にかけ，関東から東北中・南部の太平洋側の地域において，1 時間に 20〜40 mm の雨が連続して降り，総雨量は 300〜400 mm に達した．この大雨により那珂川・小貝川・阿武隈川・吉田川などの河川が各所で氾濫し，建物の床上・床下浸水 9.7 万棟などの大きな被害が発生した．これらの河川低地の地形（地盤高分布）にはそれぞれ特色があり，それを反

映した洪水氾濫が生じた.

　日本の平野は，河川が山地から運び出した土砂の堆積により形成された堆積平野である．山地は一般に高起伏であり河川は急流をなすので，多量の土砂が下流にまで運ばれてくる．このため河床(河原の高さ)は平野面とほぼ同じ高さを示すのが通常である．運搬土砂量がとくに多いと，河床のほうが高いといういわゆる天井川になる(図4.27)．しかし河川によっては河床がより低いという場合がある．

　河流は陸地を侵食して海面の高さにまで低めようとする作用を絶えず加えている．したがって上流からの土砂供給が少なくて河床堆積がほとんど行われない河川では，河床は低下傾向になり平野面を全面的にあるいは部分的に削り込んで流れる．これを侵食性河川と呼ぶことにする．上流山地内に大きな盆地があって土砂の大部分がそこで堆積してしまう場合に，これがよくみられる．多数のダム建造，蛇行部をカットして直線河道にする捷水路工事，砂防工事，河原の砂利採取などの人為的要因が関係する場合もある．河川が侵食性か堆積性かによって，洪水の流動方向や氾濫域など，洪水の様相は支配される．

　那須火山に源を発する那珂川は，下流部において台地内に幅 2〜3 km のかなり狭い氾濫原をつくって，水戸の東方で太平洋に注いでいる．台風 10 号のもたらした流域平均雨量 250 mm の大雨により，那珂川の水位は計画高水位を大きく超えて，下流部の低地に氾濫した．水戸の中心市街は馬の背と呼ばれる幅狭い台地の上に展開し，那珂川はこのすぐ北側を平行して流れている．その河道部は低くて地形断面は浅い V 字状を示し，台地際と河床との比高は 5〜6 m もある．このため洪水位が高くなっても，一般の谷底低地のように全面にわたる氾濫は起こらない．このような侵食性河川では一般に，連続した堤防は建造されていない．水戸付近では無堤区間が長いので，氾濫域は自然地形に従って広がり，ほぼ最大水位までの標高域だけが浸水した．

　茨城県南西部には，つくば研究学園都市の載るつくば台地を挟んで東に桜川が，西には小貝川が流れている．台風 10 号の大雨により両川は氾濫したが，その氾濫の仕方は対照的であった．桜川は筑波山の西麓を流れて土浦において霞ヶ浦に流入する中小河川である．この河床高は，上流部および下流端を除き，河川低地面をかなり深く削り込んでいる．学園都市付近では河床と台地際との比高は 7〜8 m もある．堤防の規模は小さく，ところどころに切れ目がある．氾濫水は河道周囲に地形に応じて広がり，下流部では浸水域はごく狭いものであった(図 4.29)．この桜川低地には流量のより多い鬼怒川が流入していた時期があり，その時つくられた堆積面を現在侵食しつつあると考えられる．

　小貝川は栃木県中央部の丘陵を水源とする平野河川で，利根川の大きな支流である．台風 10 号の雨は小貝川の流域に集中したため，小貝川水位は計画高水位を超え，中流部の各所で氾濫した．石下町では右岸堤防が破壊し，西方を平行して流れる鬼怒川との間の低地が約 10 km² 浸水した．この中流域において鬼怒川と小貝川は幅狭い低地内の両端を平行して流れている．地盤高は低地中央が最も低く河道部が高いという

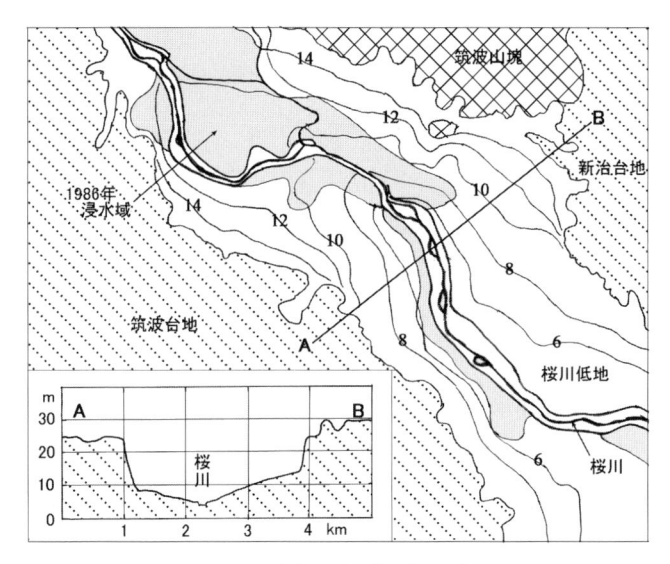

図 4.29 侵食性河道―茨城南部・桜川

地形を示す．鬼怒川河道部は低地中央よりも 3～4 m も高くなっている．石下における破堤による氾濫流はこの凹状地形に従い低地中央部を流れ下った．このような地形のところでは氾濫水が自然に河道へ戻るのは困難である．このため 8 km 下流の水海道市街北方において堤防を開削して鬼怒川への排水が行われた．

阿武隈川は，那須火山を最上流とし東北中央火山列と阿武隈山地との間に狭い氾濫原をつくって北流する．長さで第 7 位の大河川である．台風 10 号の大雨により阿武隈川中流部の水位は計画高水位を超え，本川堤防が 2 ヵ所，支川堤防が合流点近くにて 5 ヵ所破堤し，また，各所で越流が生じた．河道は河川低地面をやや削り込んで流れているので，それぞれの氾濫域はごく狭いものであった．本川破堤による浸水面積は 0.35 km^2 および 0.9 km^2 ときわめて小さく，浸水家屋数もわずかであった．支川の氾濫水や内水も本川堤防に沿う幅狭い範囲に限られた．

最も大きな浸水被害は福島県・郡山で生じた．ここでは支流の谷田川が破堤し，阿武隈川との間の低地に立地していた工業団地が最大 2 m の深さに浸水して大きな被害が生じた．大正期の地形図ではここを阿武隈川が大きく蛇行して流れている．つまりつい最近まで氾濫原であったところで，大河原・川久保・大洲河原といったような地名にもそれが示されている．大正以降の河川改修により，谷田川は阿武隈川旧流路を使って延長されたので，両川の間に河原と同じ高さの細長い低地が出現し，最近になって工業団地に選定されることとなった．このような先が閉ざされた状態の袋状低地は全面浸水が起こりやすいところである．氾濫水排水のため谷田川堤防が開削され

たが，ここの地名は水門町である．このような平坦な氾濫原は阿武隈川では少なく，このすぐ下流では河川低地の地形断面は河道が最も低いV字状を示す．

　仙台平野の中央部を流れる吉田川は台風10号の大雨により大規模に氾濫した．吉田川本川堤防は4ヵ所で破堤し，35 km^{2}が浸水した．吉田川下流域には，本流の鳴瀬川の運搬土砂により閉ざされてできた大きな沼（品井沼）があった．現在では干拓され水田になっているが，最低標高は0.3 mで，鳴瀬川よりも2～3 m，吉田川より1～2 m低い凹地状の低湿地をつくっている．この自然排水が不可能な旧品井沼低地では湛水期間が11日に及び，遠くは東海地方からもポンプ車が駆け付けて排水にあたった．これは氾濫水が広く平野内に流入して低所に湛水するというタイプの洪水で，日本の平野の海岸部には数多くみられる．

　河床が低下している大きな河川としては，北海道の石狩川，九州の筑後川などがある．石狩川はかつて石狩平野において著しく蛇行をしていた．明治以降これをショートカットして直線河道にする工事が続けられ，平野部における流路長が半分にまで短縮された．同じ落差のところをより短い経路で下ることになるので河床勾配は急になり，したがって河流の侵食力が増して河床が低下した．平野中・下流部における河床高は平野面より3～4 m低い状態にあり，また，気候は寒冷で泥炭地が発達し平野面に多少の起伏がある．このため氾濫が生じた場合の浸水域は河道周辺や平野内の凹地にほぼ限定される．

　筑後川では，中流部において河道が7～8 mも低くなっている．平野面はほぼ平坦であり，氾濫流はいったん広がってもすぐに河道に集まってくる傾向にある．1953年の大洪水では本川堤防が26ヵ所で破堤したが，そのうちの9ヵ所は上流での氾濫流が裏側（平野側）から堤防を破壊したことによるものであった．

　東京の多摩川は砂利採取が1原因となって河床が3～4 m低くなっている．1970年の出水時には氾濫は生じなかったものの，農業用水の取水堰により妨げられた河流が側岸を侵食して19戸の家屋を流失させた．

　1982年台風10号の豪雨により富士川では既往最大を超える流量の出水が生じた．河口部において河床は砂利採取によりやや低下していたので氾濫は生じなかったが，激しい流れが河床を洗掘して東海道線鉄橋の橋脚を倒壊させたので，東海道線（在来線）が2ヵ月半不通になった．河床低下により氾濫が生じなくても，河流の侵食作用などによって種々の河川災害は起こる．

g. 扇状地河川の洪水

　河流が山の谷間から開けた平坦地に流れ出るところに，砂礫が扇形状に堆積して形成された地形が扇状地である．扇状地は土石流の堆積によってもつくられるが，これは小規模で急傾斜（数十分の1以上）である．平野と呼ばれるほどの規模の，広く緩勾配（一般に数百分の1）の扇状地は，河流の堆積作用によるものである．堆積面の勾配と流量とは逆比例的な関係にあるので，砂礫搬出量の多い大河川は，木曽川のように緩傾斜で大規模な扇状地平野をつくる（図4.25）．

4.3 河川洪水

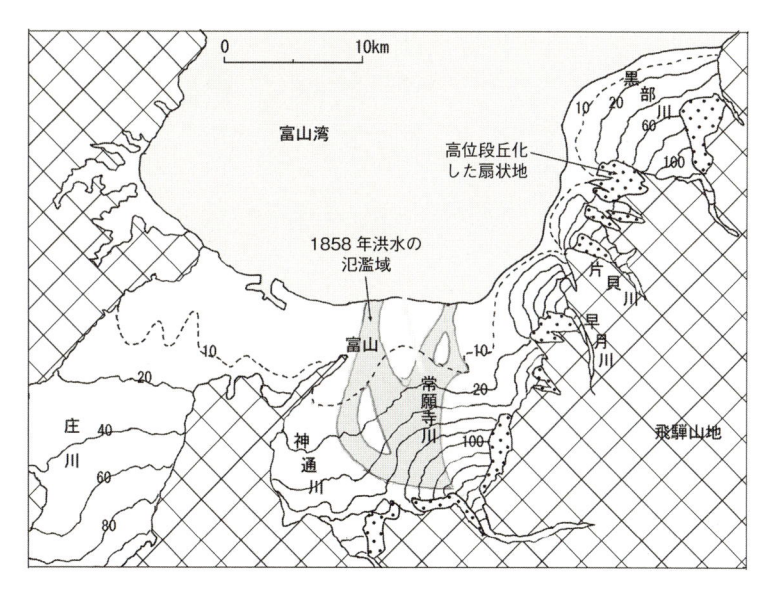

図 4.30 富山平野の扇状地群と 1858 年氾濫域

　扇状地の等高線はほぼ同心円状であるが，このことは扇状地河川が多くの分派川に分かれて扇面上を乱流し，本流河道も頻繁に位置を変え，洪水が扇面上にまんべんなく氾濫して砂礫を堆積させたことを意味している．現在では河川工事により河道はほぼ一つにまとめられているが，以前の分派川の位置は扇頂部から放射状に伸びる浅い溝状凹地により知ることができる．その主要なものは現在も用水路として使われている．分派川は洪水の水みちともいえるもので，分派の地点において本川河道からの氾濫が生じやすく，洪水流の主流は溝状凹地内をまっすぐに流下する．氾濫が扇頂で生じると，そこから放射状に拡がる凹地をたどって洪水が流れ，本川から遠く離れたところにまで達することがある．この結果本川河道が突然大きく移動したりする．
　大起伏の北アルプス山地からの河川が流れ出てくる富山平野には，扇状地が連続して発達している（図 4.30）．富山湾には深海が入り込み海底の勾配が急なので，河川が運び出した土砂は深い海底に沈んだり沿岸流に流されたりして，三角州を発達させることがほとんどない．このため平野の大半は扇状地で占められている．とくに黒部川は海岸まで扇状地で，海岸線は円弧状を示す．扇状地は砂礫で構成され漏水が大きいので水田利用には適していないが，ほかに土地がないため富山平野の扇状地は古くから開発利用され，これに伴い扇状地河川の治水が他地域にも増して重要な問題になってきた．扇状地河川は岩礫が散在する広い河原をつくり，水流は網目状になって流れる．河床勾配が大きいので洪水流の土砂運搬力は大きく，多量の土砂移動は流路

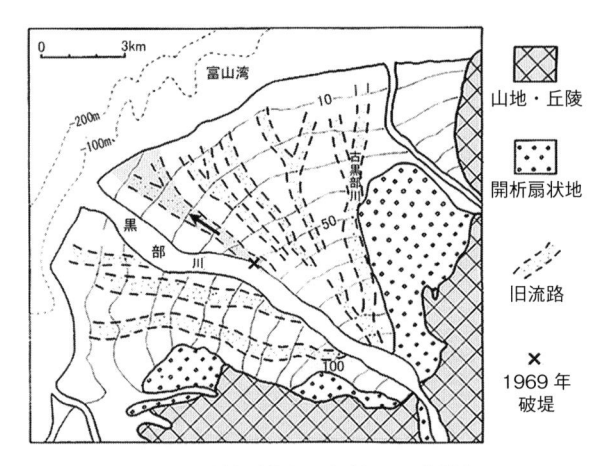

図 4.31 黒部扇状地の地形と 1969 年洪水

変化を激しくするので，治水が困難な荒廃河川と呼ばれる．

　1969 年 8 月 10～11 日，前線の活動による総雨量 1000 mm の大雨が北アルプス山地に降り，山地中央を縦に貫き流れる黒部川の流量は，既往最大を大きく超えた．扇状地の多くにおいてみられるように，黒部川でも逆ハの字型で上流に向け開く霞堤が，扇央部から扇端部（海岸部）にかけてつくられている．霞堤は洪水を穏やかに氾濫させる役割のものである．しかし破堤は生じて，氾濫流はその前面に伸びる旧流路内を一気に海まで流れ下った．ここでは 2 列の堤防が並走していたが，この両方とも破堤した．

　破堤箇所は本川河道がゆるやかに曲流する外カーブ側であり，また，掘り込み河道から天井川に移行する地点であり，さらに，河床勾配がゆるくなり始める遷緩部にあたっている（図 4.31）．曲流部では遠心力の作用により外カーブ側の水位が高くなる．この洪水では左右両岸の水位差は最大で 3m であった．天井川への移行地点では，河床高が扇状地面と同じ高さになって，それまで河道内に閉じ込められていた洪水が溢れ出しやすくなる．河床勾配は，破堤地点の上流ではほぼ 1/80 であり，この下流では次第にゆるやかになって，河口部で約 1/200 である．河床勾配がゆるやかになるところでは流速低下により水位が高くなる．

　本川河道が現在の位置に移ったのは 1685 年の洪水の時といわれており，それ以前は，扇状地の東縁を北に向かい，現在の古黒部川付近を流れていた．このように扇頂部での氾濫は流路を大きく移動させることがある．

　1858 年（安政 5 年）には，立山山地を水源とし黒部よりも急傾斜の扇状地を富山平野に広げている常願寺川が大氾濫した．この洪水は，4 月 9 日の飛越地震（M6.9）によって立山カルデラ内で生じた崩壊（土砂量約 1 億 m^3）の堰止め湖が決壊したこ

とによるものであった．大量の土砂流出は流路の変動を一層激しくして，そのあとに洪水を頻繁に発生させた．

1858年洪水は地震の14日後（4月23日）と59日後（6月7日）の2回起こった．堰止めは扇頂から20km上流で生じ，その堰止め高さは150mほどであった．1回目の洪水は泥土を多く含む流れで，扇状地河道を埋め河床を上昇させた．2回目は，雪解け水が湖水位を上げていたので洪水の規模が大きく，扇頂から始まって左岸側（西側）扇面に広く氾濫した．扇頂～扇央部において右岸側扇面はやや段丘化しており（比高数m程度），左岸扇面では最大傾斜の方向が北西方向である．この地形条件に規制されて，洪水は扇頂から左岸扇面に広く氾濫した．

上流山地から扇状地への土砂流出が引き続き行われているステージでは，河床は扇面と同じ高さかそれ以上になっている．土砂流出が途絶えると河流の侵食により，河床高は扇面よりも低くなり，それは扇頂から下流へと進行していく．扇端部では天井川であるのが普通である．この結果河道の縦断面と扇面の縦断面は交差する．黒部川では，おそらく上流に多くのダムがつくられたことによる流出土砂の減少により，扇頂部で河床低下が起こり，交差位置は扇央下部にある．常願寺川では，1858年およびそれ以前の生産土砂が大量に（2億m^3ほど）山地内にとどまっており，それが継続的に流出しているので河床高は全面にわたって高く，氾濫は扇頂部から生じやすい．

1858年以前においても，扇状地地形に規定されて，河道がゆるやかにカーブする扇頂下部（用水の取水口があった馬瀬口）において，たびたび左岸扇面への氾濫が生じていた．馬瀬口での氾濫は富山城を脅かすので，富山藩はここに堅固な石堤を築いていた．大洪水は1891年（明治24年）にも生じ，本川堤防は扇頂部で5ヵ所破堤し，1858年とほぼ同じ範囲に氾濫した．扇面を放射状に派生する用水路（多くは旧流路）が洪水の主流になった．オランダから招聘された技師デレーケは，この災害調査を行い「これは川ではない，滝だ」といったと伝えられている．ただし，常願寺川が扇状地部においてとくに急流であるわけではなく，上流域の面積（流量）に応じた勾配（約1/70）を示している．常願寺という名称は，洪水が起こらないことを常に願うという意味をこめて名づけられたともいわれ，山崩れの土砂流出がなくても扇状地河川は治水の難しい荒れ川である．

上流山地で大崩壊が起こり海岸部への多量土砂流出が生じて荒れ川に転化した川に，静岡市を流れる安倍川がある．最上流部にある大谷崩れの大崩壊は，1600年ごろから100年以上の間に1.2億m^3の土砂を流出させた．この土砂は安倍川河床を厚く埋め，静岡市街北部ではその河床高は，市街中央に突き出した狭い尾根を挟んで東にある巴川上流低地より50mも高くなっている．海に出た砂礫は沿岸流により東に運ばれて三保の砂礫州を成長させ，またさらに砂州（清水砂堆）をつくって，巴川低地を閉ざしている（図4.28）．

東海地方には，中部山岳から流れ出す天竜川・大井川・富士川など急流河川のつくる扇状地平野が発達している．とくに大井川がきれいな扇状地をつくって海に臨んで

いる．ここはよく知られた東海道の要衝で，流路変化の激しい荒れ川ゆえに，徳川幕府は江戸防衛の最前線をここにおいた．この川では1600年以降に100回を超える水害記録が残されている．天竜川は上流の伊那盆地で土砂を堆積させているので，下流部には扇状の地形はつくられていないが，東海道の車窓からみえるように，河原は広く礫が散在し網状流で，河口近くでも扇状地河川であることがわかる．富士川も駿河湾という非常に深い海に面して狭い扇状地をつくっている．車窓からみえる河床礫は大きく，急流であることを示す．北陸地方に向かう大河川である信濃川では，支流の高瀬川・梓川が松本盆地に扇状地群をつくっている．

　扇状地平野は水利面から開発が遅れたので，河川が氾濫しても農村地帯の被害にほぼとどまる．しかし，中小規模の扇状地や扇状地状の谷底に都市が立地するところがいくつかある．それらには，北見，帯広，旭川，札幌，弘前，盛岡，山形，米沢，福島，前橋，甲府，松本，岡谷，高山，金沢，奈良，神戸，松山などが挙げられる．市街主部は洪水の危険の小さい段丘化扇面に位置するのが大部分であるが，市街化の進展により低地にまで進出したところでは，かなり激しい流れの洪水を被る危険がある．地表面の勾配が大きく低地面の幅が狭いという地形条件のところでは，次に示すような激しい洪水が生じる．

4.3.7　山地河川洪水
a. 洪水流の強さ

　洪水流の勢力が弱いと建物は浸水だけで済むが，それがある限度以上になると建物は壊され流されるに至り大きな被害となる．この洪水流の及ぼす力の大きさは，浸水域や浸水深と同等に重要な危険情報である．

　水流中にある物体が受ける力（流体力）は，水深 h と流速 v の2乗との積 hv^2 に比例する．水流の流速は水深の2/3乗と地形勾配 S の1/2乗との積に比例するので，これらを組み合わせて，流体力は $h^{7/3}S$ に比例すると表すことができる．すなわち，流体力は水深のほぼ2乗に比例し，また流れの場の地形勾配に比例する．水深の影響はより大きく，深い流れは強い押圧力を建物などに及ぼす．水深は建物が流れの力を受ける断面積の大きさを示すものであるが，これはまた建物に加わる浮力にも関係する．水深が深いと浮力も大きくなり，建物のような重い物体でも，少しでも浮き上がると容易に押し流される．

　勾配のゆるやかな開けた平野における洪水流は，側方へ広がって水深が小さくなるので建物を破壊するほどの力はなく，破堤口付近などを除きほぼ浸水を被るだけで済む．これに対し山地内の谷底低地のような地形のところでは，側方への広がりが制約されて水深は大きくなり，また地形勾配は大きいので，hv^2 の値は非常に大きくなって，流れの中の建物などを押し流す力をもつに至る．強雨により山地上流域で山崩れ・土石流が発生すると，多量の土砂や流木が運搬されてくるので，洪水流の力はさらに増す．山麓で谷が開けたところでも地形勾配は大きいので，谷出口直下では激しい流れ

4.3 河川洪水

表 4.3 山地内および山麓の谷底低地において多数の家屋損壊を起こした河川洪水（1946〜2000 年）

年月	災害名	被災地・氾濫河川	谷底低地面勾配	最大日雨量（流域平均）mm	全壊・流失家屋数	死者数
1947.9	カスリーン台風	一関市・磐井川	1/160	155	331	101
		桐生市・渡良瀬川	1/150	220	300	144
		足利市・渡良瀬川	1/400	220	205	319
1948.9	アイオン台風	一関市・磐井川	1/160	260	802	571
1949.9	キティ台風	桐生市・渡良瀬川	1/150	120	36	6
1953.6	西日本水害	熊本市・白川	1/350	400	1513	286
		日田市・筑後川	1/180	320	651	5
1957.7	諫早水害	諫早市・本明川	1/250	720	726	539
1958.9	狩野川台風	伊東市・伊東大川	1/120	360	201	58
		大仁町・狩野川	1/350	420	188	220
1965.7	40 年 7 月水害	人吉市・球磨川	1/320	180	24	2
1967.8	羽越水害	小国町・横川	1/180	450	77	2
1983.7	島根水害	三隅町・三隅川	1/300	380	132	5
		益田市・益田川	1/160	300	59	3
1986.8	台風 10 号	茂木町・逆川	1/300	320	21	1

が維持される．豪雨により上流山地内で大きな斜面崩壊が生じて土砂が谷を埋めると，堰き上げられた水が一気に流下して，下流の谷底低地に段波状の激しい洪水を起こすおそれがある．

　このように，勾配が大きく幅狭い谷底低地や山麓の谷出口付近では破壊力の大きい洪水流が発生する．多数の死者や家屋の流失・全壊を引き起こした河川洪水災害の大部分は，このような地形のところに位置する市街域で起こっている（表4.3）．開けた平野内においても，自然堤防や盛土路盤が先狭まりでつらなっていて流れが堰き上げられるような状態になっていると，破堤口から離れていても強い流れが局所的に生じて，家屋流失が起こることがある．なお 2004 年に災害給付金支払いのために，ある深さ以上の床上浸水を半壊・大規模半壊・全壊などと判定するようにとの通達が出され，被害区分が直接の破壊の大きさを反映しないようになってきている．

　このタイプの洪水を防御するハードの対策は，ダムの建造である．狭い谷底であるから高い堤防をつくる余地はほとんどない．しかし，ダムは一般に利水を兼ねていて，できるだけ水を貯めておこうとしているので，洪水を調整する能力には限界がある．また，満水近くになったら放流せざるを得ないので，これが危険をもたらす．周辺山地内に降った雨水はすぐに谷底内に流出してくるので，河川水位の上昇は急速である．したがって警報・避難の態勢が，他のタイプの洪水に比べ格段に重要である．ただし避難行動を行う場合には，同時に山地側からの土砂災害の危険にも注意を向けねばならない．谷底の側面に分布することの多い段丘面上が，比較的安全な居住地である．

b. 洪水危険度指標

洪水流の強さを単純化して，単位幅流量と勾配 S との積で表されるとし，これを地形および降雨の量で置き換えて危険度指標を求める．面積 A の流域に強さ P の降雨が入力された場合の流量は AP となり，これが幅 W の谷底低地を流れると単位幅流量は AP/W で与えられるので，洪水流の強さ F は $(SA/W)P$ と，地形および降雨の要因で近似的に表すことができる．

1946年以降の約50年間に，山地内・山麓の谷底低地に位置する市街地で生じた洪水災害について，地形量 $(SA/W)K$ を横軸に，降雨強度 P_{12} を縦軸にとりプロットしたのが図 4.32 である．ここで，S：谷底低地面の平均勾配，A：上流域面積 (km^2)，W：谷底低地面の平均幅 (km)，P_{12}：流域平均最大12時間雨量 (mm)，K：時代係数である．K は家屋の強度の時代による差を補正するために加えた係数で，判別分析により 1960 年以前 1.5，以後 1.0 の値を与えた．対象としたのは表 4.3 に示した大きな災害など19例および被害が浸水だけで済んだ12例である．床上浸水を半壊や全壊扱いにすることが多くなっている最近の災害は対象外とせざるを得ない．

ある特定の場所についてみれば，地形要因は一定であるから，家屋被害が浸水だけであるか損壊（流失・全壊・半壊）も生ずるかは，水深の大きさによって決められる．図 4.32 において，多数家屋（およそ50戸以上とした）の流失・全壊が生じた洪水事例（これを山地洪水災害と呼ぶこととする）と浸水だけの事例とを最もよく分離する直線は，山地洪水災害発生の限界降雨強度を地形要因の関数として示す．この直線の式は，$P_{12}=280/(SA/W)K$ で与えられる．流失全壊が50戸未満の中間的被害の事例はこの直線の周辺にプロットされる．最大24時間雨量を使用した場合は $P_{24}=330/(SA/W)K$ と表される．このように，ほぼ地形に支配されて発生する山地河川洪水では，上記の地形量あるいは降雨強度が危険指標となる．降雨強度を再現期間で表せ

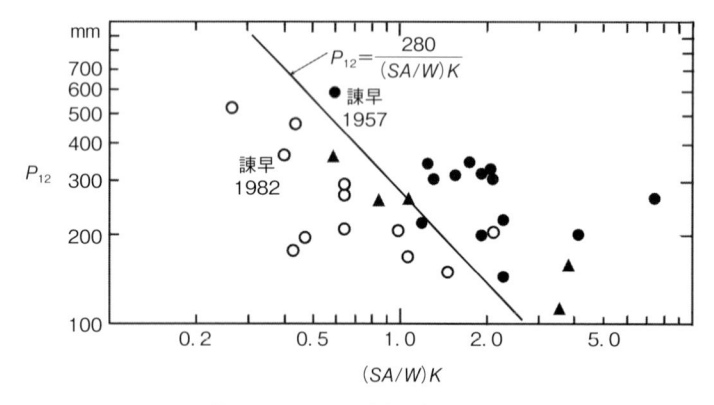

図 4.32 山地河川洪水の危険度指標
●：流失全壊50戸以上，▲：流失全壊50戸未満，○：浸水のみ．

ばさらによい指標になる．

c. 山地河川洪水災害の事例

1957年7月25日，九州北西部は梅雨前線末期の活動による集中豪雨に見舞われた．雨が最も強かったのは長崎県の多良岳南面から島原半島北部にかけての地域で，島原半島北岸の西郷では最大3時間雨量377 mmを記録したが，これは現在でも日本の最大記録である．停滞した梅雨前線上を低気圧が進んできたところへ北方の高気圧から寒気が流入し，さらに南から多量の水蒸気を含む気流（湿舌）が入ってきたことによりこの集中豪雨は起こった．

この豪雨による被害がとくに著しかったのは多良岳の南麓に位置する諫早で，市街を貫流する本明川が氾濫して大災害となった．死者・行方不明は539人，家屋の流失・全壊は727戸などで，市の世帯の大半が被害を被った．

本明川は多良岳火山の南峰，五家原岳（標高1057 m）の山頂近くに源を発する延長20 kmの小河川である．標高約100 mまでの上流部は山頂から放射状に伸びる急傾斜の放射谷である．ここから有明湾沿岸低地までのおよそ7 kmの区間では幅200～600 mの谷底低地内を流れている（図4.19）．多良岳の他の放射谷とは異なり，山腹・山麓を巻くようにして流れているので，いくつもの谷が側面から流入して洪水時の流量を大きくしている．有明湾海岸低地に流れ出す谷の出口には谷底幅が半分ほどに狭まる狭さく部がある．河道はここでほぼ直角に曲がり，また，谷底勾配は急減している（図4.33）．このような河道地形は洪水の疎通を妨げ流れを堰き上げ，激しい洪水を引き起こす．諫早市街は狭さく部をほぼ中央にして谷底部と谷出口の海岸低地に展開しており，本明川には多くの橋が架けられている．橋は洪水の疎通を大いに妨

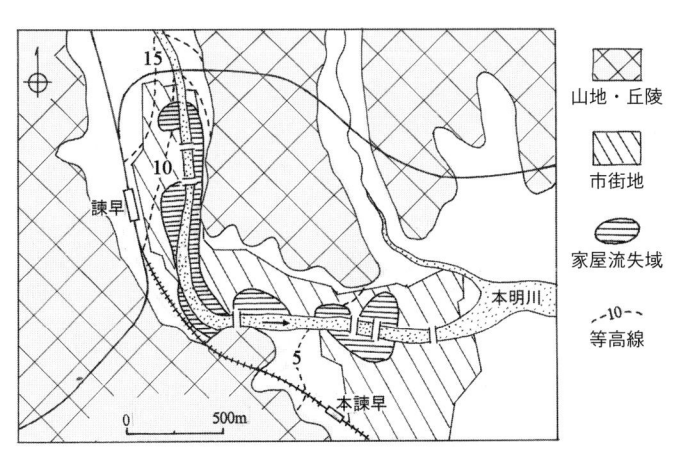

図4.33 長崎・諫早周辺の地形と1957年被災域
2 m間隔の等高線図を図4.19に示した．

げる.

　このような山地内での洪水では，河川水位の上昇は急激である．流域面積の小さい山地流域では降雨強度の増減にすぐに反応して水位が変化する．諫早では20時ごろ本明川水位がいったん下がったあと急速に上昇した．狭さく部左岸では10数分間に1.5mの上昇が観測された．狭さく部の上流の谷底低地内市街では最大水深が3m，流速は4〜5m/sに達した．谷の幅は300〜400mと狭く，勾配1/150とかなり急なので水深の大きい激しい流れが生じた．狭さく部より下流では谷が大きく開け，勾配は1/400程度に低下する．しかし，大量の流木が橋を塞いで側岸への激しい氾濫を引き起こしたことも加わって，多くの家屋が流失した．上流の多良岳火山斜面では多数の山崩れ・土石流が発生したので多量の流木が生産された．この流木が大量に引っ掛かったアーチ型の眼鏡橋の両岸では，激しい洪水流が生じて大きな被害を引き起こした．海の潮位変化の影響は狭さく部近くまで及ぶが，このような激しい洪水流の運動に干満は影響しない．

　1982年長崎豪雨は記録的なもので隣接の長崎市を中心に大被害が生じたが，図4.32中に示すように本明川流域における降雨強度は限界値に達せず，被害はほぼ浸水止まりであった．

　山麓の谷出口に位置していて大きな洪水災害を被った例として岩手県一関市や熊本市が挙げられる．一関は北上川の支流磐井川が扇状地状の谷底を下刻してつくった狭い河道内から開けた北上盆地に流れ出すところに位置する．右岸の中心市街地はやや凹状の地形のところにあり地表面勾配は1/150と大きいので，ある強度以上の雨が上流域に降ると，多数の家屋を破壊する激しい洪水流が発生する地形条件下にある．1947年9月のカスリーン台風による豪雨時には，死者101人，住家流失・全壊331戸の，翌年9月にはアイオン台風の豪雨により死者571人，流失・全壊802戸の大きな被害を2年連続して被った．一関は広い北上盆地の最下流部（著しい狭さく部の直上流）にあるので北上川の氾濫による被害を頻繁に被る．しかしこれは比較的穏やかな氾濫で，被害は浸水にとどまる．

　熊本市街には阿蘇カルデラから流れ出す白川が北東から南西へと貫流している．白川は市街北東部で丘陵・台地内を流れており，その谷底幅は1000m以下，低地面勾配は谷出口付近で1/350である．1953年6月の梅雨前線豪雨（西日本水害）により白川は市街域で大規模に氾濫した．市全体の被害は死者286人，住家流失・全壊1513戸など著しいものであった．死者の大部分は谷底低地部において発生した．洪水流は阿蘇火山からの大量の火山灰を含んで泥流状になって市街に氾濫し，非常に多くの建物を破壊した．堆積土砂は100万m^3を超えた．

　河川洪水による死者の多くは，家屋の流失・全壊に伴って生じる．日本の木造家屋はかつては土台石の上に木の土台を載せるという置き基礎であった．この場合，浸水すると浮力によってたやすく浮き上がる．わずかでも浮けば流れによって容易に動かされ破壊される．1950年の建築基準法によって，土台は鉄筋の入った布基礎にボル

トで固定するように定められた．この規準に従った家屋が次第に多くなってきた結果，1970年代になると流失家屋は非常に少なくなり，また洪水死者数も大きく減少してきた．

1970年以降において家屋損壊の多かった洪水としては，1983年島根豪雨時の三隅町の災害が挙げられる．三隅の中心地区は山地内の狭い谷底低地内にあって最大水深5mを超える洪水流に襲われ，流失・全壊130棟などの被害を被った．洪水の経過を示す連続写真では，浮力が相対的に大きくなる平屋がまず流失していることがよく示されている．中国山地には谷底低地に位置する都市が多数ある．

山地内や山麓の谷底低地では，これまでにも繰り返し洪水災害を被っている．諫早では1699年（元禄12年）に死者487人の大きな災害を受けた．熊本では1796年（寛政8年）に1953年を上回る洪水が起こっている．大規模な洪水は一般に再現期間100年以上の豪雨で起こるが，一関のようにこれが2年連続して発生することもある．

4.3.8 小貝川・霞ヶ浦の治水と洪水の歴史（地域例4）
a. 小貝川

関東平野を流れる利根川は，自然状態では南へ流れ東京湾に流入していたが，徳川幕府は平野中央にある分水界の台地を関宿において開削して，東に流れる常陸川に接続させるという河道付替え工事を1621年から実施した．これによって旧常陸川は旧利根川や渡良瀬川などが流す大流量の洪水を引き受けることになった．

1629年には水海道の南において鬼怒川と小貝川を分離し，台地を4km開削して鬼怒川を利根川（旧常陸川）に合流させる工事をおこなった．また，1630年には戸田井と羽根野の間で取手台地を開削し，押付にて小貝川を利根川に合流させた（図4.34）．これらの河道付替えによりこれまで放置されていた鬼怒川・小貝川低湿地の利用が可能になり，灌漑用に福岡堰・岡堰・豊田堰の3大堰などを設けて，新田が開発されることとなった．

もともと常陸川は取手台地のすぐ南を流れていたが，1630年に我孫子台地東端を布川と布佐の間において開削して，流路を南に移した．現在もここは河幅が著しく狭い狭さく部になっている．新利根川は1660年ごろ開削が始められた人工河川で，かつてその上流部は利根川に接続していた．1922年には高須における小貝川の曲流部がショートカットされた．明治・大正期の地形図にはこれらの河道変遷の痕跡が認められる．大きな流路変更が行われた河川において氾濫が生じた場合，一般に洪水の主流は自然地形の傾斜方向に向かっていたもとの流路をたどって流れ下る．

1742年（寛保2年）以降，小貝川下流部における堤防決壊による洪水は14回（決壊箇所数18）起こったという記録がある．このうち右岸側（藤代側）は1950年の1回だけで，低地面の傾斜方向に（かつて鬼怒川が流れていた方向に）洪水が向かう傾向が非常に強いことがわかる．高須の曲流部がショートカットされる以前には，決壊はこの曲流部付近と利根川合流点付近で多く生じていた．豊田では5回も決壊が起

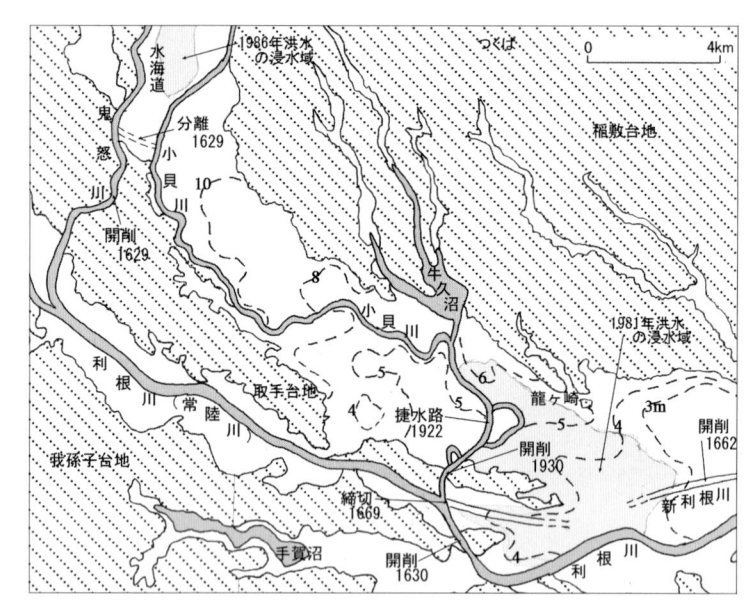

図 4.34　鬼怒川・小貝川の河道変遷と治水工事

こった（図 4.20）．

　合流点の上流では本流の高水位の影響を受けて決壊が生じやすいので，小貝川流域では雨が少なくても利根川上流山地で大雨が降ると，小貝川が洪水になる．布川の狭さく部は合流点付近での利根川水位をより高くする．1935 年 9 月には利根川からの逆流によって高須橋下流で左岸堤防が破堤し，東村までの百数十 km^2（1981 年洪水の 5 倍程度）が浸水を被った．

　平野部で大雨が降ると小貝川自体の流量が大きくなって氾濫が生じる．1938 年 6 月の洪水はこのタイプで，佐貫駅の近くで破堤して 140 km^2 が浸水した．石下町豊田などで破堤氾濫が生じた 1986 年 8 月の洪水もこのタイプである．1950 年のように藤代側に氾濫すると小貝川堤防により流下が妨げられるので，堤防際から上流方向へと流入量と地形に応じて浸水域が広がり，長期間滞水する．

　1981 年の龍ヶ崎・高須橋上流における破堤は，旧河川を締め切り，農業用水用の水門が設けられていたところで生じた（図 4.17）．小貝川の水位は堤防の上面（天端）から 2.5 m も下にあり，また，利根川からの逆流により流れはほぼ停滞していたので，破堤には漏水が大きくかかわったと推定される．この 5 年後の石下町豊田における破堤は水門設置箇所で起こり，漏水進行による堤防破壊の経過が連続写真に撮られている．

　龍ヶ崎南部の小貝川低地は東南東に向け傾斜している．JR 佐貫駅付近から江川沿

いに東南東方向へほぼ連続する自然堤防列は比高が1m程度と低いものの，これまでの小貝川氾濫の浸水域を常に限定している．南部では西方から伸び出している取手台地が浸水域の境界になる．破堤が牛久沼の南から羽根野の間のどこで起こっても，氾濫域は江川自然堤防列と取手台地の間に広がり，新利根川方向に流れる．氾濫の規模が大きかった1935年の洪水でも，江川自然堤防列が浸水域の限界になった．中心市街の南の江川左岸（市街側）にはかつて堤防（並木堤）を設けて，比高の小さい自然堤防上にある市街地への浸水を防ぐ備えとしていた．

1981年の小貝川洪水では氾濫域の平均勾配は1/2500で，氾濫域先端の平均広がり速度は200〜500 m/hであった．1935年の洪水では高須橋南の破堤口から南東に3 km離れた押戸に洪水が達したのは3時間後であった．この時の氾濫規模は大きくて水深も大きかったが，それでも進行速度は1 km/hほどであった．河川低地内には道路・自然堤防・集落など流れの妨げとなる地形・地物があるので，氾濫流の進行はこのように遅くなる．

b. 霞ヶ浦・桜川

霞ヶ浦は，海面が現在よりも高かった縄文前期に陸地内に深く入り込んだ入海が内陸に閉じ込められた潟起源の浅い湖沼である．出口は利根川・鬼怒川の運搬土砂および鹿島砂丘によって閉ざされ複雑な水路をとっている（図4.35）．このため排水能力不足および利根川からの逆流による洪水がたびたび発生した．この対策として，1921年に横利根川に閘門を設けて利根川からの逆流を防ぐようにした．また，排水河道の

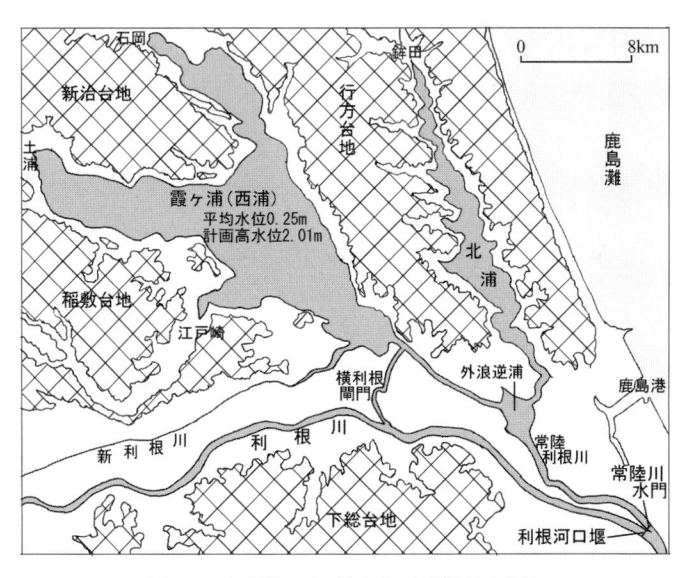

図4.35 利根川・霞ヶ浦水系の地形と治水施設

北利根川・常陸利根川を掘り下げ幅を広げて洪水の疎通をよくした．しかしこれによって海水が逆流し霞ヶ浦沿岸で塩害が生じるようになったので，利根川との合流点に常陸川水門を1967年に完成させ，湖水位調節および逆流防止を行うようにした．現在では，霞ヶ浦の計画高水位をT.P. 2.0mとし，高さ2.1mの湖岸堤防が設けられている．

霞ヶ浦の既往最高水位は1938年の2.5mで，この時には霞ヶ浦流域全体で死者25人，家屋流失・全壊180戸などの被害が生じた．これは総雨量700mmに達する梅雨前線豪雨によるもので，浸水は茨城南部低地の全域に及んだ．

霞ヶ浦に流入する最大河川の桜川の河口部に土浦の市街がある．土浦は，低湿地に水壕を幾重にもめぐらして防御する平城として築造された土浦城の城下町であり，水に弱い生い立ちの街である．城の東には比高1mほどの砂州が南北につらなり，古い街並みを載せている（図2.34）．水戸街道は鉤形に屈曲しながら砂州上を通じている．この砂州は霞ヶ浦の増水から城を守る役目をもっていた．しかし一方これは内水の湛水を助長する．

城の築造が始まった室町時代には桜川は城の北側を流れていた．明治の地形図にはその旧流路がみられる．1893年に開通した常磐線は湖岸沿いに通し，盛土路盤に水防堤の役割をももたせた．市街地の標高はほぼ2m以下と低く，江戸時代以来幾度も水害を被ってきた．とくに1938年6月末の洪水は激しいもので，桜川は破堤して土浦町の最大浸水深は3.1mに達し，死者6人，住家全半壊61戸，浸水4311戸などの大きな被害が生じた．1941年には利根川の洪水が霞ヶ浦に逆流してきて湖水位が2.1mに上昇し，住家4340戸が浸水した．

桜川の河川改修は，計画流量毎秒1000 m^3，霞ヶ浦計画水位2.0mに基づいて実施され，河口から10kmの区間では築堤が完了している．その上流部では，河道部が低地面よりもかなり低くなっているということもあって，連続した堤防がつくられていない．筑波山塊からの土砂供給が少なくて，河流が低地面を侵食する状態にあることをこれは示している．1986年には台風10号の大雨により，桜川中流部では全面的な浸水が生じたが，この侵食河道部では，無堤部もあるにもかかわらず，浸水は河道付近に限られた（図4.29）．なおこの時河口部（土浦）では，中流部での氾濫（遊水）により，警戒水位にも達しなかった．

4.4 内水氾濫

その場所に降った雨水や周りの高いところから流れて込んできた雨水が，はけきらずに地面に溢れるという洪水が内水氾濫である．これが起こりやすい土地は，低地中の凹状地など水が集まりやすく排水条件の悪い地形のところであるが，市街地化が雨水流出条件を悪化させて氾濫を激しくしている．都市水害といわれているのは都市域における内水氾濫である．

4.4.1 市街化と雨水流出条件

　平坦地に強い雨が降ると，雨水がはけきらずに地面に溜まる．低いところには周囲から水が流れ込んできて浸水深がより大きくなる．また，排水用の水路や小河川は水位を増してまっさきに溢れ出す．このようにして起こる洪水を内水氾濫と呼び，本川の堤防が切れたり溢れたりして生じる外水氾濫と区別している．ただし内水の範囲はあいまいで，ある平野を流れる主要河川（本川）の水を外水とし，その堤防の内側（平野側）における水を内水と呼んでおり，どの河川を本川とするかによって内水の範囲が変わる．通常，平野内に水源をもつ比較的大きな排水河川が溢れる場合や，台地・丘陵内の小河川が谷底低地内に氾濫する場合も内水氾濫に含めている．

　内水氾濫による水害がとくに問題になっているのは，都市やその周辺の新興市街化地域においてである．都市水害の大部分は都市域における内水氾濫で，都市の構造がそれを激しくし，また，地下街の浸水など新たな種類の被害をつくり出している．大都市域に大雨が降ると，浸水家屋が数万棟以上にも達することもある．内水氾濫はゆっくりとした浸水で，人命への危険は小さいが，浸水棟数が多くなると被害額が巨額になる．また，大量に発生するゴミの処理が水害後の難問になる．

　樹林地・草地・畑・水田などは，雨水を地表面上へ一時貯留し地中へ浸透させる働きをもっている．これが市街地化されると，流域の雨水貯留能力が大きく低下する．また市街地化は，屋根の占める面積の増大，道路・駐車場などの舗装などによって雨水が浸透しにくい土地の面積割合を大きくする．整地・路面舗装・側溝などは雨水流に対する地表面抵抗（粗度）を非常に小さくして流速を大きくする．

　このような地表面貯留および地中浸透の減少，表面粗度の低下という雨水流出条件の変化によって，降雨の流出率（降った雨の量に対する流れ出た水の量の割合）が増

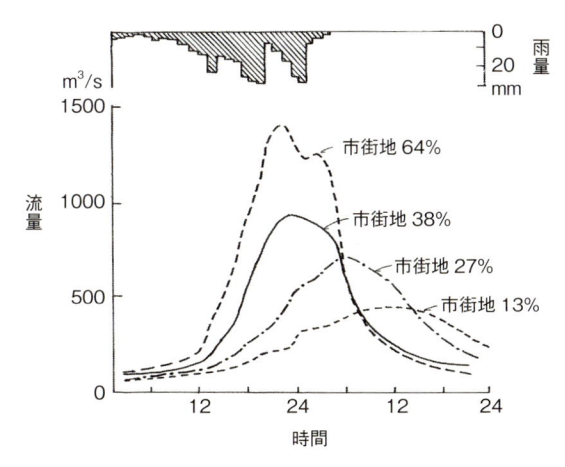

図 4.36　市街地化による洪水流出の変化（建設白書, 1983）

加し，また流れが速くなって周りから低い土地に短時間で集まってくるようになる（図4.36）．新設の道路などの構造物が流れを妨げて新たな排水不良地を出現させることもある．流出率のおおよその値は，平らな農耕地が0.5程度であるのに対し，市街地では0.8～0.9ほどになる．このため降雨強度は同じであってもピーク時の流量は何倍にも増大する．ピーク流量が大きくなると，河道内に収容しきれずに溢れ出たり堤防を決壊させたりして，水害を引き起こし，またその規模を大きくする．

　流域の市街地化は，氾濫が生じた場合に被害を受ける住宅や施設が増加することをも意味する．内水氾濫の危険が大きい低湿地は地価が比較的安いために，住宅がまっさきに進出する結果として，水害常襲地が出現したりする．さらに，市街地化の進展に伴う高地価・用地難は，自治体の予算枠は限りがあるので，河川改修の進行を遅らせる．都市の内水災害は市街化が低湿地にも急速に拡大した高度成長期に著しかったが，1980年代以降かなり減少してきている．

4.4.2 内水氾濫の危険地

　雨水がはけきらなくて溜まるという土地は，もともと排水条件の悪い地形のところで，かつては氾濫を緩和する働きをもつ自然の遊水地となっていた場所である．このような土地が市街地化されると遊水が有害水（水害）に変わり，大雨のたびに浸水する常襲地が出現する．市街地には道路・鉄道・宅地盛土など流れを妨げる地物が数多く複雑に分布するので，地盤高が高いところでも湛水が生じる．また，市街化の進展による排水条件の変化や排水施設の設置などにより，浸水域が時間的に変化する．

　危険度評価の基本データはコンター間隔1mほどの詳細な地盤高分布図である．ただし，道路・建物などの地物や下水道など排水施設の氾濫に及ぼす影響は，この地盤高分布だけからでは簡単にはわからない．詳細等高線図は数値標高データ（DEM）により作成することができる（図4.19）．内水氾濫は繰返し起こることが多いので，浸水履歴は危険度判定のよい手段になる．

　内水氾濫が生じやすい地形には，平野の中のより低い箇所である後背低地・旧河道・旧沼沢地，砂州・砂丘によって下流側が塞がれた海岸低地や谷底低地，昔の潟（出口が閉ざされた入り海）を起源とする凹状低地，市街地化の進んだ丘陵・台地内の谷底低地，台地面上の凹地や浅い谷，地盤沈下域，ゼロメートル地帯，干拓地などがある．2000年東海豪雨により浸水した新川中流域の西枇杷島付近は地盤高が周囲より2m以上も低い沼沢地起源の凹地である（図4.37）．

　市街地が浸水した場合の死者発生原因は，冠水した道路を歩いていて深みにはまったり，側溝・排水路などに転落したりして溺れるのが大半である．浸水の深さがひざ上までになると歩くのが困難になる．もっと深くなれば浮力が効いて，足をとられやすくなる．下水の水圧によってマンホールの蓋がはずれている道路が冠水すると非常に危険である．地下街への階段，立体交差での路面の掘り込み箇所（アンダーパス），丘陵斜面を通ずる道路などでは，激しい流れが生じて人や車が押し流されることが起

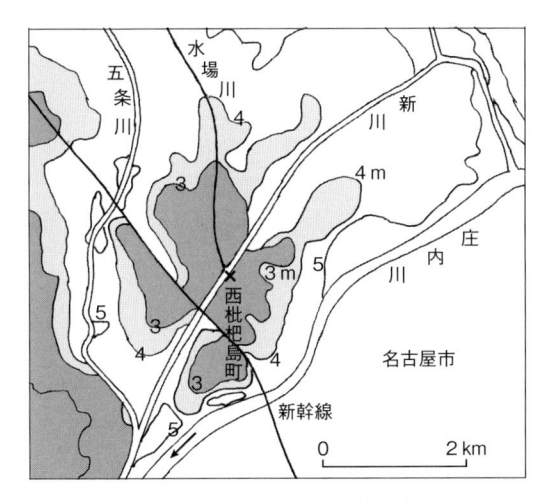

図 4.37 2000 年東海豪雨により浸水した愛知・新川中流域の地形

こっている．

4.4.3 内水対策

　内水氾濫常襲地は，遊水地として残しておくべきところである．低湿地にポンプ場や排水路などの施設を設けたとしても，浸水を被りやすい脆弱な土地であることに変わりはない．これをあえて開発・利用する場合，被る被害あるいは防止対策の費用は，その脆弱な土地を利用し日常的な便益を得ていることの必要コストとして受け入れるのを基本とすべきである．近年大都市では地下ダム・地下河川の建造に巨額が投入されているが，これを誰が負担するかは検討の余地がある．

　その地区への流入量（降雨の量および周辺から流れ込む量）が流出量を上回らないようにするのが，内水氾濫の防止対策である．流入量を減らす方法としては，流域内で積極的に雨水の貯留と浸透を図る，すなわち「流す」のではなくて「溜める」「浸み込ませる」が基本となる．このことは河川洪水の場合でもまったく同じである．

　都市域における貯留では，雨が降ったそれぞれの場所で溜めるという方法が中心で，建物の棟の間に溜めたり，広場，公園・緑地，運動場，駐車場などを，谷や凹地に，あるいは浅く掘り込んだところに設け，大雨時に雨水を貯留させるという方法がとられている．新規開発の住宅団地や工業団地などでは，開発域内の谷間に洪水調整池と呼ばれる小ダムを設けているところが多くみられる．

　屋根に降った雨を導いて溜める貯留槽を各戸に設けるのは，雨水利用にもなり一挙両得である．地下に浸透させるのも貯留の一形式で，道路・駐車場の舗装や側溝・雨水桝・下水管などに浸透性の材料を使う，という方法がとられている．自然および人

工の緑地・遊水地を積極的に保全することは，環境面および防災面の両面から非常に望ましいことである．

4.4.4　都市水害事例

2000年9月11〜12日，愛知県下は台風14号と秋雨前線の活動により，最大24時間雨量535 mm，最大1時間雨量93 mm（名古屋気象台）という記録的な豪雨に見舞われた．これによって生じた内水氾濫に一部破堤氾濫が加わって，名古屋市で38,815棟，愛知県全体で63,440棟の住家が浸水被害を被った．なお，名古屋市におけるおよそ4万という住家浸水棟数は，従来の浸水事例と比べると，降雨強度のわりにはかなり少ないものである．

名古屋を流れる最大の河川は庄内川（流域面積1000 km^2）で，市街の北および西側を取り巻くようにして伊勢湾へ注いでいる．この庄内川の洪水から名古屋城下を護る対策の一つとして，右岸側（市街からみて外側）に排水河川の新川が1780年代に開削され，洗堰（越流堤）により庄内川の洪水の一部をこれに分流するように改修された．庄内川は日本の主要都市河川の一つで，超過確率1/200（日雨量250 mm）の規模の河川施設が建造されている．一方，県管理の新川および市内の排水路は時間雨量50 mm（超過確率約1/5）対応となっている．2000年9月の豪雨は計画降雨の2倍を超えるものであったが，庄内川ではわずかな溢水が生じただけであった．しかし堤内地では，1時間雨量が100 mm近くに達した11日18時過ぎにたちまち内水の氾濫が生じて，市街地の1/3が浸水した．

新川では計画規模を超える高水位が9時間継続した時点において，大きな支流である水場川との合流地点の対岸で破堤が生じた．破堤の原因には合流による水衝作用がかかわっていたと推定される．氾濫口に面する土地は自然堤防と河道によって囲まれた凹状地であり，すでに内水の湛水が生じていたところへ破堤氾濫水が加わって浸水深が大きくなり，被害が拡大した（図4.38）．破堤が生じた新川と水場川との合流点の付近はその下流よりも2 mほど低い凹地であり，また，庄内川・五条川により下流が閉ざされた状態の袋状低地であるので，内水および河川氾濫水の湛水が非常に生じやすい地形である．

1958年の狩野川台風は，伊豆半島の狩野川を大氾濫させたためにこのように命名されたが，同時に首都圏においても大きな被害をもたらした．東京では最大24時間雨量392.5 mm（既往最大），最大1時間雨量76 mmを記録し，荒川・江戸川低地および多摩川低地が全面にわたって内水の氾濫を被った．また，山の手台地を刻む神田川・石神井川などの谷底低地が広範囲に浸水した（図4.39）．東京都における浸水面積は211 km^2，うち谷底低地が33 km^{2}であった．東京・埼玉・神奈川の3県県における住家浸水戸数は約43万であったが，これが現在生じたとすると被害額は数兆円に達する．なお，床上浸水では被害額が床下浸水に比べ10倍以上になる．

1966年の台風4号の雨は，最大24時間雨量235 mm，最大1時間雨量26 mmで，

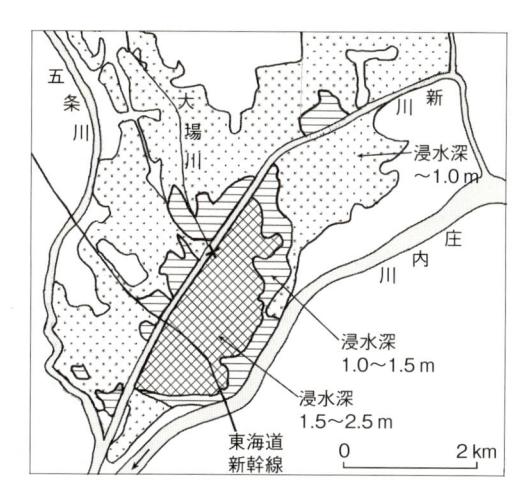

図 4.38 愛知・新川中流域の 2000 年浸水域

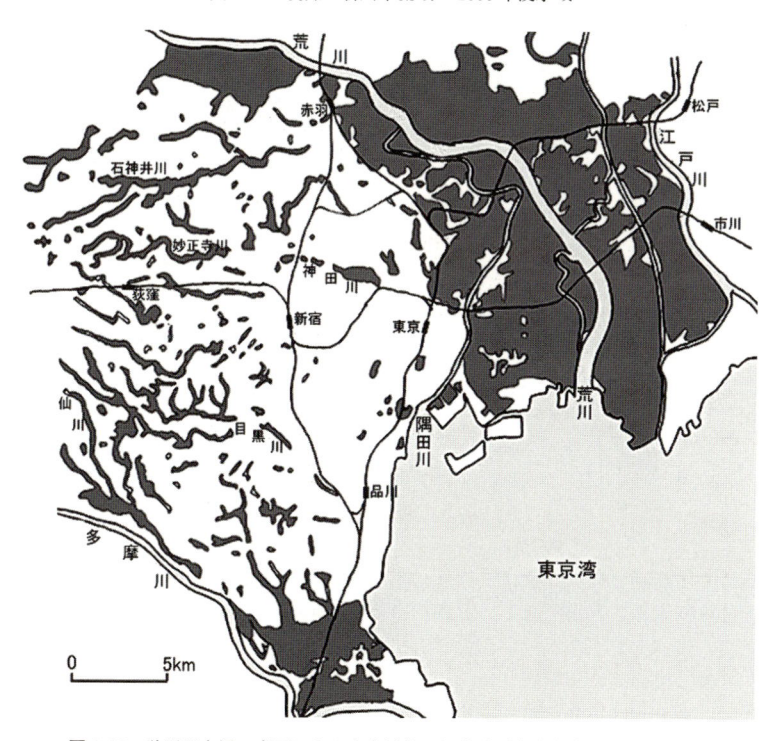

図 4.39 狩野川台風の豪雨による東京区部の浸水域（東京都資料により作成）

短時間の降雨強度としては大きいものではなかったものの，浸水面積 74 km² と狩野川台風に次ぐ規模の浸水を引き起こした．浸水域は荒川左岸の足立区・川口市・北足立郡で広範囲であったが，これは荒川が長時間にわたり高水位を保ったため，この地区の内水の荒川への排水が阻害されたためである．また，山の手台地域での浸水面積が 18 km² と多く，かつそれが上流の多摩地区に広がったので，山の手水害という名称が与えられた．台地内谷底や台地面の凹地（窪）での宅地化は，1960 年代前半から急速に進んだ．神奈川では多摩丘陵内を流れる鶴見川の谷底面が全面浸水した．

大阪とその周辺地域では，昭和 42 年 7 月豪雨と昭和 47 年 7 月豪雨により大きな内水氾濫が生じた．淀川下流の平野は上町台地によって半ば閉ざされているので，これと生駒山地および淀川本川とにより囲まれた潟起源の寝屋川低地に位置する東大阪市・大東市・寝屋川市などはたびたび内水氾濫を被ってきた．

大阪平野の中央には，南から上町台地が突き出しその先端には砂州が形成され，平野を東西に二分している．このため東側（内陸）の河内平野は廃水条件の悪い潟起源の低地となっている．大和川はかつては河内平野に流入していたが，台地を開削して直接大阪湾に流出させ淀川から分離する河川工事が 1700 年代に行われた．昭和 42 年 7 月豪雨による兵庫県の尼崎市と西宮市における住家浸水は 5 万戸で，大阪府と合わせると総数 13 万戸に達した．

1998 年と 2003 年に福岡・博多駅のすぐ東を流れる小河川の御笠川が氾濫して，博多駅周辺が 2 度にわたり浸水し，駅の地下街，地下鉄，ビル地下室など地下空間の浸水が問題となった．御笠川の河床勾配はここで 1/40 から 1/200 へと突然に減少しており，流速の急減によって氾濫が生じやすい地形条件にある．

札幌市の北部低地は，1962 年台風 9 号，1964 年 6 月豪雨，1965 年台風 23 号，1965 年台風 24 号の 4 回の大雨により，連続的に浸水を被った．排水条件の悪い土地は繰り返し内水による浸水を被る．このため，浸水頻度のとくに大きいところは，災害危険区域に指定され，床面の高さなどの建築構造規制が行われた．第 1 種災害危険区域は床の高さを道路面よりも 1.5 m 以上，第 2 種災害危険区域は床の高さを道路面より 1.0 m 以上にする，出水のおそれのある区域は床の高さを道路面より 0.6 m 以上にする，などである．

4.5 高　　潮

台風による高潮の最大潮位は，台風の勢力・コース・最接近時刻により，湾・海岸域ごとに予測することができる．高潮の危険がとくに大きいのは，南に向かって開口する奥深く浅い湾である．狭い海岸平野では，浸水危険域は最大潮位までの標高の範囲であるが，広い三角州平野では，台風が遠ざかることによる潮位低下で海水が引き戻されるため，到達限界は最大潮位よりもかなり低くなる．高潮の危険予測は他の災害に比べ比較的容易といえるが，世界的にみて最大の人的被害をもたらしている災害

でもある.

4.5.1 最大潮位

　高潮とは海面の高さ（潮位）が長時間にわたって平常よりも高くなる現象をいい，その著しいものは台風によって引き起こされる．台風は，中心域での低い気圧による海水の吸い上げ（周りからの押し上げ）と，強風による海岸への海水の吹き寄せとによって海面を高くする（図4.40）．この気象を原因とする海面上昇分を気象潮（潮位偏差）という．これにその時々の天文潮が加わったものが実際の潮位になる．
　台風による潮位偏差h(cm) の最大値は

$$h = \frac{1}{\rho}\Delta p + bW_{max}^2 \cos\theta \tag{4.8}$$

で与えられる．ここで，ρ：海水の密度，Δp：中心気圧深度(hPa)，W_{max}：最大風速(m/s)，θ：湾の長軸方向と風向との角度である．右辺第1項は低い気圧による海水吸い上げの効果で，$1/\rho$ はほぼ1であるから，1 hPa の気圧低下で約1 cm 海面は高くなる．陸上で観測された最低の気圧は1936年室戸台風による912 hPa であり，1気圧は1013 hPa であるから，このときの気圧低下量は101 hPa になる．したがって吸い上げの高さはほぼ1 m までである．
　第2項は強風による海岸への海水吹き寄せの効果で，その大きさは風速の2乗に比例する．比例定数 b は吹送距離（湾の奥行きなど風が吹き渡る長さ）に比例し平均水深に逆比例する．したがってこの値は奥深く浅い湾で大きくなる．危険湾の代表である大阪湾・伊勢湾・東京湾などでは0.15〜0.2ほどの値をとる．観測された最大風速は，島や岬を除くと，45 m/s 程度である．この強風が湾内にまっすぐに（θ が 0 で）吹き込むと，湾奥部での吹き寄せの高さが最大で 4 m 程度になる．したがって，日本における高潮の最大潮位偏差は 5 m 程度が限度である．同じ海面波動である津波で

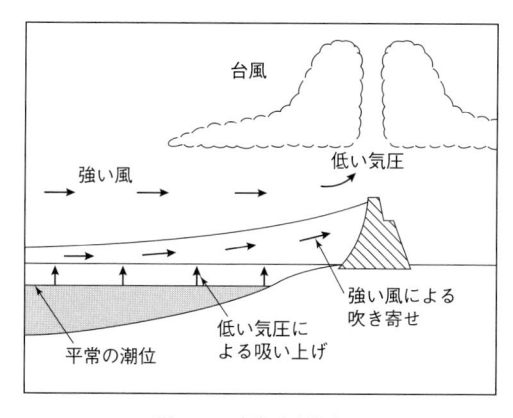

図 4.40　高潮発生模式図

は上限がほとんど決まらないのとは対照的である．

　最大潮位偏差の記録は，1959年伊勢湾台風による名古屋港での3.45 m（天文潮を加えた最大潮位は3.89 m）である．有明海では大潮時の潮位差が4 mにもなるので大きな潮位が観測され，1956年9号台風で最大潮位4.2 mを記録している．ただし最大偏差は2.4 mであった．ベンガル湾奥のバングラデシュでは，中心気圧がさほど低くない960 hPa程度の熱帯低気圧（サイクロン）によっても，7〜9 mの高潮（天文潮も含む）がたびたび起こっている．これはベンガル湾の大きさ，平面形，水深の分布などにより，吹き寄せの量が非常に大きくなるためと考えられる．アメリカ・ニューオーリンズを襲った2005年9月のハリケーン・カトリーナによる高潮の最大潮位は6 mであったが，これも水深の浅い大陸棚が広大なメキシコ湾の海底地形が関係したものである．

4.5.2　高潮の危険海岸

　台風は日本本土に向かって南方から襲来するので，大きな高潮が発生する可能性が高いのは，南に向かって開く湾である．台風の中心に向かい反時計回りに風は吹くので，進行右側（危険半円）では台風の進行速度が加わって，風速がより強くなる．風が湾の中にまっすぐに吹き込むと，斜めに吹く場合に比べ海水の吹き寄せが大きくなる．したがって，高速度で進行する中心気圧の低い台風が満潮時に，水深が浅くて奥深い湾の西側を湾に平行に進むと，その湾奥で大きな高潮が発生する（図4.41）．東京湾の平均水深は45 m，大阪湾で30 m，伊勢湾では20 m，と浅い．これに対し駿河湾・相模湾はトラフ（浅い海溝）が入り込み，湾の中央で1000 m以上と非常に深いので，高潮の危険は比較的小さい．なお，台風が本土上を東向きに進む場合には，進行右側の湾では南に開いていなくても潮位が高くなることがある．2004年の台風16号では，瀬戸内海の高松港（北向きの浅い湾）で2.5 mの高潮が発生し，1.6万棟が浸水した．

　1945〜1999年の期間に1 m以上の最大潮位偏差を示した高潮の発生回数は，伊勢湾10，大阪湾10，東京湾7，有明海7，四国南岸（土佐湾）5，瀬戸内海中西部8，九州南部（鹿児島湾）5であり，2 m以上の高潮は大阪湾4，伊勢湾2，有明海1，土佐湾1，瀬戸内海1である．これらの湾の沿岸には人口密集地区や臨海工業地帯がある．とくに，東京湾，大阪湾，伊勢湾の湾奥には大都市が位置していて，被害の潜在的可能性は非常に大きい．

　東京湾，伊勢湾，大阪湾，土佐湾，有明海の湾奥には海面下の土地が形成されているので，浸水の危険域が広くなっている．有明海は干満の差が大きいので，満潮時と重なると高潮潮位が一層大きくなる．直線的な海岸でも遠浅であれば，海水の戻りが妨げられて吹き寄せの量が大きくなるので，高い高潮が発生する．高潮が河川を遡上して堤防を破壊し，内陸において氾濫することもある．工業用地などの海岸埋立地は高く盛土されていることが多いので，最前面にあっても浸水の危険性は一般に小さい．

　1959年の伊勢湾台風の高潮は，日本最大のゼロメートル地帯のある濃尾デルタ沿

4.5 高潮

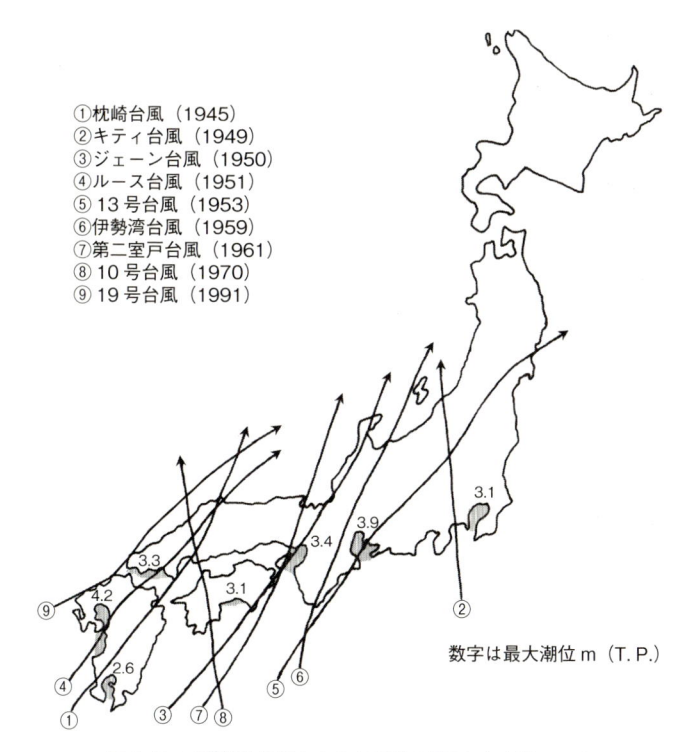

① 枕崎台風 (1945)
② キティ台風 (1949)
③ ジェーン台風 (1950)
④ ルース台風 (1951)
⑤ 13号台風 (1953)
⑥ 伊勢湾台風 (1959)
⑦ 第二室戸台風 (1961)
⑧ 10号台風 (1970)
⑨ 19号台風 (1991)

数字は最大潮位 m (T.P.)

図 4.41　高潮危険海岸と大きな高潮を起こした台風コース

岸および名古屋臨港部に死者 4000 人を超える大災害を引き起こした．大阪湾では，1934 年室戸台風により最大潮位 3.1 m，1950 年ジェーン台風により最大潮位 2.5 m，1961 年第二室戸台風により最大潮位 3.0 m と，たびたび大きな高潮が発生している．

4.5.3　高潮流入の数値計算
a. 伊勢湾台風の高潮

伊勢湾台風が引き起こした最大潮位 3.89 m の高潮は，伊勢湾沿岸低地に広く侵入し，浸水域面積は 510 km^2 に達した．丘陵が海岸に迫った狭い海岸低地では，高潮はほぼ最大潮位の標高にまで達した．一方，広くゆるやかなデルタ地帯では，最大で海岸線から 20 km もの内陸にまで侵入し，到達限界標高は 0 m 近くにまで低下した（図 4.42）．

高潮の陸地内への流入は破堤による河川水の堤内地への氾濫と同じ水理現象であり，水深・地表面勾配・地表面粗度などによって決まる流速で進行する．ただし，地表面傾斜方向に流れる河川氾濫水の場合とは異なり，上り勾配の陸地面上を遡上する

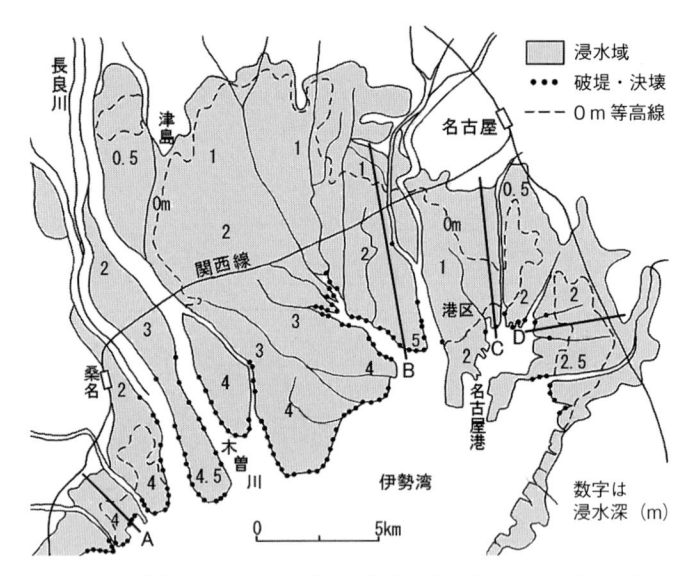

図 4.42 伊勢湾台風高潮の浸水域（建設省地理調査所, 1960 により作成）

状態になるので，進行するに従って水深と流速は次第に低下し，とくに広いデルタの内陸域では進行速度は大きく低下する．

　一方この間に，台風が遠ざかることによる気圧回復と風速低下により，海面は平常の潮位に向け低下していく．一般に最大潮位の2時間後には半分程度に，5〜6時間後にほぼ平常潮位に戻る．大きな高潮を起こす台風は高速度で進行するので潮位の低下が速いことが多い．潮位低下は海方向への水面勾配をつくり陸地内に流入した海水を引き戻すので，最大潮位までの標高域の全域に浸水が及ぶことには必ずしもならない．陸地内の小河川堤防・道路・自然堤防など流れの抵抗になる地形地物が多いと，到達限界標高はさらに小さくなる．

　このような高潮の陸地内侵入についての1次元数値計算により，伊勢湾台風高潮の到達限界を数値的に再現した結果を次に示す．

　使用した基礎式はマニングの抵抗則を使用し風の応力の項を省略した流量式

$$\frac{\partial M}{\partial t} + \frac{\partial (uM)}{\partial x} = -gh\frac{\partial (h+z)}{\partial x} - gn^2\frac{u|u|}{h^{1/3}} \tag{4.9}$$

および連続の条件

$$\frac{\partial h}{\partial t} + \frac{\partial M}{\partial x} = 0 \tag{4.10}$$

である．ここで，M は流量，u は流速，h は水深，z は高度，n はマニングの粗度係数である．計算の空間格子間隔は 50 m，計算時間間隔は 2 秒である．

4.5 高　　潮

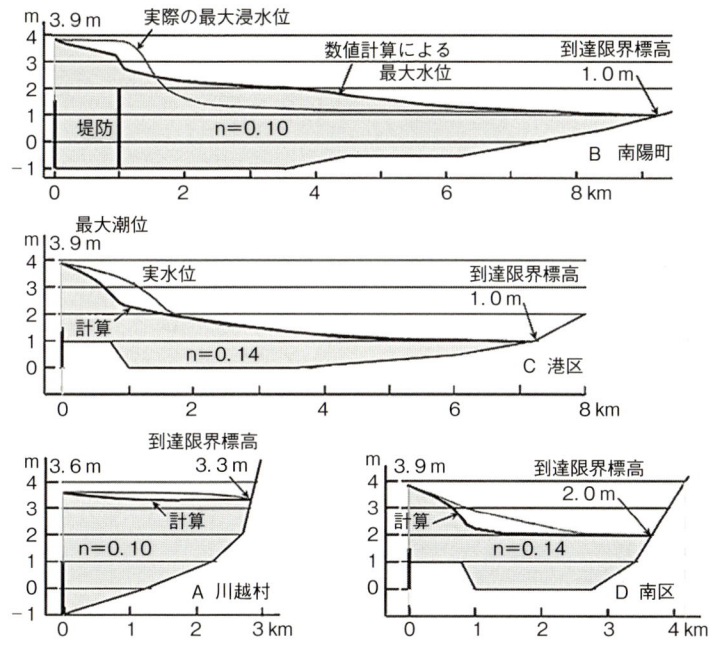

図 4.43 伊勢湾台風高潮の最大浸水位断面

　流れが1方向だけに向かう1次元計算であるので，対象とすることができるのは，海水が海岸線からまっすぐに内陸に向け進行し側方からの流入がほぼ無視できるという単純化が可能な場所である．浸水域には大小の河川や水路が多数存在し，そこを遡上した高潮が内陸部において河川から氾濫しているので，このような場所は得難いが，ほぼこのような近似ができるところとして図4.42中の4断面を選んだ．

　A断面（川越村）は奥行きの狭い海岸低地を大きな流速で進行し，ほとんど水位を低下させずに短時間で到達限界に達した場合である．B断面（南陽町）は，ゆるやかなデルタ面を奥深く侵入した場合で，海岸でほぼ4mの高潮が到達限界では1mにまで低下している．AとBは水田が広がる農村地帯で，粗度係数が比較的小さい場合の例である．

　これに対しCとDは名古屋の市街域で，粗度係数がより大きい場合である．ただし，当時は現在のように建物が密集していなくて空地が多い．Cは名古屋港の中央埠頭から名古屋市中心部に向かう断面で，到達限界標高は1mである．Dは被害が最も大きかった南区で，浸水域は丘陵により制約されて到達限界標高は2mである．海岸部には大工場が分布する．これらの場所の地形断面は地理調査所（1960）の1/50,000地盤高図により与えた．

海側からの高潮流入の時間変化の条件を与える潮位曲線は，最大潮位3.89 m を記録した名古屋港における観測記録を断面B, C, D に対して与えた．A については，四日市港で観測された潮位曲線を最大潮位3.6 m（桑名における記録）に引き伸ばしたものを使用した．なお潮位や標高等はすべてT.P. で統一している．氾濫開始時点はいずれも最大潮位時刻の30分前とし，この時点で海岸堤防が破堤・決壊し大規模な流入が生じたものとした．

数値計算は粗度係数に種々の値を与えて行い，到達限界標高が実際と一致する場合の粗度係数を求めるという方法でおこなった．この場合の最大水位断面を，地理調査所（1960）による実際の最大水位断面と重ねて示したのが図4.43である．得られた粗度係数は，農村部A, B で0.1であるのに対し，かなり空地のある都市部C, D で0.14とより大きく，障害物の多い都市部で高潮海水の流れに対する抵抗が大きいという妥当な結果が得られた．なお，利根川支流の小貝川の農村部における1981年氾濫では粗度係数0.12が得られており，この結果とほぼ一致する．

b. 侵入限界の予測

幅（奥行き）2～3 km ぐらいまでの狭い海岸低地では，侵入した高潮の水位はほとんど低下しないので，最大潮位までの標高域を危険域とすることができる．これに対し広いゆるやかなデルタ内では大きな浸水位低下があるので，最大潮位までの標高域を危険域とすると広大になりすぎて現実的ではない．

陸地に侵入した高潮の水位低下は，進行に時間を要している間に海面が低下して海水が引き戻されるためである（図2.45）．したがって，陸地面の粗度係数が大きいと進行速度が遅くなるので，それが小さい場合に比べ水位低下が大きい．また，陸地面勾配が小さいと長距離侵入するが，その進行速度は内陸に向かうにつれ大きく減少していくので，引き戻しの効果が大きくなって水位低下も大きい．海域での潮位の時間的変化の速度もまた高潮の侵入に影響を与える．

そこで種々の粗度係数および地表面勾配を与えて高潮流入の数値シミュレーションを行い，これらの要因と到達限界標高および到達距離との関係を求めた．潮位曲線は過去の大きな高潮の観測記録から標準的な曲線を与えた．この計算結果は，高潮危険域を地形図（地形勾配と地表面粗度にかかわる土地利用を表現している）から簡易に判定するための基準を与える．

過去の大きな高潮の潮位偏差曲線（天文潮を除いた潮位の時間変化曲線）を比較して，ほぼ同じような時間的低下を示すものを選び，1935年室戸台風（大阪），1938年台風（東京），1950年ジェーン台風（大阪），1953年13号台風（名古屋），1954年洞爺丸台風（大阪），1959年伊勢湾台風（名古屋）の6例を取り上げた．ここで括弧内は検潮所の場所である．これらの最大潮位偏差は1.5～3.5 m であるが，これを3 m に基準化してその時間変化を示したのが図4.44である．最大偏差後の低下の局面ではほぼ類似した時間経過を示し，図中の指数曲線で近似できる．これを標準潮位曲線として高潮入力条件とする．これによると，潮位はピークの2時間後には約半分に低

4.5 高　　潮　　　　　　　　　　　　　　　197

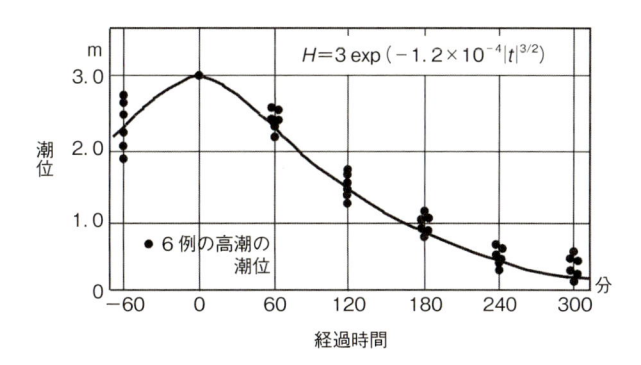

図4.44　台風による高潮の平均的潮位変化

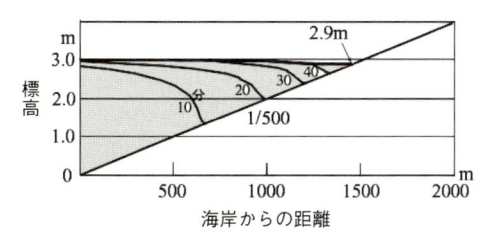

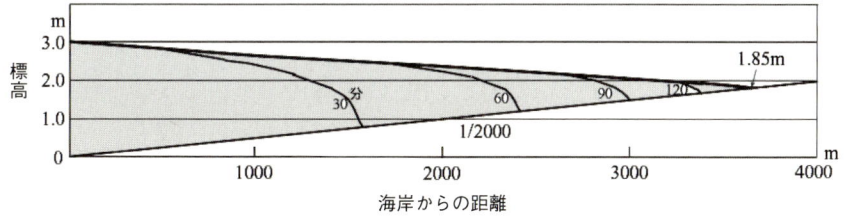

図4.45　高潮氾濫計算による最大浸水位断面

下している．

　数値計算は，粗度係数0.1（水田が広がる農村地帯に相当）および0.15（市街地域に相当）を与え，1/250（やや急勾配の海岸平野）から1/5000（ゆるやかなデルタ）の範囲の平均勾配を与えて計算をおこなった．その例を図4.45に示す．勾配が大きいと高潮はすぐに到達限界に達しその標高は最大潮位に近い．勾配1/250ではわずかながら這い上がりが生じ，到達限界標高は最大潮位よりも大きくなる．一方，勾配が小さくなるにつれ水位低下が大きくなり，1/2000では最大潮位の約60%に低下している．内陸に向かうにつれ水深が減少するので，進行速度は急速に低下して，引き戻しの効果が大きくなっている．

　最大潮位4mの場合について，地表面勾配と到達限界標高および最大侵入距離との関係を粗度係数別に示したのが図4.46である．これは地形条件に基づく高潮危険

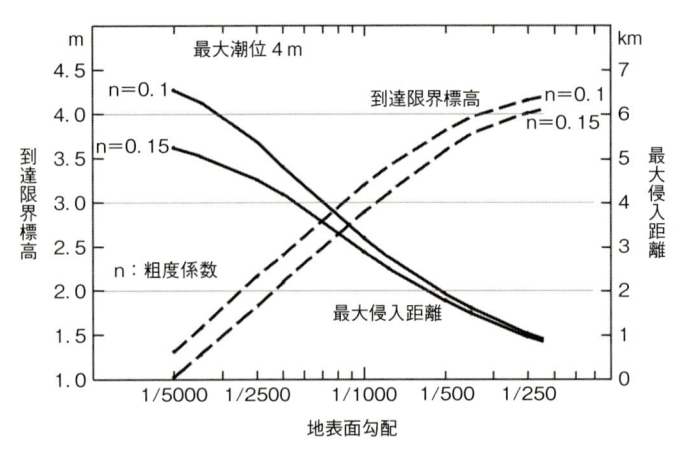

図 4.46 高潮到達限界と地表面勾配との関係

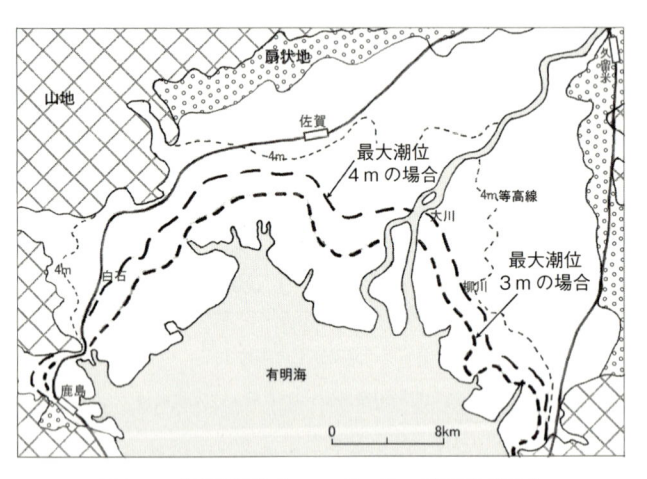

図 4.47 高潮到達域ゾーニングの例—有明海北岸低地

域の簡易判定基準として利用できる.

　この結果に基づき,有明海北岸の佐賀平野を例にして危険域ゾーニングをおこなったのが図 4.47 である.有明海は南に開口し遠浅で吹き寄せの効果が大きく,また天文潮が大きいので,しばしば高い高潮に見舞われている.1828 年「文政の大風」(シーボルト台風)では 4 m の高潮が起こり,佐賀藩だけで 8550 人の死者が出たとされている.1956 年 9 号台風では筑後川河口で最大潮位 4.2 m を記録した.

　地形勾配を求めるのに使用したのは,地図処理ソフトにより描いたコンター間隔

1mの地盤高図である．高潮の最大潮位は数m程度であるので，危険域のゾーニングには少なくとも等高線間隔1mの地盤高図が必要である．

4.5.4 高潮対策

防潮堤など高潮防災施設計画の基本となるのは計画高潮位である．これを現在では，ある規模の台風（計画外力）があるコースをとって進行した場合に引き起こされる最大潮位偏差を求め，これに天文潮位を加えた値で与えていることが多い．防潮堤や防潮護岸の上面（天端）の高さは，これにさらに波の打ち上げ高と余裕高を加えて決められる．計画外力は起こると予想される最大級の外力で，伊勢湾台風が与えられている海岸が多い．

過去の大きな台風には，伊勢湾台風の2倍の勢力の室戸台風，約1.2倍の1945年枕崎台風，伊勢湾をやや上回る第二室戸台風があるが，その被害の大きさゆえか伊勢湾台風が広く採用されている．地震の場合における1923年関東地震と同じ位置づけにあり，そのインパクトの大きさを物語るものである．コース設定はそれぞれの湾・海岸に大きな高潮を起こした過去の台風から最悪コースを決めている．たとえば大阪湾では1934年室戸台風コースを採用している．

天文潮位は最悪の場合を考えて朔望平均満潮位（大潮時の平均満潮位）が採用され，ほぼ1mである．波の打ち上げ高は港内で1m程度とされている．防潮堤の頂部には0.5m程度の高さのコンクリート壁を設置して，余裕高を与えているのが通常である．

東京湾・伊勢湾・大阪湾についての高潮計画の概要を表4.4に示した．室戸台風に襲われた大阪も含め計画外力はすべて伊勢湾台風である．台風コースの違いや湾の形状・水深などの違いにより，潮位偏差の計算値は湾ごとに異なってくる．この計画潮位に基づき外郭堤防の高さが決められる．

外郭堤防は海岸線および大きな河道沿いに建造される．高い海岸埋立て地があると

表4.4 3大湾における高潮防災計画

	東京湾	伊勢湾	大阪湾
計画外力	伊勢湾台風	伊勢湾台風	伊勢湾台風
最大潮位偏差	3.0 m	3.5 m	3.0 m
平均満潮位	T.P.+1.0 m	T.P.+1.0 m	T.P.+0.9 m
コース設定	キティ台風などから最悪のコースを設定	伊勢湾台風コース	室戸台風コース
計画高潮位	T.P.+4.0 m	T.P.+4.5 m	T.P.+3.9 m
天端高	A.P. 4.2 m～6.5 m A.P.＝T.P.−1.13 m	N.P. 4.8 m～6.5 m N.P＝T.P.−1.42 m	O.P. 5.0 m～6.2 m O.P.＝T.P.−1.12 m
高潮警報基準	T.P. 3.0 m以上	T.P. 2.5 m以上	T.P. 2.2 m以上

T.P.：東京湾平均海面　A.P.：荒川工事基準面　N.P.：名古屋港工事基準面　O.P.：大阪港工事基準面

ころでは，その内陸側に設置される．伊勢湾では湾奥を閉ざす防波堤が建造され，潮位を 0.5 m 下げる計画になっている．大阪では淀川を除き，河口近くに水門を設けて高潮時にはこれを閉ざすという防潮水門方式をとり，中心市街地内水路の護岸かさ上げを避けている．堤防・護岸を高くすると非常に多数ある橋・道路のかさ上げが必要になるからである．この方式により水門の内側の堤防高は外郭堤防よりも 2.3 m 低くしている．防潮堤の大半はコンクリートや鋼矢板の壁で，壁面 1 枚で高潮を防いでいる．東京では荒川や隅田川の堤防を河口から 20 km もの内陸まで外郭堤防として建造し，遡上する高潮を防御している．

伊勢湾台風では，愛知・三重両県において海岸および河川の堤防が 264 ヵ所，延長 36.4 km にわたって破堤・決壊した．当時の海岸堤防はごく一部を除き，天端および裏のり面の被覆はすべて芝張りであった．堤防への波の衝突による高まりを加え高潮ピーク時に波の高さは 7 m 近くになり，天端上を大きく越える越波が生じた．堤防破堤の原因では越波による裏のり面の洗掘が多かった．この防止には堤体の全面をコンクリートで覆う三面張りが必要で，災害後はこの改良工事が全国的に実施された．三面張りは 6 年前の 13 号台風後に計画されていたが，ほとんど実行されていなかった．

高潮対策上での地盤沈下の問題は，1970 年代以降沈下速度が非常に遅くなっているので，現在ではかつてほどの深刻さはなくなっている．代わって，地震が起こす液状化による堤防破壊が問題視されている．海岸部の地盤はほぼ砂質であって液状化が非常に起きやすい．温暖化による海面上昇は堤防高を低下させるが，この海面上昇はさしあたり数 cm のオーダーである．

4.5.5 伊勢湾の高潮災害

1959 年の伊勢湾台風災害は日本における史上最大の風水害といえる規模であって，死者 5040 人，住家流失・全半壊 153,930 戸などの被害をもたらした．台風が，臨海大都市および広大なゼロメートル地帯をもつ伊勢湾の湾奥に大きな高潮を発生させるコースをとり，しかもそれが夜間であったことが被害を非常に大きくした．伊勢湾沿岸の高潮被災市区町村における死者は 4080 人で，全体の 8 割を超えた（図 4.48）．避難行動に不利な夜間に台風が来襲すると，昼間に比べ死者は多くなる．もし伊勢湾台風が朝〜夕の時間帯に来襲していたならば，死者数は数分の 1 以下にもなった可能性が大きい．

1959 年 9 月 21 日にマリアナ海域東部に発生した台風 15 号（伊勢湾台風）は北西進しながら急速に発達して，23 日には中心示度が 895 hPa にまで低くなり，25 日には風速 25 m/s 以上の暴風圏半径が 400 km にまで拡大した．以後勢力をあまり低下させることなく北上して，26 日 18 時に潮岬付近に上陸した．潮岬で観測された最低気圧は 929.5 hPa であった．上陸後，台風はさらに加速して北北東に進み，21 時過ぎに名古屋西方 40 km のところを通過し，6 時間あまりで本土を横断して，24 時に富山市の東方で日本海に抜けた．この間の進行速度は 70 km/h（20 m/s）という高

図 4.48 伊勢湾台風高潮による被害の分布
デルタ沿岸部において死者数と流失・全壊数との比が非常に大きい.

速であった.この進路は進行右側の伊勢湾の湾奥に継続して海水を吹き寄せるコースとなった.

　伊勢湾はひらがなのくの字のような形で,太平洋に向け南東方向に開口している.台風は潮岬に上陸し北北東に進行したが,これは湾北部の長軸に平行である.この結果,まず東方向からの強風によって沖から湾内に送り込まれた海水は,次第に南向きに変わっていく風によりさらに湾奥へとまっすぐに吹送される状態が続いて（吹送距離が長くなって）,大きな高潮に成長した.

　最大潮位は名古屋港において 21 時 35 分に 3.89 m であった.この時刻の天文潮は 0.44 m と推算されるので,これを差し引くと最大潮位偏差は 3.45 m となる.この時は満潮と干潮のほぼ中間であったが,もし干潮時（2.5 時間前）であったなら最大潮位は 0.2 m ほど低くなっていたはずである.それでも最大潮位は 3.7 m ほどで,室戸台風時の大阪港における潮位（天文潮を含む）3.10 m をかなり上回るものであった.満潮時には潮位は一層高くなり危険であるが,干潮時でも台風の強さやコースによっては大きな高潮が発生することを忘れてはならない.

　この 6 年前（1953 年）に 13 号台風が,潮岬東方通過時の中心気圧 930 hPa という伊勢湾台風に匹敵する強さでもって伊勢湾に来襲した.この台風は紀伊半島から伊勢湾中央部を横断して知多半島に上陸し,三河湾北方を東北東に進行した.進行右

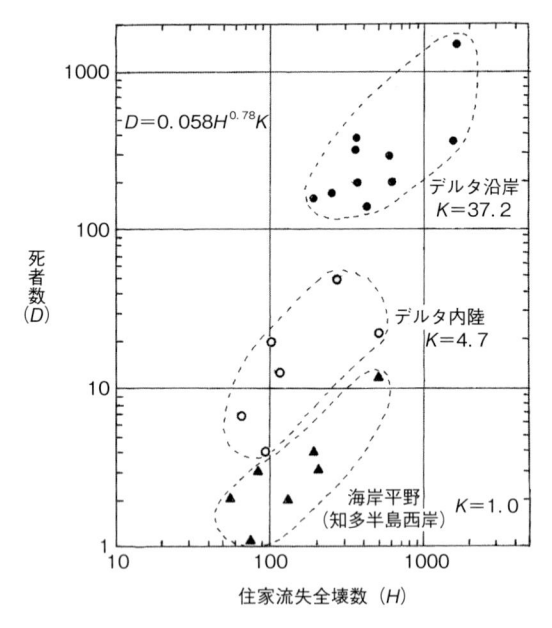

図4.49 伊勢湾台風高潮による人的被害度

側にあたった三河湾では最大3mの高潮が発生し,愛知県下で死者75人,住家全半壊10,704戸などの被害が生じた.伊勢湾の湾奥は進行の左側で当たったので,再接近時には北からの風になり吹き寄せは起こらず,名古屋における高潮被害はわずかであった.

高潮海水の到達範囲は沿岸低地の地形によって決められる.濃尾平野沿岸部には非常に低平な三角州および干拓地が広がっている.海面下の土地は日本最大で,面積は1975年現在で180 km^2,その40%はマイナス1m以下であった.平野の基盤は西ほど大きい沈降をおこなっているので,ゼロメートル地帯は平野西部において内陸深く入り込んでいる.このデルタ域における浸水域限界の標高はほぼ0～1mで,海岸からの距離は最大で20 kmに達した.

被害は流体力(流速の2乗と水深の積)の非常に大きい海岸部で集中発生した.とくに,避難する高地などのないデルタ沿岸部,とりわけ干拓地では多数の死者が出た.これに対し高潮の直撃を受けない内陸部では,全面浸水を被っていても人的被害は少なくなっている(図4.49).住家流失全壊数と死者数との比で示す人的被害度は,高潮の直撃を受けたデルタの沿岸域では,デルタの内陸域に比べ約8倍,狭い海岸平野に比べ約37倍の大きさを示した.住家損壊数は居住域に作用した加害力の大きさを間接的に示す値である.被害度が最も大きかったのは,最前面に位置する鍋田干拓地

で全戸が流失し，死者率は42%という著しいものであった．入植はこの年の春からであり，入植者は海を知らない長野の山村から来た人たちであった．デルタ沿岸では中層の鉄筋コンクリート建物を配置して避難所とする必要がある．災害後，2階の屋根に突き出た小さな3階をつくり，避難場所および脱出口とした家屋が多数つくられた．名古屋市南区では死者が1500人と非常に多かった．この大部分は臨港貯木場から流出した大量の巨木が沿岸住宅地を襲ったことによるものである．

暴風雨警報は10時間前に出されていたが，住民はそれを重大視せず，事前避難対応はほとんどなかった．6年前の13号台風の軽微な被害が危険意識を薄めていたことも考えられる．この2年後，大阪は第二室戸台風の高潮により臨港低地が広範囲に浸水したが，高潮による直接の死者は数名程度であった．この大きな違いは，大阪が室戸台風など近年たびたび大きな高潮に見舞われているという直接の災害経験に，同じような土地条件にある名古屋での大災害の教訓が加わって，迅速・的確な避難行動が行われた結果によるところが大きい．

4.5.6 大阪湾の高潮災害

大阪湾では，日本で最も頻繁に大きな高潮が発生している．とくに大きかったのは，1934年室戸台風，1950年ジェーン台風および1961年第二室戸台風による高潮である．室戸台風は9月21日05時に室戸岬の北に上陸した．この時室戸岬において観測された911.9 hPaは日本で観測された最低の気圧で，最大風速が45 m/s，最大瞬間風速が60 m/s以上という猛烈な風を記録した．しかし，このような非常に強い台風が来襲しているということは，大阪の測候所や東京の中央気象台はよく把握していなかった．1m程度の高潮のおそれありとして暴風警報が20日午後に出されたものの，強く警告するという主旨のものではなかった．21日朝の中央気象台による全国天気概況文では「台風はかなり猛烈で今朝6時には徳島付近にあり，やがて大阪は相当の暴風雨となるでしょう」となっていたが，これが発表されているころにはすでに大阪では被害が続出していた．室戸岬通過後，台風の進行速度は80 km/hと非常に速くなったので，大阪地方での風の強まりは急速であった（図4.50）．07時には風速は10 m/s前後で，普段と変わらぬ出勤や登校が行われたが，08時には40 m/sを超える暴風に発展して多くの人が死傷した．とくに，児童・生徒の犠牲者が多かったことが問題になった．大阪市内の学校の16%が倒壊し，教員・生徒の死者はおよそ800人であった．

大阪港における最大潮位はT.P. 3.1 mであり（大阪港の基準面による場合はこれに1.12 mを加える），大阪市の20%，堺市の30%，尼崎市の40%が浸水した．浸水深の最大は3m近くで，大阪市の浸水面積は49 km^{2}であった．浸水域の大部分は中世以降における干拓地である．この台風による死者の総数は3066人，大阪市では957人，堺市では417人であった．このうち高潮による死者の総数はおよそ1900人と推定されている．高潮被害は地盤沈下域で大きかったことから，災害後地盤沈下の機構の研究が行われ，それが工業用地下水の多量汲み上げによる帯水層の圧密沈下で

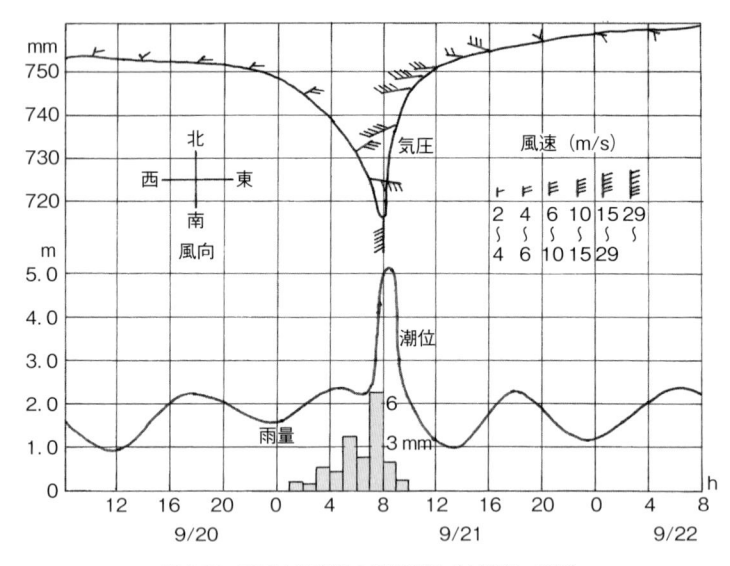

図 4.50 室戸台風高潮の観測記録（大阪府，1936）

あることが明らかにされた．しかし軍需生産優先のなかで揚水制限などの規制は行われなかった．

　1950 年ジェーン台風は 9 月 3 日 08 時ごろ室戸岬付近を通過し，12 時過ぎに神戸西部に上陸して，若狭湾に抜けた．大阪における最大風速は 28.1 m/s，最大瞬間風速は 44.7 m/s であり，大阪湾において 2.7 m の高潮が発生した．最大潮位はほぼ干潮時であったが，もし満潮であればさらに 0.4 m ほど高くなったはずである．室戸台風に比べ潮位はかなり低かったものの，大阪市の 30% が浸水し浸水面積は 56 km^2 と室戸台風のそれを上回った．これは戦時中における地盤沈下の進行により低い土地が拡大していたためである．室戸台風時以降における沈下量は沿岸部で 1.5 m に達していた．地盤沈下は工業地帯が広がる淀川北岸域で激しく，尼崎市では海岸から 4 km まで高潮が進入し，室戸台風の 4 倍の被害を被った．西宮市も沿岸部が全面浸水した．死者は総数 508 人，高潮被害の大きかった大阪と兵庫では 307 人であり，室戸台風に比べ 1 桁小さいものであった（図 4.51）．これには，台風予報の精度向上，当日は休日で沿岸工場地帯に人が少なかったこと，昼という時間帯であったこと，などがかかわっている．

　1961 年第二室戸台風は戦後最大規模の勢力の台風で，室戸岬における最大瞬間風速 84.5 m/s は日本における最大の記録である．大阪港では最大潮位 3.0 m の高潮が 14 時ごろに発生し，大阪市の 31 km^2 が浸水した．市内の小河川を高潮が遡上して内陸で氾濫したものが大部分で，浸水域は室戸台風の場合よりも内陸域に拡大した．

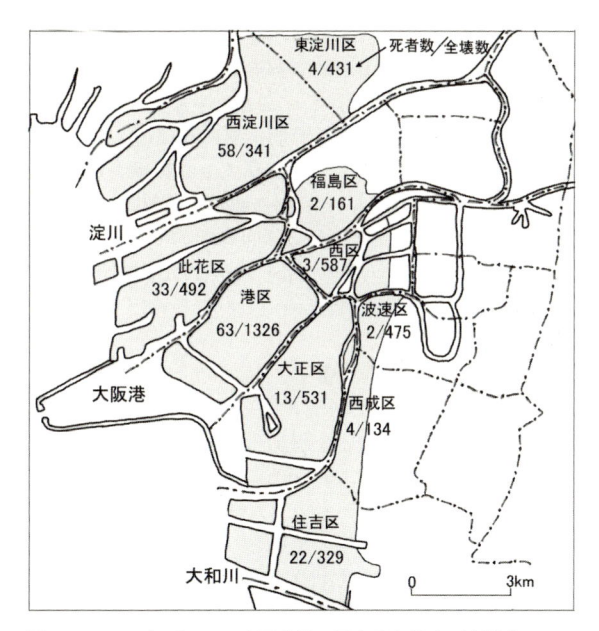

図 4.51 1950 年ジェーン台風高潮の浸水域と被害（大阪府，1951 により作成）
沿岸部において死者数と全壊数との比が大きい．

ジェーン台風後，総延長 124 km におよぶ防潮堤がつくられていたが，昭和 30 年代になってさらに加速した地盤沈下によって計画高以下になっていたところが多く，河川堤防の各所で越流が生じた．地盤沈下量はジェーン台風以降で 1m に達したところもみられた．防潮堤は重量が大きいので沈下が激しく起こる．

第二室戸台風は巨大な勢力をもっていたものの，死者は総計で 202 人，大阪府では 30 人であり，この大部分は強風によるものであった．高潮による直接の死者は数名程度と推定される．テレビというこれまでになかった効果的な情報伝達手段を通じて，巨大台風の情報の伝達と警戒・避難の呼びかけが前日から連続して行われたこと，および，同じような土地環境にある名古屋における 2 年前の大高潮災害のいまだ生々しい記憶が多数市民の避難を促進させたことが，人的被害減少に寄与したと考えられる．その基礎には室戸台風・ジェーン台風などの直接の災害経験による土地の危険性の認識がある．災害経験は避難を促進する最大の要因であるが，この効果は風化しやすく，また，軽微な災害の経験は危険の判断をかえって甘くするという面もある．

高潮対策の中心は防潮堤の建造である．しかし大都市では小河川や水路を遡上する高潮の防御が難問になる．大阪では河口近くに防潮水門をつくり高潮はそこで止めるという方式をとっている．上流からの水はポンプ排水する．大きな水門は船の航行

のためにアーチ型にしている．海岸部の防潮堤の高さは最大でO.P.＋8.1 mであり（O.P.は大阪港工事基準面），水門の内側の堤防高はこれよりも2.3 m低くしている．

　海面下の沿岸低地の市街地は高潮に対して最も危険な土地である．現在，標高0 m以下の土地は，大阪湾岸に65 km^2，東京湾最奥部に90 km^2，濃尾平野に290 km^{2}存在する．とくに東京は1949年のキティ台風以降大きな高潮災害を経験していないこともあり，被害ポテンシャルが大きいと判断される．1950年のキティ台風による高潮の東京における最大潮位は2.0 mとさほど大きなものではなかったが，荒川低地と多摩川低地が広範囲に浸水した．河川や水路を遡上した海水が内陸で氾濫して，浸水域が内陸に深く伸びたことによるものであった．

4.5.7　バングラデシュのサイクロン災害

　1991年4月29日の深夜，発達したサイクロンの来襲により，ベンガル湾最奥部のガンジスデルタ海岸は最大潮位が7 mを超える大きな高潮に見舞われた．死者・行方不明は公式には13.8万人であるが，30万人に達するという推定もされている．これはとりわけ大きな災害であったが，死者1万人を超える高潮災害は，バングラデシュにおいて10年に1回程度の頻度で発生している．1970年11月の高潮被害は最大で，死者は30～50万人あるいは100万人を超えるともいわれているが，確かなことはわからない．当時の国名は東パキスタンで，西パキスタンからの分離独立をめぐって内戦のような状態にあり，この災害の救援・復旧についての不満がバングラデシュ独立を早めたともいわれているほどである．20世紀後半における自然災害死者数を国別でみると（国連統計），バングラデシュが世界最多の75万人で，この95%が高潮によるものであった．バングラデシュにおける大高潮災害の頻発は，高潮潮位を高くする海岸地形の条件と，人的被害を大きくする社会的な要因（主として貧困）の組合せによるものである（図4.52）．

　発達した熱帯低気圧（この地における名称はサイクロン）は，主として強風による海水吹き寄せにより海岸の潮位を高くする．ベンガル湾は北を上にした釣鐘のような平面形をしており，その中に日本列島全体が収まるほどの巨大な湾である．北半部は三角形状で，頂点付近に大量の土砂を搬出する大河川ガンジス・ブラマプトラが流入し，非常に遠浅の海岸をつくっている．水深10 mの等深線は河口から100 kmものところにある．バングラデシュ海岸の中央部は，湾の最も奥まったところに位置する．これらは強風の吹き寄せ量を非常に大きくする海岸地形の条件である．吹き寄せによる海面上昇高は最大風速の2乗にある係数を掛けた値になるが，この係数は水深が浅いほど，また湾の長さ（風が吹き渡る距離）が長いほど大きくなる．ベンガル湾最奥部におけるこの係数の大きさは，日本の高潮危険湾である大阪湾や伊勢湾のそれの2倍程度になると推定される．天文潮の干満差も大きく，デルタの東端にあるサンドウィップ島では5 mに達する．1991年高潮時の天文潮位はおよそ2.1 mで，これがサイクロンの強風と低い気圧による海面上昇（潮位偏差）に加算されて大きな高潮

4.5 高　　潮

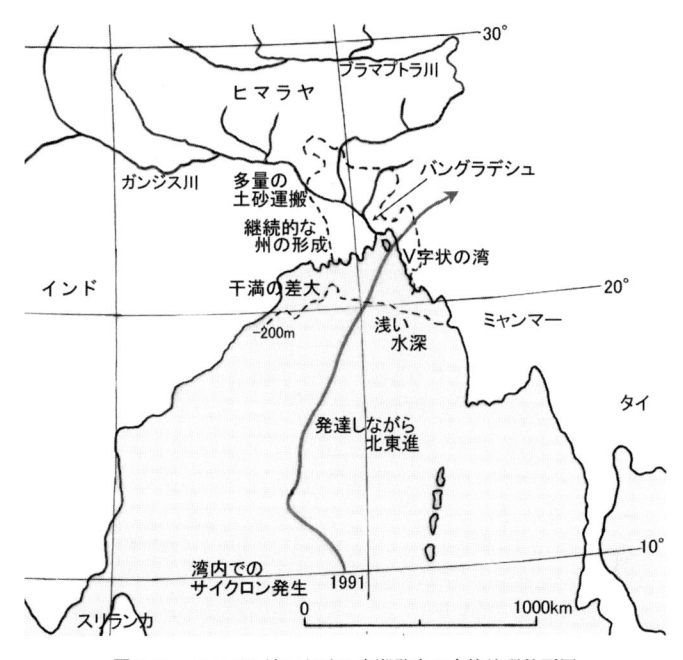

図 4.52 ベンガル湾における高潮発生の自然地理的要因

に発展した．

　強い熱帯低気圧は緯度が 10～15°のところで発生する．ベンガル湾の南縁（インド南端）は北緯 8°である．したがってサイクロンは湾内で発生し，発達しながら湾内を奥に向かって進行する．そのコースは一般に右にゆるやかにカーブして，湾奥のバングラデシュを襲う．バングラデシュの海岸は北回帰線近くの北緯 22°付近に位置するが，これは石垣島の 200 km ほど南にあたるところで熱帯の海域である．したがってサイクロンのエネルギー源となる海水の温度は高くて，その勢力を落とすことなく，ほとんど最盛時にバングラデシュ海岸に来襲する．1991 年 4 月のサイクロンは湾中央部で勢力を急速に増し，チッタゴン付近に上陸する直前には，中心気圧が 940 hPa という最も発達した段階に達していた．ベンガル湾におけるサイクロンの発生は年平均 3～4 個程度と多くはない．中心気圧はとくに低いものではないが，気圧のわりには強い風を伴っている．

　世界最大の高起伏山地ヒマラヤを水源とするガンジス川は，ヒマラヤを横切りチベット高原に源をもつブラマプトラ川と合流してベンガル湾に流入している．運搬土砂量は世界の河川中最大で，海岸部での横幅 400 km という広大なデルタをつくっている．デルタは水位の高い洪水時に土砂が堆積して形成されるものであるが，ここ

では海抜高1〜10mとかなりの起伏がある．主河口の位置は頻繁に変化してきたが，現在では最も東部（バングラデシュ中央部）にある．

年10億m^3という大量の運搬土砂は河口部に多くの州（島）をつくる．この州はその後の洪水や高潮による侵食と堆積によって速やかに形を変えていく．1970年高潮で壊滅的な被害を受けたハチヤ島（住民25万人）は，北島がその後陸続きとなり，南島は年1km近くもの速さで南へ移動している．1991年に著しい被害を受けたサンドウィップ島では，侵食により多くの集落が相次いで消滅している．高潮の危険が非常に大きいこのような島が多数あり，またそれが新しく形成されつつあるということは，経済水準の低さと相まって，多数の人々が非常に危険な状態で居住するという状況をつくり出している．

サイクロンの発生期は，モンスーン前の4〜5月と，モンスーン後の10〜11月の年2回ある．これはちょうど米の収穫期や植付け時期にあたるので，非常に多数の季節労働者が沿岸域の仮小屋などに一時居住している．また，新しく出現した土地（高潮の高危険地）には，不法居住者が争って住みついている．このような非定住者が高潮でさらわれても，行方不明としても数えられないのが実情である．行政当局による死者数の把握は主として定住者を対象にしてなされている．公式発表の数倍にもなる死者数が推定されているのは，このような事情によるものである．

国民の80%は農業により生計を立てている．また農民の60%は所有する土地がないか，あるいはきわめて少ないという，実質的な土地無し層である．沿岸部では侵食により土地を失う世帯も出現する．これら多くの人々は必然的に出稼ぎの季節労働者になる．バングラデシュの人口は年間230万人程度増加している．この人口圧力は土地なし層をさらに増大させる．バングラデシュの1人あたりGDPは270ドル（1991年）で，日本のそれの1/100以下である．主産業は農業（米，ジュート，紅茶など），成人識字率は38%である．識字率の低さは災害情報の伝達や防災知識普及の障害になる．

死者数については，その数値に大きな不確定さはあるものの，1991年のそれは1970年の1/3程度であった．これはサイクロンシェルターの建設によるところが大きいとされている．シェルターはピロティ構造の3階建てのものが標準的である．1970年災害後300のシェルターがつくられ（計画では12,500），ここに35万人が避難した．しかし，危険な沿岸域の人口は1000万を超えるので，これではまったく数不足である．5万人の死者を出したサンドウィップ島では，建造されたシェルターは全人口40万人の5%しか収容できなかった．シェルター建造には日本を含め多くの国や機関から資金援助がなされている．しかし建設用地の取得に隘路がある．家・財産・家畜，さらには土地そのものを略奪から守るために，住民は遠くのシェルターへの避難を嫌がる．イスラム社会では女性は，極度に混雑するシェルターへ男性と一緒に押し込められることを避けようとする．貴重な財産である家畜の保護も避難を妨げる．このため家畜を収容するための盛土地の建造が計画されている．近くにシェルター

や高地などのないところでは，樹木に登ることが主な避難方法になる．しかしここには毒蛇なども流れついてくる．

　災害後の食料欠乏・衛生悪化・飼料不足などは，途上国ではとくに深刻な事態をもたらしている．生存者の病気や飢えの問題は重大であるが，それ以外にも，たとえば1970年災害では，水産活動の65%が破壊されて動物性蛋白質の80%を魚に依存している国民に大きな健康上の問題を引き起こした．家畜，とくに水牛の損失は次期の水田耕作に大きな支障をきたした．

　バングラデシュの対日輸出の最大品目はエビである．この多くはマングローブ林を切り開いてつくった養殖池で生産されており，日本も高潮の危険増大にかかわっている．高潮は他の災害に比べれば，予報・警報・避難によって人的被害の発生を防ぐことがより可能である．しかし避難を妨げる人間的・社会的要因（とくに経済的な問題）は多く存在するので，防災当局の一方的な期待どおりにはいかない．貧困からの脱却がなければ途上国の防災は困難である．

　強い熱帯低気圧の襲来域にあり広大な大陸棚が形成されている地域として，メキシコ湾北岸が挙げられる．2005年にはハリケーン・カトリーナの高潮によりニューオーリンズが大きな被害を被った．ニューオーリンズの市街は海面下が大半を占める盆状凹地に展開しており，高潮に対する脆弱性が非常に大きいところである．アメリカにおける最大の風水害は，テキサス州ガルベストン（ニューオーリンズの西500 km）における1900年高潮災害で，死者はおよそ1万人であった．ガルベストンはアメリカ本土から4 kmほど離れた幅2～3 kmの細長い砂州に位置する街で標高が10 m以下であり，ここも高潮の危険が非常に大きい都市である．

4.6　強風・竜巻，降雹，降雪

　風は建物・構造物などに直接に作用して被害を引き起こす誘因である．破壊力が局地的に著しい竜巻は，非常に発達した積乱雲によって起こる．積乱雲中での激しい上昇気流は水蒸気を急速に水滴に変えて強い雨を降らせる．雨滴の落下は周りの空気を引きずり降ろして突風（ダウンバースト・ガストフロント）を発生させる．積乱雲中で激しく運動する水滴や氷片が擦れ合って静電気が発生し，地表の物体との間で放電するのが雷である．雹(ひょう)は積乱雲上部で大きく成長した氷の粒子が，溶けきらずに地表へ落下してきたものである．このように発達した積乱雲は種々の突発的な短時間気象現象を起こす．豪雪も発達した積乱雲により生じ発雷を伴っている．

4.6.1　強　　　風

　日本列島に強風をもたらす気象原因には，台風および発達した温帯低気圧がある．また，非常に局地的なものとして竜巻がある．関東から九州に至る地域では台風が強い風をもたらし，太平洋岸では平均風速の最大値は40～45 m/sに達する．一方，北陸・

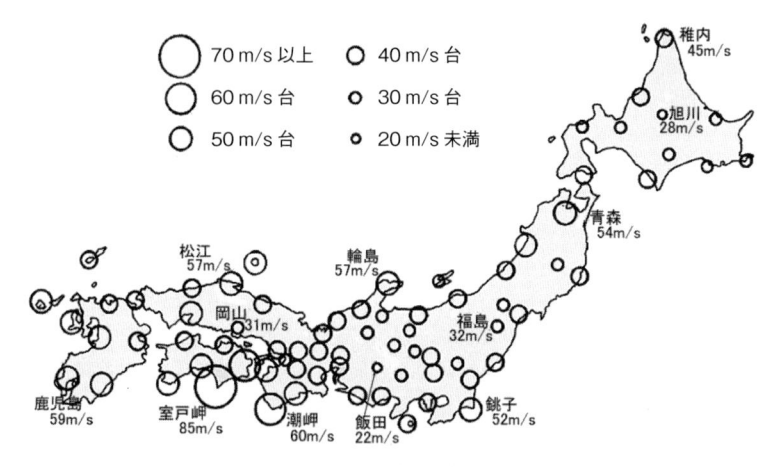

図 4.53 最大瞬間風速の記録

東北・北海道では冬から春の季節における発達した低気圧が強風の主原因となり，日本海沿岸域では最大で 30 m/s 前後の平均風速を記録している．内陸の起伏の大きいところでは，風に対する地表面の抵抗が大きいので風速記録は小さい（図 4.53）．

温帯低気圧は前線（寒気団と暖気団の境）の波動によって生じる．低気圧が本州付近を通過後東方海上で発達すると，中心の気圧が台風に匹敵する 960 hPa にまで深くなることがある．低気圧の中心からは南東に温暖前線が南西に寒冷前線が延びており，寒冷前線の通過時とその後面の寒気の部分においてとくに強い風が吹く．一般に強風の範囲は台風の場合よりも広くなる．

風は風速の 2 乗に比例する風圧力を建物などに加える．また，風速が絶えず変化するため建物が強制的な振動を受ける．建物の被害は平均風速が 15 m/s を超えるころから生じ始め，風速が大きくなるにつれ被害は加速的に，ほぼ風速の 5 乗にも比例して，増大する．平均風速とは時々刻々変化する風速（瞬間風速）の 10 分間平均値である．最大瞬間風速は最大風速の 1.5 倍程度である．

風速が 20 m/s になると風に向かっては歩けない状態になる．木造建物では被害はまず屋根に発生する．軒下には大きな負圧が生じて持ち上げられるので，軒先がまっさきに破壊される．交通機関の混乱，広域の停電などによる社会的機能の障害は頻繁に起こる強風災害である．海から強風が吹き込むと，飛散してきた塩分が碍子などに付着して絶縁性能が失われ，広域の停電が生じる．

中心気圧の低い強い台風が日本海に入り，勢力が衰えずに日本列島に沿って高速で北東進すると，進行の右側に入った日本全域が強風に見舞われる．1991 年 9 月の台風 19 号がその著しい例で，中心気圧 940 hPa の強い勢力で九州に上陸したあと，100 km/h 近い速度で日本海を駆け抜け，渡島半島に再上陸したときになおも

955 hPa の中心気圧を保っていた．このため全国的に強風が吹き荒れ，住家損壊数 68 万棟という大きな被害をもたらし，損害保険金の支払額が 6000 億円近くになった．青森県ではリンゴ 32 万トンが落果して 400 億円の被害が生じたので，この台風はリンゴ台風とも呼ばれた．断線・送電塔倒壊・塩風などによる停電戸数は，全国で 740 万戸（総需要戸数の 13%）に達した．全国の死傷者は 1323 人で，このほとんどは強風によるものであった．死傷者の発生原因では，飛散物・落下物が全体の 40% を占め，瓦，トタン，窓ガラス，看板，建物の一部などの落下や飛散が主要な原因となった．

4.6.2 竜　　巻

竜巻は激しく回転しながら高速で移動する縦長の大気の渦である．発達した積乱雲の底からロート状に下がってきて，地表に接した幅狭い部分で猛烈な風によるきわめて局地的な破壊を加える．その発生条件は，上空が非常に低温で上下の対流が生じやすいという不安定成層の大気があり，それをゆっくりと水平方向に回転させる力が作用する，という 2 条件の組合せである．上空にいくにつれ風が強くなり，またその風向が変わっていくという状態にあると，大気の回転が起きる．ゆっくりと回転する巨大積乱雲（スーパーセル）は強い竜巻を発生させている．ダウンバーストは積乱雲から吹き降りてくる強風で，吹き渡る幅は広くて回転は伴わない．ガストフロントは積乱雲からの低温下降流が水平に吹き出した前面で生じる突風である．

竜巻が発生したときの気象状況で多いのは，寒気・暖気の流入，寒冷前線の通過，台風の接近などである（図 4.54）．上空への寒気流入は対流不安定状態をつくり，背の高い積乱雲を発達させる主因である．前線は気温および風向の急変する境界で，大気の乱れが激しい．台風接近時には，その進行前方の右側で発生が多い．

日本における平均的な竜巻は，幅が 50〜100 m，進行の延長が 2〜5 km 程度である．

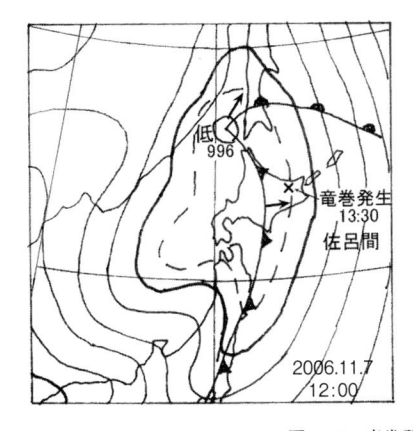

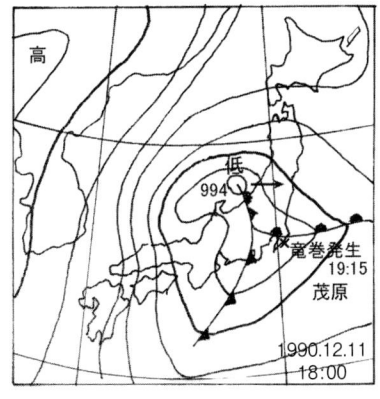

図 4.54　竜巻発生時の天気図

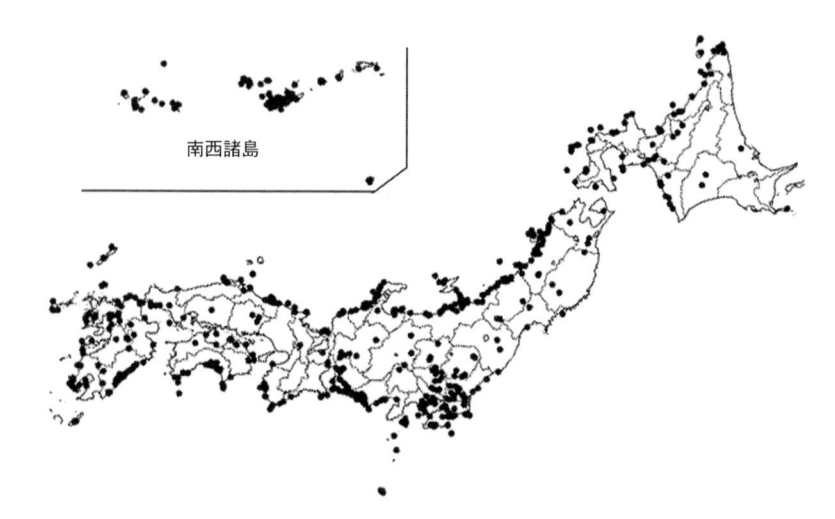

図 4.55 竜巻発生分布，1961〜2010 年（気象庁資料）

進行速度は 15 m/s 前後，風速は最大 100 m/s 程度と推定される．寿命（継続時間）はほぼ 10 分以内である．竜巻が多いのは海岸域で，とくに沖縄，宮崎，静岡，新潟，秋田，石川の各県で多く発生している（図 4.55）．内陸域で多いのは関東平野である．地表起伏の大きい山地ではほとんど発生しない．

　アメリカにおけるトルネードとは違い，日本の竜巻の勢力は弱いので，被害は多くはない．竜巻の強さを F0〜F5 の 6 段階で表す藤田スケールで示すと，日本では最近 50 年間において，最大が F3 で総数が 4 個であり，90% 以上が F1 以下と弱い．死者数はアメリカで年平均 100 人近いのに対し，日本では年平均 0.5 人程度である．損壊住家数は竜巻 1 個あたり平均 30 棟程度である．竜巻は，激しく旋回する風と急速な気圧低下により建物を吸い上げて破壊し飛散させる．このため屋根や 2 階が吹き飛び，1 階は残っているという家が多くみられる．北海道・佐呂間における 2006 年竜巻では，吸い上げの力に弱いプレハブの仮設事務所 2 階に，多数の人が集まっていたという悪い条件が重なって，死者 9 人という大きな人的被害になった．

　竜巻はまったく突発的で，いつどこで起こるかわからない現象である．2008 年 3 月から「竜巻注意情報」が発表されるようになったが，これは発達した積乱雲が接近してきており，およそ 1 時間以内に竜巻のような突風が起こるおそれがあると予想される場合に，県単位で出される注意喚起の情報である．県単位ということは，どこで起こるとはいえないが広い県内のどこかで起こる可能性があるという，場所は特定できない現象であることを意味している．アメリカ中央平原のトルネード地帯では，ドップラー効果を利用したレーダーによる観測などで発生を探知し警報を出して，地下室に緊急退避させるなどのシステムがつくられている．

4.6.3 降　　雹

　雹は非常に発達した積乱雲（雷雲）から落下してきた直径5 mm 以上の氷の塊である．同じ氷でもこれより粒の小さいものは霰と呼ばれる．直径は2 cm ぐらいまでが多いが，5 cm を超える大きな雹も時にはある．空気中を落下する粒子は速度の2乗に比例する抵抗を受けるので，すぐに一定の速度（終端速度）に達し，この終端速度で落下を続ける．直径2 cm の雹粒の終端速度は16 m/s，5 cm で33 m/s(120 km/h)と高速である．なお，直径0.5 cm という大粒の雷雨の落下速度は10 m/s である．

　雹が形成されるには，霰や雪にさらに大量の過冷却の（0℃以下の）水滴が付着する必要があるが，これにはかなりの時間を要する．もし積乱雲中に雹粒の終端速度に近い速さの上昇気流があると，それに支えられて落下速度が低下し，大きな雹粒にまで成長する時間が与えられる．大きく成長した場合，途中で溶けきらずに地表にまで落下してきて降雹となる．雨滴とは違い固体粒子の落下なので，同じ量の水であっても格段に大きな衝撃力を農作物などに与える．

　降雹は北海道から東北の日本海沿岸域，および北関東を中心とする内陸域で多く発生している．関東から九州にかけての太平洋岸域ではほとんどみられない．日本海沿岸で降雹がみられるのは作物の少ない冬季なので，雹の被害はあまり発生しない．雹害が著しいのは，福島の内陸部から北関東を経て長野・山梨に至る地域である（図4.56）．発生するのは5〜8月の，ちょうど作物の生育期にあたる．被害を受ける作物は果樹・野菜が多く，温室の被害が目立つ．雷雲のスケールは小さく寿命も短いので，降雹域は局所的な変化がきわめて大きい．山岳地帯では雹雲はあまり長距離は移動しない．これに対し関東平野では発達しながら東に移動して長さ100 km 以上の細長い降雹域をつくることがある．

　雹害対策としては防雹網で覆うという方法があり，果樹園などで行われている．特

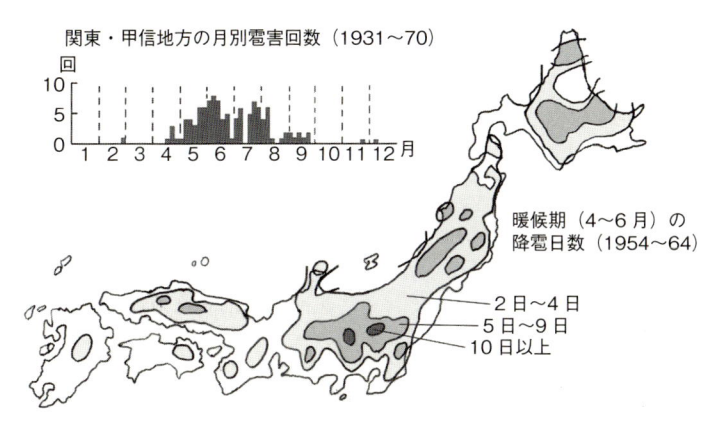

図 4.56　降雹日数分布（小元，1989 などにより作成）

殊な方法としては，雷雲にロケットを打ち込んで内部に詰めたヨウ化銀を散布し，雹にまで成長させないという方法があり，降雹が非常に多い国々で実用化されている．熱帯の山岳地帯では年間の雷日数が 200 日，降雹日数が 100 日を超えるというところがある．

雷には，強い日射により地表付近の大気が熱せられて生ずる熱雷，寒冷前線における気流上昇による界雷，台風・低気圧の中心近くで発生する渦雷，地表気温の上昇と前線の影響とが重なって起こる熱界雷などがある．上空への寒気の流入は，大気の不安定度を大きくして雷雲を発達させる主要な原因である．日本における落雷による死者は年間 30～40 人程度，焼失家屋は数十戸程度である．送電施設は落雷を誘導しやすい構造をもっており，落雷による停電は現在の電力依存型社会では，広範囲な影響をもたらす可能性がある．

4.6.4 大　　雪

雪は，降っているときに，また積った状態で，さらにはそれが再移動したり融けたりすることによって，いろいろな障害や被害をもたらす．降雪時に強風が伴うと，交通障害を中心とした風雪災害が生じる．また，送電線などへの着氷・着雪は，電力障害とそれに伴う広範な社会的影響を引き起こす．深い積雪は道路・鉄道の交通障害，建物倒壊，集落孤立，落雪被害，除排雪に伴う 2 次災害，樹木損傷などをもたらす．融雪は河川の流量を増大させて融雪洪水を引き起こす．また，融雪水が地下に浸透して，地すべりの滑動を再開させることがある．

積雪の比重は表面では 0.1 程度と軽いが，深い下層部では締め固められて 0.5 にもなる．この結果，屋根雪の深さが 2 m にもなると，その重量は 1 m^2 あたり 500 kg を超える重さになる．この大量の重い屋根雪下ろしの際における事故死は，雪に関係する死亡原因の大半を占めている．2006 年の豪雪では全国の死者 151 人の 74% が，1981 年豪雪では全国の死者 152 人中の 70% が雪下ろし・除雪作業に関連したものであった．この人的被害では高齢者の割合が多くて 70% 程度を占め，豪雪山間部の過疎化を反映している．

雪が斜面を高速ですべり落ちるのがなだれで，突発的に起こる大きな危険である．なだれの種類には表層なだれと全層なだれとがある．表層なだれのほとんどは，古い積雪面の上に新たに積もった雪がすべり落ちる新雪なだれで，気温が低く多量の降雪があればいつでも起きる．全層なだれは，気温が高くなって積雪層と地面の間がゆるみ，積雪層全体がすべり落ちるという底なだれである．なだれの到達する範囲は，発生点を見上げる仰角によっておおよそ判定でき，その最小の値は，表層なだれで 18°，全層なだれで 24° とされている．

大雪をもたらす気象条件には，低気圧型と季節風型（大陸からの寒気吹き出し）とがある．低気圧が本州南岸沖を東進するとき，地上気温が 2～4℃ 以下であれば，太平洋岸域に降雪をもたらす．この地域では 10 cm ほどの積雪でも大雪で，交通機能

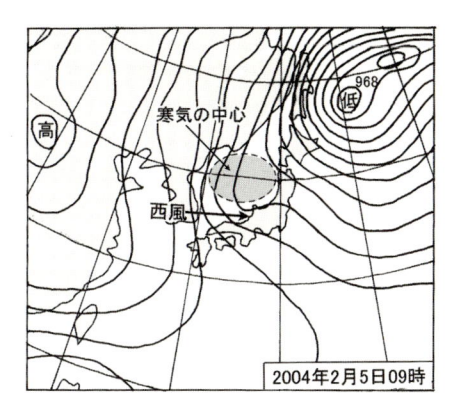

図 4.57 日本海側の里雪時天気図

の障害を中心とした混乱が生じる．また，水分の多い湿雪が電線などに付着して，停電事故を起こす．

　低気圧が東方海上に進んで発達すると，西高東低の気圧配置になり，等圧線は南北方向に密に並び，北西の季節風が日本列島に吹き付ける．日本海の海上には，多数の筋状の雲が日本列島に向けて並ぶ．この雲は大陸からの寒気が，黒潮の分枝が流入して海水温の高い日本海を横断する間に，下層が温められて対流不安定の状態になり，同時に海面から多量の水蒸気の供給を受けて生じた積雲の列である．これが日本列島の脊梁山脈にぶつかり，風上側である日本海側に大雪を降らせる．この寒気吹き出しは周期的に繰り返されるので，日本海沿岸地域，とくに日本海の幅が広くて吹き渡ってくる距離の大きい北陸地方は，低緯度の温帯としては世界でも類をみないような大雪に見舞われている．

　北西季節風は脊梁山脈に吹き当たって上昇し，山岳地域に多量の降雪をもたらす．しかし時には，平野部も大雪になる．南下してきた寒気が切り離されて日本海上に寒冷渦が出現し，小低気圧が発生するときがあるが，これは不安定な大気状態である．この時朝鮮半島北部の方向から幅広い帯状雲が伸びだし山岳にブロックされて，北陸沿岸部に集中した降雪をもたらす（図 4.57）．

　北西にある大陸との間に海水温の高い日本海が存在するというプレート構造に規定された地理的条件のため，日本列島の日本海側では毎年の豪雪は宿命である．これによる障害をどこまで防除するかは，雪が多いという本来的な自然環境条件の中で，どのような生活形態・社会活動を選択するかという問題にかかわる．

4.6.5　関東平野の竜巻・降雹・大雪（地域例 5）

a. 竜　巻

　日本における竜巻のおよそ 3/4 は，陸と海という熱的性質が明瞭に異なる境界であ

る海岸付近で起こっている．内陸で発生が多いのはほぼ関東地方に限られ，全国で起こる内陸部竜巻の30%が関東平野におけるものである．広い平野では地表の起伏による抵抗がないので発生しやすく，また邪魔されずに長距離進行できる．南に開けた関東平野では，暖かく湿った気流が内陸深くに進入しやすいという条件がある．

　1961年からの50年間に全国で発生した竜巻は年平均15.4個，関東平野（起伏の小さい平坦地部に限定）では1.9個で，関東平野の比率が12%である．ただし内陸部ということで被害の比率は大きく，死者発生の件数（全国で17件）および死者数（全国で30人）では，どちらも30%近くが関東平野で生じたものである．竜巻の強さには差がなく，藤田スケールでF2～F3の個数の比率はほぼ同じの8%である．

　関東平野の中では，茨城南部から埼玉東部にかけての地域に集中しており，全体の80%がこの地域で起こっている．死者が出た竜巻は，1962年東村竜巻（死者2），1969年猿島竜巻（同2），1971年浦和竜巻（同1），1996年下館ダウンバースト（同1），2003年神栖ダウンバースト（同2）の5個で，すべてこの地域で発生している．

　2012年のつくば市・北条を被害の中心とした竜巻はF3に近い強さであり，死者1人，建物損壊およそ1100棟の大きな被害を引き起こした．この北方では，20 kmほどの間隔を置いてF1～F2規模の2つの竜巻が同時に発生し，ほぼ平行して進行した．真岡における竜巻は，起伏の大きい丘陵地であるにもかかわらず，30 kmもの長距離を消滅することなく移動した．この竜巻の発生は，上空に強い寒気が流入し，日本海の低気圧に向け暖かく湿った気流が流れ込み，また日射で地表の気温が上昇し，非常に不安定な大気状態になって巨大積乱雲が形成されたことによるものであった．

b. 降　雹

　雹害が最も著しいのは，福島の内陸部から北関東を経て長野・山梨に至る地域である．発生するのは5月から8月上旬にかけての時期で，ちょうど多くの作物の生育期にあたる．茨城県における農業被害の発生件数で最も多いのは雹害である．

　雹は雷雲進行の方向に幅狭く細長い範囲に降るのが通常である．山地部では，雹を降らせる強い雷雲はあまり長い距離は移動しないので，降雹は局地的である．これに対し関東平野では，発達しながら東～東南方向に長距離を移動することがよく起こる．群馬県中央部の赤城山・榛名山付近から利根川沿いに南東に移動するのが最も多くみられるコースである．鬼怒川・小貝川沿いにもまたみられる．雹が降るのは谷間や山麓など山に近いところが主であるが，時には平野内に長さ100 km以上の細長い降雹域をつくることがある．

　2000年5月24日正午過ぎ，群馬北西端の上越国境付近からほぼ利根川沿いに移動してきた強い雷雲が平野部でさらに発達し，茨城南部から千葉北部にかけての延長80km，幅10～15kmほどの範囲に雹を降らせた（図4.58）．雹の大きさは最大でミカン大と大粒であったので，農作物だけでなく人身・建物・自動車などにも大きな被害が発生した．被害は両県の24市町村で生じ，農作物被害額60億円，負傷者160人，窓ガラス破損などを被った建物約4.5万棟，自動車の損傷は約3.3万台であった．損

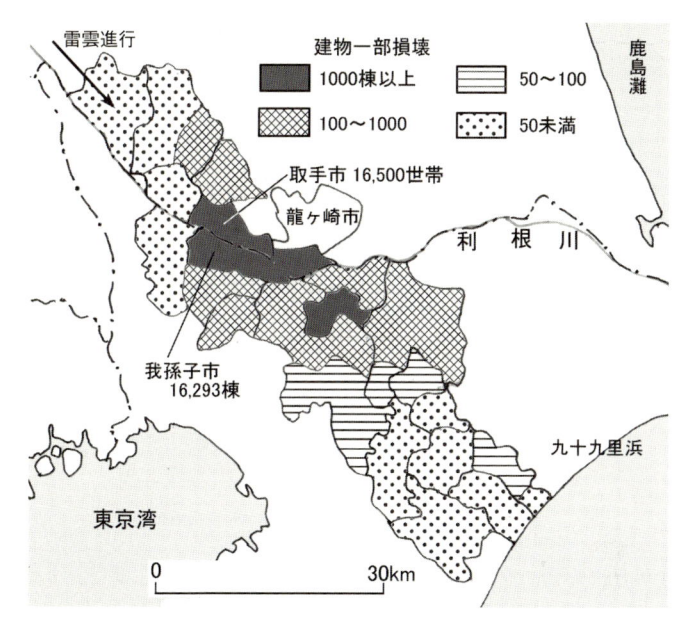

図 4.58　茨城・千葉における 2000 年雹害

害保険金の支払総額は 300 億円に達し，うち車両保険は 130 億円であった．負傷の主要原因は，窓ガラスの破損および雹粒の直接の打撃であった．雹粒がピンポン球大を超える大きさともなると，このような人的・物的被害が生じる．

　取手市では 30 人が負傷し，およそ 1.7 万世帯が窓ガラス破損などを被った．雹は厚いところで 10 cm 近く積もった．利根町では 1800 棟が被害を受けた．しかしすぐ北に隣接する龍ヶ崎市では雹の被害は報告されていない．このとき龍ヶ崎では 12 時 40 分からおよそ 10 分間に 7 mm の強雨が降っている．もしこれが雹であったなら 3～4 cm ほどに積もり，かなりの被害が生じたはずである．雷雲がもたらす突発的災害には非常に局地的なものが多く，場所による明暗がはっきりと分かれる被害を引き起こす．

c. 大　雪

　真冬に多い西高東低の気圧配置の時には，冷たい北西の季節風が日本列島に吹き付け，脊梁山脈にぶつかり，日本海側の山地斜面を中心に大雪を降らせる．脊梁山脈が低いところでは，筋状の雲は太平洋側に流れ出して雪を降らせる．しかし関東平野は高い山に遮られているので，大雪の続く日本海側とはまったく対照的に，空は晴れわたり乾いたからっ風が吹く．

　関東平野に大雪を降らせることが多いのは，冬型がゆるみ大陸の高気圧は少し北に

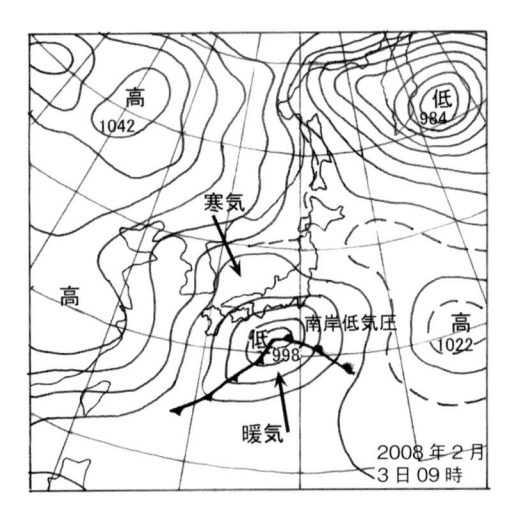

図 4.59 太平洋岸に大雪をもたらす南岸低気圧

退いて，太平洋南岸沿いを西から東へと低気圧が発達しながら進むときである（図 4.59）．これは南岸低気圧と名づけられている．低気圧の進行前面（東側）には温暖前線があり，南方からの暖気が北方からの寒気の上に這い上がっている．この這い上がり角度はゆるやかなので広い範囲に上昇気流が生じて雲がつくられ，降水（雨か雪）をもたらす．前線の近くでは上空の暖気の影響で降水は雨となり，雪が降るのは前線からかなり離れたところである．わかりやすい目安として低気圧が八丈島の南を通ると関東平野で雪になるとされる．低気圧のコースがもっと南に離れると，関東平野は雨雲・雪雲の範囲からはずれる．

冬季に上空の雨粒は小さい氷の結晶になっている．これが落下してきて地上で雪になるか融けて雨になるかは，地上付近から雲の高さまでの間の気温によって決まる．一般に地上気温が 2～4℃ 以下，上空 1500 m の気温が氷点下 5～6℃ 以下であると雪になることが多いとされている．低気圧が移動しながら発達すると北からの寒気が強く引き込まれるので，降雪となる低い気温条件がつくられる．関東が雪になるかどうかの予報は，低気圧のコースとその発達，気温の低下などの予測に依存し，当たり外れがかなり大きくなる．

新雪が積もる厚さは雨量（雨水の深さ）の 10 倍ほどで，降水量 10 mm では 10 cm の積雪になる．日本海側とは異なり雪が少ない関東では，10 cm の積雪でも鉄道・道路の交通機能に大きな障害・混乱が生じる．また，雪は湿っていて重いので電線が切断され停電などを起こす．過去 50 年間における日積雪深の最大は，つくば（館野）で 22 cm（1986 年），東京で 33 cm（1969 年）である．大雪の降ることが多いのは 1 月から 3 月上旬にかけての期間である．

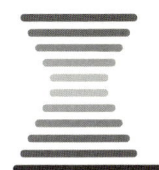

5 土砂災害

 土砂・岩屑が重力の直接作用により一体となって急速移動することによる災害で，斜面崩壊，地すべり，土石流，岩屑なだれなどがある．斜面構成層の安定を乱して移動を起こす誘因には大雨，地震，火山活動がある．この不安定化を起こす力学的機構や条件はわかっていても，それがどこでいつ起こるかを予測することは非常に難しい．外からは把握し難い斜面内部の構造が強く関係しているからである．このため，捉えやすい地形条件が危険判定の実用的手がかりとして利用される．しかしひとたび動き始めると，その運動は地形の支配を大きく受けるようになるので，危険域は比較的に予測しやすくなる．土砂移動の破壊力は強大であるから，大きな安全率を見込んだ対応が必要である．

5.1 斜面崩壊・地すべり

5.1.1 斜面安定条件

 斜面崩壊とは，斜面表層の土砂や岩屑が地中のある面を境にして滑り落ちる現象である．山崩れ，崖崩れ，あるいは一般に土砂崩れといわれているものはこれに相当する．地すべりは文字どおり「滑る」現象であるが，発生条件などに特色があり，一般の斜面崩壊と区別されている．土砂・岩屑が急速に運動する様式には，「滑る」のほかに「落ちる」（落石など），「流れる」（土石流など）がある．
 斜面の地層は重力により斜面傾斜の方向に常に引っ張られている．一方，地層はそれに抵抗する力を働かせて，斜面の変形や移動を抑える（図5.1）．何らかの原因により（大雨と地震動が主要な誘因である），地層内のある面において，下に引っ張る力が抵抗する力を上回ると，この面で地層が断ち切られて（せん断されて），上に載る土塊が一体となって滑動する．
 土塊を斜面傾斜の方向へ動かそうとする滑動力 F は，W を土塊の重量，θ を斜面傾斜角として

$$F = W \sin \theta \tag{5.1}$$

で与えられる．すなわち，その土塊の重量が大きいほど，また，斜面傾斜が急なほど大きくなる．雨水が地中に浸透するとその水の重さ分だけ土塊の重量が増大して，崩壊を起こす力が大きくなる．斜面傾斜は危険判定の最も重要でわかりやすい要因である．傾斜角が小さくなると，次式が示す抵抗力を大きくする効果が優位になることも

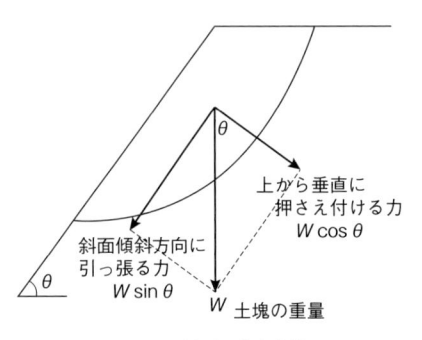

図 5.1 斜面の安定条件

あり，崩壊は発生しなくなる．大雨を誘因とする崩壊の場合，θ が 25° よりも小さいとほとんど発生しない．

この滑動力に対抗するせん断抵抗力 τ は，構成粒子間の粘着力 C と摩擦力との和になる．摩擦力は垂直応力 $\sigma = W\cos\theta$ と摩擦係数 $\tan\phi$ との積で与えられる．地層が地中水で飽和している場合には，間隙水圧 u が発生して垂直応力を相殺するので，$\sigma - u$ が有効垂直応力になる．したがって，地層のせん断抵抗力は

$$\tau = C + (\sigma - u)\tan\phi \tag{5.2}$$

と表される．ここで ϕ は内部摩擦角あるいはせん断抵抗角と呼ばれる値で，乾燥砂の場合，静かに盛り上げたときの表面の傾斜角（安息堆積角）に近い．粘着力は粒子間の界面作用や吸着水層などに起因するもので，乾燥砂には存在しない．

地層中のある連続面でせん断力がせん断抵抗力を上回ると，この面を境界にしてその上に載る地層が滑動する．この状態をつくり出す主因は，降雨の浸透および地震動である．地震の加速度のすべり面に平行の成分は滑動力を増大させ，垂直成分は垂直応力を減少させるとして表現されている斜面安定の式は，次式で示される．

$$F = \frac{C\sum L + (\sum W\cos\theta - K_H \sum W\sin\theta)\tan\phi}{\sum(W\sin\theta + K_H W\cos\theta)} \tag{5.3}$$

ここで，F は安全率，L はすべり面の長さ，W は土塊重量，θ はすべり面傾斜角である．K_H は震度係数であり，地震の水平加速度を α，重力加速度を g として，$K_H = \alpha/g$ で表される．ここでは垂直加速度は小さいとして無視されている．上式右辺の分子が抵抗力，分母が滑動力を示し，F が 1 よりも小さくなると崩壊が発生する．

5.1.2 大雨による崩壊

大雨は斜面崩壊を発生させる最も主要な誘因である．多量の雨水の地中浸透により間隙水圧が生じ，これが有効垂直応力を減殺し摩擦抵抗力を低下させることが，崩壊発生の最大の原因である．また，浸透水は土塊重量を大きくして滑動力を増大させる．表面流による侵食は地層の強度を低下させる．

5.1 斜面崩壊・地すべり

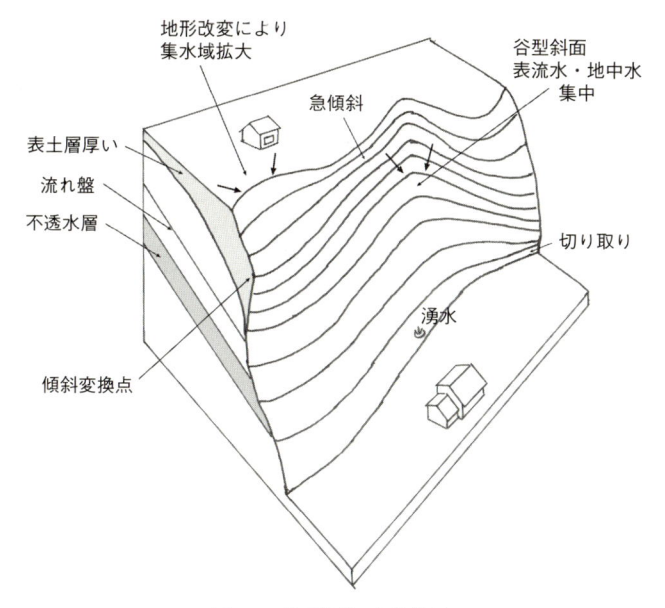

図 5.2 斜面崩壊の危険箇所

　式 (5.1), (5.2) に基づいて，大雨による斜面崩壊が発生しやすい箇所を整理して示す（図 5.2）．まず地形条件からは，斜面の傾斜が急なところ（傾斜角 30° 以上），斜面の途中で傾斜が突然急になるところ（遷急点）のある斜面，窪んだ谷型（凹型）の斜面，上方に広い緩傾斜地をもつ斜面，が挙げられる．大雨による崩壊では一般に傾斜角が 30° を超えると崩壊が急増する．法指定の急傾斜地崩壊危険箇所における急傾斜とは，勾配 30° 以上とされている．ただし，非常に急傾斜で表土層がほとんどないところは，崩壊の発生率はかなり小さくなる．遷急点があるとそこを頭部にして崩壊が起きやすい．中央が窪む凹型の斜面は表流水だけでなく地中水も集めやすい地形である．上部に緩傾斜地があるとその下方の一つの谷型斜面に多量の流水が集まることが起きやすい．

　地層の条件では，表土層の厚いところ，表土層の厚さの変化が大きいところ，透水性が大きく違う地層が重なっているところ，斜面傾斜の方向へ地層が傾いているところ（流れ盤）などが挙げられる．斜面崩壊の大部分は表土層の崩壊であり，それが厚いというのは不安定な条件である．基盤岩など難透水層の上面には地中水が滞留するのですべり面となりやすい．地中水の浸透・滞留に関係する地層構成は最も重要であるが，外部からはこれを判定し難い．湧水はこの条件を推定させる情報である．いつも水が浸み出ているところ，とくに，雨の時すぐに湧き水の量が増え，それが濁っているところは，要注意斜面である．

人為的な条件では，道路建設などにより斜面下部が切り取られているところ，斜面の上方で大規模な地形改変が行われたところ，斜面内に道路建設などの人為作用が加わっているところ，樹木が伐採されそのまま放置されている斜面，などである．斜面下部の切り取りは斜面を急傾斜にする．傾斜地の地形改変は雨水の浸透・流出の条件を変えて，これまで安定していた斜面を不安定化させることが多い．とくに，下方への排水処理が不適切であると危険が大きくなる．樹木を伐採して根をそのまま放置し5～10年ほど経過すると，腐食により土層の強度が低下する．まったくの山奥は別として，斜面崩壊の発生には人為的な要因が多かれ少なかれ関係している．

　崩壊を起こしやすい地質には，深いところまで風化を受けやすい花崗岩，変質し粘土になりやすい火山岩・変成岩，シラスとも呼ばれる火砕流の堆積層などがある．富士山のような形の成層火山は，火山灰・火山礫・溶岩・火砕流堆積物など，性質の異なる地層が流れ盤構造で積み重なっており，その山頂部は安定限界ぎりぎりの急勾配なので，きわめて不安定である．

　上記の斜面要因に危険度に応じた重み付き評点を与え，個々の斜面につき評点づけをおこなってその合計値から危険度を評価するというチェックリスト法は，危険度判

表5.1　斜面崩壊危険度判定のチェックリストの一例

項目	区分	点数
斜面の高さ	30 m 以上 10～30 m 5～10 m	3 2 1
斜面の傾斜角	60°以上 45°～60° 30°～45°	3 2 1
斜面形（横断面）	凹型斜面 平滑斜面 凸型斜面	3 1 0
基岩の岩質	未固結砂泥層 半固結砂泥層 風化岩	3 2 1
地層構成	流れ盤構造 厚い透水層の下に不透水層	3 2
表土の厚さ	50 cm 以上 10～50 cm	3 1
湧水	降雨時に湧水 常時湧水	3 1
地形改変	斜面内に道路など建設 斜面の上方で市街化進展	3 1

点数は仮に与えた値．

定のわかりやすい実用的手段である（表5.1）．評点を決める方法には判別分析などの統計処理の手法がある．

5.1.3 地震による崩壊

地震動の効果は図5.3のように示すと直感的に捉えやすい．最も不安定側に働いた場合には，その垂直加速度成分が重力加速度に加わり，さらに水平加速度成分と合成されて，重力加速度が図の G のように増大すると考えられる．これにより土塊重量が大きくなり，したがって滑動力が増大する．また，合成加速度の方向（鉛直方向）が変化して，瞬間的には斜面傾斜が大きくなったような効果が生じる．旧震度6の下限に相当する揺れである水平加速度250ガル，垂直加速度100ガルの地震動が作用した場合を考えると，重力加速度が最大で12%増大（したがって重量もそれだけ増大）し，斜面傾斜角が最大で13°大きくなると計算される．この結果，斜面土塊に作用する滑動力は，平常時に比べ最大で50%ほども増大する．地震動はまた，液状化のような現象を引き起こして表土層を滑動させることがある．

地震動のこのような効果から，地震による斜面崩壊は，大雨の場合では安全である傾斜角10～25°のゆるやかな斜面でも発生する．また，表土層のない切り立った崖も崩落させる．つまり大雨の場合よりも広い勾配範囲にわたって崩壊が生じる．地震動は側面からの押えがより小さい地形的突出部（周りが空気である）で大きくなり，また水を集める条件は関係しないので，尾根・山稜などでも崩れる．強い雨のあとに地震があると，雨の効果も加わって谷型斜面でも崩壊が発生する．雨の浸透は表層部に限られるのに対し，地震動は山体の全体に作用するので，地震による崩壊の規模は巨大化する可能性がある．崩れた場合，崩壊土の運動には初速が加わり，いわば放り出されるような状態になるので，より遠くまで到達する．地震時に崩壊を起こさなくても，震動によって山体が脆くなり，その後の大雨で崩れを起こしやすくなる．

このように，地震による斜面崩壊は発生場所が限定し難いし，大規模になる可能性があり，また，先行する降雨といったような前駆現象がなくて突発的であるので，対応がきわめて難しい現象である．緊急避難の余地はほとんどない．危険な場所はあらかじめ避けておくというのは自然災害全体に共通する基本的な対応であるが，地震崩

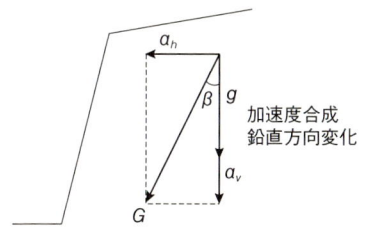

図5.3 地震動の効果

壊の場合にはこの対応しかないということになる．

　崩壊土砂量が数千万 m^3 以上の規模のものを巨大崩壊あるいは山体崩壊と呼んでいる．このような崩壊のほとんどは地震および火山噴火が発生誘因となっている．降雨とは違い地震は山体全体を振動し変形させるので，深いところでせん断破壊が生じて崩壊が大規模になる可能性がある．巨大崩壊が起きやすいのは，大起伏で大きな体積をもち深部亀裂の生じやすい地質構造の山地である．富士山型の大型成層火山はその代表である．

5.1.4　斜面崩壊への対応

　斜面崩壊の発生は外部から容易にはわからない斜面内部の欠陥に主として基づくもので，どこでいつ崩れるかを予測するのは，特定斜面を常時監視するという特別な場合は別として，実行上ほぼ不可能であるとしたほうがよい．あるところで大きな斜面崩壊が生じた場合，なぜそこだけで起こったかという理由をはっきりと説明するのが困難であることは多い．一方，崩れた場合その崩土がどこまで到達するかは，かなり限定することができる．つまり，発生予測は難しいが危険域予測は可能であるから，前者に依存せず後者に基づいて対応するのが現実的である．

　通常の崖崩れの場合，崖下端から土砂の到達先端までの距離は崖の高さと同じ距離の範囲内にほぼ収まっている（図 5.4）．したがって，被災の高危険域は崖の高さとほぼ同じ距離内であり，これに安全を見込んで，崖の高さの 2～3 倍までの範囲を危

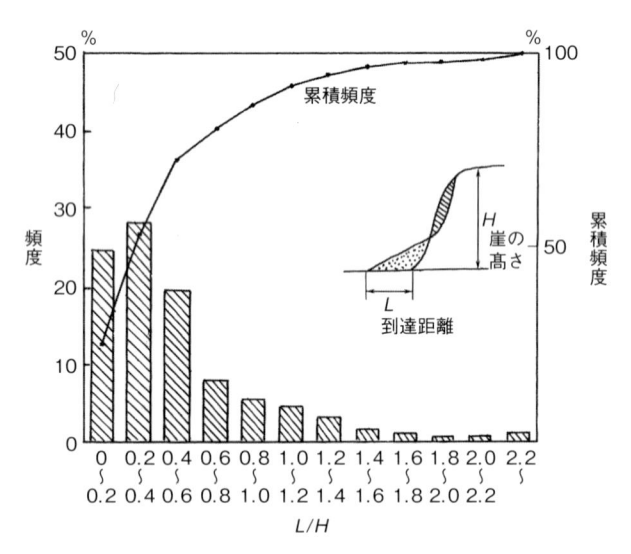

図 5.4　崩壊土砂の到達距離

5.1 斜面崩壊・地すべり

険域とすることができる．ただし，土砂到達域に傾斜がある場合には安全率をより大きく見込む必要がある．すでに崖に近づいて建物がある場合，盛土などの障害物で隔てて，土砂の衝撃力を弱めるという手段がある．

土砂災害防止法（2000年）により土砂災害警戒区域の指定が行われているが，この区域は急傾斜地の高さの2倍（最大50mまで）に定められている．なお，急傾斜地とは傾斜角30°以上で高さが5m以上の斜面をいう．急傾斜地崩壊危険区域に指定され利用上の制限などが課せられるには「住家5戸以上もしくは官公署に危険が及ぶおそれのあるところ」などの被災対象条件が加わるので，実際に危険地指定がなされているのは急傾斜斜面の一部である．このように大まかな地形条件を指定の基準としているということは，危険斜面を限定するのは非常に難しいことの結果でもある．なお，土砂災害警戒区域は急傾斜地の上端から水平距離10mの区域にも設定されるが，ここでは自らの危険だけでなく，雨水処理などによって下方斜面に危険をつくり出さないように配慮することも必要である．

危険地指定ではほかに，山腹崩壊危険箇所，地すべり危険箇所などがある．土砂災害のハザードマップでは，これらの危険地指定箇所が表示されているのが大部分である．急傾斜地崩壊危険区域にある住宅は，資金助成を受けて移転することができる．土砂災害の破壊力は強大であるから，移転は最も有効な危険除去策である．

雨による斜面崩壊では，斜面の表面の移動・伸縮，斜面地層の歪み（微小な変形）の増大，地下水面の上昇，間隙水圧の増大などの先駆現象が観測される．斜面の内部や表面にこれらを観測する計器を設置してそのデータを監視することにより，崩壊発生の直前予測は可能である．斜面の移動量の測定は簡単な工夫によっても可能で，その変化速度が急増しはじめると危険と判断される（図5.5）．しかし斜面の数は無数であり，専門家を配置し重要斜面を常時監視するといった特別な場合は別として，普遍的な防災手段としては現実的ではない．

予測の間接的手がかりとして雨量がある．崩壊の発生には，その時降っている雨の

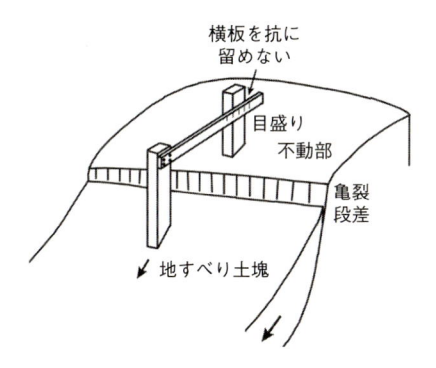

図5.5 地すべりの運動の簡易測定

強さと，それまでに降った積算雨量とが関係する．気象庁は地中に滞留している水分量を表現する土壌雨量指数を常時計算して，それがある基準値に達すると予想されたら土砂災害警戒情報として発表している．ただし，その計算基準は地形・地質などに関係なく全国一律であり，個々の斜面の危険を示すものではない．一般に，かなりの雨が降り続いたところへ1時間50 mmを超える強雨が2〜3時間も加わると，大きな土砂災害が発生する．ただし，降雨量と崩壊の発生との関係は明確ではない．雨水の地中への浸透にはかなりの時間を要するので，雨のピーク時から遅れ，時には雨が止んでから崩れが起こることもある．大規模な崩壊はとくにそうである．

崩壊の発生には個々の斜面の特殊性，とりわけ目にみえない斜面内部の特殊性が大きく関係しているので，雨の情報は一つの判断材料として受け止め，ただ警報を待つというだけでなく，個々の斜面や崖の危険性に応じた独自の判断と行動を行うことが望ましい．人命への加害力の非常に大きい土砂災害に対しては，安全率を大きく見込んだ対応が必要である．

斜面崩壊防止対策は，崩壊の発生条件をなくすこと，すなわち，滑動力を小さくしあるいは抵抗力を大きくすることである．雨水浸透を防ぐ，斜面への雨水や排水の流入を防ぐ，水抜きをする，地下水位を下げる，土砂排除・排土をする，不安定な岩塊・巨礫を取り除く，落石防止のネットを張る，斜面勾配をゆるくする，締め固める，抵抗力を付加する（擁壁など），表土層の移動を抑える（枠組み工など），表面侵食を抑える（植栽など），などの手段や工法がとられている．ただし，これらの対策工事によって安全になったと速断するとかえって危険である．

5.1.5 地すべりの特色と発生条件

斜面の土塊が非常にゆっくり動くものを地すべりと呼んで，動きの速い斜面崩壊と区別している．動きが遅いので人の被害はほとんど生じないが，継続して動くのでかえって危険が強く意識され，また，長期間の道路閉鎖，立ち入り禁止など，地域の社会経済活動への長期的影響が生じることがある．

動く速度にはかなりの幅があるが，およそ1日で数mmから数cmといった程度である．このようなゆっくりとした継続的な滑動の発生には岩質の支配が強く，第三紀層泥質岩，変成岩および火山変質岩の地域に発生はほぼ限られる．これらは粘土化しやすい性質の岩石である．いったん滑りやすい条件がつくられると，長い間それが続く．一度停止しても，地下水の増加や人為作用などにより不安定化すると，再び動き出すということを繰り返す．また，一般の斜面崩壊はほとんど起こらない10〜20°というゆるやかな勾配の斜面でも生じる．滑り面の深さは10 m以上と深くて，その上に載って動く土塊の量が大きくなる．一般に数十万 m^3 以上で，通常の斜面崩壊の2桁以上大きい規模である．

ゆっくりと引き続いて動き，規模が大きいということから，地すべりは特徴ある地形を示すので，そこが地すべりであることが容易にわかる（図5.6）．ほとんど乱れ

5.1 斜面崩壊・地すべり

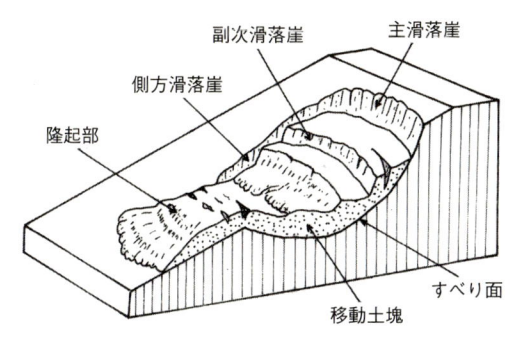

図5.6 地すべり地形模式図

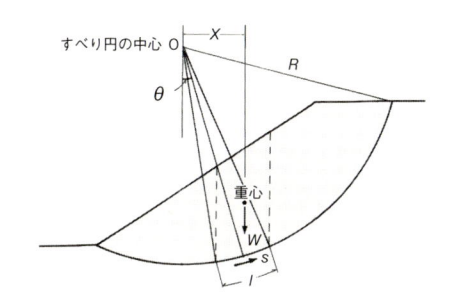

図5.7 地すべり土塊の安定条件

ることなく一体となって滑動した土塊は以前よりもゆるやかな表面勾配をもって停止し，もとの斜面が断ち切られたところには大きな段差がつくられるので，円弧状の急崖とその下方の緩傾斜面との組合せ地形の認定が，地すべり判定の主要な手段である．地すべり地では水が豊富なために，池・湿地・棚田などがよくみられるのでこれも手がかりになる．

このかつて移動し停止した土塊が再び滑動する危険があるか否かの判定は，斜面安定条件に基づく安全率の計算によって行う．深いすべり面をもつ地すべりの安定計算では，すべり面を円弧としてその中心についての回転モーメントによって安全率を求めることが多い（図5.7）．移動土塊の厚さが大きくなると，せん断破壊面（すべり面）は円弧状になることが多いからである．

安全率 F_s は，地すべりの底面についてのすべりに抵抗する力とすべりを起こす力との比

$$Fs = \frac{R\sum sl}{\sum wx} \tag{5.4}$$

で表される．安全率が1に近いほど不安定で，雨や地震の作用により安全率が1を切っ

て地すべりの運動が起こる危険が大である．一方，安定な状態にまで滑動しきっていて安全率が1を大きく超えていれば，再滑動の危険はほとんどない．地すべりなど土砂の移動は，より安定な状態への移行過程なのである．ただし上方にある急崖部分では不安定状態が新しくつくられる．

地すべりの運動開始の最大の誘因は地下水の増加である．このため，主な発生時期は梅雨期と融雪期である．人為作用のかかわりは大きく，道路建設による地すべり土塊先端の切り取り，地すべり地内を通る道路の建設による集水・浸透条件の変化，ダム貯水による地下水位上昇などによって再発することが多い．

大きな山崩れや地すべりが起こる前には，山腹や崖から水が噴き出す，湧水の量が急に増える，湧水が急に止まる，斜面に地割れが生じる，樹木が揺れたり倒れたりする，落石や小崩壊が続く，山鳴り・地鳴りがする，などのはっきりとした前兆現象がかなり前から認められる．異常をすばやく感知し，危険を早めに察知するためには，普段から周囲の自然をよく観察し，正常な状態を知っておくことが前提となる．

2004年の中越地震（$M 6.8$）は，日本有数の第三紀層地すべり丘陵の直下で起こったので，非常に多数の地すべり・斜面崩壊が発生した．地すべりは農耕地の適地をつくり，集落が広く散在して奥地にまで立地できる地形を提供しているので，このようなところが強震動域に入ると道路交通の広域途絶により，地域社会に深刻な影響が生ずる可能性がある．

5.1.6 地すべりによる地変現象

1963年10月9日夜，イタリア北部のアルプス・ドロミテ山群内に3年前に完成したばかりのヴァイヨンダム（高さ260 m）の貯水湖左岸で，土砂量2.4 km^{3}の大きな地すべりが発生した（図5.8）．大量土砂の滑落により跳ね上げられた湖水はダムを乗り越え，下流の峡谷を深さ数10 mの奔流となって流れ下り，約2600人の死者を出した．

ヴァイヨン渓谷はベネチアの北100 kmにあり，石灰岩の岩峰が屹立するドロミテ山群の南東縁に位置する．この谷の出口近くに1960年の建設当時では世界第2位の高さの発電用ダムがつくられた．ヴァイヨン峡谷は，褶曲の向斜部に形成されたU字谷の谷底中央を深さ200 mほど刻み込む狭い谷中谷である．地質は中生代の堆積岩で，亀裂の発達した石灰岩層を挟んでいる．地下水によるこの石灰岩層の溶解は亀裂に沿い深く進行していたと考えられる．地層の傾斜はU字谷の側壁にほぼ平行という流れ盤構造であり，氷河期後の流水侵食による深い峡谷の形成によって，山体を側方から支える力が失われ，不安定化が増していた（図5.9）．

ダム完成時の1960年には，土量70万 m^{3}の地すべりがすでに起こっていた．また，山腹斜面のゆっくりとした変形が継続的に進行し，ダム貯水位の上昇とともにその速度を増していた．移動速度は1963年の夏には週1 cmほど，大地すべりの半月前には1日あたり数 cm程度に増大していた．

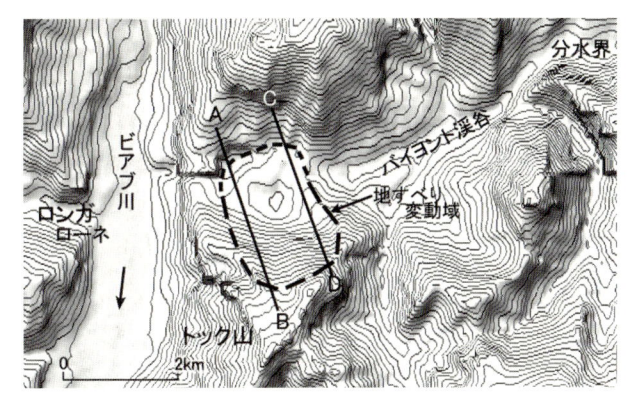

図5.8　イタリア・ヴァイヨンダム地すべり

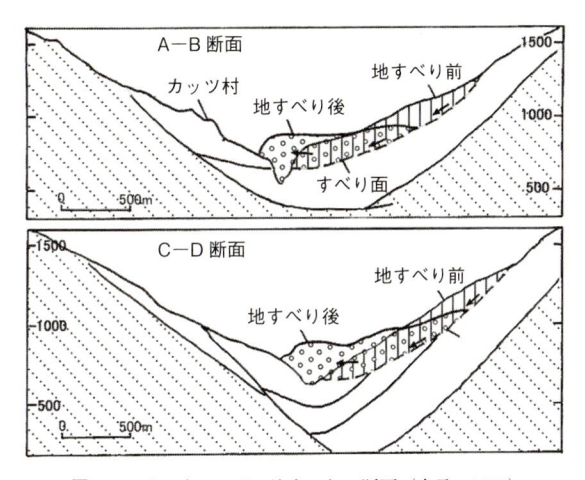

図5.9　ヴァイヨンダム地すべりの断面（金子，1974）

　9月28日ごろからはかなり強い雨が降り続いた．これによって地中水は増加し，また貯水位上昇により地下水位も上昇して，すべり速度は急増し1日数十cmに達した．地すべり土塊の押し出しは貯水位をさらに上昇させていた．異変を察知した動物たちはこの山から姿を消した．このように継続的・加速的に地変が進行し，10月9日22時40分ごろ大規模な滑動に至った．すべり面の傾斜角は30°ほどあるので，この滑動の速度は10 m/s程度と大きいものであった．土塊の移動した距離は約400 mで，急速滑動は60秒以内に終了した．
　土塊のダム湖への突入により跳ね上げられた大量の湖水は，対岸の斜面を高さ

240 m ほど駆け上がった．これよりも 20 m ほど高いところにあったカッツ村はかろうじて難を免れた．しかし，ダムを高く乗り越えた奔流は，6 分後に下流 2 km にある人口 2000 のロンガローネ村を襲い，これを壊滅させた．地すべりの観測や地すべり防止のための貯水位低下作業などにあたっていた 60 名ほどの人はすべて犠牲になった．ダム本体は幸いにも破壊を免れた．早くから兆候が現れ，発生が予測されていた地すべりの危険は，対岸のカッツ村には伝えられていたが，すぐ下流のピアブ川沿いの村々には伝えられていなくて大きな被害の発生となった．

1985 年 7 月 26 日午後 5 時ごろ，長野市街地北縁にある地附山（標高 740 m）の南東斜面で幅 350 m，最大深さ 60 m，土量 250 万 m^3 という地すべりが発生した．地すべり土塊は人が普通に歩く程度の速度でゆっくりと東側の住宅団地方向および南側の老人ホーム方向へ押し出し，住宅 55 棟と老人ホームの 5 棟が破壊され，身動きのできない養護老人 26 人が土砂に埋められて亡くなった．山腹亀裂などの斜面の異状はすでに 1 年以上も前から発生しており，数日前からその地変は一段と激しくなっていた．この斜面内を通じる有料道路では路面の亀裂や擁壁の崩壊などが相次ぎ，半月前には閉鎖されていた．災害前に認められていた山頂小起伏面直下の亀裂は，地すべりの頭部滑落崖上端とまったく一致している．前兆が明瞭に現れ崩土の運動が遅いこのタイプの地すべりでは人の被害が生ずることはほとんどないので，この災害は異例ともいえるものであった．

5.2　土石流・岩屑なだれ

5.2.1　発生機構

大雨による山崩れの土塊が，砕けながら谷間に滑り落ち，増水した谷の水と混じり合って流体状になり谷底を高速で流れ下るというのが，最もよく起こるタイプの土石流である．直径 2～3 m もある岩塊や砂礫の集合体を流れるような状態にする力は，岩や礫が衝突してお互いを跳ねのけ合う反発力（分散力）である．

石礫粒子の密度は 2.6 程度なので，粒子の間にある水あるいは空気の中を急速に沈降し，粒子同士が接触・衝突する．粒子の運動が十分に大きいと，この衝突によってお互いを跳ねのけ合い，粒子間に間隙ができる．これによって石礫粒子が水や空気の中でばらばらになって浮いたような状態になり，全体が一体となって流体のような運動を起こす．間隙を満たしているのが泥水であると，粒子に働く浮力が大きくなって流動化が生じやすくなる．分散力をつくるのは，流れを駆動する力の源である斜面（あるいは河床）の傾斜方向への重力成分である．傾斜が大きいほど粒子の運動速度が大きく，したがって分散力も大きくなって流動性を増す．

土石流中には種々の大きさの砂礫や岩塊がまじっているが，小さいものは狭いすき間でもすり抜けて落ちていくことができるので，大きい岩や礫は表面へ押し上げられる結果となる．流れの表面に出てきた大きな岩礫は，表層の速い流れに運ばれて先頭

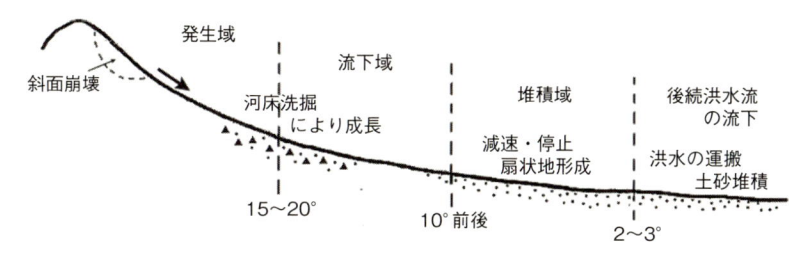

図5.10 土石流の発生・流下・停止域

に集まる．こうして土石流の先端では大きな岩や礫が盛り上がり，激しく転がりながらあとから続く流れを従えて進む．先頭の巨礫部に働く摩擦抵抗は大きくてその速度はやや遅くなるので，後続する水は堰き上げられたような状態になり水位を高める．

流れを駆動する力は流動する層の厚さと地表面の勾配との積に比例する．したがって土石流の運動はほぼ地形勾配によって支配される．谷床勾配およそ20°以上が発生域，およそ10°以上が流下域とされる（図5.10）．発生域および流下域の谷床に厚い堆積土砂があると，土石流はこれを取り込み流動層を厚くして勢力を増し，さらなる取り込みをおこなって，雪だるま式に成長していく．運動速度は一般に10〜20 m/s程度である．

谷床の勾配が10°以下ともなると，岩や礫の間の接触抵抗が大きくなり，流動性が低下して減速し始め，勾配がおよそ2〜3°のところで土石流本体は停止する．ただし，堰き上げられて後続していた水は激しい洪水流となってさらに流下を続ける．この減速・停止域には，急勾配扇状地のような砂礫の堆積地形が形成される．

5.2.2 危険渓流と危険域

土石流が発生しやすい谷は，山崩れが起きやすい山地内にあり，急勾配区間（およそ15°以上）が長く，その谷底に土砂が厚く堆積している谷である．谷底の幅や勾配に変化の多い谷では，土石流の一時的減速により流動深が増して，土石流の規模が大きくなりやすい．火山灰や火山礫などで構成されている火山の谷では，一般に土石流発生の危険が大きい．とくに，噴火によって新しく火山灰で覆われると強雨時に表面流が生じやすくなるので，噴火後しばらくは土石流（泥流）が頻繁に発生する．以上のようなことを主な判断基準として，土石流危険渓流が指定されている．これは現在全国で約8万渓流ある．

谷底内はいうまでもなく土石流が流下する高危険域である．狭い谷では土石流の厚さは20〜30 mにもなるので，谷壁斜面の高さ数十mまでの範囲は危険域になる．土石流が流下した谷では，谷壁の樹林が完全に剥ぎ取られ岩肌が剥き出しになるので，土石流の厚さの場所による変化が明らかにわかる．谷幅の狭まったところや屈曲するところでは大きな乗り上げが生じる．

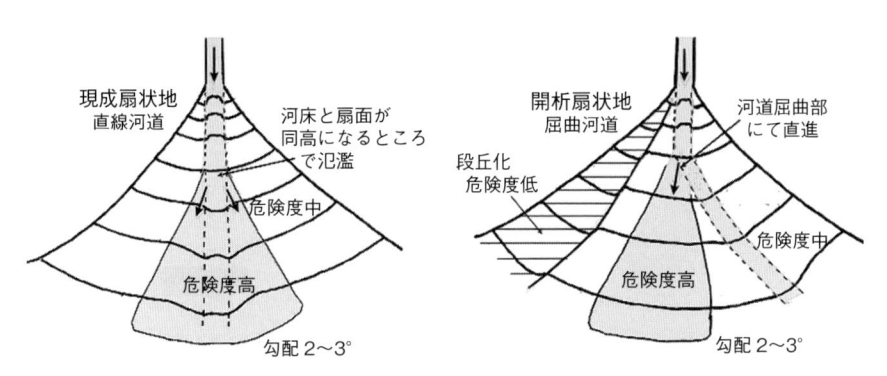

図 5.11 扇状地の危険域区分

　山麓部の谷が開けたところでは，土石流および洪水流の運搬土砂が広がって堆積し，急勾配の扇状地が形成される．谷の広がりがないところでは幅広い谷底堆積面がつくられる．この山麓部堆積面の勾配およそ2〜3°までの範囲が土石流の到達危険域である．

　土砂の流出が途絶えると，流水は扇状地の上部（扇頂部）を下刻（削り込み）して谷は深くなり，その側面は一段高い段丘になる．一方扇端部では，谷底での堆積が進んで天井川となるのが一般的である．この場合には，扇状地面と谷底の高さがほぼ同じになる扇央部のある地点（交差地点）において土石流は氾濫し，そこから扇型に広がる．一段高い段丘状となった扇面は氾濫の危険が小さい場所になる．土石の流出が続いていると扇頂部の谷底は高くなるので，土石流は扇頂から氾濫し扇状地の全面に及ぶ（図5.11）．いずれの場合にも谷の直下の方向は危険が最も大きい場所である．土石流は現在の進行方向を維持しようとする大きな慣性をもっているからである．この直進性のため谷の中にある段丘では，比高が10mもあってもその上に乗り上げる可能性がある．谷がカーブしているところではとくにその危険が大きい．

　土石流は停止しても，堰き上げられてあとに続く洪水流は，止まることなくさらに下流へと流れ下る．これは多量の土砂や流木を運び，堰上げによって水深を増しているので，勾配2〜3°よりゆるやかなところでも後続する激しい洪水に襲われる危険がある．

　山地域における激しい豪雨では，山崩れ土砂が谷を埋めて堰止め湖が出現することがある．谷の勾配が比較的ゆるやかであり，埋積した延長が200m以上もあれば，これは土砂ダムがつくられたというよりは河床が上昇したとみたほうがよく，水位上昇と越流によりダムが一気に決壊して土石流や激しい段波状の洪水が発生するという危険は小さい．

5.2.3 数値計算

　土石流は洪水と同種の流体の運動であり，その運動を記述する基本式を使用した数値計算により危険予測ができる．狭い谷底では谷底全面にわたって流下するので，危険域を知るのに数値計算を行うまでもないが，開けた平滑な扇状地においては，その運動を制約する明らかな地形は存在しないので，数値計算は氾濫危険域を判定する手段になる．土石流の氾濫域はあまり広くないので，10 m 程度の狭いメッシュ間隔の数値標高データが必要になる．停止域とその下流では，後続する洪水流の氾濫の数値計算も必要になる．

　図 5.12 は 1967 年に新潟県北部・新発田東方の大日原扇状地で生じた土石流で，平滑な扇面上に扇形に広がって土砂が堆積している．谷壁や段丘崖などの地形によってその氾濫が制約されたわけではないので，数値計算の妥当性の検証に好適である．谷の右岸には高位の扇状地面が分布し，谷はこれを下刻して流れている．高位面はやや急勾配であるので谷床と扇面とは次第に接近し，これらがほぼ同高となった扇状地のほぼ中央部で氾濫が生じた．地質は花崗岩で，土砂堆積域の白色が際立つ．なお，氾濫域内に残っている樹林中にも多量の土砂は流入している．土石流の減速・停止域では樹木や木造建物も倒れずに残っていることが多い．

　図 5.13 は，土石流の流動の数値計算によって得られた侵食・堆積深の分布を示したものである．計算の時間メッシュは 0.1 sec，空間メッシュは 30 m で，数値標高データ（DEM）は地形図からの読み取りにより作成した．土石流のピーク流量は，降雨強度から求められる洪水流量の 10 倍を与えた．土石流は扇面上をほぼ直進し，勾配

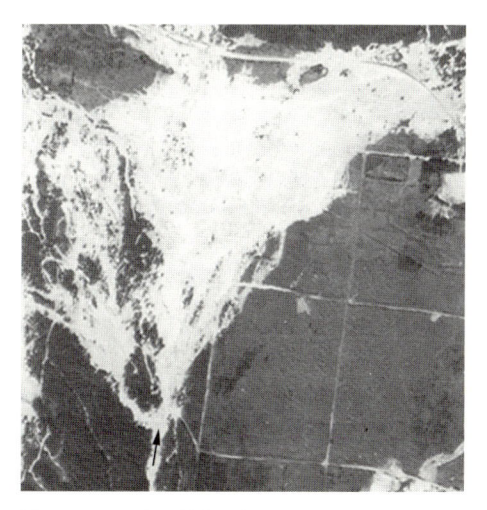

図 5.12 1967 年の新潟・大日原扇状地における土石流（国際航業撮影）

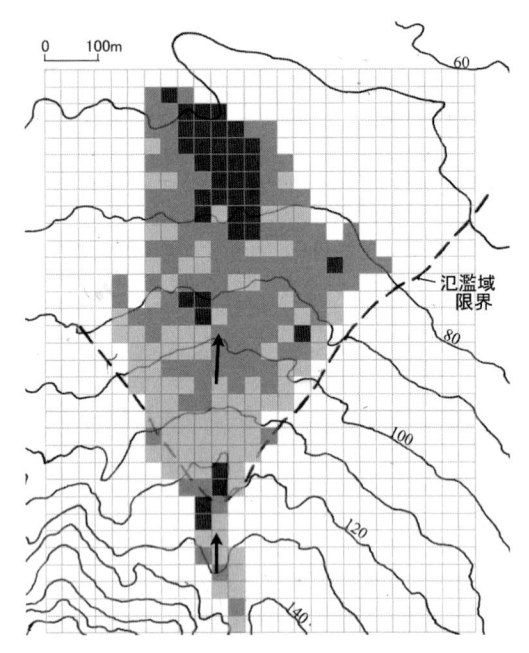

図 5.13　土石流の運動の数値計算

$3\sim4°$ のところで停止・堆積している.

　後続する洪水流の氾濫計算は式 (4.3)～(4.5) を使用して行った．この場合の数値標高データは土石流の侵食・堆積による地形変化後のものを使用した．図5.14 は各メッシュの最大水深の分布である．直進性のある土石流の場合とは異なり，地形の支配をより強く受けて，主流は右岸方向へ向かい，扇状に広がって流下して土砂を堆積させている．図中の破線は実際の氾濫域であり，数値計算はこれをよく再現している．

　土石流の計算に使用した運動方程式は

$$\frac{\partial(uh)}{\partial t} = -gh\frac{\partial(Z+h)}{\partial x} - \frac{\mu(\sigma-\rho)gh\cos\theta_x}{\gamma} \tag{5.5}$$

$$\frac{\partial(vh)}{\partial t} = -gh\frac{\partial(Z+h)}{\partial y} - \frac{\mu(\sigma-\rho)gh\cos\theta_y}{\gamma} \tag{5.6}$$

である．ここで，u：土石流の x 方向流速，v：土石流の y 方向流速，h：土石流の流動深，Z：地盤高，μ：摩擦に寄与する砂礫の濃度，σ：砂礫の密度，ρ：水の見かけ密度，θ_x：x 方向の地表面勾配，θ_y：y 方向の地表面勾配，γ：土石流の密度である．なお，移流項は省略した．

　土石流の連続式および土砂の連続式はそれぞれ

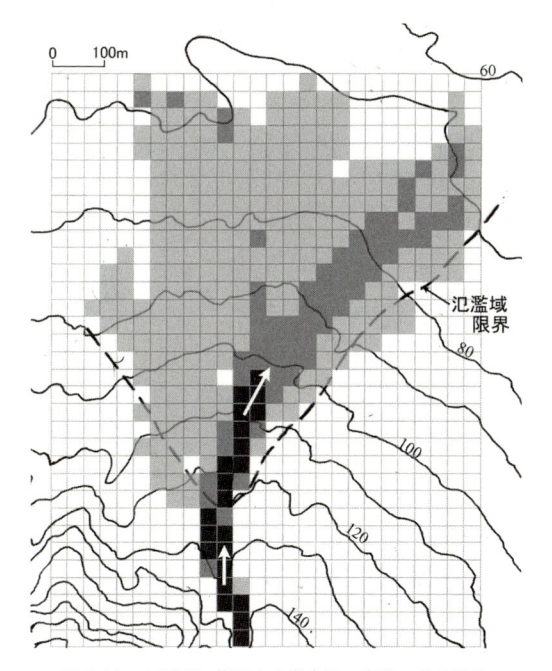

図 5.14 土石流に後続する洪水流の運動の数値計算

$$\frac{\partial h}{\partial t}+\frac{\partial(uh)}{\partial x}+\frac{\partial(vh)}{\partial y}+\frac{\partial Z}{\partial t}=0 \tag{5.7}$$

$$\frac{\partial(C_d h)}{\partial t}+\frac{\partial(C_d uh)}{\partial x}+\frac{\partial(C_d vh)}{\partial y}+C_*\frac{\partial Z}{\partial t}=0 \tag{5.8}$$

である.ここで,C_*は堆積層の砂礫の容積濃度(0.7とした)である.計算の安定のために,土砂濃度によって流砂量を与えるという単純化の方法をとった.

5.2.4 危険予測と防災対応

　山崩れや土石流は,かなりの雨が数時間以上も続いたところへ,1時間に50 mm以上の雨が2～3時間降ったときに起こることが多い.山地内では雨の降り方は場所によってかなり違うので,テレビなどが伝える広域の雨の状況とその場所での雨の現況とを組み合わせて,独自の判断による行動が必要である.突然の強雨に対して,外部から警報や避難の指示が迅速に与えられることを前提にはできない.

　土石流は谷の上流部で発生することが多いが,この場合には山麓にまで到達するのに数分～数十分の時間がかかる.これをいち早く察知して知らせ,避難などを行う余地がある.土石流は谷を塞いで流下するので,谷の水は一時堰き止められる.したがっ

て，大雨時に谷の水が急に減るというのは，土石流の発生を示す確かな前兆である．巨大な岩塊も転がってくるので，山鳴り・地鳴りが感じられる．山崩れによって起きることが多いので，谷の水が急に濁るという現象を伴う場合がある．豪雨時にはこのような前兆に注意を向けねばならない．夜間の場合には山鳴りが頼りであるが，雨の音や雷鳴によって聞き取りにくくなる可能性がある．上流での発生をセンサーにより検知して，下流の集落に警報を伝えるという方法もあり，土石流が頻発する火山の谷などで実施されている．その検知には，ワイヤーの切断，音響，振動などが利用されている．

　土石流の危険が大きいとされる谷でも，実際にそれが起こるのは100年後であっても不思議ではない．一般に土砂災害は，発生の時間間隔が100年単位で示されるという性質のものである．したがって，最近数十年ぐらいにおける災害の経験から危険の程度を判断してはならない．前回の大雨の時には何事もなかったから今回も大丈夫だろう，という速断は危険である．集中豪雨は数十km四方というかなり広い範囲に降る．しかし，地形・地質が同じであっても，実際に山崩れが起こり土石流が発生するのは少数の谷に限られる．このことは，いつどこで山崩れや土石流が発生するかを予測するのは難しいということを示す．しかし一方，ひとたび土石流が起こった場合，それが流下し氾濫する危険域は地形などによってかなり限定することができる．土石流の破壊力は非常に大きいので，このような危険域に住んでいる場合，もし万一を考えて無駄足を承知のうえで，豪雨のたびに避難を繰り返すという対応が必要である．谷底に住んでいる人の多くは，豪雨のたびに河床を大きな石が転がる音を聞いて，危険を感じているはずである．

　土石流を制御する構造物として砂防ダムがつくられている．しかし，土砂を貯める能力は小さいし，またすぐに土砂で埋まるので，その効果は限られる．これまでに大きな土石流災害が起こった谷についてみると，そのほぼすべてで砂防ダムがつくられていた．土砂はある程度制御できたとしても，本来の役割であるはずの被害防止はできなかったということである．ダムなどの砂防施設がつくられたから安全になったと思い込むのは，非常に危険である．

5.2.5 岩屑なだれ

　地震や火山噴火によって生じた大規模な山崩れの土砂が高速で長距離を流れ下る現象を岩屑なだれと呼び，大雨による一般の土石流と区別している．これは粒子間の空隙に水を含まないので浮力による支えがほとんどなく，運動を始めても粒子間の接触抵抗がすぐに大きくなって減速・停止するはずである．しかし，大規模岩屑なだれが谷の中を流下する場合，その厚さは100〜200mにも達する．この非常に厚い流動深が強力な駆動力を生み出し，粒子間の激しい衝突により間隙をつくって，見かけの摩擦抵抗を小さくしていると考えられる．巨大岩屑なだれの示す大きな流動距離は昔から関心を呼び，流れの底面に取り込まれた空気層のクッション効果（つまりホバーク

ラフトの浮遊走行），摩擦熱による地中水の蒸発が関係している，など種々の説が出された．空気のない月面で巨大崩壊と岩屑なだれの地形が認められたので，エアクッション説は否定されている．

崩壊土砂量が多くなると見かけの摩擦係数は小さくなってより遠くにまで到達する．流下の高度差と水平距離との比（等価摩擦係数）の値は，通常規模の斜面崩壊（土砂量 $10^3\,\mathrm{m}^3$ 程度）では 0.5 以上であるが，地震や火山噴火によって起こることの多い大規模山体崩壊（土砂量 $10^8\,\mathrm{m}^3$ のオーダー）の岩屑なだれでは，0.1〜0.2 にまで小さくなる．すなわち高度差の 5〜10 倍もの長い距離にわたって流動し大きな到達距離を示す．このため山奥で発生しても山麓にまで流れ出してきて被害を与える．土砂が大量なため深さ 100 m を超える谷からも溢れ出して隣の谷を流れ下ることがある．

巨大崩壊と岩屑なだれを最も起こしやすいのは，富士山のような成層火山である．成層火山は溶岩流・火砕流・火山礫などが，安定限界に近い急勾配で山体傾斜の方向に平行に積み重なっているので，非常に不安定である．中部山岳のように，隆起が激しいため谷が深く削り込んでいる大起伏山地も，急峻化により山体が不安定な状態になっている．海底下では，厚い堆積層のある大陸棚などにおいて，傾斜が非常にゆるやか（一般に 5°以下）であるにもかかわらず，陸上よりもはるかに大規模な土砂移動が生じている．この発生のほとんどすべては，地震による海底砂層の液状化であると推定される．液状になればゆるやかな傾斜の場においても大規模な流動が生じる．

5.2.6 岩屑なだれ災害

1970 年 5 月 31 日，ペルー沖で起こった $M7.7$ の地震により，ペルーアンデスのワスカラン北峰（標高 6560 m）で体積約 1 億 m^3 の巨大岩屑なだれが発生した．この岩屑なだれの一部は谷底からの高さが 230 m ある尾根を乗り越え，人口 2.5 万人の街ユンガイを 5〜10 m の厚さに埋め 1.5 万人の死者を出した．

厚いアイスキャップに覆われたワスカラン北峰の山頂直下は高い急崖をつくっているので非常に不安定である．この急崖の崩壊により生じた大量の岩屑・氷雪はモレーン上に落下して滑走し，いったん狭い峡谷内に収容されたあと扇状に広がり，高距差 3.2 km で 16 km 離れたサンタ川に到達し，対岸に 80 m 乗り上げた（図 5.15）．このような地形の制約がなければ等価摩擦係数はもっと小さくなったはずである．運動方向が急に変化したところでは，数トンもの巨岩が 1 マイルほど投げ飛ばされた．峡谷内に集中したときには流動深が非常に大きくなったので，比高 230 m の尾根を越えた溢れ出しが生じ，ユンガイの街を壊滅させた．サンタ川近くの街ランラヒルカ（人口 2000 人）も岩屑なだれに埋まった．

これは日曜日の午後 3 時のことで，多くの人が近郊からユンガイのマーケットなどに集まってきていた．この時，丘に駆け上がって危く難を免れた人の体験談が，岩屑なだれの状況や速度の情報を与えている．「震動を感じて車を降り，周りを見たら家や橋が壊れていた．揺れが終わっておよそ 30 秒後，ワスカランから轟音が聞こえて

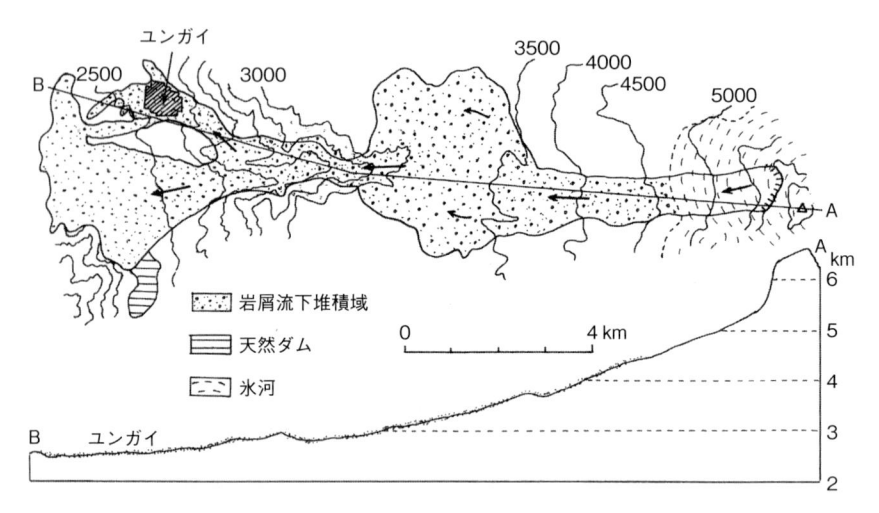

図 5.15 1970 年ペルー・ワスカラン岩屑なだれ（Plafker et al., 1971）

きたので見上げると，北峰の岩と氷が砕かれて雲が立ち上っているのが見えた．即座に 200 m ほど離れた墓地の丘に向かって駆け出した．約 45 秒後，岩屑なだれはユンガイと谷とを隔てる尾根の上に達していた．その高さは少なくとも 80 m はあった．丘の頂上についたとき，なだれは丘を襲い，強風と轟音・振動を感じた．数 m 後ろにいた人は流れに呑み込まれてしまった．」岩屑なだれが 14.5 km 離れたユンガイに達するのに，音速を考慮に入れて 2.5〜3 分かかったことになるので，その平均速度は 290〜350 km/h と計算された．

8 年前の 1962 年に，同じワスカラン西面急崖が大崩壊して，200 万 m^3 の岩屑なだれがランラヒルカを壊滅させた．このときは土砂量が少なかったのでユンガイには達しなかった．周辺域の堆積層から，これまでに何度も 1970 年のような大岩屑なだれが発生したことがわかっている．ワスカラン山頂の急崖地形から，今後もこれが繰り返し起こることは確実である．アンデスやヒマラヤのような地震帯にある大起伏山地では，地震による巨大崩壊と岩屑なだれが大きな災害を引き起こす一原因となっている．

日本では，1984 年の長野県西部地震（$M6.8$）により木曽・御岳において，巨大崩壊と岩屑なだれが発生した．御岳山は富士山に次ぐ標高をもつ大きな成層火山である．この巨大崩壊はかつての大きな崩壊の跡地において起こり，それを大きく拡大させた．崩壊物質はかつての V 字谷を埋めた溶岩と火山礫で，その中に挟まる軽石層をすべり面にして厚さ 100 m ほどが滑落した．3600 万 m^3 の崩壊土砂は，谷を埋め比高 100 m の尾根から溢れ出ながら，平均速度 80 km/h で流下し，崩壊源から 8 km 地点で比高 90 m の尾根を乗り越え，11 km 地点にまで到達した．幅狭い谷底内を流下し

て流動深が厚かったので流速の低下が小さく，等価摩擦係数が0.13という大きな到達距離を示した．この岩屑なだれによる行方不明者は15人であった．

1792年，雲仙岳の側火山・眉山が土砂量3.4億 m³ の山体崩壊を起こした（図3.7）．眉山は島原市のすぐ背後にある標高819 m の溶岩円頂丘である．雲仙火山では半年前から群発地震が続き，その震源は次第に眉山方向に移動し，5月21日の強い地震の直後，大崩壊が発生した．噴火を伴ってはいないので，地震が崩壊の主要な誘因になったことは確かである．眉山は有明海の海岸から2 km ほどしか離れていないので，大量の土砂は大きな速度で海に突入し，高い津波を発生させた．津波の高さは20 km 以上離れた対岸の肥後（熊本）で最大23 m に達した（図3.11）．島原の海岸線は土砂堆積により大きく前進し，沖には多数の小島（九十九島）が出現した．死者は島原で約1万人，肥後や天草などでおよそ5000人であった．

5.2.7 豪雨時の土砂・洪水複合災害

1938年7月3日から5日にかけて六甲地域に梅雨前線の豪雨が降り，総降水量は六甲山頂で616 mm に達した．雨が最も強かったのは5日の午前中で，8〜11時の3時間雨量は神戸海洋気象台で134 mm を記録した．すでに400 mm 近い先行降雨があったところにこの強雨が加わったため，六甲山地で多数の山崩れ・土石流が発生した．多量の土砂および洪水は山麓の街に氾濫し，死者・行方不明731人，流失・全壊家屋5492戸などの大きな被害を引き起こした．被害は神戸から西宮にかけての地域（阪神間）に集中したので，阪神大水害と呼ばれている（図5.16）．

神戸は風化花崗岩よりなる急峻な六甲山地南面の山麓に位置しているので豪雨による災害の危険が非常に大きく，昔から頻繁に土砂・洪水災害を経験している．奈良時代以降のおよそ1400年間には70件以上の大きな水害の記録がある．1938年のあと

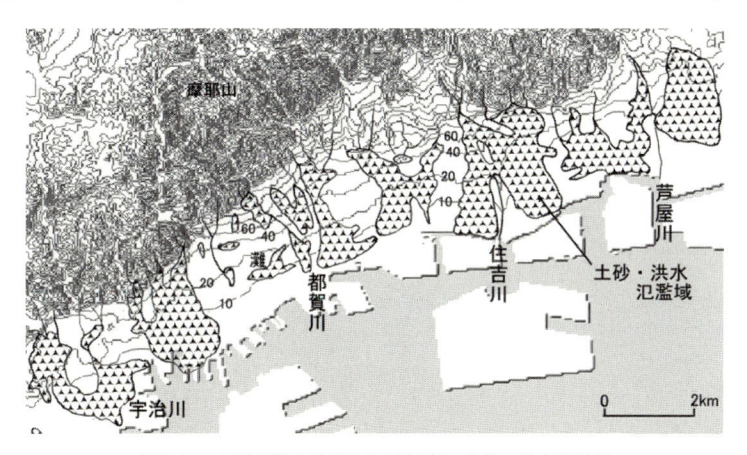

図5.16　六甲山麓の扇状地と1938年の土砂・洪水氾濫域

では，1961年6月および1967年7月に大きな災害が発生した．

六甲山地は南南東に向けて最大比高900 m，長さ約20 kmの急峻な断層崖をつらねている．日本の太平洋岸域には南方から湿潤気流が流入してくるが，これが山にぶつかると強制的な上昇が生じて風上にあたる南側の斜面および山麓に強い雨が降る．この地形効果により，1938年，1961年および1967年の雨量はほぼ同じ分布パターンを示した．

六甲山地は活断層群で画された断層山塊で，ほぼ花崗岩よりなる．花崗岩は大きく結晶成長した鉱物粒子が集まって構成されている．これが地下水作用や地殻内での圧縮力を受けると，粒子間の結合がゆるんで脆くなる．外見は硬い岩のようにみえても，指先で突き崩すことができるような状態に深くまで風化していることが多い．このため花崗岩山地に大雨が降ると全山崩れるといったような状態になる．崩壊土砂は滑り落ちる間に流動性を増して土石流に変わり，谷底を流下して山麓に土砂を堆積させる．通常の洪水時にも，谷底に堆積していた土砂が山麓に運ばれてくる．このような土砂の堆積の繰返しによってつくられたのが扇状地である．

六甲山には「六甲六百谷」といわれるように多くの谷が発達しており，南麓にはそれらがつくる扇状地が連続して形成され複合扇状地となっている．これが典型的に発達しているのは芦屋川から新生田川にかけての地域で，ほぼ海岸線までが扇状地である．その幅は1.5〜2.5 km，平均勾配は1/20ほどであり，扇状地の上半分は土石流の到達範囲にあたる．この扇状地域にはいくつもの川が流れ出している．水源が主稜線にある芦屋川・住吉川などの大きな川は下流において天井川となり大阪湾に注いでいる．背後の山地が低い生田川西方では扇状地の発達はわずかで，海に面して低平な海岸低地が形成されている．

神戸はもと兵庫津として知られた港町である．幕末に旧湊川河口の北側が外国船の泊地に指定され，以来貿易港として発展してきた．明治中期ごろまでは湊川三角州を中心とした海岸低地に市街地が展開していた．この旧市街地を流れる湊川と生田川はそれぞれ市街の西方および東方に付け替えられ，また現在のJR神戸駅北を流れていた宇治川の下流部は川へのゴミ投棄を防ぐ，土地の有効利用を図るなどの理由で暗渠化された．その後東方の扇状地域に市街化が進展し，扇状地群を横断して3本の鉄道線路が通された．豪雨時には，山から押し寄せてきた土砂・流木が暗渠をすぐさま閉ざして濁流が溢れ出す．鉄道のガードは流木でふさがれ氾濫を大きくする．河道が付け替えられているところでは，以前の河道に沿って洪水は流下する．

1961年の豪雨では，六甲山地域に進出した新興市街地における崖崩れ被害が多く発生した．これには宅地造成による地形改変が原因とされるものがあり，宅地造成等規制法（1961年）の制定の契機となった．兵庫県下の被害は死者41人，家屋全半壊229戸などであった．1967年の豪雨では，山地内での山崩れ被害と山麓市街域での小河川氾濫の被害が生じた．神戸市の死者は91人であった．生田川上流の市ヶ原では，急傾斜の山地上でのゴルフ場建設が原因で，大きな山崩れが発生し21人の死者を出

5.2 土石流・岩屑なだれ

した．高起伏地の地形改変は雨水の浸透・流出の条件を変えて土砂災害発生の主原因になっている．

花崗岩山地域にあって災害を繰り返し被っている都市に，広島県の呉市がある．呉中心市街（呉地区）は，標高 800 m の花崗岩山地に囲まれたすりばち状の地形内に展開している．明治中期に軍港に指定されて以来人口は急激に増え，山地内にも住宅が進出し，地形の人為改変が進んだ．神戸が被害を受けたと同じ 1967 年 7 月豪雨により，斜面崩壊と土石流が多数発生して，死者 88 人，住家全半壊流失 657 戸などの被害が生じた．敗戦直後の 1945 年 9 月には，枕崎台風の豪雨によって生じた土石流および洪水により，中心市街はほぼ土砂に埋まって，死者 1154 人，全半壊流失 1951 戸という，このタイプの災害では最大の人的被害が生じた．敗戦直後の混乱期であったことが死者を多く出す一つの要因になったと考えられる．

山地内に立地する大きな都市に「坂の街」長崎がある．ここの地質は花崗岩ではないが，標高 400 m の安山岩山地の中の狭い谷底低地と急傾斜の山腹斜面に人口 45 万の市街地を展開させており，土砂災害の危険性が大きい．1982 年 7 月 23 日夜，この脆弱な都市環境の地域に 1 時間降水量の記録を更新するという集中的な豪雨が降ったため，山崩れ・がけ崩れ・土石流・渓流洪水・河川の氾濫・内水氾濫などが同時的に多発し，死者 299 人，住家流失倒壊 584 戸の大きな人的・物的被害が生じた．これに加え，電力・ガス・水道などのライフラインの機能停止，交通通信路の切断，都市公共施設の被災，自動車の大量流失など，都市型被害が大きな規模で複合的に発生した．死者の多くは少数の山崩れと土石流により発生した．10 人以上の死者を出した山崩れ・土石流は 7 件であるが，これだけで土砂による死者総数の半分を占めた．自動車に乗っていて流されたことによる死者が 12 人と，洪水死者の 4 割も占めたことも一つの特徴であった．最近重大視されている地下空間への洪水の流入はこの災害時にも生じている．病院の地下機械室が浸水して診療機能に大きな障害が生じるという事態も起こった．なお 38 年の阪神大水害でも，中心市街において地下室や地下道への氾濫水の流入が生じている．

雨は夕刻から降り始め，夜 7 時ごろから急にその激しさを増し，8 時ごろには 10 分間雨量で 30〜40 mm のピークに達し，その後 3〜4 時間強い雨が降り続いた．北部の長与町役場では 1 時間で 187 mm という観測史上最大値を記録した（図 4.3）．この急激な強雨の立ち上がりに対応して，山崩れ・土石流・河川の氾濫が同時的に多発し，11 時ごろまでの 3〜4 時間続いた．市消防局の 38 回線ある 119 番は，8 時ごろからは殺到する通報でほとんどつながらない状態になった．このため警察や市役所にまで通報が押し寄せた．雨が激しくなるにつれ，市内の各所で災害が同時発生し，たちまち多くの市民が危険に巻き込まれていったことがよくうかがえる．

しかし，通報を受けても出動することはたちまち不可能となり，自主的な対応策を電話で伝えるだけという状態に陥った．山地内に入り組んだ市街を展開させている都市の住民は，街中ではあっても豪雨災害時に外部からの援助がすぐに来るとは期待せ

ず，各個人あるいは小地区住民の自主的な判断と行動によって危険に対処するという心構えが必要である．山地域では交通路は完全に遮断され孤立状態がたやすく出現する．また，雨が強くなるとたちまち危険が迫ってくる．危険を感じたころにはすでに遅いということにもなりかねない．その危険も背後の斜面からも谷からも，また足元の川からもといったように，多方向から襲来ししかもそれは場所によって異なる．常日頃から豪雨時における危険の種類・性質と安全な場所を見きわめておいて，緊急時に的確な行動が起こせるように準備しておくことが必要である．

5.2.8　常陸台地南部および筑波山塊の土砂災害（地域例6）

　常陸台地南部（筑波・稲敷・新治・石岡・取手の各台地）には，約350の土砂災害危険箇所（急傾斜地の崩壊により被害が出ると予想される区域に1戸以上の人家がある箇所）が調査・摘出されている（茨城県調査，未指定箇所も含む，2010年現在）．いずれも利根川・小貝川などの大きな川や霞ヶ浦・牛久沼に直接に面する台地側面および台地内の谷の下流端にあって，台地面と低地との比高が大きくなっているところである．急傾斜地（崖）の高さはあまり高くなく，ほぼ15m以内である．土砂災害防止法では，急傾斜地の下端からの距離がその高さの2倍までの範囲内および急傾斜地の上端から10mの範囲内が土砂災害危険区域とされている．この台地域では急傾斜地の上方の台地端にある人家が危険区域にあるとされているものが過半数を占めているが，この場合には危険はかなり小さいと考えられる．なお，2000年以前における急傾斜地崩壊危険箇所はわずか40ほどであった．

　台地構成層は，上から厚さ1〜3mのローム層，0.5〜2mの常総粘土層，最大で5mほどの龍ヶ崎砂礫層（層厚の場所による変化大），最下部の成田層（海成の砂層）からなる（図5.17）．すべて未固結の地層であるが，龍ヶ崎層中にみられる鉄集積層や常総粘土層では，かなりの硬さ（難透水性）を示す．ロームや粘土は粘着性が大きいが，砂には粘着性がない．異なった強度や透水性をもつ地層で構成される崖・斜面は一般に不安定である．これらの堆積層の表面を，風化によってできた表層土が多少

関東ローム層（風化火山灰）
厚さ1〜3m　2〜6万年前

常総粘土層（凝灰質・砂質）
厚さ0.5〜2m

龍ヶ崎砂礫層（河成の砂礫）
厚さ0〜5m　8〜9万年前

成田層（海成の中粒砂）
13万年前〜

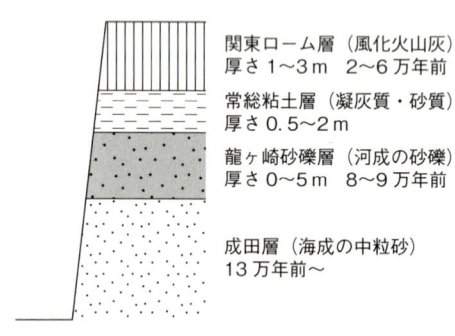

図5.17　常陸台地南部の地層断面

とも覆っている．その厚さは薄く10〜20 cm ぐらいまでである．この表層土が滑り落ちるのが最もよく起こるタイプの斜面崩壊である．

　切り立った崖のようなところは除き，この地域の大部分の斜面は表土層に覆われ，樹木や竹林が茂っている．その根は主として表土層中にありそれをつなぎ止める働きもしているが，強風や地震で揺すられて加わる力がある限度を超えると，根系の底面がすべり面となって崩壊を起こす可能性がある．ほぼ同じ地層構成を示す利根川対岸の下総台地北縁では，1971年台風25号の大雨により多数の斜面崩壊が発生した．密生した樹木が強風で揺すられ表層土とともに落下して破壊作用を大きくした．千葉県全体の死者は56人であった．24時間で100 mmというかなりの量の雨が降り，次いで1時間に40〜50 mmの強雨が3〜4時間続いたところで崩壊が発生した．雨の強さがこのように推移するときには警戒しなければならない．

　台地の地層が露出する急な崖では，粘着性のない龍ヶ崎砂礫層中の砂質部が剥がれ落ちて窪み，その上部がオーバーハング状になっている．樹木はそこに覆い被さるようになっているので不安定である．落下した砂や風化土は崖下に堆積して傾斜角35°ほどの斜面（崖錐）をつくっている．この崖錐が大きいところはこれまでに崖の崩落が著しかったことを示す．一般に古い集落の背後には樹木・竹林の密生した急斜面が多くみられる．崖崩れの土砂が到達するのは，崖の基部からの距離が崖の高さと同じぐらいの範囲内であるから，この範囲外の少しでも離れたところに居住することが望まれる．

　筑波山塊は主として花崗岩でできている．花崗岩はマグマが地下深くでゆっくりと冷えて固まった岩石で，大きく成長した石英などの結晶粒子が集まってできている．これは地中水の作用により深くまで風化を受けやすいので，花崗岩山地は一般に土砂災害の危険が大きいところになっている．この山塊でもところによって10 mの深さの風化層があるが，山崩れの跡はほとんどなく，多数ある砕石場を除き植生を欠いたところはほぼみられない．

　山麓・山腹には広く岩屑層が発達している．これは岩盤から剥がれ落ちた岩の屑が地表を覆った層である．筑波山（877 m）のほぼ標高600 m以上は斑れい岩でできており，かなり硬いので急峻な山頂部をつくっている．ここから供給された岩屑や花崗岩の風化岩屑により山腹・山麓が広く覆われ，ゆるやかに裾をひくスカイラインをつくっている．加波山・足尾山の山麓にも岩屑層が形成されている．

　岩屑は流水などによって運ばれやすいが，ロームで覆われているところが多い，砂防ダムへの堆砂が少ない，扇状地が筑波山ではほとんどない，桜川低地の沖積層が非常に薄い，ことなどから，この岩屑層はかなり長期間停止したままで安定しており，下流に流出して土砂災害を起こしていないと考えられる．

　この原因の一つとして強雨が少ないことが挙げられる．筑波山頂での1900年以降における1時間雨量の最大値は48 mmとかなり小さな値である．一方，南に20 km離れた館野では72 mm（これも大きくはない）で，山地部のほうが雨が少ない．雨

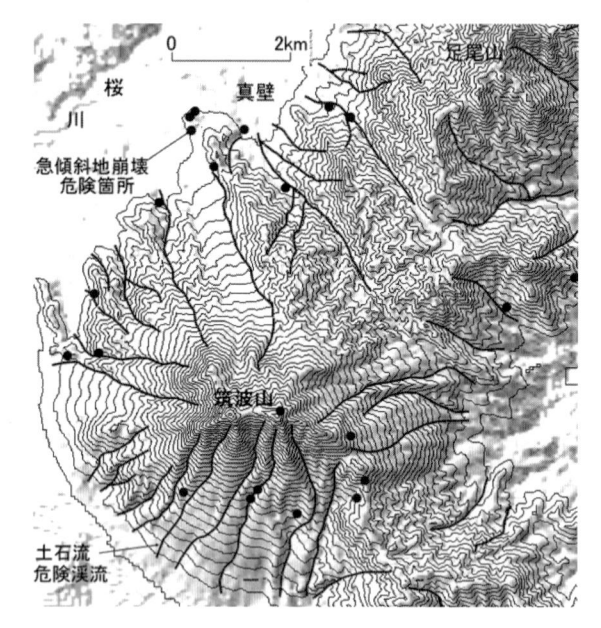

図5.18 筑波山塊の土砂災害危険箇所（茨城県資料により作成）

とくに強雨が少ないことは，土砂災害が少ないことにつながっている．近年の災害例では，1947年カスリーン台風の豪雨により筑波山南面にて山崩れで生じた土石流によって死者3人を出している．1966年にはやはり筑波山南面において半壊家屋7戸などの災害が起きているが，これは貯水池の決壊が原因であった．

　土石流危険渓流および急傾斜地崩壊危険箇所が茨城県土木部により調査・摘出されている（図5.18）．これは渓床勾配15°以上，急傾斜地の高さ5m以上など，および人家のあるところ，を判定基準としたもので，地形条件からみる限りでは土石流危険渓流が比較的多く存在している．土石流の到達は地表面勾配が2～3°までのところで，土砂災害危険区域はその範囲に設定される．しかし，たとえ土石流は停まったとしても，土砂を多量に含む激しい洪水流はさらに流下を続けるので，危険域はさらに広くとらねばならない．

6 異常気候災害

　気温や雨量などが平年値から大きく偏ってかなりの期間続いた場合，その地域の平年の状態に合わせて営まれている生活や生産活動が影響を受け，災害にまで発展する．この最も著しいものは，主食作物生育期における低温・日照不足による冷夏災害および雨不足・高温による干ばつ災害である．冷夏災害はほぼ日本に限定される災害である．これに対し干ばつは世界的な災害で大きな被害・影響を与えている．

6.1　冷夏の災害

6.1.1　自然地理条件

　冷夏による災害は，自然地理的条件および農耕様式ゆえに，ユーラシア大陸東岸域，とくに島国日本において地球上で最も激しく発生するので，昔から日本とくに東北地方は，寒い夏に苦しめられてきた．

　緯度が30〜50°の地帯は，北方の冷たい極気団と南方の熱い亜熱帯気団の境界である寒帯前線帯にあたる．気団の境界には強い偏西風（ジェット気流）が吹いている．前線帯は全体として夏に北上し冬には南下するが，ジェット気流の蛇行によってもその位置は場所ごとに異なった南北振動を起こす．ユーラシア大陸中央部には高さが対流圏の半分近くを占めるヒマラヤ・チベットの広い高山岳域がある．夏のはじめに

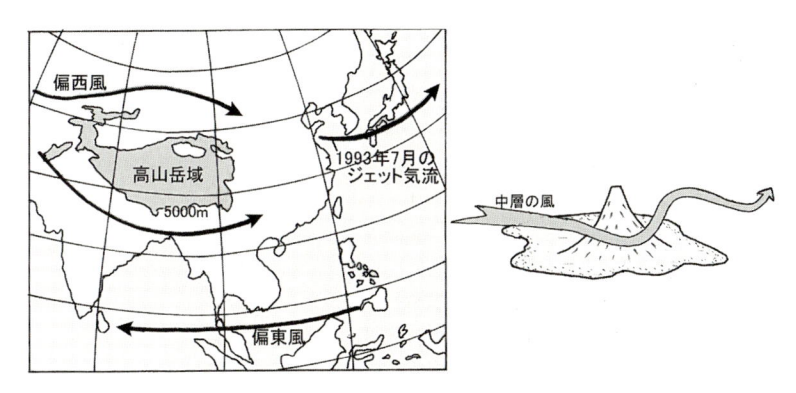

図6.1　ユーラシア大陸の東岸における偏西風波動

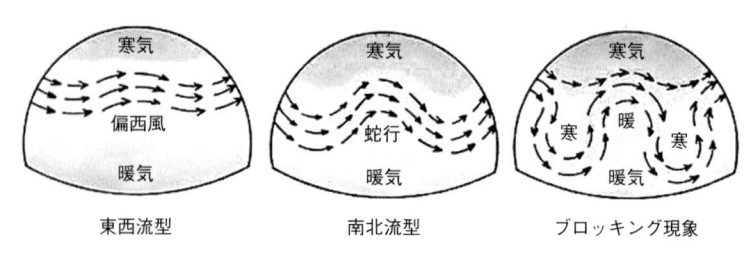

図 6.2 偏西風波動によるブロッキング現象

ジェット気流はヒマラヤのところまで北上して流れが大きく乱され，チベット高原の北側に大きくジャンプしたりする．風下にあたる東岸域（極東地域）では，ジェット気流は大きな波動を起こし，また，山岳の南と北を回り込む流れが合流して強くなる．夏の日射によって高温になる大陸と低温のオホーツク海や北部太平洋との間には，その温度差のために顕著な気団の境界がつくられることも，東岸域でジェット気流を強くしその方向を南北に向ける働きをする．北米大陸に比べると陸地や山岳の規模が大きいので，乱れの規模は大きくなる（図6.1）．

偏西風が大きく波動して極気団が南へ張り出し，ショートカットにより切り離されブロックされた状態になって持続すると，低温が続く（図6.2）．停滞した気団の境界は前線帯となり雨天と日照不足が継続する．日本は島国であり，流入する気流はすべて海を渡ってくるので下層に多量の水分を含む．これが霧をつくり雨を多くして，日射を妨げ低温をもたらす．

6.1.2 農耕条件

ユーラシア大陸東岸域はモンスーン気候下にあり，夏には南東からの気流に支配されてかなり高緯度まで暑いのが通常である．冷たい夏は北日本で10年に1回程度の頻度である．降水量もまた多く，同緯度の他地域の2〜3倍ある．暑い夏の年が多く水が豊富という環境条件を活かして，人口支持力の大きいイネが主食穀物として栽培されている．イネは熱帯・亜熱帯が原産地で，小麦・トウモロコシに比べ2倍ほどの温度積算量を必要とする．活発な光合成活動をおこなって多量の生産物を貯蔵する穀物にとって日照不足は大きな障害であるが，とくにイネにとっては夏の低温・日照不足の影響は厳しくなる．

現在日本の水稲作の中心は，北海道・東北・北陸の積雪寒冷地域にある．寒冷地の自然環境は，冷害と病虫害が回避されるならば，稲作にとって有利なのである．これは，緯度が高いので日照時間が長い，気温の日較差が大きい，太平洋側に比べ夏季に晴天の日が多く気温も高い，呼吸作用による光合成物質の消費量が低温のため少ない（穀実としての貯蔵が多い），融雪により多量の水が継続的に供給される，などの理由によるものである．

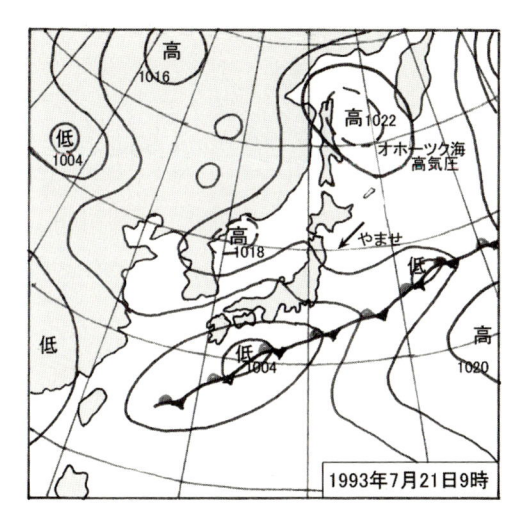

図 6.3 ヤマセ型の天気図

6.1.3 冷夏の気圧配置

日本に冷夏をもたらす気圧配置には，北東気流型と北西気流型（寒冷セル型）とがある．北東気流型はヤマセ型といわれるもので，夏季になっても北方の気団であるオホーツク海高気圧が強くて日本付近にまで張り出し，北日本の太平洋側にヤマセとよばれる冷湿な北東気流を送り込むというものである（図6.3）．この気流は寒流である親潮の上を吹いてくる間に下層が冷却されて霧が発生する．これが北海道および東北の太平洋岸に吹き込んで低温と日照不足をもたらす．ヤマセの気流は高さが1000 m ほどと低いので，その動きは山地地形の影響を大きく受け，脊梁山脈を越えた西側ではフェーン現象が起こることもあって，あまり低温にはならない．

北西気流型は，夏季になっても大陸が低圧部とならずにシベリア高気圧が残り，寒冷な北西気流が寒冷セルとなって日本付近に流れ出すものである．気圧配置は西高東低の冬型のようになる．この場合は沿岸域に限定されず，北日本あるいは日本の全域が低温になる可能性がある．南の気団である太平洋高気圧の張り出しが弱いと，相対的に北の気団が優勢になって冷気が南下する．エルニーニョの時には太平洋高気圧の中心が東に偏るので，日本では冷夏になりがちである．

6.1.4 冷夏による被害

水稲にとって 22～26℃ が適温で，24℃ 付近で収量が最大である．生育期の低温は成長が遅れるという遅延型冷害を，結実期の低温は実が結ばないという障害型冷害を引き起こす．夏を通じて低温が続くと遅延型と障害型の冷害が重なって大凶作となる．

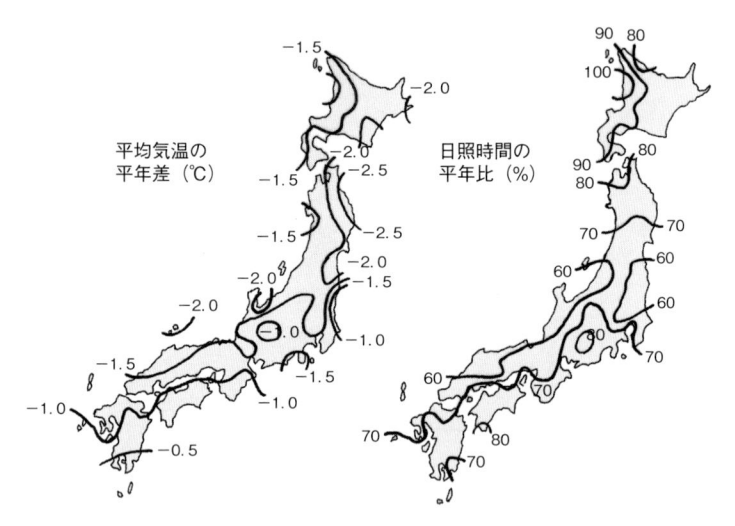

図 6.4 1993 年 6〜8 月の平均気温と日照時間の平年差(気象庁, 1994)

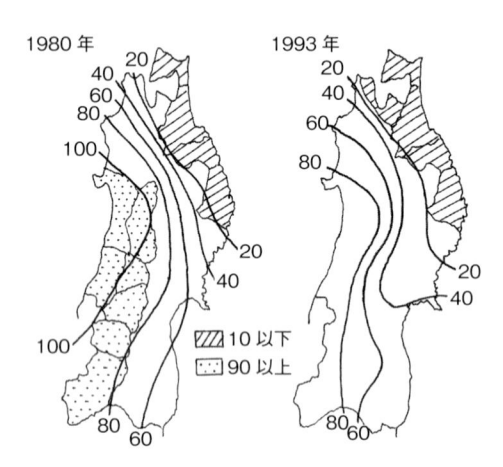

図 6.5 東北地方の 1980 年と 1993 年の水稲作況指数

前線が日本付近に停滞すると長雨と日照不足によって,さらにそれによる病虫害の発生が加わり,減収は一層大きくなる.

1993 年には北東気流型と北西気流型とが重なって,8 月になっても全国的に低温・日照不足が続き,水稲の作況指数は全国平均で 74,東北三陸沿岸では 10 以下という大凶作となった(図 6.4).農作物の被害額は 1 兆円(内水陸稲 81%,地域別では

東北51%，北海道23%）に達した．なお，南の気団に支配された奄美地方以南では，通常の暑い夏で豊作であった．1980年の大冷害はヤマセ型であったので，東北地方三陸沿岸で作況指数が10以下であったのに対し，秋田・山形の日本海沿岸はでは100を超え地域差が大きく現れた（図6.5）．

　北日本の夏季気温の年変動は大きく，10年に1回程度の割合で冷夏に見舞われている．とくに18世紀から19世紀半ばにかけて地球全体の気温が低下し，日本でも頻繁に冷害とそれによる飢饉が起こった．この期間には3年に1回の頻度で東北凶作・大凶作の記録がある．とりわけ，享保（1717～20），天明（1783～89），天保（1833～38）の冷害と病虫害による飢饉は最も厳しいもので，それぞれ100万人ほどの死者（多くは餓死）が出たと推定される．収穫不足が飢饉にまで至り死者が生ずるか否かは，社会の安定度や経済水準などによって決まる．

6.2　雨不足による災害

6.2.1　干　ば　つ

　干ばつとは，雨量が異常に少ないという天候がかなりの期間続いた状態をいう．温度とは違って水は溜めたり運んだりすることは可能であるが，世界的にみると干ばつは低温よりもさらに大きな脅威となっている．干ばつによる死者は地震や洪水による死者に比べ1桁多い．

　年降水量がおおよそ500mm以下のところが乾燥・半乾燥地帯である．この雨量は作物の生育にとっては限界的な条件であるものの，この乏しい雨に依存して半乾燥地帯でも多くの人が住み農耕を営んでいる．干ばつによる人的被害のほとんどは半乾燥地帯で発生しているが，日本のような湿潤地帯においても主要作物の生育期に雨不足

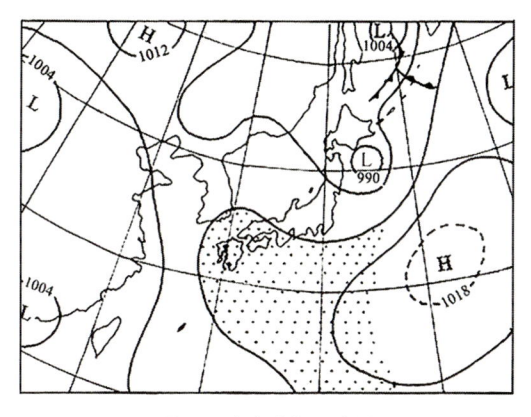

図6.6　安定夏型の天気図

が起こると，水の供給を天水に頼っている農業地帯ではとくに深刻な問題となる．

　植物は地中から水分を吸収することによって栄養分を取り込み，水を使って光合成作用を行い，また葉の表面から水を蒸発させて体温の上昇を抑えている．このように水の継続的な補給は植物の生存にとって必須条件であるから，干ばつの影響は農業面において最も著しく現れる．雨不足はまた，都市における生活用水不足・断水という，いわば都市干ばつをもたらす．

　日本が位置する緯度帯は，夏には亜熱帯高圧帯に支配されて基本的には乾季であるが，海からの湿った南東風が流入する大陸東岸にあるので，かなりの降水に恵まれている．雨は主として台風がもたらしてくれる．しかし，太平洋高気圧が優勢で西に大きく張り出し安定した夏型気圧配置が続くと，西日本を中心に少雨の天候となる（図6.6）．恵みの雨をもたらす台風は，高気圧の縁を回って大陸に向かってしまう．地球温暖化は亜熱帯高気圧の張り出しを大きくして日本列島に干ばつをもたらす可能性がある．

　干ばつ対策としては，溜池をつくって水を安定的に供給するということが古くから行われてきた．溜池が全国で飛び抜けて多いのは瀬戸内地域で，この地域が干ばつに見舞われやすいことがわかる．次いで溜池が多いのは九州，山陰，近畿である．

6.2.2　世界の乾燥地帯と干ばつ

　降水量が少ないため樹木は生育できず植生は草や低潅木だけというところを半乾燥地帯（ステップ地帯），降水量がさらに少なくて植物はほとんど生育しなところを乾燥地帯（砂漠）と呼ぶ．中・低緯度地帯においては，半乾燥地帯となる年降水量の限界値は 500 mm，砂漠のそれは 250 mm というのがおおよその目安である．ただしこの値は気温が高い（蒸発損失が多い）ところほど大きく，また，夏雨地帯（気温の高い夏が雨季）でより大きくなる．全地球の年平均降水量は 950 mm であるが，陸地のそれは 670 mm とかなり小さくて，陸地の 1/3 近くが乾燥・半乾燥の地帯になっている．

　砂漠には亜熱帯砂漠，海岸冷涼砂漠，大陸内部砂漠がある．亜熱帯砂漠は緯度20〜30°付近の亜熱帯高圧帯域に形成されるもので，サハラ砂漠が典型である．海岸冷涼砂漠は沖を流れる寒流により大気下層が冷却されて安定成層状態になり上昇気流が生じないことによるもので，霧は発生するものの雨は降らない．中〜低緯度海域の主要海流は，コリオリ力により北半球では時計回り，南半球では反時計回りに流れるので，両半球とも大陸西岸沖には高緯度から低緯度に向かう海流，すなわち寒流が流れる．したがって海岸冷涼砂漠は大陸西岸の中〜低緯度地域に形成される．典型は南米太平洋岸のペルー・アタカマ砂漠で，エルニーニョに関係する強い寒流のペルー海流が沖を流れている．大陸内部砂漠は海からの水蒸気が到達し難い大きな大陸の中央部に形成されるもので，ヒマラヤやアンデスのような大山脈が障壁になると乾燥はさらに激しくなる．タクラマカン砂漠がこの代表的なものである．

　作物の安定的栽培に必要な降水量の下限は，品種や気温によって異なるが，乾燥に

強いもので年 300〜500 mm 程度である．したがって，年降水量がほぼこれに相当する半乾燥の地域において，干ばつの被害は最も激しく起こる．半乾燥地帯は砂漠の周辺に広がっており，乾燥に強い主食用作物の栽培に依存した農耕生活が営まれているが，このいわば限界的地域で降水量不足が生ずると，大きな災害に発展する．近年ではサハラ砂漠の南縁につらなる半乾燥地帯のサヘル，およびその東の延長上のエチオピア・ソマリアにおいて，干ばつ被害が恒常的に発生している．干ばつによる収穫不足が飢饉に発展し多数の餓死・病死の発生に至るには，地域社会の不安定性と経済水準が大きく関係する．20 世紀中の干ばつ死者はおよそ 1500 万人と推定され，洪水や地震などその他自然災害全体の死者の数倍にもなっている．世界的にみて干ばつは最大規模の災害である．

亜熱帯砂漠の高緯度側の半乾燥地帯には大草原（温帯草原）が広がっている．ここでは毎年枯れる草が多量の有機物を供給するので肥沃な土壌が形成され，小麦・トウモロコシの大生産地帯や牧畜地帯になり，世界人口の多くを養っている．アメリカの中央平原（プレーリー・グレートプレーンズ），ユーラシア大陸中央に東西につらなる大平原（グレートステップ），南米南部の平原（パンパ）などがこれである．この穀倉地帯で雨不足が起これば，世界の穀物供給に大きな影響が生じる．大人口を擁し砂漠もある中国・インドなどが干ばつになり食料不足が生じると，世界の穀物需給や農産物価格に影響を与える．干ばつの発生頻度は大地震や大洪水よりも大きいので，干ばつは世界的な影響を最も頻繁に与える災害である．

7 防災対応

　自然災害は，誘因の発生から被害・影響の終息にまで至る過程における各種要因や事象の因果連鎖の構造で示すことができる．この連鎖をどこかで断とうとするのが防災対応策である．どこで断つかによってその機能・手段などが決まる．ここでは災害連鎖構造に対応させて防災対応策の全体を整理し，それらの概要・機能・限界・現状などを総括的に示す．災害にかかわる地域の自然的・社会的環境，とくに土地条件は，これらすべての段階における対策を立てるうえでの基礎的事項となっている．

7.1 対応策の種類

7.1.1 災害の連鎖

　自然災害は，誘因が素因に作用することによって生じる．誘因とは災害を引き起こす引き金となる自然力のことをいい，その主なものには大雨，強風，地震，火山噴火，異常気候などがある．素因には地形・地盤条件など地球表面の性質にかかわる自然素因と，人口・建物・施設など人間・社会にかかわる社会素因とがある．これらの要因の組合せと相互作用の状態に応じて，さまざまな種類の災害が発生し，さまざまな被害が生じる．

　この災害の発生経過を簡潔に示すと（図7.1），大雨・地震などの災害誘因が生じ，地形・地盤などの自然素因に作用して（自然力の作用），洪水・山崩れ・津波などのいわば2次的な災害事象が起こり（災害事象の発生），これらの事象が人間・社会に対する直接の加害力として作用し（加害力の作用），社会の側の抵抗力が下回ると人的・物的被害が生じ（1次的破壊被害の発生），これが波及・拡大してさまざまな社会的・経済的影響が生じる（災害の波及，2次的被害の発生），という因果連鎖の関係によって示すことができる．強風のように誘因が直接的に社会素因に作用して被害を引き起こすという場合もあるが，大部分は誘因と自然素因との相互作用によって起こる2次的災害事象が，社会素因に加えられる直接の加害力となって被害を引き起こす．

7.1.2 防災対策の分類

　この災害事象の因果連鎖の関係を意図的に断つのが防災対応策であり，どの位置で断つかによって対策・対応の種類とその機能が決まる．河川の氾濫による災害を例にとると，①大雨が降らないようにする（自然力の制御），②降っても河道に集中して

7.1 対応策の種類

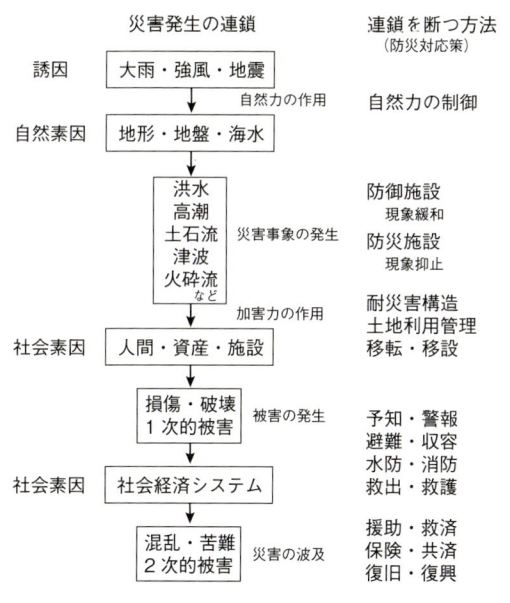

図7.1 災害発生の連鎖と防災対応策

段階	災害発生の連鎖		連鎖を断つ方法（防災対応策）
誘因	大雨・強風・地震		
	↓	自然力の作用	自然力の制御
自然素因	地形・地盤・海水		
	↓		防御施設　現象緩和
	洪水／高潮／土石流／津波／火砕流　など	災害事象の発生	防災施設　現象抑止
	↓	加害力の作用	耐災害構造／土地利用管理／移転・移設
社会素因	人間・資産・施設		
	↓	被害の発生	予知・警報／避難・収容／水防・消防／救出・救護
	損傷・破壊　1次的被害		
社会素因	社会経済システム		
	↓	災害の波及	援助・救済／保険・共済／復旧・復興
	混乱・苦難　2次的被害		

水位が高くならないようにする（災害事象の抑止・緩和），③水位が上昇しても氾濫しないようにする（加害作用の阻止），④氾濫が生じても被害が起こらないようにする（被害発生の防止），⑤1次的破壊被害が生じてもその拡大を抑え，影響を最小限にとどめる（被害の波及・拡大の阻止），という対応方策に分類することができる．

①に関しては，強大な自然力を意図的に制御することは不可能であるし，それに伴うマイナス面も大きいので，防災の対応策としてはほぼ対象外である．②は雨水を流域内に一時的に貯留して河道への流出を遅らせることによって出水を緩和するのが主である．③は堤防・護岸などを連続させて河流を河道内に閉じ込めて洪水氾濫が生じないようにする方法で，洪水対策の中心となっている．④は氾濫を被っても被害の発生を防止しあるいは軽減させるというもので，耐浸水性の建築や土地利用規制などによって抵抗性を高めておく，および警報・避難の態勢や水防活動などによって緊急に被害を回避する方法が挙げられる．⑤は2次的被害の発生や影響の波及・拡大を防ぐもので，救出・救護，資金・物資の援助，復旧活動，保険・共済制度，地域復興対策などがある．

防災対策は時間経過の観点から，事前（平常時）の準備対策，直前および発災時の応急対策，ならびに事後の処理対策に分類できる．いつ起こってもよいようにあらかじめ準備しておくのが防災の基本であるから，事前対策が中心となるべきものである．

応急および事後の対策も，事前に準備されていなければ突発災害時にうまく機能しない．災害にかかわる地域の自然的・社会的環境，とくに土地の災害危険性についての情報は，これらすべての段階における対策を立てるうえでの基礎となる．災害後の対策はいわば敗戦処理的な性質のものであるが，社会経済的な影響の拡大を阻止し，また地域社会の災害脆弱性を小さくして次の災害の防止につながるということで，防災対策に含められる．自治体の防災業務は災害発生時および事後の対策を中心としている．災害時対応には危機管理という表現がなされているが，緊急異常事態発生時には中央による管理は不可能という前提で，地域・地区の自己管理に多くを任せざるを得ないという管理をなすべきもので，そのための事前準備が重要である．

7.1.3 対応の多重構造

対処すべき災害の種類とその危険の程度によって異なるものの，一般に，強大かつ不確定性の大きい現象がもたらす危険に対しては，複数の対応策を組み合わせ何段構えにもして安全度を高め，またいつ起こってもよいような方法で備えておくのが原則である．一つの対応策だけに依存していると，それがうまく働かなかった場合の危険は大きなものとなる．予測し難いということは不意をつかれるということであり，それだけに平常時の準備が必須のものとなってくる．

河川洪水の場合を例にとると，本川堤防だけに依存することなく，それが破堤した場合でも居住域に氾濫が及ばないように輪中堤で囲むなどの対策をとり，浸水を被ったとしても被害が小さくて済むような住居構造で備え，物的な被害が生じても人命の損傷は防げるような避難態勢を準備し，被害のもたらす影響が深刻にならないように救援や相互扶助の態勢をつくっておくなど，何段もの備えがあるのが望ましい．また，長期的には住居移転や土地利用規制などによって被害の潜在的可能性を小さくする努力をし，応急的手段としては，予知・警報・避難のシステムを整備しておくということが必要である．

このように，ハードとソフト，長期的と短期的，行政レベルと住民レベル，恒久的予防対策と応急・復旧対策，防止手段と軽減手段，対抗策と適応策など，複数の質的に異なった手段の組合せの選択肢がある．災害の種類（洪水か土砂かなど），危険の大小，予想される被害（とくに人命に危険が及ぶか否か）などによって選択される対応策の組合せは異なり，必ずしも多重構造が必要なわけではない．たとえば，崩壊の危険が大きい高い崖の下では住居移転による危険の抜本的除去を基本とし，それが実現するまでは過渡的な避難態勢で補うという対応となる．異常気候が原因となり直接の被害は農作物に限られるという種類の災害では，被害を受けるのは避け得ないものとし，保険・共済制度によって損失を共同負担するという対応が現実的である．施設・構造物の建造という行政の行うハードな方法が現行の防災対策の主力となっているが，この方法によって現象の抑止や制御が必ずしも可能であるとは限らないし，また十分な安全率をとろうとすると，経済性や受益面・負担面での社会的公正が大きく

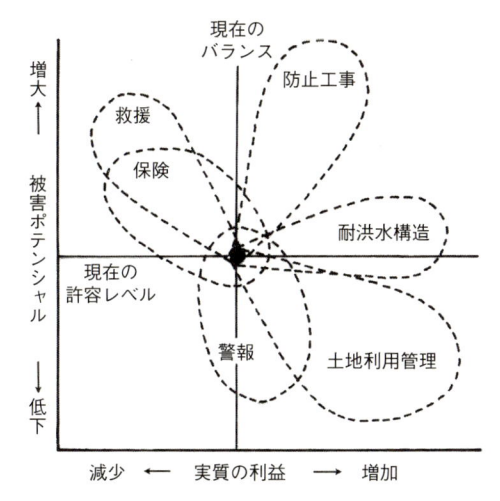

図 7.2　水害対策のアセスメント（White and Haas 1975）

損なわれたりする．

　いつ，どこで起こるかわからない種類の危険に備える手段は，フェイルセーフ（使い方をまちがっても，壊れていても大丈夫），フールプルーフ（あわてていても，誰がやっても大丈夫），というのが基本である．すなわち，できる限り単純で，頑丈で，代わりがすぐに見つかる方法やシステムが望ましく，特殊な知識や機器類に依存する方法は，実行可能性の面でも普遍性を欠くことは多い．強大な自然力に力で抵抗することは，一般に無理があり経済的ではない．また，制御できたとしても，他の危険をつくり出したり，他の場所の危険を大きくしたり，また，付随的にマイナス効果をもたらしたりもする（図7.2）．

　このように，防災対策は，制御可能性，予知可能性，危険域限定度，潜在的被害規模，経済性，実行可能性，緊急性，公平性，有効性，マイナス効果などを考慮して選択的対応策の中に組み入れられねばならない．その判断は防災の科学技術の範疇を離れて，社会の意志決定・政策決定の問題となる．

7.2　自然力の制御

　災害を引き起こす誘因となる自然力には，大雨・強風・地震・火山噴火・異常気候などがある．これらの発生を抑える，作用する場所を変える，規模・強度を小さくするといった，自然力コントロールの対応策がある．これは災害連鎖の最初を断つということで最も効果的とも考えられるが，非常に強大であり機構の不明な自然力を意のままに制御することは不可能なので，ごく限られた分野を除き，実用的な防災対応策

にはなっていない．多少実用化され，あるいは実用化の可能性が多少とも指摘されているものを簡単に示す．

7.2.1 気象調節 (weather modification)

ある程度の成功を収めたとされるのは，雲への種まきによる降水過程のコントロールである．雲は非常に細かい微粒子を核として水蒸気が凝結した雲粒からなり，この雲粒が集結して次第に大きく成長し，やがて落下してきたものが雨である．この雲の中にヨウ化銀の煙を散布して非常に多量の凝結核を供給し（種まき），雨粒の成長過程をコントロールすることを目指している．ヨウ化銀は氷に似た結晶構造を示すので，水が凍る際の種となりやすい性質がある．

諸外国で実用化までに至ったのが降雹抑制 (hail suppression) である．雹は途中で溶けきらずに氷の塊として地上に落下してきたもので，農作物にとって大きな脅威であるが，大粒になると人身や建物にも被害を及ぼす．この大きな雹をつくるような積乱雲にヨウ化銀を散布して多数の小さな氷粒をつくり，大粒の雹にまで成長させないようにするのを目的としている．散布の方法の一つに，ヨウ化銀を詰めたロケットを雲に打ち込んで破砕し，微細なヨウ化銀粒子を撒き散らすという方法がある．旧ソ連のカフカス地方，イタリア，旧ユーゴスラビアなどで雹害防止のために実際に使われた．雷雲への種まきは雷雲の成長を抑え，落雷を少なくする効果もあるといわれている．

雲への種まきは台風制御の実験のためにも行われた．1960年代にアメリカにおいてハリケーンの眼の周囲にある環状積乱雲にヨウ化銀を散布して風速の低下を狙い，実際にその効果があったと報告された．しかし，進行コースを変えて思わぬ被害を招くなどの懸念があり，その後実施されていない．

7.2.2 火山噴火および地震の制御

大きな破壊力をもつ爆発的な噴火は，マグマのガス圧力増大や地中水の水蒸気圧増大により起こるので，これらの圧力を低下させるといった人為的制御の可能性が指摘されている．この方法には，山腹の適当な場所にマグマ溜りや火道に通じるボーリング孔を掘削して，マグマやガスの逃げ道とする方法が考えられる（図7.3）．

水蒸気爆発を防ぐには，地下水を抜いてマグマと地下水とが接触しないようにする，海水が火山体内へ侵入するのを防ぐという方法がある．これは噴火制御に分類されるものではないが，噴火に伴う火山泥流の発生を防ぐために，火口底に通じるトンネルを設けておき，噴火活動が始まったら火口湖の水を抜くという方法がインドネシアの火山では実施されている．溶岩ドーム崩落による火砕流の発生を抑えるには，急斜面上に成長してきたドームを少しずつ崩すということが考えられる．

地震は地下深部における構造的現象で発生の抑止は不可能であるが，地下水を地下に多量に圧入したら小さな地震が多数発生したことから，地震の制御 (earthquake

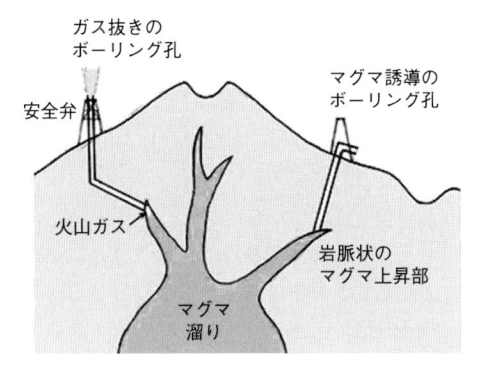

図7.3 噴火制御（宇井編，1997）

reduction）の可能性がアメリカにおいて指摘されたことがあった．これは小地震を多数発生させて地中の歪みエネルギーを小出しに放出させるものであるが，地震のエネルギーはマグニチュードが2小さいと1/1000，4小さいと1/1,000,000と非常に小さくなるので，たとえできたとしても大きな地震の発生制御はまったく容易ではない．

ダムの貯水により誘発されたと考えられる微小地震の発生は各地で観測されており，地下水の増加は断層のすべりに対する抵抗を小さくして，地震を発生しやすくすると考えられる．断層面の固着や摩擦の性質を変化させる何らかの物理的・化学的方法が地震制御につながる可能性はある．

7.3 防災施設・構造物

7.3.1 防災の機能

洪水・高潮・土石流など，誘因が土地素因に作用して生じ，被害を起こす直接の作用力となる現象を，ここではまとめて災害事象と呼び，誘因である大雨・地震など1次的自然力とは区別する．これら災害事象の抑止・制御・緩和などを行う目的でつくられる施設・構造物は，一般にハードな対策と呼ばれこれ以外のソフトな対策と対比され，年々多額の予算が投入されて防災対策の主要な部分を担っている．

これらの施設・構造物の機能は，①災害事象を発生させない（発生抑止），②事象の規模・強度を小さくする（緩和），③保全対象から隔て直接の加害力として作用しないようにする（隔離・閉じ込め），に分類することができる．これは制御可能な事象に限られるので，ハード対策の主対象は洪水災害，海岸災害および土砂災害となる．耐震建築のように保全対象そのものを強固にする対策は，次節で示す耐災害構造に含める．

①の発生抑止の方法は，コンクリート擁壁や押え盛土などにより土砂移動を起こさ

せないといった，斜面崩壊・地すべりの主要対策として採用されている．洪水・高潮・津波といった水の運動現象では，発生そのものを抑え込むという方法はほとんど考えられない．地震による地盤液状化を発生させない対策では，地中水流入を遮断する，透水性を大きくするなどの地盤対策がある．一般に災害現象は強大な力をもち，また発生場所を予測するのは困難なので，この抑止手段が有効に機能するという前提に立つのはリスクが大きいとみたほうがよい．

②の事象緩和の方法の代表的なものに，ダムや遊水地に雨水を一時的に貯留して，下流での洪水の規模を小さくする方法が挙げられる．幅狭い開口部をもつ沖合防波堤により湾内での津波や高潮の高さを下げる，消波ブロックなどにより波の高さを低くする，床固工（低い砂防ダム群）により堆積土砂の移動を抑えて土石流を成長させない，という方法などはこれに分類できる．

③は災害事象に直接立ち向かいそれが作用する領域を，人・建物・施設などの保全対象から隔離・遮断する方法である．身近にあり代表的なものに河川や海岸の堤防がある．河川堤防は古くからつくられ最も重要な役割をもっている防災構造物である．これは洪水を河道内に閉じ込めて氾濫を防ぎ，海や湖に排水したり，氾濫してもよいところに誘導したりする機能のものである．海岸堤防は高潮・津波などによる海水の陸地内流入を海岸線で阻止する役割のものである．土砂災害防止の構造物では，遮断だけの機能のものはほとんどなく土砂の運動を制御する機能も併せ持っている．

防災の構造物はその機能にある上限をもたせて建造される．河川堤防はその高さを越える洪水が溢れ出るのを阻止できないことは明らかである．また，災害事象は一般に，その発生が非常に不確定であり強大な力をもっているので，人工の構造物でそれをいつも有効に制御できると考えるのは危険が大きい．防災の構造物がつくられると，それにより安全になったと思い込む結果，災害が起きたときの被害をより大きくする可能性が指摘される（図7.2）．堤防を高くして水位をより大きくすると氾濫した場合の勢力を増大させるといったように，副次的にマイナス効果をもたらすこともある．防災の施設・構造物がつくられていてもそれに完全には依存しないような多重的対応が必要である．

7.3.2　河川堤防

堤防は古い歴史をもち最も重要な治水構造物である．日本では堤防により洪水を河道内に閉じ込めて海に流し出すという快疎方式を基本的に採用しており，とくに明治以来，連続する高堤防の築造を営々と続けてきた．

堤防は機能・位置により図7.4のように分類される．扇状地のような急勾配のところでは堤防を連続させず，上流に向かって開く逆ハの字型の霞堤にして，洪水を穏やかに溢れさせ（遊水させ）破堤を防ぐ方法をとっているところがある．遊水地へ導水するには本堤の一部を低くした越流堤により，ある水位以上の洪水を意図的に溢れさせる．本流と支流との合流をスムースに行わせるために，瀬割堤により合流点を下流

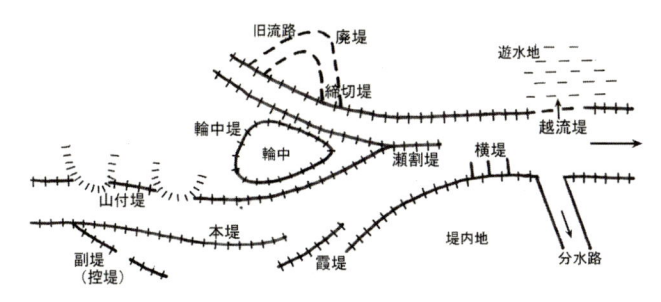

図7.4 河川堤防の種類

に移動させる．合流点・分流点・河口などにおいて水流と土砂を望ましい方向に導くために導流堤がつくられる．輪中堤は集落・農耕地をリング状に取り囲み自らを洪水から護るという拠点防衛の手段である．河道側を堤外地，洪水から護られる集落側を堤内地と呼ぶ理由がこれからよくわかる．都市河川では用地が得られない場合，幅広い盛土堤防に代わりコンクリート製の直立護岸（擁壁護岸）がつくられる．なお，スーパー堤防（高規格堤防）と呼ばれるものは河岸で行われる盛土の土地造成であり，長区間にわたり連続させて堤防の機能をもたせるのは，実現がきわめて困難である．

堤防の高さは，ある設定した水位（計画高水位）の洪水を溢れさせないように決められる．堤防上面（天端）の高さは，少し安全を見込んで，1m前後の余裕高を加えてつくられる（図4.13）．堤防の幅は，高水位の水圧に耐え，また，浸透水が浸み出さないように，高さの2～3倍にとられる．表のり面はコンクリート張りなどの，のり覆工を施工して浸透を防ぎ，また洪水流による侵食を防ぐ．基礎には根固め工を設けて洗掘を防止する．

7.3.3 治水計画

堤防などの治水施設の規模・配置を決める河川計画の出発点は，河川の重要度の決定である．これは再現期間（あるいは超過確率）で与えられる．これがたとえば100年とされた場合，流域内における長期間の雨量観測データを統計処理して，100年に1回の確率規模の日雨量（あるいは2日雨量など）を求める．次にこの日雨量を各時間にどのように配分するかを，過去の代表的豪雨のデータに基づいて決める．これは同じ日雨量でも短時間に集中しているかそうでないかを決めるものである．

このようにして計画降雨（想定豪雨の1時間雨量の時間経過）が決まると，この雨の流出により代表河道地点において流量がどのような時間経過で出現するかを流出計算で求める．こうして計画の中心となる想定洪水の流量の時間経過を示すハイドログラフ（基本高水）が決定される．ここで基本高水ピーク流量が最重要の量であり，これを上流部ダムと河道とで分担して受け持たせ，その割合を総建設費用が最小になるといったような方法により決める．過去の洪水の流量がより大きい場合にはこの既往

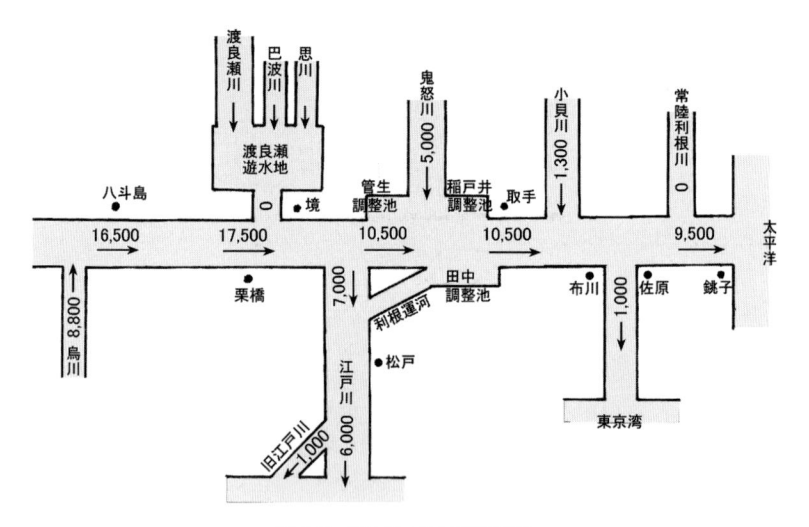

図 7.5 利根川の流量配分計画
この計画はたびたび変更されている．東京湾への放水路計画はこの後中止された．

最大流量のほうを採用する．

次に，河道を流下する分の流量を氾濫させずに海にまで流すためには，堤防の高さを各地点でどのようにとったらよいかを，計算を繰り返しながら順次決めていく．水位が高くなりすぎる場合には河幅を広げる，河床を掘削するなどにより水位を低下させる．広げるのが困難な場合には，遊水地や放水路をつくる計画が加えられる（図7.5）．こうして各地点での計画高水位（想定洪水の最高水位）が決まれば，それにある余裕高を加えた高さの堤防をつくる運びとなる．

利根川の主要区間は再現期間200年で計画され，基本高水ピーク流量は基準地点の八斗島において 22,000 m^3/s である．このうちの 4500 m^3/s を上流の6ダムで調節する計画になっている（図7.5）．ダムの洪水調節能力は貯水位の人為的操作に依存する．利水も兼ねる多目的ダムではとくにそうである．

このように治水の計画は，重要度の設定という政策的判断を基礎としている．また技術的計算の過程でも，どの期間や場所の雨量観測データを使うか，どの豪雨例を採用するか，どの計算式を使用しそれにどのような係数や条件を与えるかなど，裁量に委ねられる事項がいくつもあるので，同じ再現期間から出発しても計算によって出てくる最大洪水流量はかなりの幅をもつことになるはずである．また，これに基づいて建造される施設だけでは防ぎ得ない規模の洪水が，ある確率で存在するということを明らかな前提にしている．

7.3.4 海岸施設

　高潮・津波・高波による海水の陸地内流入を防ぐ主要構造物は海岸堤防である．海岸の沖合いにおいて高潮・津波の勢力を弱める機能のものは防波堤と呼び，海岸での高潮・津波防御を主目的にしたものを防潮堤と呼ぶのが一般的である．強力な波圧・水圧に耐える，波浪・沿岸流による洗掘で損傷を受けないようにするなどのために，海岸構造物は基礎を深く重量を大きくしている．海側のり面は一般に急傾斜で，直立しあるいは海に向かって反り返る波返しがつけられていることが多いのが形状の一つの特徴である．

　高潮防災施設計画の基本となるのは計画高潮位である．これは，ある規模の台風(計画外力)があるコースをとって進行した場合に引き起こされるであろう最大潮位偏差を計算により求め，これに天文潮位を加えた値で与えられているのが通常である．防潮堤や防潮護岸の天端の高さは，これにさらに波の打ち上げ高と余裕高を加えて決められる．計画外力は起こると予想される最大級の外力で，現在では多くの海岸で1959年伊勢湾台風規模の台風が与えられている（表4.4）.

　台風進行のコースはそれぞれの湾・海岸に大きな高潮を起こした過去の台風から最悪コースを選んで決められる．たとえば大阪湾では1934年室戸台風コースを，東京湾では1949年キティ台風などの経路を比較し最悪のコースを設定している．潮位偏差は低い気圧による海水吸い上げ高と強風による海水吹き寄せ高の和である．気圧が1 hPa下がると海面は1 cm上昇する．吹き寄せによる海面上昇高は風速の2乗に比例し，東京湾など主要湾における比例定数は0.15〜0.2程度である．最大潮位偏差はこれらの関係式を使い，最低気圧および最大風速により簡易に求めることが可能である．

　天文潮位は最悪の場合を考えて朔望平均満潮位（大潮時の平均満潮位）が採用され，これはほぼ1 mである．波の打ち上げ高は港内で1 m程度とされている．防潮堤の頂部には0.5 m程度の高さのコンクリート壁（胸壁）を設置して，余裕高を与えているのが通常である．ある程度の越波が生ずる可能性は大きいので，のり面や天端はコンクリートなどで被覆し侵食を防ぐ．

　このようにして計画高潮位を与え，外郭堤防の高さが決められる．外郭堤防は海岸線および大きな河道沿いに建造される最前線の堤防である．高い海岸埋立地があるところでは，その内陸側に設置される．伊勢湾では湾奥を閉ざす防波堤が沖合いに建造され，潮位を0.5 m下げる計画になっている．大阪では淀川は除き河口近くに水門を設けて高潮時にはこれを閉ざすという防潮水門方式をとり，中心市街地内水路の護岸かさ上げを避けている．この方式により水門の内側の堤防高は外郭堤防よりも2.3 m低くしている．東京では荒川や隅田川の堤防を河口から20 kmもの内陸まで外郭堤防として建造し，河川を遡上する高潮を防御している．

　高潮対策上の難問の一つである地盤沈下は，1970年代以降沈下速度が非常に遅くなっているので，現在ではかつてほどの深刻さはなくなっている．代わって，地震時

の液状化による堤防破壊が問題視されている．海岸部の地盤はほぼ砂質であって，液状化が非常に起きやすいところである．

津波については，「比較的多くのデータが残る近年の津波で，防災上適切と考えられる規模の津波」を想定して設計が行われている．しかし，津波の規模は巨大になる可能性を考慮に入れ，避難や土地利用などソフト対策も含めて総合的に備える必要がある．2011年東北地方太平洋沖地震では，巨大な湾口防波堤が津波の高さを大きく低下させ到達を遅らせたとされているが，その湾奥低地における被害は著しく，人的被害度は最大規模であった．

7.3.5 土砂災害対策

斜面崩壊防止対策は，まず急斜面上の軟らかい土層や崩落のおそれのある岩塊などを取り除き，できる限り安定な勾配に成形する．こうしてつくられたのり面には，コンクリート枠を設置し枠内には植栽するなどのり面保護を行う．のり面保護工事は表面侵食およびごく浅い部分的崩落を防ぐためだけのものである．斜面下部（のり尻）には擁壁・土留壁を設置して斜面土塊の移動を抑える．地中水増加が崩壊発生の主要因なので，浸透防止や地表水・地下水の排水対策は重要である．落石のおそれのあるときには斜面を網で覆う．

地すべり対策工事は，地すべり土塊の運動に抵抗する力を，土塊を動かそうとする滑動力よりも十分に大きくするように計画される．排水対策は最重要で，すべり面を突き抜ける横ボーリングを放射状に掘って地下水を中央の集水井に集めて排水する，地表面に排水路を設けて浸透を少なくする，などが行われる．土塊上部の切り取り（排土）により滑動力を小さくする，末端部での押え盛土や杭打ちにより抵抗力を付加することも行われる（図7.6）．

土石流を制御する構造物は砂防ダムである．これにより土石流の全体あるいは一部を停止・堆積させて，下流への流下を阻止しあるいはその勢力を低減させる．ダム貯

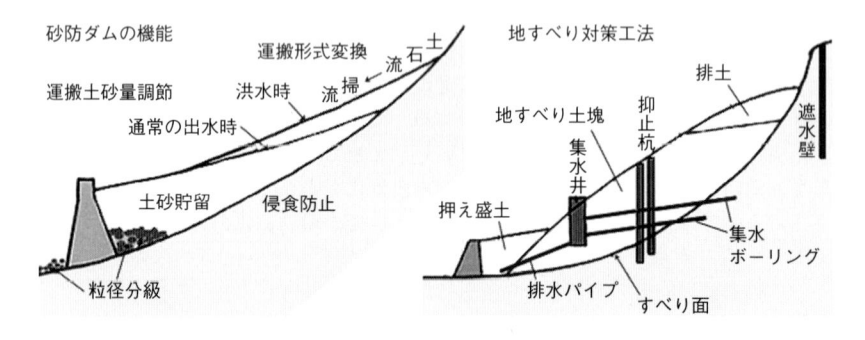

図7.6 土砂災害対策工事

砂域（堆積域）が一杯に（満砂に）なっても，谷床の勾配がゆるやかになることで土石流をある程度減速・停止させる効果があるとされているが，その効果は小さい．山麓の土砂堆積域（扇状地など）には流路工を設け，土石流のあとに続く洪水流を収容して氾濫させないようにしている．流路工とは，河床の低いダム群と側岸の連続護岸を組み合わせたものである．

7.4 耐災害構造

ここで耐災害構造と名づけたのは，建築物・構造物を，地震・洪水・強風・積雪など自然力の作用に抵抗して，その機能を保持するという直接の防御対策で，耐震構造が最も代表的なものである．これは単に建物という資産の被害を防ぐだけではなく，人的被害を防ぐことにつながる．地域コミュニティの災害防備の態勢を高める，あるいは脆弱性を低減させるという対応も，広い意味で耐災害構造に含めることができるであろう．

7.4.1 耐震構造

建物の耐震構造は，柱・梁・床・壁をそのつなぎ目で堅く結合して，地震力に対し一体となって抵抗し建物の変形をできる限り小さくしようとするのが最も一般的なものである．これは剛構造と呼ばれる．固有振動周期の長い超高層建物では，十分な変形能力を建物に与えて地震力の作用を全体として小さくする柔構造が採用される．この場合には揺れの幅が大きくなり，また揺れが長く続くので，それへの対処が必要である．

耐震基準は建築基準法（1950年）により定められている．現在の建築物耐震基準は，1981年の建築基準法改正により，設計震度を原則として0.2G，すなわち建物自重の20%の水平力が地震により作用しても耐えられるように設計し，また，自重の100%までの力に対しては，変形はしても大破壊には至らないようにして（粘りをもたせて）人への危害力を小さくする，という2段階基準に定められている．これは別の表現をとると，震度6弱程度までの中規模地震では，被害は生じても軽微なひび割れ程度，震度6強を超える大規模地震では，壊れても倒壊までには至らないようにして人命の安全を確保する，というものである．

木造住宅の耐震性を高める方法は，硬い地盤を選んで鉄筋コンクリート基礎に土台を緊結する，屋根を軽く壁を多くする，木材の腐食・蟻害を防ぎその接合部を金物で補強する，床を剛強にして建物を一体化する，などである．とくに，耐震性のある壁をできる限り多く，かつそれをバランスよく配置することが重要である（図7.7）．耐震性の壁とは，筋交いを入れたり，構造用合板を張り付けたりした壁である．壁が多く使われていても，道路に面した1面の全体を開口させるなど，その配置が偏っていると弱い部分に力が集中して破壊を受ける．

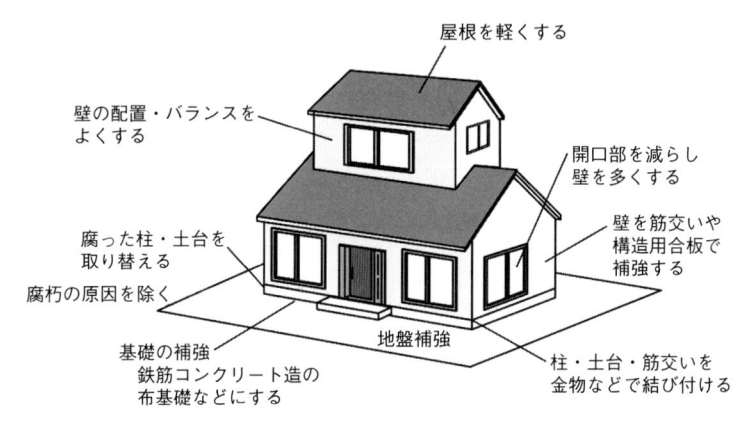

図7.7 木造住宅の耐震性強化

診断項目		評点			
		良い・普通	やや悪い	非常に悪い	
A	地盤・基礎				a
	鉄筋コンクリート造布基礎	1.0	0.8	0.7	
	無筋コンクリート造布基礎	1.0	0.7	0.5	
	ひびわれのあるコンクリート造布基礎	0.7	診断適用外		
	その他の基礎（玉石, 石積, ブロック積）	0.6			
B	建物の形				b
	整形	1.0			
	平面的に不整形	0.9			
	立面的に不整形	0.8			
C	壁の配置				c
	つりあいの良い配置	1.0			
	外壁の一面に壁が1/5未満	0.9			
	外壁の一面に壁がない（全開口）	0.7			
D	筋交い				d
	筋交いあり	1.5			
	筋交いなし	1.0			
E	壁の割合				e
	1.8〜	1.5			
	1.2〜1.8	1.2			
	0.8〜1.2	1.0			
	0.5〜0.8	0.7			
	0.3〜0.5	0.5			
	〜0.3	0.3			
F	老朽度				f
	健全	1.0			
	老朽化している	0.9			
	腐ったり，白蟻に喰われている	0.8			

図7.8 木造家屋の簡易耐震診断（日本建築防災協会の資料）

簡単にできる耐震診断方法の例を図7.8に示す．これによる診断項目には，A 地盤・基礎，B 建物の形，C 壁の配置，D 筋交い，E 壁の割合，F 老朽度がある．総合評点（$a \times b \times c \times d \times e \times f$）が1.0未満であると，危険と判定される．ウエイトが最も大きいのはE項目（壁の割合）であり，壁の総延長を建坪で割った値が0.5以下であると，他の項目が正常あるいは良好であっても，「倒壊の危険あり」と判定される．

強さや粘りによって震動に抵抗するという方法のほかに，地盤の揺れを伝えない免震構造や揺れを積極的に減衰させる制震構造が普及するようになった．免震構造は，まず建物を地盤から切り離し，ゴムやスプリングなど固有周期の長い材料の基礎（アイソレーター）で建物を柔らかく支持し，鉛や軟鋼などエネルギーを吸収するダンパーを使って変位を小さくするという方法によっている．制震構造は，オイルダンパーや種々の弾塑性材料のダンパーにより，震動のエネルギーを熱に変えて吸収し，揺れを減衰させる方法である．一般住宅向けには，揺れを吸収する簡易な制震の装置や材料が開発されている．

既存住宅の耐震化は震災対策の最重要課題の一つとされて，資金助成や税減免の措置がとられている．現在，戸建て木造住宅のうちの約 1000 万戸（全体の 40％）が，耐震性が劣り改修が必要であるとされている．

7.4.2 耐浸水構造

浸水に対抗する建築構造や住み方は，耐浸水（耐洪水）構造とも名づけられもので，浸水常襲地では昔から種々の工夫がなされている．この方法には，①建物を氾濫水から遮断する，②建物の位置を高くする，③浸水は被ってもその被害を軽くすませる，がある．①の方法としては，敷地や建物の周囲を土手や防水壁などで取り囲む，建物外壁を防水壁でつくり出入り口には防水扉を設ける，がある．②の方法としては敷地に盛土する，基礎・土台を高くする，高床式にする，一階が柱・壁だけのピロティ構造にする，がある．盛土は最も一般的な方法である．ピロティ構造では耐震性に配慮する必要が生じる．③としては，2階建てにする，一階に家財・商品・在庫品などをあまりおかない，天井に家財持ち上げ用の開口部を設ける，機械室は2階以上にする，1階に耐水・非吸水建材を用いる，家の周囲に樹林を配置して洪水流や津波の衝撃力を緩和する，などがある．地下鉄・地下街・地下室では氾濫水流入を阻止する構造が必要である．

洪水に対抗する地域コミュニティの典型例に輪中がある．輪中とは，周囲を河で囲まれた低湿地内の集落および農地を水害から守るために輪形の堤防で囲んだ土地をさし，またその地の農民によって構成された水防共同体もさしている．輪中堤が機能しなかった場合の耐浸水対策として，盛土や石積みによって一段と高くした敷地に別棟を建て倉庫および避難所とする，屋根裏の桟を太く床板を厚くして避難場所や物置として使えるようにする，洪水流の衝撃を和らげるために家の周囲を樹林・竹やぶ・石垣などで囲む，家の浮き上がりを防ぐために1階の天井を高くする，軒下や土間の天井に舟を吊り下げ避難用とする，敷地を高くするために周囲の低地から土をとって盛土を行う，などがある．共同の水防活動や被災した場合の相互扶助を行うためのしきたりもつくられていた．土地の危険性をよく認識して，災害が生じても被害を拡大させないための何段構えもの対策を準備して安全度を高めているのである．

7.4.3 耐風構造，耐雪構造

　風は風速の2乗に比例する風圧力を建物などに加える．また，風速は刻々と変化するので建物を振動させる．高層建造物においてこの風の作用力は非常に大きくなり地震の作用力を上回って，構造設計を支配する外力となる．建築基準法（2000年改定）では「稀な暴風」（平均しておよそ50年に1回生じる強風）に対して，構造骨組みの主要部分に損傷を受けないように定められ，とくに高さ60 m以上の高層建築物については，「きわめて稀な暴雨」（およそ500年に1回）でも倒壊しないことと規定されている．強風被害の80%以上は屋根材や外装材の被害が占めるので，その強度および構造骨組みとの接合を強固にする必要がある．木造建物では被害はまず屋根と外壁に発生する．軒下には大きな負圧が生じるので，軒先がまっさきに破壊される．外壁の被害は開口部の建具，とくにガラス窓に多く発生する．

　新雪の比重は0.1ほどであるが積雪層の下部では0.5にもなるので，屋根に積もった厚さ2 mの雪の重さは1 m^{2}あたり数百kgに達する．したがって豪雪地帯では屋根はこれに耐える強度が必要である．建築基準法による耐雪基準は，多雪地帯において単位重量を積雪量1 cmごとに3 kg/m^{2}以上とする，となっている．屋根雪下ろしは雪国では重要な作業で，その際の事故死は雪にかかわる死亡原因の大部分を占めている．

7.5　土地利用管理

7.5.1　土地問題

　それぞれの土地・地域において，発生の危険のある災害の種類・性質・危険度に応じた土地の利用を図る．とくに，高危険地への居住は極力避けるという対応は，災害を未然に防ぐ効果的な方法である．しかしこのような土地の利用にかかわる問題は，実現するのが非常に難しいのが現実である．種々の生活上の利便，営利活動上の立地，集積のメリットなどを求めて，人々は集まり住み，その結果として危険地の利用が行われる．地縁のつながりを優先したい，先祖伝来の土地で離れ難いといった理由で住み続ける人も多い．このような居住・土地利用の現状を，一般に稀にしか起こらない災害の危険を避けるという理由で，日常の現実的利益を犠牲にして変更させることは困難である．土地の災害危険性を正しく，また説得的に示すことは難しい場合が多い，ということがまたこれにかかわっている．

　危険は十分に認識していても，高地価や用地難でなかなか移転や移設などにまでは踏み切れない，というのも深刻な現状である．高地価・私的土地所有・土地資源の有限性などによるいわゆる土地問題は，とりわけ都市域において防災上の大きな隘路となっている．高地価は，相対的に地価が安いことの多い高危険地の利用を進めて，被害ポテンシャルを大きくする．また，宅地を細分化させて危険の大きい過密住宅地をつくったりもする．土地私有制は，安全を無視した恣意的な土地利用を許すことにも

つながっている．既成市街地では，用地難や高地価によって防災工事の進行が遅れ，費用が増大し，計画そのものが挫折することもしばしばである．土地問題は，こと防災だけでなく，広く社会全般の諸問題にかかわる問題である．防災的土地利用の実現は，総合的な土地政策や都市計画・地域計画に組み込まれ，長期的・整合的に行われるものである．

7.5.2 土地利用規制

危険地の利用を抑制する手段として，法令による土地利用規制や，税制・資金助成・保険制度などを利用した市場原理に基づく経済的誘導がある．建築基準法では，地方公共団体は条例で，津波，高潮，出水などによる危険の著しい区域を災害危険区域として指定し，その区域内での住宅の建築禁止や建築構造の規制を行うことができる，と定められている．この規定による危険区域指定としては，急傾斜地崩壊危険地に関するものが大部分である（表7.1）．資金助成を受けて住居移転をおこなった跡地は必ず危険区域に指定されるからである．

出水・高潮・津波の危険に関する危険区域で最も広いのは，1959年伊勢湾台風により著しい高潮被害を受けた名古屋市南部臨海域についてのものである（図7.9）．名古屋市の危険区域指定と建築構造規制は1961年に行われた．伊勢湾台風のような大災害（名古屋市臨海部の死者2000人）の直後でなければ，既成市街地での土地利用規制はほとんど不可能であるということをこれは示している．1896年明治三陸津波，1933年昭和三陸津波と，相次いで大被害を受けた宮城県は，危険な海岸低地への居住を制約するために県令により，津波罹災地および津波罹災のおそれのある地域における居住用建物の建築の規制をおこなった．しかし時が経つにつれ，漁業に不便などの理由による元屋敷への復帰，分家や他地区からの移住者の居住などにより，大部分の地区でもとのような集落が復活した．海岸低地への居住は単なるもとの状態への復帰を超えて著しく拡大し，2011年の大被害をもたらした．

都市計画法（1968年）では，無秩序な市街化を防止し計画的な市街化を図るために，

表7.1 災害危険区域指定（1999年現在）

指定理由	指定箇所数	区域内面積（ha）	区域内住宅（棟）	区域内非住宅（棟）
急傾斜地崩壊	15528	21259	301798	32694
地すべり	37	207	324	197
出水	21	988	446	669
津波高潮	3	6636	74000	39034
なだれ	4	25	52	22
土石流	4	553	541	4
溶岩流	2	41	0	0
落石	5	9	21	16
その他	4	1	4	10
計	15608	29720	377186	72646

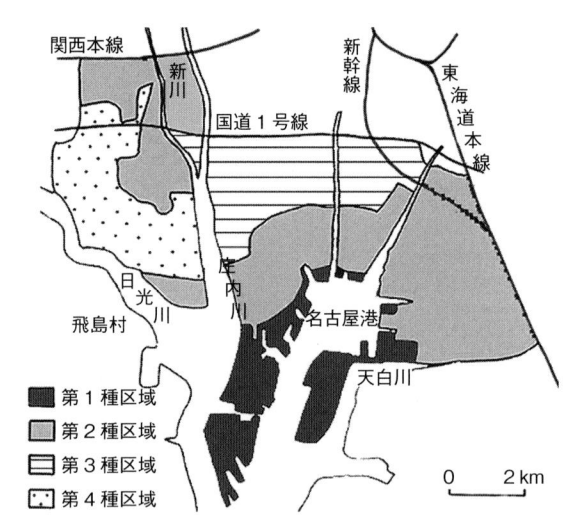

図7.9 名古屋市の災害危険区域
最も危険である第1種区域は,木造を禁止し,敷地の地盤面を名古屋港の基準海面よりも4m以上高くするように定められている.

市街化区域および市街化調整区域を定め,「溢水,湛水,津波,高潮等による災害の発生のおそれのある土地の区域」「河川及び用排水施設の整備の見通しを勘案して市街化することが不適当な土地の区域」「土砂の流出を防備するため保全すべき土地の区域」などは,原則として市街化区域に含めないことになっている.これによって,災害危険地の利用を規制することができるはずであるが,市街化区域の線引きにはさまざまな利害がからみ,また開発が優先される傾向もあって,防災の観点はほとんど取り入れられていないのが現状である.

土砂災害防止法(2000年)では,土砂災害特別警戒区域(急傾斜地の崩壊などが発生した場合に,建築物に損壊が生じ住民に著しい危害が生ずるおそれのある区域で,都道府県知事が指定)において,建築物の構造規制,移転勧告などを行うことができると定められている(図7.10).土砂災害の危害力は大きく,その危険域は地形などの条件によって限定しやすく,危険の存在は認識されやすいので,土地利用の規制は効果的であり,また受けられやすい状況にある.土砂災害警戒区域に指定されている箇所数は全国で153,034,うち土砂災害特別警戒区域は62,101である(2009年末現在).

税制や公的資金助成などの面から,危険地の利用コストを相対的に高くして,その利用を抑制するといったようなことは行われていない.地震保険では広域の地震活動度に基づき都道府県単位で全国を8区分して料率を変えているが,地盤条件によって差をつけるということにまでは至っていない.なお,保険料が最も高いのは東京・神奈川・静岡で,最も低い県(東北・北陸・山陰・九州の大部分)の3倍ほどである.

7.5 土地利用管理

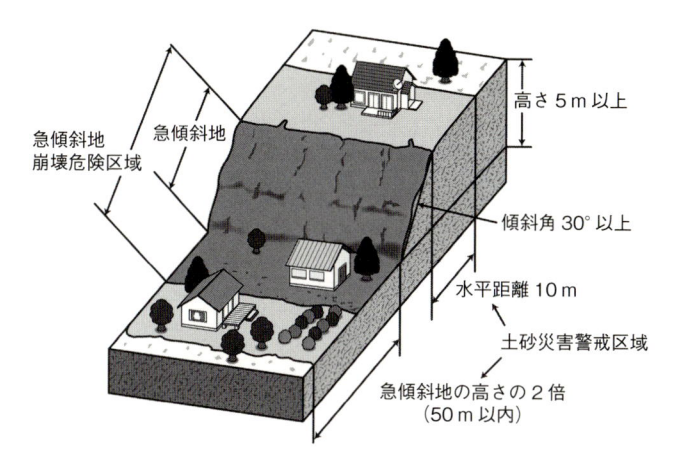

図 7.10 土砂災害危険区域

7.5.3 危険域ゾーニング

　防災土地利用の基礎は災害危険域のゾーニングである．土地利用を規制しそれが無理なく住民に受け入れられるためには，科学的に説得力あるゾーニングが行われる必要がある．しかしこれは一般に容易ではない．

　ゾーニングの精度や方法は災害の種類や土地条件によって異なってくる．洪水災害では低地の地盤高が判定の基礎手段になる．連続堤防があるところでは破堤・氾濫の危険度が加わる．低地面勾配は洪水流の勢力にかかわる重要な地形条件である．高潮・津波は水面という明白な作用限界のある現象であるから，海岸低地の海抜高が基礎データである．斜面崩壊では土砂到達域が危険域となり，一般に急傾斜地の高さの2倍ほどの距離にとられる．土石流では谷底内および山麓扇状地の地表面勾配が約2°までの範囲である．地震では地盤条件により区分され，表層がとくに軟弱なところおよび沖積層が厚いところ（30m以上）がとくに危険とされる．火山噴火は，火口という発生ポイントが押さえられるので，そこからの距離や勾配や派生する谷の地形と火山の個性・災害履歴に基づいて，噴石・溶岩流・火砕流・泥流などの危険域が決められ，ハザードマップとして示される．いずれの場合にも設定する外力規模により危険範囲および危険度は異なってくる．過去の災害実例は説得性の大きい危険域情報である．

　アメリカでは，水害危険度を数ゾーンにも区分して，水害保険の料率を変え，被害ポテンシャル増大の抑制を図っているところがある（図7.11）．新築の建築物についてはとくに保険料率を高くして，水害危険域内の建物の増加を抑えている．また，危険区域内での開発行為の禁止・制限や耐洪水（flood proofing）の住居構造（ピロティ構造など）の義務づけなども行われている．1960年代に，堤防など治水施設建造の

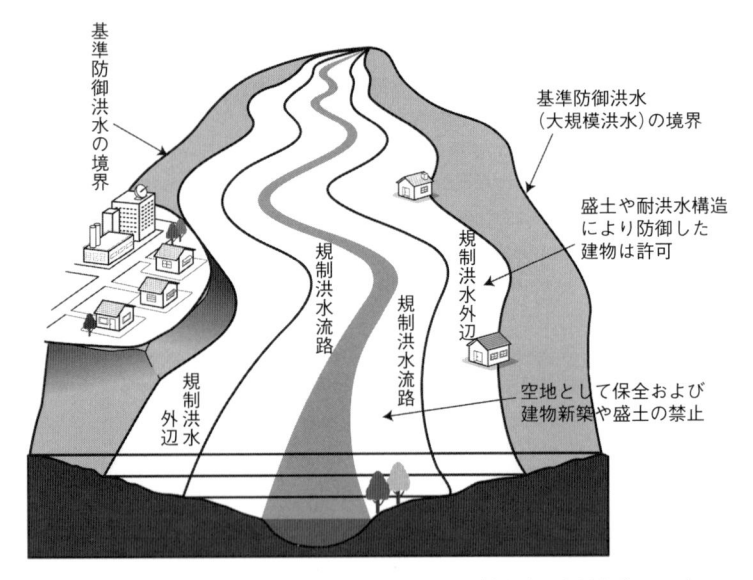

図7.11 アメリカにおける氾濫原ゾーニングの例（建設省土木研究所，1981）

費用対効果が低く，またかえって被害ポテンシャルを高くしているという反省が行われ，土地利用管理など氾濫原の総合治水対策の必要性が示され，種々のソフトな対策がとられるようになった．イギリスおよびフランスでは，危険度を区分した洪水危険地図が公開されており，高危険域での開発は制限されている．また，土地利用規制が保険制度と結び付けて行われている．なお，水害危険域の詳細なゾーニングは，大陸の河川のように，連続堤防がなく，地表面が河道に向かってゆるやかに傾斜していて，水位に応じて氾濫域が広がる，というような条件のところでは可能である．洪水対策において，土地利用管理がもたらす被害軽減および被害ポテンシャル低減の効果は最も大きいと評価されている（図7.2）．

7.5.4 ハザードマップ

災害の危険性（ハザード）の評価の結果はマップで示される．しかしその評価には種々の不確実性が必然的に伴っている．それが示す危険は，単なる潜在的可能性であったり確率的なものであったりする．ある規模の外力（地震・大雨など）を設定した場合には，その設定条件に規定された適用限界が当然にある．マップに示されている境界の位置は，ある設定条件の場合のものであり，また，土地条件把握の精度，計算方式，現象の不確定性などにより，かなりの幅をもったものと受け止めねばならない．ハザードマップは，ある限定条件のもとで予想される災害危険域・危険度を図表示し，

それが示すリスク（可能性・蓋然性であり確率的なもの）をどこまで受容し，どのような防災対応で低減させるかを，土地の利用者・居住者に選択させる機能のものである．安全域を保証する性質のものではない．

災害危険地の利用により被る被害あるいはその防止のための対策費用を，その利用によって日常的便益を得るための必要コストとして負担させ，個人責任を明確にさせるということは必要である．地価は，その土地を利用することによって得られるであろう予想将来収益の現在割引価値で評価される．被害はマイナスの収益として土地の評価額を下げるはずである．著しい津波常襲地では住宅地としての地価が成立しないほどの将来被害が見込まれる．災害による被害あるいは防災費用が，低地価を通じて土地の所有者ないしは利用者が負担するコストとして内部化されることにより，個人の防災責任の明確化および公的防災支出負担の社会的公正の実現への途が開かれる可能性がある．

7.6 住居移転

7.6.1 移転の困難

災害危険地からの住居移転は人命だけでなく資産の被害も防ぐ抜本的な方法であって，いわば恒久的な避難であり，望ましい防災土地利用を実現する有力な手段である．しかし，移転に要する多額の費用と大きな労力を費やし，長年住み慣れ安定した生活を営んでいる土地を離れて，災害を受ける前に新しい土地へ移り住むことは，たとえ大きな危険の存在が指摘されている場合でも，一般に非常に抵抗が大きいものである．このため，防災関連の移転の多くは災害を受けたあとに行われている．なお，災害危険地にははじめから居住しないという選択を行うのが本来であり最善である．

三陸海岸は海溝型巨大地震が頻発する海域に面したリアス海岸であるため，津波災害を反復して被っている．死者約 2.2 万人という大被害をもたらした 1896 年の津波のあと，かなりの集落で移転が行われたものの，多くはもとの場所に再建した．37 年後の 1933 年に再び大きな津波に襲われ，死者約 3000 人の災害を被った．この津波のあと，危険な沿岸低地から高地への移転が積極的に推進され，岩手・宮城両県で 98 集落，約 3000 戸が集団で，あるいは分散して移転した．津波の高さは数十 m にもなり得るので防波堤の防御機能には大きな限界があり，高地への居住が最も効果的な対応である．しかし，三陸沿岸のような高危険地でも容易に移転が行われなかったということ，またほとんどの海岸で原地復帰がなされていることは，漁業活動など日常の利便を犠牲にして移転を行わせることが，いかに困難であるかをよく示している．

7.6.2 移転促進制度

移転を妨げる最大の理由に多額の経済的負担がある．この障害を打開して移転を促進するために，「防災集団移転促進事業」と「がけ地近接危険住宅移転事業」の制度

表 7.2　防災集団移転の実施地区（1981 年度以降）

実施年度	実施市町村	移転戸数(戸)	移転の契機となった災害
1981～82 年度	北海道虻田町	21	昭和 52 年 8 月有珠山噴火
	新潟県守門村	21	昭和 56 年 1 月雪崩
	新潟県長岡市	15	昭和 55 年 12 月地すべり
	青森県三戸町	12	昭和 56 年 6 月集中豪雨
1983～84 年度	東京都三宅村	301	昭和 58 年 10 月三宅島噴火災害
	熊本県松島町	10	昭和 57 年 7 月地すべり
1993～95 年度	長崎県島原市	90	平成 2 年 11 月雲仙普賢岳噴火
1994 年度	鹿児島県溝辺町	12	平成 5 年 8 月豪雨
1994～95 年度	北海道奥尻町	55	平成 5 年 7 月北海道南西沖地震
	長崎県深江町	15	平成 2 年 11 月雲仙普賢岳噴火
1996～98 年度	長崎県島原市	19	平成 5 年 4 月雲仙普賢岳噴火
2001 年度	北海道虻田町	152	平成 12 年 3 月有珠山噴火
2005～06 年度	新潟県長岡市	30	平成 16 年 10 月新潟県中越地震など
	新潟県川口町	25	平成 16 年 10 月新潟県中越地震
	新潟県小千谷市	53	平成 16 年 10 月新潟県中越地震

が国によって運用されている（表 7.2）．これは個人の自発的移転に対して利子補給，跡地買い上げ，移転先用地の整備などを行うものである．急傾斜の崖地では危険の存在が実感されやすいので，後者の制度による移転戸数は多く，年平均数百戸がこれによる補助を受けて移転している．補助金の限度額は 1 戸あたり 800 万円程度である．なおこの制度は，住宅・建築物耐震改修等事業に統合して運用されるようになった．防災集団移転促進事業では市町村の負担がかなりの額になるので，財政面からの制約がその実施を阻んでいる．

　個人住宅の安全を図るための強制的移転制度はないが，防災施設の建設や都市計画事業のために，「土地収用法」により全額の移転補償をおこなって強制移転させることは行われている．復旧事業でこの補償を得ることができたか否かで，受ける援助の程度に大きな差が生じているケースがある．

　本来，防災のための移転は，災害を受ける前に行われるべきものである．軽微な災害を受けたのを契機にして，防災集団移転制度を利用し，いわば災害予防的に移転を実施した集落は，山地内・小離島・海岸べりなどに孤立している集落がほとんどで，生活向上も目指して移転に踏み切っている．大きな災害地では，災害後に巨額の防災工事が行われるので，住民はこれにより安全になると思うことが，移転をしぶる一つの原因となっている．

　特定の場所に限ってみれば，次に災害を被るまでの期間は一般にかなり長いものである．したがって，家を改築する機会を利用して，少しでも危険の小さい場所に住み替えるという心がけは必要である．高危険地の場合，避難は移転までの過渡的な手段と考えるべきである．あえて居住を続ける場合は，やがて被るであろう被害をその土地の利用が与える便益を得る必要コストとして受け入れるという選択をしていること

になる．被災住宅の再建に対する資金援助は，その方法によっては危険除去の自主的努力を妨げ，被害ポテンシャルを大きくする可能性がある（図7.2）．

7.7 災害情報・警報

危険な現象の発生や接近を予測し，それにより重大な災害の発生のおそれがある場合に出される警報・情報は，避難・要員出動・通行規制・立入禁止など種々の緊急対応を始動させる重要な機能をもつ．とるべき適切な対応の種類や必要度は土地環境や災害種類に依存する（表7.3）．

7.7.1 気象警報

大雨警報・暴風警報などの気象警報は，雨量や風速などの気象要素がある基準を超えると予想される場合に発表される．発表の基準は，過去の災害時気象状況に基づいて地域・地区ごとに定められている．大雨警報の基準値は，市町村ごとに定められ1時間雨量 50 mm 程度，3 時間雨量 80 mm 程度が最も多い値である．雨量がこの基準を超えるという判断は，アメダスと気象レーダーの観測データに基づく降水短時間予報により行われる．レーダーから発射され雨滴に当たって戻ってくる電波の強さは雨滴の大きさにより著しく違うので，アメダスの実測値によってレーダーのデータを補正して，実際の雨量に相当するものに直したのが解析雨量である．降水短時間予報は，過去および現在の解析雨量が示す雨域の動きなどから，6 時間先までの雨量分布を予測するものである．記録的短時間大雨情報は，基準とした激しい雨（数年に1度程度しか発生しないような大雨）を観測したり解析したときに，都道府県単位の情報として発表される．

土砂災害警戒情報は土壌雨量指数を発表基準にしている．土砂災害の発生には，浸透して地中に滞留している雨水の量が関係するので，地中を孔のあいたタンクになぞらえ，上から解析雨量と今後予想される雨量をインプットして，各時点にタンク内に溜まっている水分量を計算し，土砂災害の危険にかかわる土壌雨量指数としている．孔の大きさなどは地形・地質に関係なく全国一律とし，地表面を1辺4kmのメッシュ

表 7.3 主要な警報・災害情報

災害誘因	警報・災害情報		備考
大雨	大雨警報	記録的短時間大雨情報	降水短時間予報に基づき発表
	洪水警報	土砂災害警戒情報	大雨の経過と予想に基づき発表
強風	暴風警報*	竜巻注意情報	*陸上では風速およそ 20 m/s
台風	台風情報	高潮警報	2009 年から台風5日間予報発表
大雪	大雪警報*	暴風雪警報	*東京では 24 時間積雪 20 cm
地震	緊急地震速報	津波警報	近地津波は地震から3分を目標
火山噴火	噴火警報	噴火予報	法改正し 2007 年から発表開始

で求めており，個々の斜面の危険を示すようなものではない．洪水警報は，流域をやはり孔あきのタンクにモデル化して下流への流出量を示す流域雨量指数を計算し，これと雨量基準とを併せて発表の基準にしている．主要な河川では各箇所ごとに，氾濫注意水位，避難判断水位，氾濫危険水位などが定められており，水防警報や避難勧告などはこれに基づき出される．氾濫危険水位には計画高水位(堤防の設計限界の水位)を与えるのが原則になっている．

竜巻注意情報は積乱雲が非常に発達し竜巻など激しい突風が発生しやすい気象状態になっていることを知らせるもので，直前に出されその有効時間は1時間以内である．いつどこで起こるかわからない性質の気象現象なので，広域（おおむね一つの県）を対象に発表される．

7.7.2 地震・火山の警報

地震が起こると，規模や震源の位置に関係なく必ず津波の情報が出される．津波の発生可能性とその規模の予測は，種々の条件を与えた非常に多数の津波数値計算をあらかじめおこなっておき，観測した地震の最大振幅・震源位置・深さなどと照合して類似の津波計算例を検出する，という方法に基づき迅速に行われている．こうして予想される津波の高さが3m程度以上の場合には大津波警報が，最大で2m程度が予想される場合には津波警報が，0.5m程度までの場合には津波注意報が出される（2011年末現在）．津波の押し波第1波は早いところでは地震の初動から5分以内に陸地に到達するので，警報・注意報の発表は地震の発生から約3分を目標にしている．続いて，あらかじめ設定されている津波予報区ごとの，津波到達予想時刻や予想される津波の高さが発表される．津波が予想されないときには津波の心配なしの旨が発表される．津波は繰り返し来襲するので，規模の大きい遠地津波では警報が1日近くも出されたままになる．伝えられる津波の高さは海（検潮所）でのもので，陸地への遡上高さは局地的にこの2〜3倍になることをよく知っておかねばならない．

2011年東日本大震災の津波では，地震発生の3分後の14時49分に大津波警報が出された．岩手県の海岸に対しては，14時50分に3mの津波が予想されるとの発表があり，15時14分に6mに切り替えられ，15時31分には10m以上と変更された．実際に津波が到達したのは15時15分〜30分ごろで，高さは15m以上であった．

震源近くで強いP波震動を観測したらその情報を主要動のS波が到達する前に周辺域に伝えるという緊急地震速報は，機器制御などの高度利用者向けに2006年8月1日から提供され，一般向けには2007年10月1日に発表が開始された．この速報はテレビなどの一般メディアで，また，携帯電話というパーソナルな機器を通じて，迅速に伝達されるようになった．ただし内陸地震の場合，震度5強以上という，情報を本当に必要とする地域には，主要動到達の前に伝えられる可能性は小さい．

情報がいくら早く与えられても，適切な緊急対応行動をすばやく起こせなければ意味はない．緊急地震情報を活用するためには，普段から身の回りにどのような危険が

あるか，それをとっさにどう回避したらよいかをよく考えておくことが必要である．落下や転倒しやすい家具・陳列物・塀などが身近な危険の代表的なものである．小さな地震をよい機会として利用し，初期微動を感じたらすぐにその場所に応じた適切な危険回避行動を起こしてみるという訓練は役立つであろう．

　火山活動についての警戒情報には，全国の活火山を対象にした噴火警報・噴火予報がある．これは2007年に従来の火山情報から切り替えられたものである．噴火警報は，居住地域や火口周辺に影響が及ぶ噴火の発生が予想された場合に，その影響範囲も含めて発表される．主要29火山については，避難，避難準備，入山規制，火口周辺規制，平常の5段階で噴火警戒レベルが発表される．噴火予報は，噴火警報を解除する場合や，火山活動が静穏な状態が続くことを知らせる場合に発表される．噴火が始まった場合，その今後の推移の予測は難しいので，安全をみて警報が長期間継続して出されることが多い．

　注意報・警報は，空振りを承知のうえで，見逃しがないように，安全を見込んで出されている．これを受け止める側は，地区ごとの土地環境と危険の種類・程度に基づいた対応を行う必要がある．また，警報文の意味する内容をよく理解している必要もある．

7.7.3　地方自治体の情報

　地方自治体からは種々の予知情報，防災準備情報，避難情報，被害情報，防災措置情報などが，いろいろな手段を通じて伝えられる．市町村長の出す避難の勧告・指示に関する情報は最も重要なものである．

　警報・情報のメッセージは，誰が出しているか（責任所在，信頼性），誰が・どこが対象か，どの場所が危険か，現在はどのような情況か，何が起こるであろうか，何をいつ行うかについての情報を，①明確（正確）：誤解されるような表現は避ける，具体的に表現する，②簡潔：まわりくどい表現は避ける，長い内容は徹底しない，③アクセント（めりはり）：注意を喚起するように，肝心なところは最初に，④わかりやすい：耳で聞いてわかりやすいように，呼びかけ調，⑤気配り：不安・動揺を起こさせない，などに留意して文章を作成する．

　情報は種々の手段で伝えられる．テレビ・ラジオは迅速で情報伝達力の大きいメディアであるが，一般にその情報は広域的で地域性に欠ける．また行動指示力はあまりない．警察・消防・自治体の伝える情報の指示力は大きく直接的である．有線放送・防災無線・広報車などは，小地区の情報伝達に利用される．電話や戸別訪問は直接的手段である．時刻や気象状況などによってこれらを使い分ける必要がある．一般にスピーカーでは聞き分けられない場合が多い．多数の人がほぼ常時持ち歩いており居場所がわかる携帯電話は，緊急情報伝達の有力な手段になってきている．情報伝達網は，機器と人の組合せによるネットワークである．防災無線などの機器の保守点検だけでなく，いざという緊急時に機能するような人の訓練・配置が必要である．

災害情報・警報を受け取って人々が行う対応行動とその結果には次のようなものがある.

(1) 情報確認行動: テレビ・ラジオをつける，インターネットで調べる，行政機関に問い合わせる，近所の人などと話し合うなど.
(2) 家族間の連絡: 家族が離れている場合，その所在や安否の確認行動がすぐに行われる.
(3) 電話の輻輳: 安否確認などのために電話がかからなくなる，とくに警報対象地域への通話.
(4) 帰宅ラッシュ: 普段よりも早く帰宅，家族は一緒になろうとする傾向は強い.
(5) 生活上の備え: 食料・生活必需品の買い出し，預金引き出し，断水・停電に備えるなど.
(6) パニック: 伝達情報が変質してデマ・流言に発展する．不安にかられている状態で，情報が不足していると発生しやすい．情報の一部が誇張され肥大し，とくに数・大きさが強調されやすく，細部は脱落する．情報があいまいであるほど，伝えられる脅威が大であるほど，混乱は大きくなる.

7.7.4 警報の有効性

警報・危険情報の必要度や有効性は，予知可能性，危険接近速度，制御可能性，危険域限定度（ゾーニング可能性），潜在的人的被害規模（破壊力の強さ），代替手段の存否などに依存し，災害によって異なる．それがとくに必要とされるのは，危険の接近速度が速く，構造物などのハードな手段での抑止が困難であり，人命に及ぼす加害力の大きい災害（津波など）である．警報が有効に機能するのは，危険域が限定され，危険の発生から到達までの時間が適度に長く，その脅威（破壊力）が認識されやすい災害（高潮など）である．予知可能性が小さく，危険接近速度が非常に大きい災害（地震など）については，警報への依存度を大きくすることはできない．同種の河川洪水であっても，山地内や山麓扇状地における洪水と，広くゆるやかな平野における洪水とでは，危険の接近速度は大きく違う．接近しつつある，あるいは発生するであろう災害事象に対して，いま居る場所がどのように危険であるかの判断は最も重要である.

緊急時の警報が機能するためには，地域の災害危険性に関する情報や事前の準備態勢（避難，水防活動など）が必要である．正確性はあるが広域的である中央情報と地域の現況情報とを組み合わせて，場所・状況に応じた対応をとる必要がある．ある危機的事象が発生した場合に，その地域・地区でどのような事態がどのような経過で起こり，どのような対策が必要となるかを記述する災害シナリオをつくっておくことは重要な基礎である.

7.8 避難

7.8.1 避難プロセス

災害の危険が及ぶと予想される場所からあらかじめ退避しておくという事前避難,および迫ってくる危険からとっさに逃れるという緊急避難により人身への危害を避けるという対応行動が本来の避難である.被災後に宿泊や休息の場所を求めて避難所に入るというのも避難と呼ばれるが,これは別種の対応であり分けて考える.避難は人命の被害だけは免れようとするいわば限定的対応であり,明らかな高危険地に居住しているような場合には,移転などにより危険を抜本的に除去するまでの過渡的な対応とすべきものである.

避難を効果的に行う基礎は,それぞれの場所・土地・地域の災害危険性をよく認識し,対処すべき災害の性質について理解していることである.災害の具体的な状況はその時々やそれぞれの場所で異なる.警報や避難指示あるいは事前に与えられている避難情報に単純に従うというだけではなく,自ら判断し行動できるようにしておくのが望ましい.土砂災害や山地内での豪雨災害など,局地性の大きい災害ではとくにそれが必要である.

事前避難の行動は,①危険の発生と接近の認知,②避難の必要度・コストの評価,③避難の意志決定,④避難先・経路・時期・手段の選択,⑤避難行動の実行という経過をとって行われる(図7.12).緊急避難ではこの過程がきわめて短時間に進行することになる.

7.8.2 危険の認知

危機的事態の発生と接近あるいはその発生可能性は,警報など種々の災害情報によって知る場合が大部分である.災害情報は,中央から出される情報(気象情報など)と,地区ごとの現況情報に分けて考える必要がある.災害は多かれ少なかれ突発的であり地域性の大きい現象である.また,情報伝達システムが突発緊急時にうまく作動するとは限らない.状況の広域把握の精度にすぐれている中央情報(テレビの情報な

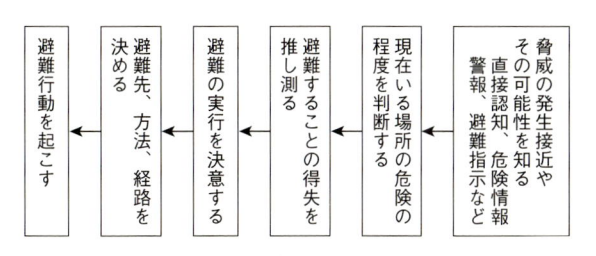

脅威の発生接近やその可能性を知る 直接認知、危険情報警報、避難指示など → 現在いる場所の危険の程度を判断する → 避難することの得失を推し測る → 避難の実行を決意する → 避難先、方法、経路を決める → 避難行動を起こす

図7.12 避難のプロセス

ど）を基礎におき，地区・地域の条件とそこでの具体的現況についての情報を組み合わせて，避難対応を考える必要がある．たとえば，大雨・洪水警報が出されている場合，近くの川の水位や雨の強さの変化などに絶えず注意を向けていることが望ましい．地区ごとの具体的な対応行動の指示で最も重要なものに，市町村長の出す避難の勧告・指示がある．避難指示は拘束力が勧告よりも強く，危険が目前に迫っているときなどに出される．ただし強制力はない．突発的あるいは不測の事態に対して的確にタイミングよく勧告・指示が出されるとは限らない．これが効果あるためには，事前に細かい地区ごとの危険性の把握とその周知，および勧告・指示を受けた場合の適切な対応行動をあらかじめ心得ていることが基礎になる．

　接近しつつある，あるいは発生するであろう災害事象に対して，いま居る場所がどのように危険であるかの判断は最も重要である．危険の種類や程度は場所によって異なる．人命への危害が大きくかつ危険が急速に切迫するためにタイミングのよい避難がとくに必要とされる山地内の災害では，危険の種類や程度は，それこそ家ごとに違うといってもよい．たとえば，段丘面上の家は一般に安全であるが，その隣家であっても一段低い低位面にあれば土石流や洪水の危険がある．段丘面上にあっても山腹斜面直下であれば山崩れが大きな脅威である．緩勾配の平野内にあって破堤洪水に直面しても，自然堤防上の2階家であれば，家にとどまって1階の家財などを水から守るなどの対応を優先したほうがよい場合が多い．一方，山地内・山麓における洪水では，水位上昇は急速であり流れの勢力は強いので，迅速な避難行動が必要である．強い地震動を感じた場合，海岸低地に居れば津波の危険への対処を考え，急な海食崖下であれば何よりもまず崖崩落の危険に注意を向けねばならない．警報や避難指示を受けて，各地区や各戸がそれをどの程度切実に受け止め，どのように行動したらよいかを決めるためには，あらかじめ地域・地区の災害危険性についての知識が得られている必要がある．山地内など危険状況の局地差が大きいところでは，警報や避難指示（これは地域中央から出される）のないことを安全の情報と受け取ってはならない．

7.8.3　避難の決断・実行

　一般に不確かな情報のもとで，避難の効果やマイナス面を考えに入れながら，避難の意思決定を行う際には，突発緊急時の行動心理など種々の人間要因やその時その場所の環境諸条件などが関係する．十分な安全を見込んで早めにより広域に避難指示を出せばよいというものではない．人命への危害力が小さい場合にはとくにそうである．避難には種々のマイナス面があり種々の犠牲が要求される．早すぎた避難指示のため，回避できた物的被害を生じさせることもある．危険の接近速度は災害によって異なる．避難は早いに越したことはないが，その前に電気のブレーカを切り，プロパンガスボンベのバルブを閉め，1階の家財を2階に移すなどを，可能であれば行いたいものである．ただし，災害の種類や土地条件によっては一目散に走りださねばならないときもある．

7.8 避難

ハザードマップで示されているのは一般に，宿泊場所を提供する収容避難所である．危険を緊急に回避する避難場所は，高台にある神社・公園・広場，鉄筋コンクリート造の中・高層建物など，場所・状況に応じて選択する．自動車は使用せず歩いていける近くがよい．大雨時には急激な出水・土石流・山崩れなどに遭うことのない経路をとらねばならない．自動車による移動では，渋滞や道路途絶で立ち往生しているうちに洪水や土石流などに遭うことがある．自動車で避難する場合，途中で自動車を乗り捨てることもあるという覚悟で臨む必要がある．山地地域における大雨災害では，避難先あるいは避難途中において山崩れや土石流に襲われたという例がかなりある．大雨の最中に児童・生徒を下校させたため，途中で難に遭ったということも起こっている．地域・地区の災害危険箇所の事前把握および異常事態時（たとえば暴雨時）にその地区で起こり得る災害状況の予測（シナリオ作成）が重要である．

7.8.4 避難の阻害・促進要因

警報や避難指示を受け，あるいは危機的事態に直面した場合の，個々人の判断や行動は一様ではなく，種々の人間要因などが大きく影響して，避難が促進されたりあるいは阻害されたりする．避難に関係する要因として次のものが挙げられる．

(1) 災害経験：　直接の被災あるいは身近な災害の経験は，危険意識を高め，危険への反応を敏感にし，避難を促進する大きな力となる．ただし，時間が経てばやがて忘れられてしまう（風化する）ものでもある．一方軽微な災害の経験は，危険の判断を甘くして，避難を妨げる働きをすることが多い．

(2) 個人属性：　年齢・性別・教育程度・職業・人種・宗教などの個人属性は，災害時の対応行動に影響を与える．たとえば，一般に老人は避難を拒む傾向がある．

(3) 家族要因：　災害時に家族は一体となって行動しようとする．離れている場合には，避難の前にまず一緒になろうとする方向への行動が強く現れる．この結果として逆に危険に接近する方向への行動が行われたりする．小さい子供のいる家庭では早めの避難が行われ，老人や病人をかかえた家庭では避難が遅れがちである．

(4) 時刻：　深夜の時間帯では，状況の把握・情報の伝達・避難の実行などが妨げられて，人的被害が大きくなる．近年では生活様式の変化などにより時刻の影響は小さくなってはいるが，深夜はなおも不利な時間帯である．

(5) 他者の行動：　隣人や近くにいる人が避難するかしないかは，避難の意思決定に大きな影響を及ぼす．情況が不明で迷っている場合にはとくにそうである．率先して行動することで模範を示したいものである．

(6) リーダーの存在：　安全を守る責任があり，影響力のあるリーダーや決断者（区長，消防団長，派出所の巡査，学校の先生など）がいると，大量避難の成功が可能になる．誰もが責任感と役割分担をもつことによってよきリーダーになり得る．

(7) 地区の態勢：　山村集落では，災害経験を伝承している．自然に密着し土地の性質をよく知っている，隔離されていて自ら守るという意識が強い，強固な地域共

同体をもっているなど，避難に有利な条件を備えている．都市域ではこれと逆の条件下にあり，避難は遅れがちである．

(8) 災害の種類： 目視でき身体で感じとれる災害（火山噴火など）では，避難が促進される．前兆があり襲来速度が比較的遅い災害（地すべり，溶岩流，土石流など）では，避難がうまく行われた事例が多数ある．

7.9 災害応急対策

災害時にあるいは災害の発生が差し迫ったとき，緊急に被害の発生を防ぎそれを最小限にするための種々の応急活動が，また，災害後には被災者に対する救援活動が，地方自治体・防災関係機関・住民などによって実施される．これを行う基礎として，豪雨や強い地震など異常事態発生時に，その地域・地区でどのような災害状況がどのような時間経過で起こる可能性があるかを示す複数シナリオを，類似の土地環境のところでの災害事例に基づいて作成し，対応策を準備しておく必要がある．

7.9.1 水防・消防

河川の水位や海の潮位が大きく上昇しつつあるときにはその氾濫を防ぎ，氾濫が生じたときには浸水域の拡大を防止し建物・施設への流入を阻止するために，種々の水防活動が水防団などによって行われる．土のう積みは氾濫防止や浸水阻止の最も一般的な方法である．

河川堤防の決壊・破堤を防ぐ工法には多数ある．越水（オーバーフロー）に対する主要工法は天端への土のう積みで，水圧に耐えるために杭を打ち込むなどして補強する．オーバーフローする流水による侵食を防ぐためには防水シートを張る．堤防から水が漏れ出すという漏水対策で特色あるものに月の輪工法がある．これは漏水箇所を囲んで半円形に土のうを積み上げ，溜まった水の水圧でそれ以上の漏水を防ぐものである．強い洪水流による河道側堤防のり面の侵食を防ぐためには，枝葉のついた樹木や竹に土のうをつけて，のり面をカバーする木流し工法がある．

浸水域における土のう積みは上流側の浸水位を高めることになるなど，水防活動では地域間の利害対立が生じがちである．近年過疎化・高齢化によって水防団員が少なくなり，水防活動が困難になってきている．水防団員数は1989年からの20年間で20%減少した．

自然災害によって起こる重大な火災は地震時にほぼ限られる．地震火災の大半は建物倒壊によって生じ，地震直後に一斉に出火する．この同時多発性のため都市の大地震の場合には常備消防力では不足になるので，各出火点での住民による初期消火に依存せざるを得ない．しかし，揺れが強いほど初期消火率は低くなり，出火の多くは延焼に発展する．倒壊建物の道路閉塞や一般通行車両の大量出現は消防車の通行を妨げ消火活動を阻害する．地震時に限らず災害時の交通規制・道路交通確保・緊急輸送実

施は自治体・警察がまず行う措置である．

7.9.2 救出・医療

　倒壊建物の下敷きになった人や崩れた土砂に埋もれた人・車両がある場合には，なによりもまずその救出が急がれる．家屋が土砂で倒壊した場合には，屋根・柱などのすき間から救い出すことが可能であるが，土砂だけの場合は人力ではほぼ不可能で，機材と専門集団が必要である．雨がまだ続いている場合には，崩れがさらに起こる可能性があるので，2次災害への警戒が必要である．都市の大地震では非常に多数の建物が倒壊し多数の人の生埋めが生じるので，近くの住民による救出に期待せざるを得ない．

　1995年兵庫県南部地震では倒壊建物への閉じ込め者164,000，うち自力脱出者129,000，住民による救出27,100，消防・警察・自衛隊による救出7900であった．住民の素手による救出では，木造家屋の場合に数人がかりで2時間以上を要し，コンクリート造ではほぼまったく不可能であった．建物はたとえ壊れても完全には潰されないようにして，脱出・救出が容易なように建物の耐震性を高める必要がある．

　生存者救出の限界は72時間であるといわれているが，生存救出率は24時間を過ぎると激減している（図7.13）．山崩れなどにより道路・鉄道など交通路が不通になると，山中に取り残された観光客や僻地集落住民の移送が行われるが，これは性質の異なる救出である．

　大規模災害により医療能力を上回る負傷者が発生した場合，負傷の程度に応じ効率よくトリアージを行い，適切な応急処置を施し，トリアージに従って医療機関に搬送して治療を施し，必要ある場合には後方医療機関に順次搬送する，という手順で災害医療が実施される．トリアージは現場において治療の優先度を判定する選別作業で，第1順位：緊急治療（生命が危機的状態にあり処置が直ちに必要），第2順位：準緊

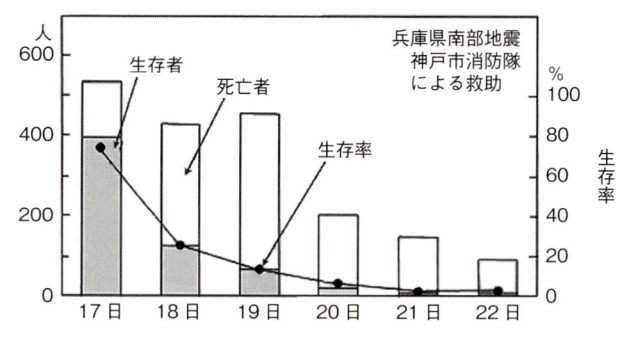

図 7.13　兵庫県南部地震の救出者生存率（阪神・淡路大震災調査報告編集委員会，1998）

急治療（2〜3時間処置を遅らせても悪化しない），第3順位：軽症（軽度外傷），第4順位：死亡(明らかに生存の可能性なしも含む)，に分類される．助かりそうにない人は放置しておくという割り切った対応をとる．

大災害時には救急車出動を要請してもすぐに到着することは期待できない．心臓停止では3分経過時点で死亡率50％，さらに5分経過すると90％近くになる．呼吸停止の場合，20分間放置すると死亡率は90％になる．したがって，その場に居合わせた人による1次救命措置が望まれる．大出血なら止血を最優先とする．呼吸が停止していれば人工呼吸を実施し，無反応ならば心臓マッサージを行う．

7.9.3 収容・生活支援

住居が損壊した人や危険域に住んでいる人などに対し，避難所に収容し，水・食料・寝具・生活必需品の供給を行う．続いて，完全に住居を失った世帯に対し応急仮設住宅を建設し提供する．兵庫県南部地震ではピーク時の避難者36万人，避難所数1200ヵ所で，最大10ヵ月間開設された．建設した仮設住宅は3.6万棟で，用地確保が困難なため30kmも離れたところにまでつくらざるを得なかった．

建物危険度判定および居住可能な建物の応急修理も必要である．居住場所の確保は生活再建・立ち直りの基礎であるので，できる限り損壊家屋の応急修理を行い，また，長期避難指示により家が放置され，結果として住めなくなる状態をつくり出すことのないようにする必要がある．

交通途絶による帰宅障害は，日ごろ遭遇している場合と同じように，各人・各組織の努力によって対処するのが基本である．障害が大規模になるほどそれは必要であり，たちまち救護を要する難民に陥るということがないような準備態勢が求められる．本当に深刻な事態は発災時における人身への直接被害であり，それを切り抜ければあとはそのときその場所の状況に応じたサバイバル努力の問題である．

災害後には浸水地区の消毒など防疫活動が伝染病対策に必要である．浸水災害では濡れた家具など大量のゴミが出される．地震では大量のがれきが出る．兵庫県南部地震では兵庫県で2000万トンのがれきが出て処理に3年半を要した．ゴミ処理・清掃は保健衛生面から，また道路交通確保や民生安定の面から必要である．遺体処理はそれが非常に多い場合に衛生上などの大きな問題となる．

これら応急対策は主として地方自治体が担うが，大きな災害の場合，限られた人数の職員では対応しきれないという事態が生じるので，周辺地区からの応援が必要である．被害が一定以上に達した場合，災害救助法（1947年）により国が費用負担し，救助が迅速に行われことを支援している．

7.10 保険・経済支援

7.10.1 風水害保険

　保険とは，偶然的に発生する災害・事故による損害を，多数の人が拠出した資金から補塡することによって，個々の人の負担を小さく済ませ，危険を分散させる機能をもったものである．災害防止や被害全体を軽減する役割のものではない．共済は相互扶助を目的として共済組合などの団体が扱う保険である．損害保険は一定の法規制のもとで民間の保険会社が販売・運営しており，営利目的になっている．支払いにあたっては損害程度の査定が深刻な問題になる．

　風水害により生じる損害は火災保険などに加入していれば一定の制限つきで補償される．「住宅総合保険」では，洪水や豪雨などによる水災，台風などによる風災，雹災，雪災が補償の対象となる．支払われる水害保険金の額は，損害割合 30% 以上の場合損害額の 70%，床上浸水の場合は保険金額の 5%，などである．「住宅火災保険」では，風災・雹災・雪災は補償されるが，水災は補償されない．ただし落雷は火災と同じ扱いで補償される．自動車が損害を被った場合，任意の自動車保険において車両保険をつけていると，保険金が支払われる．

　1991 年台風 19 号では，全国的に吹き荒れた強風により大量の家屋損壊被害が生じたので，損害保険会社が支払った保険金総額は 5700 億円にも達した．台風が 10 個も上陸した 2004 年には年間の支払い保険金総額が 4400 億円になった．近年では自動車保険による支払額が多くなっている．2000 年 9 月東海豪雨では 550 億円（保険金支払い総額は 1000 億円），2000 年 5 月の雹災（千葉・茨城）では 300 億円（総額 700 億円）であった．

7.10.2 地震保険

　地震など（地震・津波・噴火を含む）による損害は，地震が原因で生じた火災も含め，火災保険に付帯する地震保険に加入していないと補償されない．地震による被害は巨大化する可能性があるためで，地震保険法（1966 年）に基づき政府と損害保険会社とが共同で地震保険を運営し，巨額の保険金支払に備えて政府が再保険を引き受ける仕組みになっている．1 件の地震などによる保険金の総支払額には限度が設定されており，2008 年現在では最大 5 兆 5000 億円，このうち政府の責任負担額は約 4 兆 4000 億円である．保険契約金額は火災保険の契約金額の 30～50% の範囲内に抑えられており，その限度額は建物 5000 万円，家財 1000 万円である．対象となるのは住居用建物だけである．風水害の場合に比べ補償の程度は低く抑えられている．保険料は建物の構造および地域によって異なる．木造建物では鉄筋コンクリート造のほぼ 2 倍である．地域は都道府県単位で 1～4 等地に 4 区分され，構造区分も加えると 8 地区に分けられている．保険料が最高の東京都・神奈川県・静岡県では最低の県（東北・

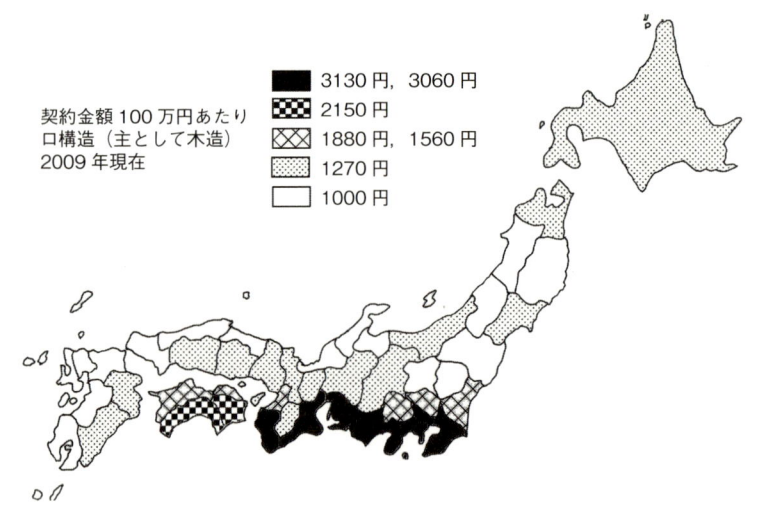

図 7.14 地震保険の都道府県別保険料
1560 円は香川県のみ．

北陸・山陰・九州の大部分）に比べ年間保険料が約 3.4 倍に定められている（図 7.14）．

1995 年兵庫県南部地震の時の地震保険金支払総額は 780 億円，2004 年新潟県中越地震では 150 億円で，さほど多くはなかった．これは火災保険に付帯する地震保険への加入が少なかったためで，2003 年度の世帯加入率は 17% である．2011 年東北地方太平洋沖地震では，地震保険の支払いは約 74 万件，総額は約 1.2 兆円であった．

地震対策の基本は建物の耐震性を高めることであり，保険によってカバーされることでこれが怠られることになれば，防災面では逆効果になる．一般に保険は被害ポテンシャルを高める方向に働く（図 7.2）．

7.10.3 農業共済制度

自然災害による農業被害に対しては，農業災害補償法（1947 年）に基づく農業共済制度により補償されるようになっている．農は国の基本ということで，国はこの制度を大きくバックアップし，共済掛金の 40～55% と，農家などが拠出する掛金の総額とほぼ同額を国が負担し，また，農業共済再保険特別会計を設けて共済金支払いを保証している．国庫補助の対象は，農作物・果樹・家畜・畑作物・園芸施設についての自然災害による被害および病虫害・鳥獣害などである．また，この事業の運営費にも補助金が与えられている．

農作物被害額の 70～80% がこの共済金から支払われる．農業は異常天候による被害をほぼ避け得ないので，損失を保険・共済制度で共同負担するのが中心対策になる

のが自然である．なおこの制度には，建物被害を対象とする建物更正共済がある．これには国庫補助はない．この共済制度ではかなり有利な条件で地震も含む自然災害全体による被害が補償される．兵庫県南部地震での支払い実績は1188億円で，損害保険全社（33社）の支払い総額を大きく上回った．

　欧米諸国では，洪水危険度に応じて保険料率を変えることなどにより，危険域の利用の抑制を図っている．このように保険は単に損失を共同でカバーする手段ということだけではなくて，防災目的を達成するための積極的な利用が可能である．リスクをよく認識し，その低減を自らの判断で図り，コストは自らが負担し，対策の機能には限界があることを理解しておくことは，防災の基本である．

7.10.4　経済支援

　災害により生活基盤や事業基盤に大きな被害を受けた個人や事業者に対し，国・地方自治体が経済的支援をおこなって，生活再建や事業・雇用の維持を図ることは，地域社会の安定や経済的復興を促進するための防災対策となる．これは税金などから拠出した基金による共済の制度ともいえるものである．単に困った人を助けるというのは社会保障制度の範疇のことがらであって，防災目的の達成のためには，地域を再建し，また，将来の災害を防ぐことなどにつなげる必要がある．もし安易な資金助成が危険な居住を続けさせることをもたらすならば，防災目的に反することになりかねない．明らかに防災努力を怠っていたことによる被災に対しての経済支援は，社会的公正の面から問題である．

　住宅が全壊などを被った世帯に対し資金を給付する制度に，兵庫県南部地震災害を契機に設けられた被災者生活再建支援制度がある．支給額は，2007年改正により，全壊の場合300万円となっている．使途を定めない定額渡し切り方式で，住宅本体の建設や購入にも支出できるようになった．支給は都道府県が拠出した基金600億円から行い，国は支給する支援金の1/2に相当する額を補助する．被災者の住まいの確保は災害からの立ち直りにとって最重要である．制度開始から2008年までの支給実績は17,105世帯に217億円である．災害関連の融資制度は，個人や中小企業・自営業

表7.4　被災者支援制度

生活支援	死亡・障害	災害弔慰金　災害・障害見舞金
	生活資金	災害援護資金　生活福祉資金　被災者生活再建支援
	養育・就学	就学援助措置　授業料減免　奨学金　児童扶養手当
	税金・料金	租税特別措置　公共料金・保険料の減免・支払猶予
	離職	失業保険　未払賃金立替払　生活保護
住宅確保	建築・取得	被災者生活再建支援制度　災害復興住宅融資
	補修・修理	災害援護資金　住宅応急修理制度
	賃貸住宅	公営住宅・特定優良賃貸住宅　被災者生活再建支援
	宅地復旧	宅地防災工事資金融資　地すべり等関連住宅融資

を対象に多数ある．税の減免制度もある．なお，死者には，生計維持者の場合，最高500万円，その他の人には最高250万円ほどの災害弔慰金が支払われる（表7.4）．

7.11 復旧・復興

災害が発生すると，直後の応急対策に続き，住宅再建・資金援助などによる被災者の立ち直り，ライフライン・公共施設の復旧，地域の社会経済機能・活動の復興などが図られる．災害により大きな被害を受けたということは，その地域に何らかの不備・欠陥があったことを意味する場合が多い．その解消を目指さない以前の街への復帰は，次の災害をあらかじめ防ぐという防災本来の機能を欠いたものとなる．土地条件が本来的にもつ危険性に起因する災害を被った場合には，その土地の利用の基本的変更を伴う復興であることがとくに要求される．

7.11.1 住宅再建

住居は最重要の生存基盤であり，これが確保されなければ被災者および地域社会の災害からの立ち直りは不可能である．損傷した住宅は可能な限り補修して暫定的にせよ活用することは，被災地復興にとっても役立つ．このためには迅速な建物被災度判定が必要になる．損壊した住宅の再建に対しては資金助成・融資などの経済支援制度がある．支援金の額は損壊の程度によって決まるので，被災度判定が重大な問題となり，被災者支援の観点から判定基準がゆるめられる傾向にある．たとえば，浸水だけの被害でも，浸水深などにより半壊・大規模半壊・全壊といった判定をするようにという指導が2004年からなされ，穏やかな内水氾濫でも数千棟もの住家全壊が国の公式被害統計に示され，破壊の実態とはかけ離れた様相をきたしている．

大きな災害の場合，被災市街地の土地区画整理事業や再開発事業による建築の制限・禁止によって，災害跡地への再建が制約される．建築基準法84条では，被災市街地において災害後の2ヵ月間災害跡地への建築を禁止できることとなっている．しかしこのような短期間では地方自治体が復興都市計画を決めることは不可能なので，土地所有者による違法建築といった問題が起こる．繰り返し津波被害を被っている海岸低地や急傾斜地の直下など明らかな高危険地への住宅再建は，少なくとも防災という観点からは，極力制約されねばならない．居住する場合には，耐災害的な建築構造が不可欠である．住居移転促進制度の活用は危険地への再居住を防ぐのに役立つ．住宅建設需要の増大は地域経済活動を活発にするという面がある．

7.11.2 ライフライン

電力・ガス・水道・電話などのライフラインの供給施設・供給路や鉄道・道路などの交通施設の復旧は，被災者の生活再建や地域の社会経済機能回復にとって重要である．生活様式や都市機能の効率化・快適化は，他面その機能が阻害された場合の影響

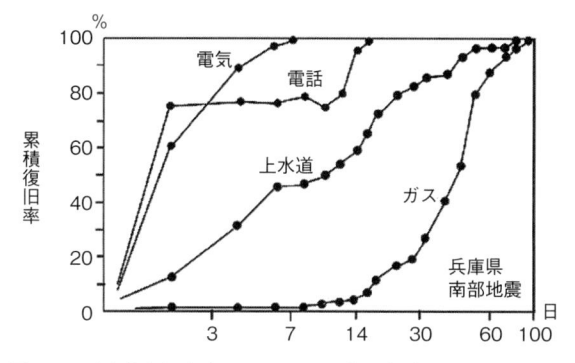

図 7.15 兵庫県南部地震のライフライン復旧率（岡田・土岐，2000）

を大きくする．

　電気については施設の大部分が地上にあること，他地区から供給を受けるのが容易であることなどから，迅速に仮復旧・通電が完了している．兵庫県南部地震の時の神戸で約1週間であった．現在の高度情報化社会・電力依存型社会では，電力の確保は非常に重要である．水道は電気が止まれば使えないし，テレビは情報を伝えてくれない．ガス・上水道・下水道の施設はほぼ地中に埋設されているので，被災箇所の確認および修理作業に時間を要する．一般に大地震では全面的な被害を受け，水害では被害発生箇所がより限定的・局地的である．地盤液状化が起きると地中埋設管は大きな損傷を受け，復旧に時日を要する．水害では道路決壊・橋梁流失・斜面崩壊などにより管路が被災する．ガスは高度な安全確保が要求されるので，一度供給を停止すると供給再開に長期間を要する．仮復旧ということはなく各戸の安全を確認しながら進める本格復旧になる．兵庫県南部地震では50%復旧に43日，100%復旧に94日を要した（図 7.15）．

　被災地住民がまず困るのは水道の断水で，給水車による応急給水という代替措置がすぐにとられる．地震では給・配水管に被害が生じる．水害では浸水や土砂流入により水源施設が被害を受ける．ガスとは異なり水道では多少の漏水があっても給水回復を優先して応急復旧を進めることができる．兵庫県南部地震では50%復旧が10日後，応急復旧が終了したのはガス復旧に近い87日後であった．

　電話の場合，ケーブルが切断されると回線を1本ずつ確認しながら接続する作業になる．災害時には域外からの電話が殺到するという輻輳状態が出現する．兵庫県南部地震では平常時の数十倍にもなる輻輳が数日間続いた．応急復旧が完了したのは2週間後であった．洪水と土砂災害が複合した大規模都市水害であった1982年長崎水害の時には，電力供給が正常に戻ったのは3日後，開栓巡回が完了してガス供給が完全に再開されたのは9日後，給水車による給水がほぼ終了したのは16日後であった．

7.11.3 交通機能

　道路・鉄道などの交通路・交通施設の被災は，国民のモビリティや物流が増大し，ストックが少なく域外依存度が大きくなっている現在の社会経済構造・都市的生活様式のもとでは，種々の直接被害や悪影響をもたらし，復興の進展に大きく影響する．山地域において斜面崩壊・土石流や地震により道路・鉄道が破壊されると，それがごく局地的ではあっても，復旧に長期間を要するので，奥地集落の孤立化，通勤・通学困難，地元産業活動の停止，長期避難などにより，地域の荒廃，離村，過疎化などがもたらされる．洪水流や液状化などにより鉄道橋・道路橋の橋脚が被災すると，復旧に1年以上といった長時間を要する．不採算鉄道路線は廃線となることもある．都市震災では，道路が直接に破損しなくても建物倒壊などにより閉塞され，緊急車両の通行のために障害物除去などによる機能確保（啓開）が急がれる．地下埋設物の復旧工事は一方，交通障害を起こす原因になる．

　交通機能復旧は，緊急の道路啓開，応急補修，迂回路建設，原状復帰への補修，強度・機能を増した改良復旧と，引き続いて行われる．兵庫県南部地震では，一般幹線道路（高架・橋梁除く）の応急復旧は半月後，延長630mにわたり倒壊して注目された阪神高速道路神戸線の全線復旧は20ヵ月後であった．一般街路の機能回復は遅くなり，その一つの現れとして，神戸市バス全路線の運行再開は1年半後にもなった．

　地方公共団体の管理する道路は，河川・海岸・砂防施設などとともに公共土木施設とされ，その災害復旧費用には一定割合（原則として復旧費用の2/3）の国庫負担が行われる．この制度の主旨は，財政力に限界のある地方自治体への財政援助により，公共施設の復旧を促進して生活環境悪化や地域衰退を防ぎ，民生安定に寄与するとされている．鉄道など生活に著しい影響があり復旧費用が巨額な場合には，地元自治体が費用の一部を負担する場合がある．なお下水道については復旧事業費国庫負担の対象になっている．

　災害の発生をあらかじめ防ぐというのが防災の本来の役割である．しかし防災だけでは社会は成り立っていかないので，日常的な生活や経済活動が優先されざるを得ず，災害復旧・復興においても災害予防の観点は薄められがちである．これが地域社会全体の合意による意思決定であれば不当ではないが，あるリスクを負った選択をしているということを地域全体が認識しておく必要がある．

参 考 文 献

愛知県（1960）：愛知県災害誌．548p.
愛知県建設部河川課（2000）：平成12年9月豪雨災害．10p.
秋田県（1984）：昭和58年（1983年）日本海中部地震の記録―被災要因と実例．420p.
安藤萬寿男（1988）：輪中―その形成と推移．大明堂，328p.
荒牧重雄・長岡正利・白尾元理（1995）：空からみる世界の火山．丸善，207p.
防災科学技術研究所（2002）：東海豪雨災害調査報告．主要災害調査第38号，195p.
防災科学技術研究所（2005）：全国を対象とした確率論的地震動予測地図作成手法の検討．防災科学技術研究所研究資料，**275**，393p.
防災科学技術研究所（2006）：ハリケーン・カトリーナ災害調査報告．主要災害調査第41号，119p.
千葉県（1989）：昭和62年（1987年）千葉県東方沖地震―災害記録．336p.
地理調査所（1947）：昭和22年9月洪水利根川及荒川の洪水調査報告．20p.
チリ津浪合同調査班（1960）：1960年5月24日チリ地震津浪踏査速報．870p.
中央防災会議（2008）：1959伊勢湾台風報告書．216p.
中央気象台（1933）：昭和8年3月3日三陸沖強震及津波報告．260p.
中央気象台（1935）：室戸台風調査報告．中央気象台彙報，第9冊，606p.
中央気象台（1951）：ジェーン台風報告．中央気象台彙報，第36冊，第1-4号，281p.
土木学会編（1974）：土木工学ハンドブック．技報堂，2724p.
土木学会西部支部（1957）：昭和28年西日本水害調査報告書．589p.
藤本盛久・羽倉弘人編著（1981）：現代建築防災工学．オーム社，216p.
福島美光（1993）：地震動強さの距離減衰式（経験式）に関する最近の研究動向．地震第2輯，**46**，315-328.
古谷尊彦（1996）：ランドスライド．古今書院，213p.
群馬県（1950）：カスリン台風の研究．445p.
行政管理庁行政監察局（1960）：伊勢湾台風災害実態調査結果報告書．896p.
伯野元彦（1992）：被害から学ぶ地震工学．鹿島出版会，155p.
阪神・淡路大震災調査報告編集委員会（1998）：阪神・淡路大震災調査報告，基礎編―2．577p.
阪神・淡路大震災調査報告編集委員会（1998）：阪神・淡路大震災調査報告，建築編―6．517p.
羽鳥徳太郎（1981）：歴史津波とその研究．東京大学地震研究所，356p.
羽鳥徳太郎・片山道子（1977）：日本海沿岸における歴史津波の挙動とその波源域．地震研究所彙報，**52**，49-70.

参 考 文 献

林　泰一・光田　寧・岩田　徹 (1994)：日本における竜巻の統計的性質. 京都大学防災研究所年報, **37** (B-1), 1-10.
堀川清司 (1991)：新編海岸工学. 東京大学出版会, 384p.
飯田汲事 (1979)：明治24年 (1891年) 10月28日濃尾地震の震害と震度分布. 愛知県防災会議地震部会, 304p.
稲見悦治 (1967)：都市災害論序説. 古今書院, 216p.
岩手県 (1969)：チリ地震津波災害復興誌, 264p.
地盤工学会阪神大震災調査委員会 (1996)：阪神・淡路大震災調査報告書 (解説編). 594p.
自治省消防庁 (1984)：防災アセスメントに関する調査報告書. 692p.
地震災害予測研究会編 (1998) 日本の地震学と地震工学. 地震保険調査研究, **45**, 137p.
科学技術庁資源局 (1959)：諫早水害に関する調査. 科学技術庁資源局資料第27号, 105p.
科学技術庁資源局 (1961)：中川流域低湿地の地形分類と土地利用. 科学技術庁資源局資料第40号, 149p.
鍵山恒臣編 (2003)：地球科学の新展開3, マグマダイナミクスと火山噴火. 朝倉書店, 212p.
貝塚爽平 (1990)：富士山はなぜそこにあるのか. 丸善, 174p.
貝塚爽平ほか編 (1985)：写真と図でみる地形学. 東京大学出版会, 241p.
金井　清 (1969)：地震工学. 共立出版, 176p.
金森博雄編 (1978)：岩波講座地球科学8, 地震の物理. 岩波書店, 275p.
金子史朗 (1974)：世界の大災害. 三省堂, 198p.
金子史朗 (2000)：火山大災害. 古今書院, 254p.
兼岡一郎・井田喜明編 (1997)：火山とマグマ. 東京大学出版会, 240p.
菅野洋光 (1994)：特集平成大凶作：北日本 (東北日本) の冷害. 地理, **39**(6), 45-58.
加藤敬愛編 (1978)：昭和十三年の茨城県水害. 茨城県統計課, 557p.
活断層研究会編 (1991)：新編日本の活断層. 東京大学出版会, 440p.
勝井義雄ほか (1986)：南米コロンビア国ネバド・デル・ルイス火山の1985年噴火と災害に関する調査研究. 文部省科学研究費自然災害特別研究研究成果, **B-60-7**, 102p.
警視庁 (1925)：大正大震火災誌. 1474p.
経済安定本部資源調査会 (1950)：北上川流域水害実態調査－アイオン台風による水害について. 資源調査会報告第6号, 310p.
建設産業調査会 (1983)：最新建設防災ハンドブック. 1440p.
建設省 (1962)：伊勢湾台風災害誌. 700p.
建設省 (1983)：建設白書昭和58年版. 416p.
建設省地理調査所 (1960)：伊勢湾台風による高潮・洪水状況調査報告. 25p.
建設省土木研究所 (1981)：米国における氾濫原管理. 土木研究所資料1657号, 129p.
建設省土木研究所 (1981)：建築物の耐水化に関する調査報告書 (第二報). 土木研究所資料1965号, 65p.
建設省土木研究所 (1996)：平成7年 (1995年) 兵庫県南部地震災害調査報告. 土木研究所報告196号, 493p.
建設省国土地理院 (1961)：チリ地震津波報告書. 67p.
建設省国土地理院 (1978)：土地条件調査報告書 (土浦・佐原地区). 111p.
建設省砂防部・土木研究所 (1979)：がけ崩れ災害実態について (昭和50年～52年). 土木

研究所資料1492号, 189p.
菊池正幸編 (2002):地球科学の新展開2, 地殻ダイナミクスと地震発生. 朝倉書店, 222p.
気象庁 (1961):伊勢湾台風調査報告. 気象庁技術報告第7号, 本文899p, 資料428p.
気象庁 (1961):チリ地震津波調査報告. 気象庁技術報告第8号, 189p.
気象庁 (1964):狩野川台風調査報告. 気象庁技術報告第37号, 168p.
気象庁 (1967):第二室戸台風調査報告. 気象庁技術報告第54号, 220p.
気象庁 (1968):昭和42年7月豪雨調査報告. 気象庁技術報告第63号, 224p.
気象庁 (1994):平成5年冷夏・長雨調査報告. 気象庁技術報告第115号, 231p.
気象庁 (1997):平成7年 (1995年) 兵庫県南部地震調査報告. 気象庁技術報告第119号, 160p.
気象庁 (2000):平成11年 (1999年) 台風第18号高潮災害調査報告. 気象庁技術報告第122号, 168p.
気象庁 (2002):平成3年 (1991年) 雲仙岳噴火調査報告. 気象庁技術報告第123号, 372p.
気象庁 (2003):平成12年 (2000年) 有珠山噴火調査報告. 気象庁技術報告第124号, 247p.
神戸市役所 (1939):神戸市水害誌. 1368p.
高知県 (1949):南海大震災誌. 692p.
小出　博 (1972):日本の河川研究. 東京大学出版会, 377p.
国土庁防災局 (1992):火山噴火災害危険地域予測図作成指針. 本文153p, 巻末資料137p.
国立防災科学技術センター (1977):1976年台風第17号による長良川地域水害調査報告. 主要災害調査第12号, 92p.
国立防災科学技術センター (1979):地震断層付近の震害に関する調査. 防災科学技術研究資料, **39**, 116p.
国立防災科学技術センター (1983):1981年8月24日台風15号による小貝川破堤水害調査報告. 主要災害調査第20号, 125p.
国立防災科学技術センター (1984):1982年7月豪雨(57.7豪雨)による長崎地区災害調査報告. 主要災害調査第21号, 133p.
国立防災科学技術センター (1984):昭和58年 (1983年) 日本海中部地震による災害現地調査報告. 主要災害調査第23号, 164p.
国立防災科学技術センター (1985):昭和59年 (1984) 長野県西部地震災害調査報告. 主要災害調査第25号, 141p.
国立防災科学技術センター (1987):1986年8月5日台風10号の豪雨による関東・東北地方の水害調査報告. 主要災害調査第27号, 155p.
国立天文台編 (2008):理科年表. 1034p.
駒ヶ岳火山防災会議協議会 (2002):駒ヶ岳火山防災ハンドブック. 19p.
高速道路調査会 (1977):地すべり及び斜面崩壊の防止対策の調査手法に関する研究報告書, 370p.
京都大学防災研究所編 (2001):防災学ハンドブック. 朝倉書店, 724p.
町田　洋・白尾元理 (1998):写真でみる火山の自然史. 東京大学出版会, 216p.
町田　洋・新井房夫編 (1992):火山灰アトラス―日本列島とその周辺. 東京大学出版会, 276p.
松田磐余 (1991):バングラデシュ高潮についての若干の考察. 総合都市研究, **44**, 155-169.

松田磐余・和田　諭・宮野道男（1978）：関東大地震による旧横浜市内の木造家屋全壊率と地盤との関係．地学雑誌，**87**，250-259．
松澤勲監修（1988）：自然災害科学事典．築地書館，602p．
翠川三郎・松岡昌志・作川孝一（1992）：1987年千葉県東方沖地震の最大加速度・最大速度にみられる地盤特性の評価．日本建築学会構造系論文報告集，**442**，71-78．
宮城県（1980）：'78宮城県沖地震災害の教訓－実態と課題．406p．
水谷武司（1976）：災害時における避難の難易差の反映としての人命被害度の時刻差および地域差．国立防災科学技術センター研究報告，**13**，1-14．
水谷武司（1982）：茨城県南西部桜川流域の防災地学環境．国立防災科学技術センター研究報告，**27**，25-47．
水谷武司（1982）：災害危険地集落の集団移転．国立防災科学技術センター研究報告，**29**，19-37．
水谷武司（1983）：人的被害の規模に関係する要因．国立防災科学技術センター研究報告，**31**，9-34．
水谷武司（1983）：地震による人的被害の規模について．総合都市研究，**20**，15-28．
水谷武司（1985）：水害対策100のポイント．鹿島出版会，221p．
水谷武司（1986）：土地素因による都市の災害危険指標と危険評価点．総合都市研究，**28**，127-140．
水谷武司（1987）：防災地形第二版－災害危険度の判定と防災の手段．古今書院，193p．
水谷武司（1988）：震災による東京からの人口流出の予測．総合都市研究，**35**，59-73．
水谷武司（1989）：災害による人口の減少，移動および回復のプロセス．地理学評論，**62**(3)，208-224．
水谷武司（1991）：山地内都市の洪水災害危険度評価．総合都市研究，**42**，103-116．
水谷武司（1992）：津波の陸上遡上に及ぼす海岸地形の影響．地形，**13**(1)，35-48．
水谷武司（1993）：自然災害調査の基礎．古今書院，124p．
水谷武司（1994）：高潮の陸地内流入の数値シミュレーション．地形，**15**(4)，371-379．
水谷武司（2001）：地形要因が地価に及ぼす影響についての統計的分析．地形，**21**(1)，43-58．
水谷武司（2001）：地震動強さと地形条件ならびに地震被害との関係．地形，**21**(2)，185-202．
水谷武司（2002）：自然災害と防災の科学．東京大学出版会，207p．
水谷武司（2007）：数理地形学．古今書院，199p．
水谷武司（2009）：伊勢湾台風災害のインパクトと戦後台風災害の経年的変化．防災科学技術研究所研究報告，**75**，11-32．
水谷武司（2011）：1947年カスリーン台風の豪雨による洪水・土砂災害．水利科学，**319**，82-99．
水谷武司（2012）：2011年東北地方太平洋沖地震の津波による人的被害と避難対応．防災科学技術研究所主要災害調査第48号，91-104．
守屋以智雄（1983）：日本の火山地形．東京大学出版会，135p．
源栄正人・永野正行（1996）：深部不整形地下構造を考慮した神戸市の地震動の増幅特性解析．日本建築学会構造系論文集，**488**，39-48．

参 考 文 献

村本嘉雄ほか（1986）：洪水時における河川堤防の安全性と水防技術の評価に関する研究．文部省科学研究費自然災害特別研究研究成果，**A-61-5**，145p.
長崎県（1984）：7.23長崎大水害の記録．430p.
名古屋大学災害科学調査会（1964）：伊勢湾台風災害の調査研究報告，234p.
内務省社会局（1926）：大正震災誌．（上）1236p，（下）836p.
中村和郎・木村竜治・内嶋善兵衛（1980）：日本の自然5，日本の気候．岩波書店，284p.
中村浩之ほか編（2000）：地震砂防．古今書院，190p.
中田 高・今泉俊文編（2002）：活断層詳細デジタルマップ．東京大学出版会，68p.
軟弱地盤ハンドブック編集委員会編（1982）：最新軟弱地盤ハンドブック．建設産業調査会，1284p.
新潟県（1965）：新潟地震の記録―地震の発生と応急対策．408p.
日本学術会議（1949）：昭和23年福井地震調査研究速報．120p.
日本科学者会議編（1982）：現代の災害．水曜社，243p.
日本火災学会（1996）：1995年兵庫県南部地震における火災に関する調査報告書．398p.
日本建築学会（1961）：伊勢湾台風災害調査報告．211p.
日本建築学会（1964）：新潟地震災害調査報告．550p.
日本建築学会（1983）：地震動と地盤―地盤震動シンポジウム10年の歩み．417p.
日本建築学会（1987）：地震荷重―その現状と将来の展望．438p.
日本損害保険協会編（1991）：地域別「気象災害の特徴」．192p.
新田 尚ほか編（2005）：気象ハンドブック第3版．朝倉書店，1032p.
野上道男ほか（1998）：DEMデータ処理技術講習会テキスト．93p.
小倉義光（1984）：一般気象学第2版．東京大学出版会，308p.
岡田恒男・土岐憲三編（2000）：地震防災の事典．朝倉書店，675p.
岡田義光編（2007）：自然災害の事典．朝倉書店，708p.
岡二三生（2001）：地盤液状化の科学．近未来社，176p.
表俊一郎（1946）：東南海地震および三河地震による地盤危険率の比較．地震研究所彙報，**24**，87-98.
小元敬男ほか（1989）：降ひょうと下降流突風（ダウンバースト）による災害に関する研究．文部省科学研究費自然災害特別研究研究成果，**A-63-4**，168p.
大西晴夫（1992）：台風の科学．日本放送出版協会，190p.
大阪府（1936）：大阪府風水害誌．910p.
大阪府・大阪市（1960）：西大阪高潮対策事業誌．501p.
応用地質株式会社（1986）：1985年9月19日メキシコ地震被害調査速報．57p.
Plafker, G., Ericksen, G.E. and Concha, J. F.（1971）：Geological aspects of the May 31, 1970, Peru Earthquake. Bull. Seismological Society of America, **61**, 543-578.
砂防学会監修（1991）：砂防学講座第4巻，渓流の土砂移動現象．山海堂，316p.
砂防学会監修（1992）：砂防学講座第6巻-1，土砂災害対策―扇状地対策・土石流対策等（1）．山海堂，307p.
埼玉県（1950）：昭和二十二年九月埼玉県水害誌．1016p.
島根県（1984）：昭和58年7月豪雨災害の記録．289p.
震災予防調査会（1925）：関東大地震調査報文．震災予防調査会報告，第百号，（甲）353p，（乙）

126p,（丙上）210p,（丙下）191p,（丁）303p,（戊）296p.
信州大学自然災害研究会（1986）：昭和60年長野市地附山地すべりによる災害．188p.
消防科学総合センター（1984）：地域防災データ総覧一地震災害・火山災害編．305p.
消防科学総合センター（1985）：地域防災データ総覧一風水害・火災編．341p.
消防科学総合センター（1987）：地域防災データ総覧一地域避難編．327p.
消防科学総合センター（1988）：地域防災データ総覧一災害情報編．285p.
損害保険料率算定会（1996）：地震災害予測の研究一特集：平成7年兵庫県南部地震（阪神・淡路大震災）．地震保険調査研究，**41**, 167p.
損害保険料率算定会（1997）：火山災害の研究．地震保険調査研究，**42**, 311p.
損害保険料率算定会（1998）：地震時の市街地火災に関する研究．地震保険調査研究，**43**, 126p.
総理府地震調査研究推進本部地震調査委員会編（1999）：日本の地震活動一被害地震から見た地域別の特徴（追補版）．395p.
田畑茂清・水山高久・井上公夫（2002）：天然ダムと災害．古今書院，217p.
田治米辰雄・望月利男・松田磐余（1977）：地盤と震害一地震防災研究からのアプローチ．槙書店，258p.
高橋　博ほか編（1987）：豪雨・洪水防災．白亜書房，407p.
高橋信悳（1978）：河川水文学．森北出版，328p.
高橋　裕（1971）：国土の変貌と水害．岩波書店，216p.
高橋　裕（1990）：河川工学．東京大学出版会，311p.
高橋　裕監修（2008）：大災害来襲一防げ国土崩壊．アドスリー，278p.
武居有恒監修（1980）：地すべり・崩壊・土石流一予測と対策．鹿島出版会，334p.
竹内清文（1950）：アイオン台風による磐井川の洪水に就て．資源調査会報告第6号，103-117.
竹内吉平（2002）：災害救助．近代消防社，130p.
田中康裕（1986）：ネバド・デル・ルイス火山の噴火と泥流．気象，**30**(6), 10-15.
東京都（1988）：昭和61年（1986年）伊豆大島噴火活動災害誌．1177p.
東京都防災会議（1978）：東京区部における地震被害の想定に関する報告書．491p.
東京都総務部文書課（1947）：昭和22年9月風水害の概要．130p.
東京都都市計画局（2002）：地震に関する地域危険度測定調査報告書（第5回）．311p.
利根川研究会編（1995）：利根川の洪水一語り継ぐ流域の歴史．山海堂，217p.
宇井忠英編（1997）：火山噴火と災害．東京大学出版会，219p.
海津正倫（1991）：バングラデシュのサイクロン災害．地理，**36**(8), 71-78.
宇佐美龍夫（2001）：日本被害地震総覧．東京大学出版会，728p.
宇佐美龍夫編著（1990）：建築のための地震工学．市ヶ谷出版社，267p.
宇佐美龍夫ほか（1992）：震度分布からみた東北日本の地震の特性．地震第2輯，**45**, 339-351.
和達清夫監修（1974）：気象の事典．東京堂出版，704p.
渡辺偉夫（1998）：日本被害津波総覧第2版．東京大学出版会，248p.
White, G. F. and Haas, J. E. ed. (1975): Assessment of research on natural hazards. MIT press, 487p.

山口恵一郎ほか編（1972）：日本図誌大系，関東II．朝倉書店，286p．
山口直也・山崎文雄（1999）：1995年兵庫県南部地震の建物被害率による地震動分布の推定．土木学会論文集，**612**，325-336．
山口弥一郎（1960）：三陸の津波．日本地誌ゼミナールII，大明堂，pp.143-150．
山川修治（1994）：特集平成大凶作：グローバルにみた天候異変．地理，**39**(6)，28-37．
山下文男（2005）：津波の恐怖－三陸津波伝承録．東北大学出版会，249p．
矢野勝正編（1971）：水災害の科学．技報堂，733p．
横山　泉・荒巻重雄・中村一明編（1979）：岩波講座地球科学7，火山．岩波書店，294p．
全国防災協会（1965）：わが国の災害誌．1139p．

索　引

ア　行

アイソレーター　265
姶良カルデラ　106, 107
浅間山　105, 114, 123, 125
アスペリティ　19, 28
阿蘇カルデラ　107, 180
阿蘇山　123
圧縮応力　10
アドベ　22
亜熱帯気団　245
亜熱帯高圧帯　22, 139, 250
阿武隈川　171
安倍川　169, 175
アメダス　135, 273
アルメロ　110, 112
安山岩　100, 120
安全率　220, 227
安定夏型気圧配置　250

諫早豪雨　136, 179
伊勢湾台風　142, 193, 199, 267
伊勢湾高潮　200
移転促進制度　271

雨水浸透　220
雨水貯留能力　185
雨水流出条件　185
雲仙岳　107
雲仙岳・眉山　58, 117, 239

A級活断層　12

Aランク火山　122
液状化　48
液状化危険地　53
液状化危険度　51
液状化砂層　50, 53, 54
液状化対策　56
液状化発生条件　49
S波　20, 29, 49
S波速度　19, 29, 32
越流　147
越流堤　188, 258
N値　32, 42, 45, 51
沿岸砂州　37, 166
延焼火災　84, 89
延焼速度　86, 89, 92
延焼阻止要因　91
円錐状火山　103
遠地津波　60, 73

凹型斜面　221
応急給水　287
応急対策　254
大雨　131
　　──による崩壊　220
大雨警報　135, 273
大雨警報基準　135, 136, 273
大雨頻度　132
大阪湾高潮　203
大雪　217
奥地集落孤立　288
押し波　57, 66, 75
落堀　161

カ　行

オホーツク海高気圧　247
温帯草原　251

外郭堤防　199, 261
海岸埋立地　36, 53
海岸構造物　261
海岸砂丘　53, 158, 169
海岸低地　67, 71, 76, 78, 83, 186, 195, 267
海岸堤防　79, 258, 261
海岸平野　37, 65, 71, 158
回帰分析　28, 81, 95, 142
海溝　7, 102
海溝型地震　14, 18, 22, 57, 67, 271
外水　185
海水吸い上げ　191, 261
海水吹き寄せ　191, 261
解析雨量　135, 273
海底地すべり　58, 118
海洋プレート　7, 102
海流　139
海嶺　7, 101
確率降雨　137
がけ地近接危険住宅移転事業　271
花崗岩　100, 222
花崗岩山地　240, 243
下降気流　134
火砕サージ　105, 107
火災旋風　90
火砕物　99, 104

索引

火砕流　105, 112, 117, 123
火砕流台地　106, 124
火砕流到達距離　107
火山ガス　104, 121, 127
火山活動度　122
火山性地震　127
火山性微動　107, 126
火山弾　105
火山地形　102
火山泥流　108, 110
火山灰　104, 107, 109
火山フロント　29, 102
火山噴火　99
ガストフロント　209, 211
霞ヶ浦　44, 183
霞堤　174, 258
風台風　141
仮設住宅　282
河川洪水　145
河川遡上　192, 261
河川堤防　258
河川の重要度　145, 259
家族要因　279
活火山　122, 125
活断層　11, 16
　　──の確実度　12
　　──の活動度　12
活断層地形　11
滑動力　219, 223, 262
滑落崖　227, 230
河道屈曲部　147
河道付替え　149, 159, 181
カルデラ　58, 103, 106
がれき処理　282
寒気流入　132, 179, 211, 216
間隙水圧　49, 52, 220
ガンジスデルタ　207
岩屑なだれ　116, 117, 236
乾燥地帯　22, 250
寒帯前線帯　245

環太平洋火山帯　102, 124
環太平洋地震帯　8
環太平洋地域　22, 59, 102, 124
干拓地　36, 39, 158, 186, 202
関東地震　14, 26, 37, 40, 84, 96
関東平野　21, 24, 37, 41, 44, 125, 159, 215
関東ローム層　125
干ばつ　249
寒流　250
寒冷前線　210, 214
気圧傾度力　139
危機管理　254
飢饉　5, 249, 251
危険域限定度　255, 276
危険域ゾーニング　151, 269
危険性指標　4
危険接近速度　276, 278
危険地の利用コスト　268
危険の認知　277
危険半円　140, 192
気象衛星　135, 141
気象警報　135, 273
気象潮　191
気象庁震度階　27
気象調節　256
気象レーダー　135, 273
基本高水　259
基本高水ピーク流量　259
逆断層　10, 57, 70
逆流　148
旧河川敷　53, 54
旧河川締切箇所　149
旧河道　53, 158, 161
急傾斜地崩壊危険区域　225

急傾斜地崩壊危険箇所　221, 242
救出活動　281
共済掛金　284
狭さく部　148, 179
強震計　27, 49, 55, 56
共振現象　43
強震動災害　26
強風　209
極気団　245
巨大火砕流　107
巨大崩壊　224, 237
距離減衰　29
記録的短時間大雨情報　135, 273
緊急地震速報　21, 274
緊急避難　277
近地津波　63, 73

杭打ち　262
空中写真判読　11, 35
空白域　17, 26
苦鉄質マグマ　99
雲への種まき　256
クラカタウ火山　117, 125
黒部川　173

計画降雨　259
計画高水位　146, 170, 184, 259, 260
計画高水流量　146
計画高潮位　199, 261
経済支援　285
経済水準　4, 22, 251
経済性　254
経済的被害　97
経済的誘導　267
珪酸　100
傾斜変換部　35, 65
計測震度　27, 38
珪長質マグマ　99, 102

傾動　37, 159
警報のメッセージ　275
警報の有効性　276
建築基準法　263, 266, 267
建築禁止　267
建築構造規制　190, 267
建築制限　286
原地再建　79
原地復帰　271
玄武岩　99, 120
玄武岩質マグマ　120

降雨強度　132, 135, 146, 178, 186
降雨浸透　220
工事基準面　146
洪水危険地図　270
洪水危険度指標　178
洪水警報　135, 274
洪水災害事例　159
降水短時間予報　135, 273
洪水氾濫数値計算　154
洪水流の勢力　176
洪積台地　33, 47
構造用合板　263
後続洪水流　234
高地移転　69, 72, 79
高地価　186, 266
降灰　104, 109
後背低地　33, 38, 53, 150, 158, 161
降雹　213, 216
降雹日数　214
降雹抑制　256
小貝川　45, 146, 156, 170, 181
護岸　200, 259
固有周期　31, 62, 74, 265
コリオリ力　139, 250

サ 行

災害医療　281
災害危険区域　190, 267
災害危険性評価　2
災害危険地の地価　271
災害給付金　177
災害経験　144, 203, 205, 279
災害事象　6, 104, 252, 257
災害シナリオ　276, 279
災害脆弱性　4, 254
災害対策基本法　144
災害弔慰金　286
災害誘因　252
災害予防移転　272
災害履歴　2
災害連鎖　252
サイクロン　192, 206
サイクロンシェルター　208
再現期間　137, 145, 181, 259
最大1時間雨量　136
最大加速度　16, 26-28, 33, 43, 49, 55, 56, 93
最大瞬間風速　210
最大水位断面　196
最大速度　16, 26, 28
最大遡上高　65, 67, 71
最大潮位　191, 192, 194, 201
最大潮位偏差　191, 196, 199, 201, 261
最大日雨量　135, 136
最大波高　62, 67
最大風速　138, 140, 141, 191, 203, 261
最大流量　145, 159, 160, 168
相模トラフ　9, 24, 67
桜島　105, 122

作況指数　248
砂漠　250
サヘル　251
砂防ダム　236, 262
三角州　29, 33, 36, 37, 53, 158
山体崩壊　114, 224
山地河川洪水　176
山地洪水災害　178
山地内谷底平野　38, 158
三面張り　200
三陸海岸　67, 68, 71, 78, 271

ジェット気流　246
ジェーン台風　204
市街化区域の線引き　268
市街化調整区域　268
市街地化　146, 185
資金助成　265, 267, 285
死者率　94
地震　6
　——による崩壊　223
地震火災　83, 280
地震活動の観測　19
地震計　21
地震主要動　29, 76
地震動強さ　16, 26, 40
地震動の効果　223
地震動予測地図　16, 34
地震波　6, 20, 28, 43
地震波減衰　28
地震発生確率　13
地震発生間隔　14
地震発生危険度　9
地震保険　268, 283
地震予知　17
沈み込み境界　7, 22, 57, 102
自然素因　252
事前対策　253

自然堤防　35, 38, 47, 53, 150, 152, 156, 183
事前避難　277
自然力制御　255
実行可能性　255
湿舌　133, 179
地盤液状化　48
地盤高分布　152, 186
地盤種別　32
地盤調査　32
地盤沈下　158, 166, 200, 203, 261
社会経済的影響　254
社会素因　2, 252
社会的公正　254, 271
社会の意志決定　255
斜面安定条件　219, 227
斜面傾斜　219, 223
斜面崩壊　219
斜面崩壊危険箇所　221
斜面崩壊防止対策　226, 262
住居移転　79, 267, 271
柔構造　263
集水井　262
収束境界　7
収束性上昇気流　133
収束プレート境界　22
住宅再建　286
集中豪雨　133
重要水防区域　150
収容避難所　279
集落移転　71, 79
取水施設　147
出火危険度　86
出火原因　86
出火率　86
樹木伐採　222
障害型冷害　247
常願寺川　174
焼失危険度　88

上昇気流　132, 138
衝突境界　7, 22
情報確認行動　276
情報伝達システム　277
情報伝達手段　144, 205, 275
縄文海進　166
上陸台風の経路　138
昭和三陸津波　69, 80
初期消火　84, 88, 280
初期微動　20, 21, 275
ショートカット　149, 172, 181
シラス　107, 222
シラス台地　106
震央　21, 24
震央距離　26, 40
震源　9, 11, 20, 24, 28, 41, 58
震源域　58, 69, 75
震源距離　9, 26, 28, 55, 94
震源断層　26, 28, 57, 71, 75
震源分布　9
人口回復　97
人口流出　96
侵食性河川　150, 170
浸水深　150
浸水履歴　186
人的被害規模　81
人的被害度　71, 143, 202
人的被害率　81
震度　16, 26
震動増幅　29, 32
震度階　26
震度計　27
深夜上陸台風　143

水位−時間曲線　155
水害常襲地　186
水害発生限界雨量　136
水蒸気供給　132

水蒸気凝結　132, 138
水蒸気爆発　101, 103, 114, 118, 256
水衝部　147, 167
吹送距離　191, 201
垂直応力　49, 220
水防活動　280
水防共同体　165, 265
水防工法　280
水利不足　83, 89
数値標高データ　152, 186, 233
筋交い　263
筋状の雲　215, 217
スーパーセル　211
すべり面　220, 227, 229, 238
スマトラ沖地震　58
スマトラ沖地震津波　75
駿河トラフ　18

生活再建　285
生活支援　282
制御可能性　255
税減免　265
生産境界　7, 101
制震構造　265
成層火山　103, 114, 124, 237
生存救出率　281
正断層　10, 70
積算雨量　132, 226
潟性低地　37, 169
潟性平野　159, 165
堰止め湖　232
積乱雲　132, 209
──の世代交代　134
設計震度　263
ゼロメートル地帯　186
全壊率　26, 38, 41, 71, 81, 85

索　　引

遷急点　221
洗掘　147
扇状地　29, 33, 36, 158, 172, 232, 233, 240
扇状地河川　172, 176
前線　139, 210
全層なだれ　214
せん断抵抗力　49, 51, 220
扇端部　175
前兆現象　18, 127, 228
扇頂部　174, 232
セントへレンズ火山　114, 118

素因　2, 252
総合治水対策　270
相互扶助　254
側方流動　49
粗度係数　64, 154, 156, 194
ソフト対策　257, 262, 270
損害保険　283

タ　行

対応の多重構造　254
大気の対流不安定　133
耐災害構造　263
第3種地盤　31
耐震基準　263
耐震構造　263
耐震診断　264
耐浸水構造　265
耐震性の壁　263
耐震設計基準　31
耐雪基準　266
台地　158
台地内谷底低地　186
第二室戸台風　142, 199, 204
台風　138, 210
――の眼　140
台風移動速度　139

台風経路　139
耐風構造　266
台風進行速度　203
台風進行のコース　261
台風勢力　141
台風被害　142
台風予報　142, 204
太平洋高気圧　139, 250
太平洋南岸域　136
太平洋プレート　24
大陸東岸　246, 250
大陸プレート　7
対流不安定　215
ダウンバースト　209, 211, 216
高潮　140, 142, 190
高潮危険海岸　192
高潮数値計算　193
高潮到達限界　194
高潮防災計画　261
高床式　265
卓越周期　31, 43
卓越風向　139
他者の行動　279
竜巻　209, 211, 215
竜巻注意情報　212, 274
盾状火山　103
建物危険度判定　282
建物の共振　31
建物被災度判定　286
谷型斜面　221, 223
谷底低地　181, 186, 188
谷底平野　37, 158, 159
ダム　146, 177, 258, 259
溜池　250
段丘　158, 232
段丘化　175
断層　6, 10
断層ずれ量　10, 57
断層面　10, 11, 21, 68
断熱減率　132

断熱冷却　132
ダンパー　265
タンボラ火山　105, 109, 122
暖流　139

地域現況情報　276, 277
地域災害危険性　278
チェックリスト法　222
遅延型冷害　247
地下河川　187
地殻　7
地殻変動の観測　18
地下水増加　228
地球温暖化　137
地形改変　146, 222, 240
地形区分　29
地形図　153
地形性上昇気流　132
地形分類　33, 35, 152
地形分類図　51, 152
治水計画　145, 259
治水構造物　258
地すべり　226
地すべり対策　262
地すべり地形　227
地中浸透　185
中央情報　276, 277
中心気圧　141, 191, 210
沖積層　31, 33, 36, 45, 47
沖積層厚　40
沖積低地　36, 41
沖積平野　157
潮位偏差　191
超過確率　138, 145, 188, 259
超巨大噴火　125
超高層建物　263
長周期地震動　31
直下型地震　9, 22
チリ地震津波　61, 73

302　索　引

筑波山塊　44, 184, 242, 243
津波　57, 117, 239
　——の波高増幅　60
津波危険海岸　67
津波警報　77, 274
津波警報システム　74, 76
津波地震　58, 68, 76
津波周期　60, 65, 68, 70, 74
津波数値計算　64, 77, 274
津波遡上高　59, 73, 117
津波伝播速度　59
津波到達限界　62, 64, 66
津波到達予想時刻　274

泥炭　33, 37, 47
泥炭地　42, 172
低地微地形　35
堤内地　147, 149, 259
泥流数値計算　111
天井川　150, 159, 170, 232, 240
天端　147, 199, 261, 259
天文潮　191
天文潮位　261
電話の輻輳　276, 287

東海地震　14, 18, 97
等価摩擦係数　237, 239
東京湾平均海面　146
撓曲　13
等高線図　152, 186
唐山地震　20, 24
到達限界標高　62, 196, 197
東南海地震　43, 72
東北地方太平洋沖地震　19, 21, 51, 53, 62, 65, 67, 77, 78, 81
東北地方太平洋沖地震津波　62, 65, 71
十勝岳泥流　110
都市型被害　241

都市水害　184, 188
土質柱状図　42, 48
土質調査　51
土砂災害　136
土砂災害危険区域　242
土砂災害警戒区域　225, 268
土砂災害警戒情報　135, 226, 273
土砂災害対策　262
土砂災害防止法　225, 268
土壌雨量指数　226
土石流　110, 230
　——の検知　236
　——の前兆　236
土石流危険渓流　231, 244
土石流数値計算　233
土石流制御　262
土石流停止域　233
土石流到達危険域　232
土地素因　2
土地問題　266
土地利用管理　266
土地利用規制　267
利根川　44, 146, 159, 181, 216
土のう積み　280
飛び火　88
トリアージ　281
トルネード　212

ナ　行

内水　185
内水氾濫　136, 184
内水氾濫危険地　186
内陸地震　9
長雨　248
長崎豪雨　133, 136, 180, 241
流れ盤　221, 228
流れ山　103, 116

なだれ　214
波の打ち上げ高　261
南海地震　67, 72
南海トラフ　9, 67, 71
南岸低気圧　218
軟弱地盤　36
軟弱地盤対策　56

新潟地震　50, 54
新潟平野　37, 165
日照不足　247
日本海溝　9, 24, 67, 76
日本海中部地震　55, 72

熱帯低気圧　138, 139, 206
ネバド・デル・ルイス火山　110, 128
粘性率　99, 103, 120
粘着力　49, 220

農業共済制度　284
濃尾地震　39, 94
濃尾平野　37, 39, 158, 163
のり面　147
のり面保護工事　262

ハ　行

排水処理　222
排水対策　262
ハイドログラフ　146, 259
破壊消防　91
爆発的噴火　59, 99, 100
爆風　118
波源域　58, 60, 67
ハザードマップ　3, 68, 79, 110, 113, 128, 156, 270, 279
発散境界　7
破堤　147, 159, 182
破堤危険箇所　147
馬蹄形カルデラ　103, 114

索　引

破堤洪水　150, 160
ハード対策　254, 257
パニック　276
ハリケーン　138
ハリケーン・カトリーナ　192, 209
半乾燥地帯　249
阪神大水害　239
磐梯山　114, 118
判別分析　178, 223
氾濫域拡大速度　150, 156, 165
氾濫危険水位　274
氾濫原　171
氾濫平野　36, 158
氾濫流入量　150, 156, 160
氾濫流の運動　150

P波　20
P波速度　19
被害地震　9, 16
被害ポテンシャル　98, 266, 269, 273, 284
被害予測　92
引き波　57, 66, 75
ピーク流量　186
被災経験　71
被災者生活再建支援制度　285
被災住宅再建　273
歪みエネルギー　6, 10, 18
常陸台地　44, 125, 242
ピナツボ火山　105, 109
避難　3, 76, 90, 277
　——の勧告・指示　275, 278
　——の決断・実行　278
　——の阻害・促進要因　279
避難行動　144, 177
避難所　4, 78, 203, 282

避難対応　3, 77, 81, 129, 278
避難態勢　254
避難場所　78, 279
避難判断水位　274
避難プロセス　277
兵庫県南部地震　13, 38, 43, 49, 56, 84, 93, 97, 281
表層地盤　16, 26, 29, 31, 33
表層なだれ　214
表土層　221, 223, 243
ピロティ構造　208, 265, 269
浜堤　166

フィリピン海プレート　18, 24
風圧力　210, 266
風化花崗岩　239, 243
風水害　131
風水害保険　283
風雪災害　214
フェイルセーフ　255
福井地震　43
伏在断層　11
袋状低地　164, 171, 188
富士山　110, 115, 125
藤田スケール　212, 216
ブラスト　114, 119
浮力　132, 176, 230
フールプルーフ　255
プレー火山　108
プレスリップ　19
プレート　6, 101
プレート境界　7
ブロッキング現象　246
噴煙柱　104
噴煙柱崩壊型火砕流　106
噴火エネルギー　102
噴火警戒レベル　127, 275
噴火警報　127, 275

噴火のエネルギー　99
噴火予知　126
噴火予報　275
噴火履歴　103, 128
噴砂　49, 55
分散力　230
噴石　105

平均風速　210
平野地形　157
変位速度　12
ベンガル湾　192, 206
偏西風　104, 124, 139, 245
偏西風波動　245
偏東風　105, 138

防疫活動　282
崩壊土砂到達距離　224
防災集団移転促進事業　271
防災対応策　252
防災土地利用　267, 271
防災無線　77, 275
放射谷　112, 115, 129, 179
防水扉　265
放水路　167, 260
防潮水門　200, 205, 261
防潮堤　76, 199, 205, 261
防波堤　76, 200, 261
暴風警報　203, 273
北東気流型　247
保険　283
保険金支払額　211, 217, 283
保険制度　267
保険料　268, 283
墓石転倒　27
北海道南西沖地震　72
ホットスポット　101
ボーリング　32, 45, 256
ボーリング柱状図　42, 48
盆状沈降　160

マ 行

マイナス効果　255
埋没谷　35, 37, 41
マグニチュード　9, 20, 28, 68, 93
マグマ　7, 99
マグマ水蒸気爆発　101, 104
マグマ溜り　100, 126, 256
摩擦係数　49, 220, 237
マントル　7

室戸台風　141, 199, 203

明治三陸津波　68, 79
メキシコ地震　43
メラピ火山　107, 109, 124
免震構造　56, 265

木造住宅の耐震性　263
モーメントマグニチュード　21
盛土　265
モンスーン気候　246

ヤ 行

焼け止まり要因　91
屋根雪下ろし　214, 266
ヤマセ型　247

誘因　2, 220, 252
融解温度　101
有効垂直応力　49, 220
湧水　221
遊水地　146, 186, 187, 258, 260
ユーラシア南縁地震帯　8, 22
ユンガイ　237

溶岩溢れ出し噴火　99
溶岩円頂丘　103, 120, 239
溶岩ドーム　101, 106, 114, 119
溶岩崩落型火砕流　106
溶岩流　103, 120
用地難　186, 266
擁壁　262
横ずれ断層　7, 10
余震　10
予知可能性　255, 276
予防対策　254

ラ 行

ライフライン復旧　286

リアス海岸　67, 71, 81, 271
リーダーの存在　279
リニアメント　11
流出率　146, 185
流体力　63, 66, 156, 176, 202
流動化　230
流木　180

冷夏　109, 245
──の気圧配置　247
冷害　104
レインバンド　133, 163

漏水　147, 182

ワ 行

輪中　164, 265
輪中堤　163, 259
ワスカラン岩屑なだれ　238
湾口防波堤　79

発生年順災害例索引

地震災害

1611年慶長津波　69
1677年延宝地震　26
1703年元禄地震　26, 67
1771年明和八重山津波　59
1792年雲仙・眉山崩壊　58, 114, 117, 124, 239
1855年安政江戸地震　86, 89
1883年インドネシア・クラカタウ火山噴火津波　58, 117, 125
1891年濃尾地震　39
1895年霞ヶ浦付近の地震　24
1896年明治三陸津波　62, 68, 78, 79, 81
1905年サンフランシスコ地震　86
1921年龍ヶ崎の地震　24
1923年関東地震　26, 40, 84, 95
1933年昭和三陸津波　69, 78, 80, 81
1943年鳥取地震　94
1944年東南海地震　43, 72
1946年南海地震　72
1948年福井地震　43, 88, 91
1958年アラスカ・リツヤ湾津波　59
1960年チリ地震津波　61, 73, 78
1964年新潟地震　50, 53, 54
1968年十勝沖地震　87
1975年海城地震　20
1976年唐山地震　20, 24
1983年日本海中部地震　53, 55, 72
1985年メキシコ地震　43, 44
1993年釧路沖地震　29
1993年北海道南西沖地震　72
1995年兵庫県南部地震　10, 13, 15, 43, 49, 56, 84, 93, 95, 281, 287
2003年イラン・バム地震　24
2004年スマトラ沖地震　24, 58, 75
2005年パキスタン北部地震　24
2008年四川地震　24
2010年ハイチ地震　24
2011年東北地方太平洋沖地震　19, 21, 51, 53, 62, 65, 71, 77, 78, 81

火山噴火災害

1640年北海道駒ケ岳噴火　123, 128
1707年富士山宝永噴火　104, 125
1783年アイスランド・ラキ火山噴火　125
1783年浅間山噴火　104, 123, 126
1792年雲仙・眉山崩壊　58, 114, 117, 124, 239
1815年インドネシア・タンボラ火山噴火　105, 109, 122, 125
1883年インドネシア・クラカタウ火山噴火　58, 117, 125
1888年磐梯山噴火　114, 118, 124
1902年小アンチル諸島・スフリエール火山噴火　109
1902年小アンチル諸島・プレー火山噴火　108
1912年アラスカ・カトマイ火山噴火　125
1914年桜島大正噴火　122
1926年十勝岳噴火泥流　110
1956年カムチャツカ・ベズイビアニ火山噴火　114, 119
1980年セントヘレンズ火山噴火　114, 116, 118
1983年三宅島噴火　121
1985年コロンビア・ルイス火山噴火　110, 111, 128
1986年カメルーン・ニアス湖火山ガス　121

1991年フィリピン・ピナツボ火山噴火　105, 109
1991年雲仙岳噴火　107
1994年インドネシア・メラピ火山噴火　109
2000年三宅島噴火　121

大雨・強風災害

1828年シーボルト台風　198
1858年富山・常願寺川洪水　174
1900年アメリカ・ガルベストン高潮　209
1934年室戸台風　141, 203
1938年茨城・土浦洪水　184
1945年枕崎台風　142, 241
1947年カスリーン台風・一関洪水　160, 180
1947年カスリーン台風・利根川氾濫　150, 159
1948年アイオン台風・一関洪水　168, 180
1950年ジェーン台風高潮　204
1953年13号台風高潮　201
1953年西日本水害・白川氾濫　180
1953年西日本水害・筑後川氾濫　172
1957年諫早豪雨　179
1958年狩野川台風内水氾濫　188
1959年伊勢湾台風高潮　142, 192, 193, 200
1961年第二室戸台風　142, 144, 203, 204
1966年新潟・加治川氾濫　167
1966年台風4号内水氾濫　188
1966年第二宮古島台風　140
1967年7月豪雨　190, 240
1967年新潟・加治川氾濫　148, 167
1969年黒部川氾濫　174
1970年バングラデシュ高潮　206
1976年台風17号　136, 141
1976年台風17号・長良川氾濫　163
1981年小貝川氾濫　149, 150, 156, 182
1982年長崎豪雨　133, 180, 241, 287
1983年島根豪雨　181
1986年台風10号・小貝川氾濫　146, 170
1986年台風10号・桜川氾濫　170, 184
1986年台風10号・阿武隈川氾濫　171
1990年千葉・茂原竜巻　211
1991年バングラデシュ高潮　206
1991年台風19号強風　41, 210, 283
2000年茨城・千葉降雹　218, 283
2000年東海豪雨　138, 188, 283
2003年福岡内水氾濫　149, 190
2004年台風16号高潮　192
2005年ハリケーン・カトリーナ高潮　192, 209
2006年北海道・佐呂間竜巻　212
2012年茨城・栃木竜巻　216

土砂災害

1792年雲仙・眉山崩壊　58, 114, 117, 124, 239
1938年阪神大水害　239
1945年枕崎台風　142, 241
1961年梅雨前線豪雨　240
1963年イタリア・ヴァイヨンダム地すべり　228
1967年7月豪雨　190, 240
1970年ペルー・ワスカラン岩屑なだれ　237
1984年御岳岩屑なだれ　238
1985年長野・地附山地すべり　230
2004年中越地震　228

異常気候災害

1980年東北冷害　248
1993年平成大冷害　248

著者略歴

水谷 武司（みずたに たけし）

京都大学経済学部卒業
東京都立大学理学部卒業
科学技術庁国立防災科学技術センター災害研究室長，
千葉大学理学部地球科学科教授，などを経て，現在は
独立行政法人防災科学技術研究所客員研究員
理学博士，技術士（応用理学）
主要著書
『防災地形』（古今書院）
『自然災害調査の基礎』（古今書院）
『自然災害と防災の科学』（東京大学出版会）
『数理地形学』（古今書院）

自然災害の予測と対策
―地形・地盤条件を基軸として―

定価はカバーに表示

2012年7月20日　初版第1刷

著　者	水　谷　武　司	
発行者	朝　倉　邦　造	
発行所	株式会社 朝倉書店	

東京都新宿区新小川町6-29
郵便番号　162-8707
電　話　03(3260)0141
FAX　03(3260)0180
http://www.asakura.co.jp

〈検印省略〉

© 2012〈無断複写・転載を禁ず〉

印刷・製本 東国文化

ISBN 978-4-254-16061-1　C 3044　　Printed in Korea

JCOPY 〈(社)出版者著作権管理機構 委託出版物〉

本書の無断複写は著作権法上での例外を除き禁じられています．複写される場合は，
そのつど事前に，(社)出版者著作権管理機構（電話 03-3513-6969, FAX 03-3513-
6979, e-mail: info@jcopy.or.jp）の許諾を得てください．

防災科学研 岡田義光編

自 然 災 害 の 事 典

16044-4　C3544　　　A5判　708頁　本体22000円

〔内容〕地震災害-観測体制の視点から（基礎知識・地震調査観測体制）／地震災害-地震防災の視点から／火山災害（火山と噴火・災害・観測・噴火予知と実例）／気象災害（構造と防災・地形・大気現象・構造物による防災・避難による防災）／雪氷環境防災（雪氷環境防災・雪氷災害）／土砂災害（顕著な土砂災害・地滑り分類・斜面変動の分布と地帯区分・斜面変動の発生原因と機構・地滑り構造・予測・対策）／リモートセンシングによる災害の調査／地球環境変化と災害／自然災害年表

日大 首藤伸夫・東北大 今村文彦・東北大 越村俊一・東大 佐竹健治・秋田大 松冨英夫編

津 波 の 事 典 （縮刷版）

16060-4　C3544　　　四六判　368頁　本体5500円

世界をリードする日本の研究成果の初の集大成である『津波の事典』のポケット版。〔内容〕津波各論（世界・日本，規模・強度他）／津波の調査（地質学，文献，痕跡，観測）／津波の物理（地震学，発生メカニズム，外洋，浅海他）／津波の被害（発生要因，種類と形態）／津波予測（発生・伝播モデル，検証，数値計算法，シミュレーション他）／津波対策（総合対策，計画津波，事前対策）／津波予警報（歴史，日本・諸外国）／国際的連携／津波年表／コラム（探検家と津波他）

前東大 下鶴大輔・前東大 荒牧重雄・前東大 井田喜明・東大 中田節也編

火 山 の 事 典 （第2版）

16046-8　C3544　　　B5判　592頁　本体23000円

有珠山，三宅島，雲仙岳など日本は世界有数の火山国である。好評を博した第1版を全面的に一新し，地質学・地球物理学・地球化学などの面から主要な知識とデータを正確かつ体系的に解説。〔内容〕火山の概観／マグマ／火山活動と火山帯／火山の噴火現象／噴出物とその堆積物／火山の内部構造と深部構造／火山岩／他の惑星の火山／地熱と温泉／噴火と気候／火山観測／火山災害と防災対応／外国の主な活火山リスト／日本の火山リスト／日本と世界の火山の顕著な活動例

前東大 岡田恒男・前京大 土岐憲三編

地 震 防 災 の 事 典

16035-2　C3544　　　A5判　688頁　本体25000円

〔内容〕過去の地震に学ぶ／地震の起こり方（現代の地震観，プレート間・内地震，地震の予測）／地震災害の特徴（地震の揺れ方，地震と地盤・建築・土木構造物・ライフライン・火災・津波・人間行動）／都市の震災（都市化の進展と災害危険度，地震危険度の評価，発生直後の対応，都市の復旧と復興，社会・経済的影響）／地震災害の軽減に向けて（被害想定と震災シナリオ，地震情報と災害情報，構造物の耐震性向上，構造物の地震応答制御，地震に強い地域づくり）／付録

東大 平田　直・東大 佐竹健治・東大 目黒公郎・前東大 畑村洋太郎著

巨 大 地 震 ・ 巨 大 津 波
— 東日本大震災の検証 —

10252-9　C3040　　　A5判　208頁　本体2600円

2011年3月11日に発生した超巨大地震・津波を，現在の科学はどこまで検証できるのだろうか。今後の防災・復旧・復興を願いつつ，関連研究者が地震・津波を中心に，現在の科学と技術の可能性と限界も含めて，正確に・平易に・正直に述べる。

気象研 藤部文昭著
気象学の新潮流1

都市の気候変動と異常気象
— 猛暑と大雨をめぐって —

16771-9　C3344　　　A5判　176頁　本体2900円

本書は，日本の猛暑や大雨に関連する気候学的な話題を，地球温暖化や都市気候あるいは局地気象などの関連テーマを含めて，一通りまとめたものである。一般読者をも対象とし，啓蒙的に平易に述べ，異常気象と言えるものなのかまで言及する。

上記価格（税別）は 2012年6月現在